전기안전 기술사

최창률·이동경 공저

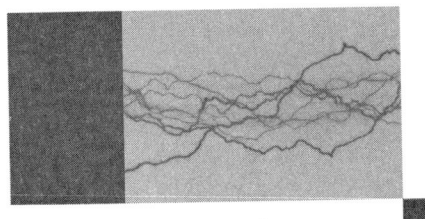

 일진사

머리말
preface

일상생활에서 전기에너지를 안전하게 이용하기 위해서는 전기 이론을 바탕으로 전기안전에 관한 기술을 습득하여 위험 발생에 대한 규제대책과 제반시설의 검사 등을 실시하는 산업안전관리가 필요하다. 전기안전기술사는 이러한 업무를 담당할 전문 인력을 양성하고자 제정된 자격 제도로 전기안전 분야에 관한 고도의 전문 지식과 실무 경험에 입각한 계획, 연구, 설계, 분석, 시험, 운영, 시공, 평가 또는 이에 관한 지도, 감리 등의 기술 업무를 수행한다.

전기안전기술사 시험은 총 4교시로 교시당 100점으로 구성되는데, 1교시는 문항당 10점, 2~4교시는 문항당 25점 배점이며 4교시 평균 60점 이상이면 합격된다. 저자의 경험에 비추어 합격전략을 세우면, 비교적 쉬운 단답형의 문제가 출제되는 1교시에서 고득점을 얻기 위해 충분한 준비를 해야 한다. 나머지 2~4교시는 6문항 중 4문항을 선택하도록 되어 있는데 2문항 정도는 확실한 모범답안을 작성하고 나머지 2문항은 시험 준비 과정에서의 축적된 지식과 경험을 총정리하여 답안을 작성하면 무난히 합격할 수 있다.

전기안전기술사를 취득하기 위해서는 전기안전 분야 전반에 대한 방대한 지식을 정리하여 자기의 것으로 습득해야 하나 각자 주어진 시간과 여건을 감안할 때 많은 어려움이 있다. 이러한 수험생들을 위해 20년 이상 산업 현장에서 얻은 지식과 경험을 전수하여 자격증 취득에 큰 도움이 되고자 이 책을 출간하게 되었다.

이 책은 실제로 출제 가능한 예상문제를 출제기준에 따라 분야별로 세분화하여 수록하였고 이와 함께 모범답안을 실어 문제해결능력을 배양함으로써 실전에서 합격할 수 있도록 하였으며, 과년도 출제문제를 수록하여 수험생 스스로 출제 경향을 파악할 수 있도록 하였다. 아무쪼록 이 책이 전기안전기술사 시험을 준비하는 수험생들에게 합격의 밑거름이 되어 전기안전 분야 최고의 기술자가 되기를 기원한다.

저자 씀

자격시험 안내

information

❶ 수행업무
전기안전 분야에 관한 고도의 전문 지식과 실무 경험에 입각한 계획, 연구, 설계, 분석, 시험, 운영, 시공, 평가 또는 이에 관한 지도, 감리 등

❷ 진로 및 전망
- 기업체, 안전관계기관, 시설물 안전점검 및 보수업체, 관련 연구소, 정부유관기관 등으로 진출
- 전기로 인한 각종 사고가 우리 경제에 미치는 피해는 상당히 심각한 수준이기 때문에 다양화되고 대형화되는 사고를 예방하기 위해 위험을 평가하고 새로운 공학적 안전 설계를 할 수 있는 전문 인력의 필요성 증대
- 최근 산업 현장에서의 일련의 대형 사고와 국민 소득 증가에 따른 삶의 질 향상 차원에서의 안전에 대한 관심과 요구가 증가되고 있는 시점에서 대기업 중심으로 전기안전기술사의 수요 증가 예상

❸ 기술사 응시 자격요건
- 기사 자격 취득 후 해당 분야에서 4년 이상 실무에 종사한 사람
- 산업기사 자격 취득 후 해당 분야에서 5년 이상 실무에 종사한 사람
- 기능사 자격 취득 후 해당 분야에서 7년 이상 실무에 종사한 사람
- 관련학과 대학 졸업 후 해당 분야에서 6년 이상 실무에 종사한 사람
- 해당 분야의 다른 종목의 기술사 등급의 자격을 취득한 사람
- 3년제 전문대학 관련학과 졸업 후 해당 분야에서 7년 이상 실무에 종사한 사람
- 2년제 전문대학 관련학과 졸업 후 해당 분야에서 8년 이상 실무에 종사한 사람
- 해당 분야에서 9년 이상 실무에 종사한 사람 등

❹ 출제경향
- 요구하는 기술 역량 : 해당 분야에 관한 전문지식 및 응용능력
- 시험과목 : 산업안전관리론 (사고원인분석 및 대책, 방호장치 및 보호구, 안전점검 요령) 산업심리 및 교육(인간공학), 산업안전관계법규, 전기공업의 안전운영에 관한 계획, 관리, 조사, 기타 전기안전에 관한 사항
- 검정방법
 - 필기 : 단답형 및 주관식 논술형(매교시당 100분 총 400분)
 - 면접 : 구술형 면접시험(30분 정도)
- 합격기준 : 100점 만점에 60점 이상

차 례

contents

▣ 실전 예상문제

제 1 장 안전관리 일반 (산업안전보건법 포함) ················· 8
제 2 장 전기의 위험성과 감전 ································· 84
제 3 장 접지 ··· 101
제 4 장 누전차단기 ··· 125
제 5 장 낙뢰와 피뢰설비 ····································· 132
제 6 장 전기작업 및 안전장구 ································ 150
제 7 장 전기화재 ··· 168
제 8 장 전기방폭 ··· 182
제 9 장 정전기 ··· 205
제 10 장 전자파 및 고조파 ··································· 226
제 11 장 보호계전기, 차단기와 퓨즈 ·························· 239
제 12 장 전동기, 발전기 및 변압기 ··························· 253
제 13 장 전기설비기술기준 ··································· 263
제 14 장 전력기술관리 ······································· 278
제 15 장 산업안전보건기준 ··································· 284
제 16 장 전기안전 일반 ······································ 294

▣ 부 록

과년도 출제문제 ··· 334

실전 예상문제

제1장 안전관리 일반 (산업안전보건법 포함)

> **1-1** 산업안전보건법에 관한 다음 사항에 대해 설명하시오.
> (1) 산업안전보건법의 목적
> (2) 정부의 책무, 사업주 의무 및 근로자의 의무
> (3) 안전보건관리책임자와 안전관리자의 직무, 관리감독자의 업무

(1) 산업안전보건법의 목적

산업안전보건법의 목적은 산업안전보건에 관한 기준을 확립하고 그 책임의 소재를 명확하게 하여 산업재해를 예방하고 쾌적한 작업환경을 조성함으로써 근로자의 안전과 보건을 유지, 증진하는 것이다.

(2) 정부의 책무, 사업주 의무 및 근로자의 의무

① 정부의 책무 : 정부는 산업안전보건법의 목적을 달성하기 위하여 다음 사항을 성실히 이행할 책무를 진다.
  ㈎ 산업안전보건정책의 수립·집행·조정 및 통제
  ㈏ 재해다발사업장에 대한 재해 예방 지원 및 지도
  ㈐ 유해하거나 위험한 기계기구·설비 및 방호장치, 보호구 등의 안전성 평가 및 개선
  ㈑ 유해하거나 위험한 기계기구·설비 및 물질 등에 대한 안전보건상의 조치기준 작성 및 지도·감독
  ㈒ 사업의 자율적인 안전보건경영체제 확립을 위한 지원
  ㈓ 안전보건의식을 북돋우기 위한 홍보, 교육 및 무재해운동 등 안전문화 추진
  ㈔ 안전보건을 위한 기술의 연구, 개발 및 시설의 설치·운영
  ㈕ 산업재해에 관한 조사 및 통계의 유지·관리
  ㈖ 안전보건 관련단체 등에 대한 지원 및 지도·감독

② 사업주의 의무 : 사업주는 재해 예방을 위하여 다음의 의무를 다해야 한다.
  ㈎ 산업재해 예방을 위한 기준을 지켜야 한다.
  ㈏ 사업장의 안전보건에 관한 정보를 근로자에게 제공해야 한다.
  ㈐ 근로자의 건강장해를 예방함과 동시에 근로자의 생명을 지키고 안전보건을 유지·증진시켜야 한다.
  ㈑ 근로 조건을 개선하여 적절한 작업환경을 조성해야 한다.

(마) 국가의 산업재해예방시책에 따라야 한다.
③ 근로자의 의무 : 근로자는 산업재해 예방을 위한 기준을 준수하고 사업주나 그 밖의 관련 단체에서 실시하는 산업재해 방지에 관한 조치에 따라야 한다.

(3) 안전보건관리책임자와 안전관리자의 직무, 관리감독자의 업무

① 안전보건관리책임자의 직무 : 안전보건관리책임자가 총괄 관리해야 할 직무는 다음과 같다.
  (가) 산업재해예방계획의 수립 및 근로자의 안전보건교육에 관한 사항
  (나) 안전보건관리규정의 작성 및 변경에 관한 사항
  (다) 산업재해의 원인조사 및 재발 방지 대책 수립에 관한 사항
  (라) 산업재해에 관한 통계의 기록 및 유지에 관한 사항
  (마) 작업환경 측정 등 작업환경의 점검 및 개선에 관한 사항
  (바) 안전보건과 관련된 안전장치 및 보호구의 구입 시 적격품 여부 확인에 관한 사항

② 안전관리자의 직무 : 안전관리자는 안전에 관한 기술적인 사항에 대해 사업주 또는 안전보건관리책임자를 보좌하고 관리감독자에게 지도·조언을 하는 자를 말하며, 직무는 다음과 같다.
  (가) 안전교육계획의 수립 및 실시
  (나) 사업장 순회점검·지도 및 조치의 건의
  (다) 산업재해 발생의 원인 조사 및 재발 방지를 위한 기술적 지도·조언
  (라) 산업재해에 관한 통계의 유지·관리를 위한 지도·조언
  (마) 법 또는 법에 따른 명령이나 안전보건관리규정 및 취업규칙 중 안전에 관한 사항을 위반한 근로자에 대한 조치의 건의
  (바) 업무 수행 내용의 기록·유지
  (사) 의무안전인증 및 자율안전확인 대상 기계기구의 구입 시 적격품 선정

③ 관리감독자의 업무 : 관리감독자란 경영조직에서 생산과 관련되는 업무와 그 소속직원을 직접 지휘·감독하는 부서의 장 또는 그 직위를 담당하는 자를 말하며, 업무는 다음과 같다.
  (가) 사업장 내 관리감독자가 지휘·감독하는 작업과 관련된 기계·기구 또는 설비의 안전·보건 점검 및 이상 유무의 확인
  (나) 관리감독자에게 소속된 근로자의 작업복·보호구 및 방호장치의 점검과 그 착용·사용에 관한 교육·지도
  (다) 해당 작업에서 발생한 산업재해에 관한 보고 및 이에 대한 응급조치
  (라) 해당 작업의 작업장 정리·정돈 및 통로확보에 대한 확인·감독
  (마) 해당 사업장의 산업보건의, 안전관리자 및 보건관리자의 지도·조언에 대한 협조
  (바) 그 밖에 해당 작업의 안전·보건에 관한 사항으로서 고용노동부령으로 정하는 사항

> **1-2** 유해위험설비를 보유한 사업장의 사업주가 그 설비로부터 위험물질 누출, 화재, 폭발 등으로 인한 중대산업사고를 예방하기 위하여 고용노동부장관에게 제출하는 공정안전보고서(PSM ; process safety management)에 관한 다음 사항에 대해 설명하시오.
> (1) 공정안전보고서 제도의 개요, 중대산업사고의 정의
> (2) 공정안전관리의 3원칙
> (3) 제출대상 사업장, 제출시기
> (4) 공정안전보고서 작성 내용
> (5) 제출서류 중 접지계획서 및 접지배치도의 작성 시 고려사항과 방법

(1) 공정안전보고서 제도의 개요, 중대산업사고의 정의

① 공정안전보고서 제도의 개요 : 유해위험설비를 보유한 사업장에서는 그 설비로부터의 위험물질 누출, 화재, 폭발 등으로 인하여 사업장내 근로자에게 즉시 피해를 주거나 인근지역에 피해를 줄 수 있는 중대산업사고를 예방하기 위하여 공정안전보고서를 작성하여 고용노동부장관에게 제출하고 이에 대해 심사를 받아 시행하는 제도를 말한다.

② 중대산업사고의 정의 : 중대산업사고란 다음의 어느 하나의 사고를 말한다.
 ㈎ 근로자가 사망하거나 부상을 입을 수 있는 유해위험설비에서의 누출, 화재, 폭발사고
 ㈏ 인근 지역의 주민이 인적 피해를 입을 수 있는 유해위험설비에서의 누출, 화재, 폭발사고

(2) 공정안전관리의 3원칙

공정안전관리는 다음의 3가지 원칙에 따라 추진되어야 한다.
① 공정안전관리는 위험설비가 정해진 기준에 따라 설계, 제작, 설치, 운전 및 유지 관리되도록 전 과정을 대상으로 한다.
② 공정안전관리는 최고 경영자의 방침으로 정해야 하며, 공장장의 공정안전관리에 대한 완벽한 숙지 그리고 실행·확인이 수반되어야 한다.
③ 공정안전관리는 정기적인 자체 감사를 통하여 실제 실행되고 있는지, 문제점 및 개선사항은 무엇인지, 실행 후 효과는 나타나고 있는지 등을 확인하고 개선해야 한다.

(3) 제출대상 사업장, 제출시기

① 제출대상 사업장 : 공정안전보고서 제출대상 사업장은 다음과 같다.
 ㈎ 원유정제 처리업

㈏ 기타 석유정제물 재처리업
㈐ 석유화학계 기초화학물 제조업 또는 합성수지 및 기타 플라스틱물질 제조업
㈑ 질소, 인산 및 칼리질 비료 제조업
㈒ 복합비료 제조업
㈓ 농약 제조업
㈔ 화약 및 불꽃제품 제조업

② 제출시기: 유해위험설비의 설치 이전 또는 주요 구조 부분의 변경공사의 착공일 30일 전까지 제출해야 한다.

(4) 공정안전보고서 작성 내용

① 공정안전자료
  ㈎ 취급·저장하고 있거나 취급·저장하려는 유해·위험물질의 종류 및 수량
  ㈏ 유해·위험물질에 대한 물질안전보건자료
  ㈐ 유해·위험설비의 목록 및 사양
  ㈑ 유해·위험설비의 운전방법을 알 수 있는 공정도면
  ㈒ 각종 건물·설비의 배치도
  ㈓ 폭발위험장소 구분도 및 전기단선도
  ㈔ 위험설비의 안전설계·제작 및 설치 관련 지침서

② 공정위험성 평가서 및 잠재위험에 대한 사고예방·피해 최소화 대책
  공정위험성 평가서는 공정의 특성 등을 고려하여 다음의 위험성 평가 기법 중 한 가지 이상을 선정하여 위험성 평가를 한 후 그 결과에 따라 작성하여야 하며, 사고예방·피해 최소화 대책의 작성은 위험성 평가 결과 잠재위험이 있다고 인정되는 경우만 해당한다.
  ㈎ 체크리스트(check list)
  ㈏ 상대위험순위 결정(Dow and Mond Indices)
  ㈐ 작업자 실수 분석(HEA)
  ㈑ 사고 예상 질문 분석(What-if)
  ㈒ 위험과 운전 분석(HAZOP)
  ㈓ 이상위험도 분석(FMECA)
  ㈔ 결함 수 분석(FTA)
  ㈕ 사건 수 분석(ETA)
  ㈖ 원인결과 분석(CCA)
  ㈗ 가목부터 자목까지의 규정과 같은 수준 이상의 기술적 평가기법

③ 안전운전계획
  ㈎ 안전운전지침서

㈏ 설비점검·검사 및 보수계획, 유지계획 및 지침서
㈐ 안전작업허가
㈑ 도급업체 안전관리계획
㈒ 근로자 등 교육계획
㈓ 가동 전 점검지침
㈔ 변경요소 관리계획
㈕ 자체감사 및 사고조사계획
㈖ 그 밖에 안전운전에 필요한 사항

④ 비상조치계획
㈎ 비상조치를 위한 장비·인력보유현황
㈏ 사고 발생 시 각 부서·관련 기관과의 비상연락체계
㈐ 사고 발생 시 비상조치를 위한 조직의 임무 및 수행 절차
㈑ 비상조치계획에 따른 교육계획
㈒ 주민홍보계획
㈓ 그 밖에 비상조치 관련 사항

(5) 제출서류 중 접지계획서 및 접지배치도의 작성 시 고려사항과 방법

① 작성 시 고려사항
㈎ 접지계획서(접지시방서) : 접지의 목적, 적용법규 및 규격, 적용범위, 접지종류(계통접지, 기기접지, 피뢰설비의 접지, 정밀장비 접지, 정전기 등), 접지설비의 유지관리 등을 고려하여 작성한다.
㈏ 접지배치도 : 접지대상 설비의 누락이 없도록 하고 접지극의 개수 및 위치, 접지선의 종류 및 굵기, 접지 종류에 따르는 접속(단독 또는 공통 접지) 등의 표기, 접지계획서와 계산서 및 접지배치도의 상호 일치 등을 고려하여 작성한다.

② 작성 방법 : 각종 규격(산안법, 전기사업법, IEC/NEC 등)에 적합하도록 작성한다.

> **1-3** 산업안전보건법상 안전보건교육에 관한 다음 사항에 대해 설명하시오.
> (1) 안전보건교육과 직무교육의 종류별 대상자
> (2) 안전보건교육 중 채용 시 및 작업 내용 변경 시 교육 내용
> (3) 전압이 75 V 이상인 정전 및 활선작업 시 특별안전보건교육 내용

(1) 안전보건교육과 직무교육의 종류별 대상자

① 안전보건교육의 종류별 대상자
 (가) 정기교육 : 모든 근로자와 관리감독자
 (나) 채용 시 교육 : 신규 채용된 모든 근로자
 (다) 작업내용 변경 시 교육 : 작업 내용이 변경된 모든 근로자
 (라) 특별교육 : 특별교육대상작업을 하는 모든 근로자
 (마) 건설업 기초안전보건교육 : 건설 일용근로자

② 직무교육의 종류별 대상자
 (가) 안전보건관리책임자 : 안전보건관리책임자로 선임된 자
 (나) 안전관리자 : 안전관리자로 선임된 자
 (다) 보건관리자 : 보건관리자로 선임된 자
 (라) 재해 예방 전문지도기관 종사자 : 재해 예방 전문지도기관 종사자

(2) 안전보건교육 중 채용 시 및 작업 내용 변경 시 교육 내용

① 작업개시 전 점검에 관한 사항
② 정리정돈 및 청소에 관한 사항
③ 사고 발생 시 긴급조치에 관한 사항
④ 산업보건 및 직업병 예방에 관한 사항
⑤ 물질안전보건자료에 관한 사항
⑥ 산업안전보건법 및 일반 관리에 관한 사항
⑦ 기계기구의 위험성과 작업의 순서 및 동선에 관한 사항

(3) 전압이 75 V 이상인 정전 및 활선작업 시 특별안전보건교육 내용

① 전기의 위험성 및 전격방지에 관한 사항
② 해당설비의 보수 및 점검에 관한 사항
③ 정전 및 활선작업 시의 안전작업방법과 순서에 관한 사항
④ 절연용 보호구, 절연용 방호구 및 활선작업용 기구 등의 사용에 관한 사항
⑤ 그 밖에 안전보건관리에 필요한 사항

1-4 풀 프루프(fool-proof)와 페일 세이프(fail safe)의 개념과 적용 사례 및 차이점에 대해 각각 설명하시오.

(1) 풀 프루프(fool-proof)의 개념과 적용 사례

① 개념 : 미숙련자가 작업을 하여도 재해를 당하지 않도록 설계된 것, 즉 기계 등에서 작업자가 기계 조작을 잘못하거나 이상이 발생하거나 고장이 나더라도 위험한 상태가 되지 않도록 설계단계에서 안전성이 확보된 상태를 말한다.

② 적용 사례
　㈎ 동력전달부에 덮개를 벗기면 기계가 정지한다.
　㈏ 프레스 작업자의 신체 일부가 위험점에 들어가면 기계가 자동으로 정지한다.
　㈐ 크레인에 매달린 화물이 일정 높이 이상 상승하면 자동으로 상승을 정지한다.

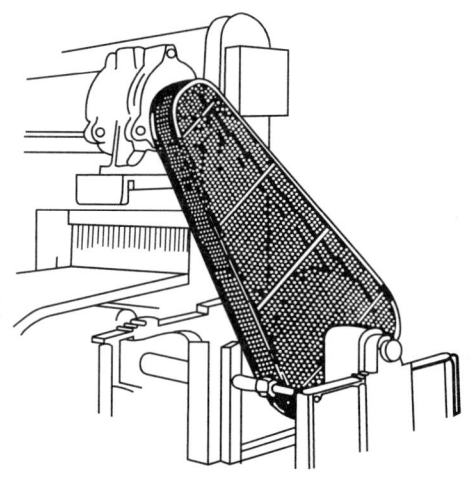

완전차단형 방호장치(풀 프루프)

(2) 페일 세이프(fail safe)의 개념과 적용 사례

① 개념 : 작업자가 실수를 하더라도 안전한 것, 즉 고장에 의해서 장치가 작동하지 않는다든가 파손되거나 또는 오조작이 행해지더라도 항상 안전한 상태가 되게 하는 것을 말한다.

② 적용 사례
　㈎ 프레스의 클러치나 브레이크에 고장이 발생하면 슬라이드가 급정지한다.
　㈏ 내진 소화기구를 적용한 석유스토브
　㈐ 엘리베이터의 정지 시 브레이크 장치

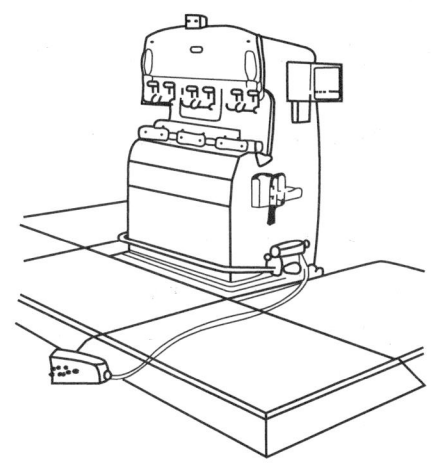

접근반응형 방호장치(페일 세이프)

(3) 풀 프루프와 페일 세이프의 차이점

풀 프루프는 휴먼 에러에도 불구하고 안전할 수 있도록 설계상에 안전을 반영하여 안전성을 확보하는 것이고, 페일 세이프는 기계 자체가 고장 등으로 문제를 일으키더라도 항상 안전성이 확보될 수 있도록 2중 3중 안전조치를 한 것을 말한다.

1-5 산업안전보건법에서는 사업장내 유해하거나 위험한 시설 및 장소에 대해서는 안전보건표지를 설치하거나 부착하도록 하고 있는데, 표지에 대한 다음 사항을 설명하시오.
(1) 표지의 분류와 각각의 바탕색, 기본 모형, 관련 부호 및 그림의 색채
(2) 표지 분류별 종류 5가지에 대한 용도와 사용 장소

(1) 표지의 분류와 각각의 바탕색, 기본 모형, 관련 부호 및 그림의 색채

안전보건표지는 다음과 같이 금지 표지, 경고 표지, 지시 표지, 안내 표지, 출입 금지 표지 등으로 구분된다.
① 금지 표지 : 바탕은 흰색, 기본 모형은 빨간색, 관련 부호와 그림은 검은색이다.
② 경고 표지 : 바탕은 노란색, 기본 모형, 관련 부호와 그림은 검은색이다.
③ 지시 표지 : 바탕은 파란색, 관련 그림은 흰색이다.
④ 안내 표지 : 바탕은 흰색, 기본 모형 및 관련 부호는 녹색이거나 바탕은 녹색, 관련부

호 및 그림은 흰색이다.

⑤ 출입 금지 표지 : 글자는 흰색 바탕에 흑색, 다음 글자는 적색이다.

(2) 표지 분류별 종류 5가지에 대한 용도와 사용 장소

① 금지 표지
  (가) 출입 금지 : 출입을 통제해야 할 장소
  (나) 보행 금지 : 사람이 걸어 다녀서는 안 되는 장소
  (다) 차량 통행 금지 : 제반 운반기기 및 차량의 통행을 금지시켜야 할 장소
  (라) 사용 금지 : 수리 또는 고장 등으로 만지거나 작동시키는 것을 금지해야 할 기계 기구 및 설비
  (마) 탑승 금지 : 엘리베이터 등에 타는 것이나 어떤 장소에 올라가는 것을 금지

② 경고 표지
  (가) 인화성물질 경고 : 휘발유 등 화기의 취급을 극히 주의해야 하는 물질이 있는 장소
  (나) 폭발성물질 경고 : 폭발성 물질이 있는 장소
  (다) 급성독성물질 경고 : 급성독성물질이 있는 장소
  (라) 고압전기 경고 : 발전소나 고전압이 흐르는 장소
  (마) 고온 경고 : 고도의 열을 발하는 물체 또는 온도가 아주 높은 장소

③ 지시 표지
  (가) 보안경 착용 : 보안경을 착용해야만 작업 또는 출입을 할 수 있는 장소
  (나) 방독마스크 착용 : 방독마스크를 착용해야만 작업 또는 출입을 할 수 있는 장소
  (다) 방진마스크 착용 : 방진마스크를 착용해야만 작업 또는 출입을 할 수 있는 장소
  (라) 안전모 착용 : 안전모를 착용해야만 작업 또는 출입을 할 수 있는 장소
  (마) 안전화 착용 : 안전화를 착용해야만 작업 또는 출입을 할 수 있는 장소

④ 안내 표지
  (가) 녹십자 표지 : 안전의식을 북돋우기 위하여 필요한 장소
  (나) 응급구호 표지 : 응급구호설비가 있는 장소
  (다) 들것 : 구호를 위한 들것이 있는 장소
  (라) 세안장치 : 세안장치가 있는 장소
  (마) 비상구 : 비상출입구

⑤ 출입 금지 표지
  (가) 허가대상 유해물질 취급 : 허가대상 유해물질 제조, 사용 작업장
  (나) 석면 취급 및 해체·제거 : 석면 제조, 사용, 해체, 제거 작업장
  (다) 금지 유해물질 취급 : 금지 유해물질 제조, 사용 설비가 설치된 장소

안전·보건표지의 종류와 형태

1. 금지 표지	101 출입금지	102 보행금지	103 차량통행금지	104 사용금지	105 탑승금지	106 금연
	107 화기금지	108 물체이동금지	2. 경고 표지	201 인화성물질 경고	202 산화성물질 경고	203 폭발성물질 경고	204 급성독성물질 경고
205 부식성물질 경고	206 방사성물질 경고	207 고압전기 경고	208 매달린 물체 경고	209 낙하물 경고	210 고온 경고	211 저온 경고
212 몸균형 상실 경고	213 레이저광선 경고	214 발암성·변이원성·생식독성·전신독성·호흡기 과민성 물질 경고	215 위험장소 경고	3. 지시 표지	301 보안경 착용	302 방독마스크 착용
303 방진마스크착용	304 보안면 착용	305 안전모 착용	306 귀마개 착용	307 안전화 착용	308 안전장갑 착용	309 안전복 착용

		401 녹십자표지	402 응급구호표지	403 들것	404 세안장치	405 비상용기구	406 비상구
4. 안내표지		⊕	✚	✚	👁✚	비상용기구	🏃

	407 좌측 비상구	408 우측 비상구		501 허가대상물질 작업장	502 석면취급/해체 작업장	503 금지대상물질의 취급 실험실 등
	→🏃	🏃←	5. 관계자외 출입금지	관계자외 출입금지 (허가물질 명칭) 제조/사용/보관 중 보호구/보호복 착용 흡연 및 음식물 섭취 금지	관계자외 출입금지 석면 취급/해체 중 보호구/보호복 착용 흡연 및 음식물 섭취 금지	관계자외 출입금지 발암물질 취급 중 보호구/보호복 착용 흡연 및 음식물 섭취 금지

6. 문자 추가 시 예시문	휘발유화기엄금	• 내 자신의 건강과 복지를 위하여 안전을 늘 생각한다. • 내 가정의 행복과 화목을 위하여 안전을 늘 생각한다. • 내 자신의 실수로써 동료를 해치지 않도록 안전을 늘 생각한다. • 내 자신이 일으킨 사고로 인한 회사의 재산과 손실을 방지하기 위하여 안전을 늘 생각한다. • 내 자신의 방심과 불안전한 행동이 조국의 번영에 장애가 되지 않도록 하기 위하여 안전을 늘 생각한다.

> **1-6** 안전보건 교육에 관한 다음 사항에 대해 설명하시오.
> (1) 안전보건 교육의 기본 원칙
> (2) 안전보건 교육의 3단계와 각 단계별 목표 및 교육 내용
> (3) 안전태도 교육의 기본 과정
> (4) 안전 교육 방법인 OJT(on the job training)와 OffJT(off the job training)의 비교

(1) 안전 교육의 기본 원칙

안전 교육을 실시할 때 기본 원칙은 다음과 같다.
① 피교육자 중심으로 교육을 한다.
② 충분한 동기 부여를 심어준다.
③ 지식, 기능 교육을 반복적으로 실시하여 습관화되도록 한다.
④ 쉬운 것에서부터 어려운 것으로 한다.
⑤ 한 번에 한 가지씩 체계적으로 교육한다.
⑥ 사례 중심 교육을 실시하여 강한 인상을 남기도록 한다.
⑦ 오감을 활용토록 한다.

(2) 안전보건 교육의 3단계와 각 단계별 목표 및 교육 내용

① 안전보건 교육의 3단계
  (가) 1단계 : 지식 교육
  (나) 2단계 : 기능 교육
  (다) 3단계 : 태도 교육

② 안전보건 교육의 각 단계별 목표 및 교육 내용
  (가) 지식 교육
    ㉮ 취급 기계설비, 해당 작업에 대한 개념을 이해시킨다.
    ㉯ 재해 발생의 원리를 이해시킨다.
    ㉰ 작업에 필요한 법규, 규정, 기준을 습득시킨다.
  (나) 기능 교육
    ㉮ 작업 방법에 대해 몸으로 습득시킨다.
    ㉯ 기계설비의 조작 방법에 대해 습득시킨다.
    ㉰ 비상 시 대응 방법, 정리정돈에 대해 습득시킨다.
  (다) 태도 교육
    ㉮ 안전작업에 임하는 자세와 동작을 습득시킨다.

㉯ 직장 규칙, 작업 규칙을 몸으로 습득시킨다.
㉰ 의욕을 가지고 행한다.

(3) 안전태도 교육의 기본 과정
① 들어본다.
② 이해 납득시킨다.
③ 모범을 보인다.
④ 권장한다.
⑤ 칭찬한다.
⑥ 벌을 준다.
⑦ 평가한다.

(4) OJT와 OffJT의 비교
① OJT(on the job training) : 직속상사가 부하직원에 대해 일상 업무를 통하여 지식, 기능, 문제해결능력 및 태도 등을 교육 훈련시키는 방법으로서 개별 교육에 적합한 교육 형태이며, 다음과 같은 특징이 있다.
㉮ 사업장의 실정에 맞는 구체적이고 실질적인 지도 교육이 가능하다.
㉯ 교육적 효과가 업무에 신속히 반영된다.
㉰ 동기 부여가 쉽다.
㉱ 개인의 능력과 적성에 적합한 세부 교육이 가능하다.
㉲ 교육으로 인해 업무가 중단되는 일이 없다.
㉳ 교육을 통하여 상사와 부하의 의사소통과 신뢰감이 증가된다.
㉴ 개별 교육에 적합하다.

② OffJT(off the job training) : 공통된 교육 목적을 가진 교육 대상자를 일정 장소에 소집하여 실시하는 교육으로서 집단 교육에 적합한 교육 형태이며, 그 특징은 다음과 같다.
㉮ 다수의 교육 대상자를 일괄적, 체계적으로 교육시킬 수 있다.
㉯ 우수한 강사를 확보하여 교육에 참여시킬 수 있다.
㉰ 집단적인 협조와 협력이 가능하다.
㉱ 교재나 시설을 효과적으로 활용할 수 있다.
㉲ 업무와 분리되므로 교육에 전념할 수 있다.
㉳ 집단 교육에 적합하다.

> **1-7** 인간의 불안전한 행동에 관한 다음 사항에 대해 설명하시오.
> (1) 불안전한 행동을 초래하는 부주의의 개념과 현상 및 원인과 대책
> (2) 불안전 행동의 배후 요인
> (3) 휴먼 에러(human error)의 심리학적 분류, 원인 및 방지 대책

(1) 불안전한 행동을 초래하는 부주의의 개념과 현상 및 원인과 대책

① 부주의 개념 : 주의란 의식작용이 있는 일에 집중하는 것을 말하며, 부주의란 주의의 저하나 주의가 산만해진 상태를 말한다.

② 부주의 현상 : 의식은 있으나 어떤 물적인 면에 집중하지 않는 것 또는 그렇게 하는 심리적인 능력을 가지고 있지 못한 상태를 말한다. 인간은 주의력을 집중할 수 있는 생리 기능적인 능력에 한계가 있으며, 그 능력은 심신의 상태나 외적 조건에 따라 달라진다.

③ 부주의의 원인과 방지 대책
  ㈎ 부주의의 원인
    부주의의 원인에는 외적 요인과 내적 요인이 있으며 다음과 같다.
    ㉮ 작업환경 조건이 악화될 때 발생한다.
    ㉯ 작업 순서가 부자연스러울 때 발생한다.
    ㉰ 개인의 소질적 문제에 기인한다.
    ㉱ 의식의 우회 상태에서 발생한다.
    ㉲ 경험 부족 및 미숙련에 기인한다.
  ㈏ 부주의의 방지 대책
    ㉮ 주의력 집중 훈련을 통해 안전의식을 제고시킨다.
    ㉯ 스트레스를 해소하고 작업의욕을 고취시킨다.
    ㉰ 표준동작을 습관화하며, 작업 조건을 개선하고 적응력을 향상시킨다.
    ㉱ 안전작업방법을 습득케 하고 적성배치한다.
    ㉲ 표준작업제도를 도입하고 설비와 작업환경을 안전화한다.

(2) 불안전행동의 배후 요인

불안전행동을 유발하는 배후 요인은 심리적인 요인과 생리적인 요인으로 구분되며, 다음과 같다.

① 심리적인 요인 : 휴먼 에러를 유발하는 착각, 착오, 망각, 망상, 소홀 등이 있다.
② 생리적인 요인 : 육체적인 피로, 작업에 대한 적합성 등이 있다.

(3) 휴먼 에러(human error)의 심리학적 분류, 원인 및 방지 대책

① 휴먼 에러(human error)의 심리학적 분류
  ㈎ 필요한 임무 또는 절차를 수행하지 않은 데 기인한 에러
  ㈏ 필요한 임무 또는 절차의 수행이 늦은 데 기인한 에러
  ㈐ 필요한 임무 또는 절차의 불확정한 수행에 기인한 에러
  ㈑ 필요한 임무 또는 절차의 순서 착오에 기인한 에러
  ㈒ 불필요한 임무 또는 절차를 수행한 데 기인한 에러

② 휴먼 에러(human error)의 원인
  ㈎ 심리적 원인 : 감정의 우회, 습관성, 개인의 개성, 인간관계, 소질적 문제 등이 있다.
  ㈏ 물리적 원인 : 작업 환경 조건의 악화, 작업 순서의 부자연성, 표준의 부재 또는 불량, 계획 불충분, 연락 및 의사소통 불량 등이 있다.

③ 휴먼 에러(human error, 인간의 과오)의 방지 대책
  휴먼 에러의 방지 대책은 다음과 같다.
  ㈎ 주의력 집중 훈련을 한다.
  ㈏ 표준을 정하고 설비 및 작업환경을 안전화한다.
  ㈐ 안전의식을 제고시키고 작업의욕을 고취시킨다.
  ㈑ 안전작업 방법을 습득시키고 적성배치한다.
  ㈒ 작업 조건을 개선하고 적응력을 향상시킨다.

1-8 브레인스토밍(brain storming)을 설명하고 브레인스토밍 토의식 안전교육에 있어서의 전제 조건과 실행 4원칙에 대해 설명하시오.

(1) 브레인스토밍

여러 사람이 모여 문제 해결을 위한 다양한 아이디어를 자유롭게 제시하고, 이러한 아이디어들을 취합·수정·보완해 정상적인 사고방식으로는 생각해낼 수 없는 독창적인 아이디어를 얻는 방법을 말하며, 어떤 문제를 해결함에 있어서 그 해결 방안을 생각할 때 판단이나 비판을 일단 중지하고 질(質)을 고려함이 없이 머리 속에 떠오른 창의적인 아이디어를 얻는 방법을 말한다. 이것은 1953년 오스번(A. F. Osborn)에 의하여 개발된 창의력 개발을 위한 특수 기법이다.

(2) 브레인스토밍 토의식 안전 교육에 있어서의 전제 조건

브레인스토밍 토의식 교육은 실제 상황과 직접 경험의 기회를 주는 등 자발적 학습의욕을 높이는 교육 방식으로 그 전제 조건은 다음과 같다.
① 기초적인 지식과 경험을 가지고 있는 것이 필요하다.
② 적절한 지도를 해야 한다.
③ 토의 결과를 실행하기 쉽게 하기 위한 배려가 필요하다.

(3) 브레인스토밍 실행 4원칙

① 자유 분방 : 자유로운 분위기에서 마음껏 발언할 수 있도록 한다.
② 비판 금지 : 발언 내용에 대해 비판을 하지 않는다.
③ 대량 발언 : 어떤 내용이라도 많은 발언을 하도록 한다.
④ 수정 발언 : 다른 사람이 발언한 내용에 대해 보충 또는 수정하여 발언할 수 있도록 한다.

1-9 산업안전보건법상 기계기구 등에 관한 다음 사항에 대해 설명하시오.
(1) 안전인증 대상 기계·기구 및 설비, 방호장치, 보호구
(2) 안전검사 대상 유해위험기계
(3) 자율안전확인신고 대상 기계·기구, 방호장치, 보호구
(4) 방호장치를 해야 할 유해위험기계기구와 그 방호장치

---

(1) 안전인증 대상 기계·기구 및 설비, 방호장치, 보호구

안전인증이란 고용노동부장관이 유해·위험한 기계·기구 및 설비, 방호장치, 보호구의 안전성을 평가하기 위하여 그 안전에 관한 성능과 제조자의 기술 능력 및 생산 체계 등에 관한 안전인증기준을 정하여 안전인증을 실시하는 것을 말하며 그 대상은 다음과 같다.

① 기계·기구 및 설비(10종) : 프레스, 전단기 및 절곡기, 크레인, 리프트, 압력용기, 롤러기, 사출성형기, 고소작업대, 곤도라, 기계톱(이동식)
  ㈎ "프레스"란 금형과 금형 사이에 금속 또는 비금속 물질을 넣고 압축, 절단 또는 조형하는 기계를 말한다.
  ㈏ "전단기"란 상하의 칼날 사이에 금속 또는 비금속 물질을 넣고 전단하는 기계를 말한다.
  ㈐ "절곡기"란 하부 금형과 절곡날 사이에 금속 또는 비금속 판재를 넣고 굽힘 가공하는 기계를 말한다.

㈑ "크레인(crane)"이란 훅(hook)이나 그 밖의 달기기구를 사용하여 화물의 권상과 이송을 목적으로 일정한 작업공간 내에서 반복적인 동작이 이루어지는 기계를 말한다.
㈒ "리프트"란 동력을 사용하여 가이드레일을 따라 상하로 움직이는 운반구를 매달아 사람이나 화물을 운반할 수 있는 설비 또는 이와 유사한 구조 및 성능을 가진 기계를 말한다.
㈓ "압력용기(pressure vessel)"란 용기의 내면 또는 외면에서 일정한 유체의 압력을 받는 밀폐된 용기를 말한다.
㈔ "롤러기"란 2개 이상의 롤러를 한 조로 하여 각각 반대 방향으로 회전하면서 가공재료를 롤러 사이로 통과시켜 롤러의 압력에 의해 소성변형 또는 연화시키는 기계를 말한다.
㈕ "사출성형기"란 열을 가하여 용융 상태의 열가소성 또는 열경화성 플라스틱, 고무 등의 재료를 노즐을 통하여 두 개의 금형 사이에 주입하여 원하는 모양의 제품을 성형·생산하는 기계를 말한다.
㈖ "고소작업대(mobile elevated work platform ; MEWP)"란 작업대, 연장구조물(지브), 차대로 구성되며 사람을 작업 위치로 이동시켜주는 설비를 말한다.
㈗ "곤돌라"란 작업대, 승강장치 및 그 밖에 부속물로 구성되고, 로프 또는 강선에 매단 발판이나 작업대가 전용의 승강장치에 의해 상승 또는 하강하는 설비를 말한다.
㈘ "기계톱"이란 소형의 원동기로 체인 형태의 절삭날을 가진 톱을 구동시켜 벌목, 가지치기 등 목재를 가공하는 휴대용 동력톱을 말한다.

② 방호장치(7종) : 프레스 및 전단기 방호장치, 양중기용 과부하방지장치, 보일러 압력방출용 안전밸브, 압력용기 압력방출용 안전밸브, 압력용기 압력방출용 파열판, 절연용 방호구 및 활선작업용 기구, 방폭구조 전기기계기구 및 부품
③ 보호구(12종) : 추락 및 감전 위험방지용 안전모, 안전화, 안전장갑, 방진마스크, 방독마스크, 송기마스크, 전동식 호흡보호구, 보호복, 안전대, 차광 및 비산물 위험방지용 보안경, 용접용 보안면, 방음용 귀마개 또는 귀덮개

(2) 안전검사 대상 유해위험기계(12종)

안전검사란 유해하거나 위험한 기계·기구·설비 등을 사용하는 사업주의 유해·위험기계 등의 안전에 관한 성능이 고용노동부장관이 정하여 고시하는 검사기준에 맞는지에 대하여 고용노동부장관이 실시하는 검사를 말하며, 안전검사 대상 유해위험기계는 다음과 같다.

프레스, 전단기, 크레인(이동식 크레인과 정격하중 2톤 미만 호이스트는 제외), 리프트, 압력용기, 곤돌라, 국소배기장치, 원심기(산업용), 화학설비 및 그 부속설비, 건조설비 및 그 부속설비, 롤러기(밀폐형 구조 제외), 사출성형기

(3) 자율안전확인신고 대상 기계·기구

자율안전확인 신고 제도란 유해·위험한 기계·기구·설비 등으로서 자율안전확인대상 기계·기구 등을 제조하거나 수입하는 자는 자율안전확인대상 기계·기구 등의 안전에 관한 성능이 자율안전기준에 맞는지 확인하여 고용노동부장관에게 신고하는 것을 말하며, 대상기계기구 및 설비, 방호장치, 보호구는 다음과 같다.

① 기계·기구 및 설비(11종) : 연삭기 또는 연마기(휴대형은 제외), 산업용 로봇, 혼합기, 파쇄기 또는 분쇄기, 식품가공용기계(파쇄·절단·혼합·제면기만 해당), 컨베이어, 자동차정비용 리프트, 공작기계(선반, 드릴기, 평삭·형삭기, 밀링만 해당), 고정형 목재가공용기계(둥근톱, 대패, 루타기, 띠톱, 모떼기 기계만 해당), 인쇄기, 기압조절실(chamber)

② 방호장치(8종) : 아세틸렌 용접장치용 또는 가스 집합 용접장치용 안전기, 교류 아크 용접기용 자동전격방지기, 롤러기 급정지장치, 연삭기 덮개, 목재 가공용 둥근톱 반발예방장치와 날접촉예방장치, 동력식 수동대패용 칼날접촉방지장치, 산업용 로봇 안전매트, 추락·낙하 및 붕괴 등의 위험 방지 및 보호에 필요한 가설기자재

③ 보호구(4종) : 안전모, 보안경, 보안면, 잠수기(잠수헬멧 및 잠수마스크를 포함)

> **참고**
>
> **방호장치**
> ① 아세틸렌 용접장치용 또는 가스 집합 용접장치용 안전기는 역화방지기를 말하며 소염소자, 역화방지장치 및 방출장치 등으로 구성되어 있고 역화를 방지한 후 복원이 되어 계속 사용할 수 있는 장치를 말한다.
> ② 교류 아크용접기용 자동전격방지기란 대상으로 하는 용접기의 주회로를 제어하는 장치를 가지고 있어, 용접봉의 조작에 따라 용접할 때에만 용접기의 주회로를 형성하고, 그 외에는 용접기의 출력측의 무부하전압을 25 V 이하로 저하시키도록 동작하는 장치를 말한다.
> ③ 롤러기 급정지장치란 롤러기의 전면에 작업하고 있는 근로자의 신체 일부가 롤러 사이에 말려들어가거나 말려들어갈 우려가 있는 경우에 근로자가 손, 무릎, 복부 등으로 급정지 조작부를 동작시킴으로써 브레이크가 작동하여 급정지하게 하는 방호장치를 말한다.
> ④ 연삭기 덮개란 인체가 회전체에 접촉하지 않도록 덮어주는 덮개를 말하며 덮개에는 워크레스트 및 조정편을 구비해야 하며, 워크레스트는 연삭숫돌과의 간격을 3 mm 이하로 조정할 수 있는 장치를 말한다.
> ⑤ 목재가공용 둥근톱 반발예방장치란 둥근톱 작업 시 가공재의 반발을 방지하기 위하여 설치하는 분할날을 말하며, 목재가공용 둥근톱 날접촉예방장치란 목재가공용 둥근톱의 톱날과 인체의 접촉을 방지하기 위한 덮개를 말한다.
> ⑥ 동력식 수동대패 칼날접촉방지장치란 인체가 대패날에 접촉하지 않도록 덮어주는 것을 말한다.
> ⑦ 산업용 로봇 안전매트란 유효감지영역 내의 임의의 위치에 일정한 정도 이상의 압력이 주어졌을 때 이를 감지하여 신호를 발생시키는 장치를 말하며 감지기, 제어부 및 출력부로 구성된다.

(4) 방호장치를 해야 할 유해위험기계기구와 그 방호장치(6종)

방호장치란 위험기계·기구의 위험장소 또는 부위에 근로자가 통상적인 방법으로는 접근하지 못하도록 하는 제한조치를 말하며, 방호망, 방책, 덮개 또는 각종 방호장치 등을 설치하는 것을 포함하며, 방호장치를 반드시 해야 할 대상과 그 방호장치는 다음과 같다.

① 예초기 날접촉예방장치 : 예초기의 절단날 또는 비산물로부터 작업자를 보호하기 위해 설치하는 보호덮개 등의 장치를 말한다.

② 원심기 회전체 접촉예방장치 : 원심기의 케이싱 또는 하우징 내부의 회전통 등에 작업자의 신체 일부가 접촉되는 것을 방지하기 위해 설치하는 덮개 등의 장치를 말한다.

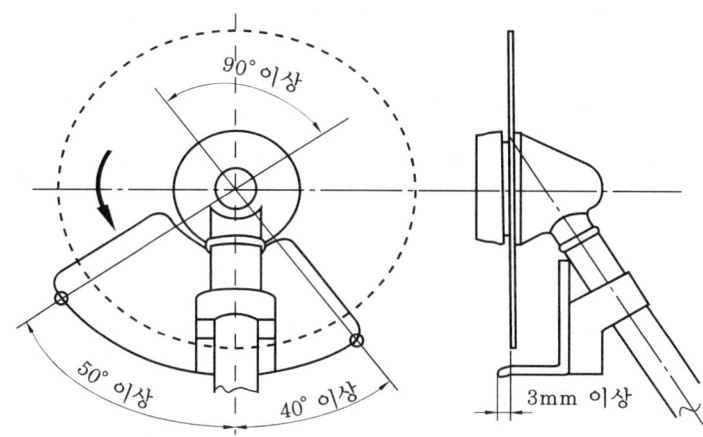

원심기 회전체 접촉예방장치

③ 공기압축기 압력방출장치 : 공기압축기에 부속된 압력용기의 과도한 압력 상승을 방지하기 위하여 설치하는 안전밸브, 언로드밸브 등의 장치를 말한다.

④ 금속절단기 날접촉예방장치 : 띠톱, 둥근톱 등 금속절단기의 절단날 또는 비산물로부터 작업자를 보호하기 위하여 설치하는 장치를 말한다.

⑤ 지게차 헤드가드, 백레스트 : 지게차 헤드가드란 지게차를 이용한 작업 중에 위쪽으로부터 떨어지는 물건에 의한 위험을 방지하기 위하여 운전자의 머리 위쪽에 설치하는 덮개를 하며, 백레스트란 지게차를 이용한 작업 중에 마스트를 뒤로 기울일 때 화물이 마스트 방향으로 떨어지는 것을 방지하기 위해 설치하는 짐받이 틀을 말한다.

⑥ 포장기계 구동부 방호 연동장치 : 진공포장기, 랩핑기의 구동부에 설치되는 방호장치 등이 개방되었을 때 기계의 작동이 정지되도록 하거나 방호장치가 닫힌 상태에서만 기계가 작동되도록 상호 연결시키는 것을 말한다.

1-10 산업재해 발생 원인과 예방 대책에 관한 다음 사항에 대해 설명하시오.
(1) 산업재해 발생의 직접 원인과 간접 원인
(2) 산업재해 예방 대책(3E, 3S, 4M)
(3) 산업재해 예방 4원칙
(4) 산업재해 조사 목적
(5) 산업재해 조사의 실시 요령과 순서
(6) 산업재해 조사 시 유의사항
(7) 산업재해 조사 항목

(1) 산업재해의 발생의 직접 원인과 간접 원인

산업재해를 일으키는 원인에는 직접 원인과 간접 원인이 있다.

① 직접 원인 : 불안전한 행동(인적 원인)과 불안전한 상태(물적 원인)로 구분한다.
  ㈎ 불안전한 행동(인적 원인) : 위험장소의 접근, 방호장치의 기능 제거, 복장·보호구의 잘못 사용, 운전 중인 기계장치의 손질, 불안전한 조작, 불안전한 상태 방치, 불안전한 자세 동작, 감독 및 연락 불충분 등
  ㈏ 불안전한 상태(물적 원인) : 물 자체의 결함, 안전·방호장치의 결함, 복장·보호구의 결함, 물의 배치 및 작업장소 결함, 작업환경의 결함, 생산공정의 결함, 경계표시·설비의 결함 등

② 간접 원인 : 기술적 원인, 교육적 원인, 작업관리상의 원인이 있다.
  ㈎ 기술적 원인 : 건물·기계장치의 설계 불량, 구조·재료의 부적합, 생산 방법의 부적합, 점검·정비·보존 불량 등
  ㈏ 교육적 원인 : 안전지식의 부족, 안전수칙의 오해, 경험·훈련의 미숙, 작업 방법의 교육 불충분, 유해위험작업의 교육 불충분 등
  ㈐ 작업관리상의 원인 : 안전관리조직 결함, 안전수칙 미제정, 작업준비 불충분, 인원배치 부적당, 작업지시 부적당 등

(2) 산업재해 예방 대책(3E, 3S, 4M)

① 3E : 재해예방대책의 일환으로서 교육, 기술, 규제(관리)를 말한다.
  ㈎ 교육(education) : 안전교육을 통해 지식 습득, 안전작업요령 등을 가르쳐 주어 사고를 예방하는 것이다.
  ㈏ 기술(engineering) : 안전기술, 즉 공학적 대책으로서 위험요인을 공학적 접근으로 개선해 나가는 방법이다.
  ㈐ 규제 또는 독려(enforcement) : 근로자가 안전한 행동을 지속할 수 있도록 규제

(또는 관리)를 강화해 나가는 것이다.

② 3S : 재해예방대책의 일환으로서 전문화, 단순화, 표준화를 말한다.
  (가) 전문화(specialization) : 체계적이고 전문화하여 사고위험을 관리한다.
  (나) 단순화(simplification) : 복잡한 작업절차는 사고위험을 높일 수 있으므로 가능한 한 단순화시킨다.
  (다) 표준화(standardization) : 표준절차 지침을 정해서 작업의 안전성을 높인다.

③ 4M : 작업과정에서 위험이 발생될 수 있는 4요소, 즉 사람(작업자), 기계·설비, 물질·환경, 그리고 관리를 말하며, 이들 4요소에 대해 예방 대책을 강구한다.
  (가) 사람(man) : 사람, 즉 작업자의 불안전한 행동에 의해 발생되는 위험을 제거한다.
  (나) 기계·설비(machine) : 작업자가 취급하는 기계·설비의 결함 등에서 발생되는 위험을 제거하거나 통제한다.
  (다) 물질·환경(media) : 작업 시 발생하는 분진, 소음, 조도 등 취급물질과 작업환경이 위험요인으로 작용하는 것을 통제하거나 관리한다.
  (라) 관리(management) : 작업장 및 작업자를 관리하는 시스템의 불합리에 의해 발생되는 위험을 관리한다.

(3) 산업재해 예방의 4원칙

산업재해 예방 4원칙은 다음과 같다.

① 손실 우연의 원칙 : 재해, 즉 손실은 사고 발생 시의 조건 및 상황에 따라 달라지므로 손실은 우연성에 의해 결정된다.
② 예방 가능의 원칙 : 재해는 원칙적으로 원인만 제거하면 예방이 가능하다.
③ 원인 연계의 원칙 : 재해의 원인은 여러 요소들이 복합적으로 작용하여 재해를 유발시킨다.
④ 대책 선정의 원칙 : 재해의 원인은 각각 다르므로 원인을 정확히 규명해서 원인에 적합한 대책이 선정, 적용되어야 한다.

(4) 재해조사 목적

① 재해발생 원인을 규명하여 동종 및 유사재해의 재발을 방지한다.
② 법률적 책임 소재를 규명한다.
③ 재해원인의 통계분석을 통하여 연구 및 정책수립에 활용한다.

(5) 산업재해 조사의 실시 요령과 순서

산업재해 조사의 목적은 동종 재해가 재발하지 않도록 재해의 원인인 불안전한 상태와 불안전한 행동을 조사하고, 이것을 분석 검토하여 적정한 방지 대책을 수립하는

데 있다.

따라서, 재해가 발생했을 때는 재해의 정도를 불문하고 항상 철저하게 그 원인을 조사하는 것이 중요하다.

① 산업재해 조사의 실시 요령
　㈎ 조사자는 진상을 철저히 규명한다. 이를 위해 조사 범위는 재해를 일으킨 모든 부분을 포함한다.
　㈏ 재해 관련 모든 관계자의 의견을 청취하여 그 결과에 따라 다양한 문제점을 생각한다.
　㈐ 재해 원인의 복잡성 정도에 따라 조사의 폭이 위축되지 않도록 한다.

② 산업재해 조사의 순서
　㈎ 1단계(사실의 확인) : 재해 발생까지의 경과를 파악하고 사람, 물체, 관리시스템에 관한 사실을 수집한다.
　㈏ 2단계(재해 요인의 파악) : 재해를 일으킨 불안전한 상태와 불안전한 행동 등에 대해 재해 원인을 파악한다.
　㈐ 3단계(재해 원인의 결정) : 재해 원인의 상관관계와 중요성을 고려하여 직접 원인과 간접 원인을 결정한다.
　㈑ 4단계(재발 방지 대책 수립) : 재해 발생 원인을 참고하여 동종·유사 재해 예방 대책을 수립한다.

(6) 산업재해 조사 시 유의사항
① 산업재해 조사에 참가하는 자는 항상 객관성을 가지고 공평하게 조사한다.
② 산업재해 조사는 발생 후 가능한 한 빨리 현장이 보존된 상태에서 조사를 실시한다.
③ 목격자와 현장 책임자로부터 재해 발생 상황에 대한 설명을 듣는다.
④ 산업재해 관련 자료는 모두 보관한다.
⑤ 설비나 사람 및 관리의 결함사항에 대해 정밀하게 조사한다.
⑥ 산업재해 방지에 초점을 맞추어 조사한다.
⑦ 현장의 사진이나 도면을 확보한다.
⑧ 조사자도 필요 시 보호구를 착용한다.

(7) 재해조사 항목
① 재해자 근무형태 등 재해자 정보 : 재해자에 대한 인적사항, 근무형태, 고용형태에 대해 조사한다.
② 재해자의 상해부위 : 재해자의 상해부위를 조사한다.
③ 재해발생 상황 : 재해발생 일시, 재해발생 장소, 재해발생 시점 등에 대해 조사한다.

④ 재해발생공정 및 작업형태 : 재해가 발생한 공정과 작업자의 작업형태(단독작업, 복수 작업)에 대해 조사한다.

⑤ 재해발생 형태 : 재해발생 형태(넘어짐, 떨어짐, 끼임, 화재 등)에 대해 조사한다.

⑥ 재해발생 기인물 : 재해를 일으킨 기계, 설비, 에너지 등 기인물에 대해 조사한다.

⑦ 재해발생 작업 : 재해가 발생할 당시 작업자의 작업내용에 대해 조사한다.

⑧ 불안전 상태 : 재해 발생을 유발시킨 기인물에 대해 재해를 일으킬 수 있는 위험요인에 대해 조사한다.

⑨ 불안전 행동 : 재해 당시 재해자의 불안전한 행동(안전수칙 미준수 등)에 대해 조사한다.

⑩ 관리적인 요인 : 재해발생 당시 작업관리 상태(작업절차의 부적절 등)에 대해 조사한다.

1-11 위험예지훈련의 4단계를 설명하고, 원포인트(one point) 위험예지훈련에 대해 설명하시오.

(1) 위험예지훈련의 4단계

위험예지훈련이란 작업 전에 위험 요인을 미리 발견, 파악하고 그에 알맞은 대책을 강구하여 위험 요인을 제거, 방호, 격리 등의 안전조치를 취함으로써 안전을 확보하도록 하는 훈련이다. 위험예지훈련은 소집단 활동과 지적 확인이 모두 필요한 안전활동으로, 숨어 있는 위험 요인을 소집단에서 다함께 토의하여 토출한 뒤 위험의 포인트를 정하고 중점 실시항목을 선정, 지적 확인을 통하여 사전에 위험을 해결하는 훈련이다. 이와 같은 위험예지활동을 통해 위험에 대한 감수성, 실천행동에의 집중력, 자율적 추진으로의 의욕을 높여 불안전 행동을 방지할 수 있다. 위험예지훈련을 위한 4단계는 다음과 같다.

① 1단계(현상 파악) : 위험 요인이 어디에 있는지 위험 요인을 발견하고 파악하는 것이다.

② 2단계(본질 추구) : 현상 파악된 위험 요인 중 실제로 사고로 이어질 수 있는 중요한 위험 요인을 결정하는 것이다.

③ 3단계(대책 수립) : 중요한 위험 요인에 대한 예방 대책을 수립하는 것이다.

④ 4단계(목표 설정) : 예방 대책을 실천하기 위한 행동 목표를 설정하는 것이다.

(2) 원포인트(one point) 위험예지훈련

원포인트 위험예지훈련은 위험예지훈련 4라운드 중 2R, 3R, 4R을 모두 원포인트로 요약하여 실시하는 기법이며, 2~3분이면 실시할 수 있는 현장 활동용이다. 원포인트 위험예지훈련의 진행 방법은 다음과 같다.

① 1R(어떤 위험이 잠재하고 있는가) : 팀원이 작업상황에 대해 잠재하고 있는 위험 요인을 찾는다.
② 2R(이것이 위험의 포인트이다) : 파악된 위험 요인 중 가장 중요한 위험 요인을 원포인트로 요약하여 지적 확인한다.
③ 3R(당신이라면 어떻게 하겠는가) : 원포인트로 요약된 위험 요인에 대한 대책을 세운다.
④ 4R(우리들은 이렇게 하자) : 중점 실시사항을 하나 요약한다.
⑤ 지적 확인 : 원포인트 지적 확인을 하고 터치앤콜(touch & call)을 하며 마무리한다.

1-12 산업안전보건법상 다음을 설명하시오.
(1) 안전보건관리규정 개요 및 작성 내용
(2) 도급사업 시의 안전보건조치 개요와 안전보건조치 내용

(1) 안전보건관리규정 개요 및 작성 내용

① 안전보건관리규정의 개요 : 안전보건관리규정이란 사업장내 안전보건을 유지하기 위하여 100인 이상 사업장에서는 의무적으로 작성하여 각 사업장에 게시하거나 갖춰놓고 이를 근로자에게 알려야 하며, 사업주와 근로자는 이를 준수해야 한다.
② 안전보건관리규정 작성 내용
　㈎ 안전·보건 관리조직과 그 직무에 관한 사항
　㈏ 안전·보건교육에 관한 사항
　㈐ 작업장 안전관리 및 보건관리에 관한 사항
　㈑ 사고 조사 및 대책 수립에 관한 사항
　㈒ 그 밖에 안전·보건에 관한 사항

(2) 도급사업 시의 안전보건조치 개요와 안전보건조치 내용

① 도급사업시의 안전보건조치 개요 : 같은 장소에서 사업의 일부 또는 전부를 도급을 주는 경우 발생할 수 있는 재해를 예방하기 위하여 도급인 및 수급인이 취해야 할 안전

조치를 말한다.
② 도급사업시의 안전보건조치 내용
  (가) 안전·보건에 관한 협의체의 구성 및 운영
  (나) 작업장의 순회점검 등 안전·보건관리
  (다) 수급인이 근로자에게 하는 안전·보건교육에 대한 지도와 지원
  (라) 작업환경 측정
  (마) 다음 어느 하나의 경우에 대비한 경보의 운영과 수급인 및 수급인의 근로자에 대한 경보운영 사항의 통보
    ㉮ 작업 장소에서 발파작업을 하는 경우
    ㉯ 작업 장소에서 화재가 발생하거나 토석 붕괴 사고가 발생하는 경우
  (바) 도급인(사업주)은 그의 수급인이 사용하는 근로자가 토사 등의 붕괴, 화재, 폭발, 추락 또는 낙하 위험이 있는 장소 등에서 작업을 할 안전보건시설의 설치 등 산업재해예방을 위한 조치
  (사) 화학물질 또는 화학물질을 함유한 제제를 제조, 사용, 운반 또는 저장하는 설비를 개조하는 등 안전보건상 유해하거나 위험한 작업을 도급 시 수급인의 근로자의 산업재해예방을 위한 조치

1-13 다음은 안전 및 산업심리와 관련된 이론이다. 설명하시오.
(1) 그린우드(Greenwood) 이론에서 제시하는 재해다발자의 분류 및 이를 해결하기 위한 고려사항
(2) 맥그리거(McGregor)의 X이론과 Y이론 및 관리방식과 관리처방
(3) 오우찌(W.Ouchi)의 Z이론에 관한 기본 개념과 Z형 조직의 특징

---

(1) 그린우드(Greenwood) 이론에서 제시하는 재해다발자의 분류 및 이를 해결하기 위한 고려사항

① 재해다발자의 분류 : 재해다발자란 어느 기간 내에 어느 횟수 이상의 재해를 일으킨 사람을 말하며 다음과 같이 분류한다.
  (가) 미숙성 다발자 : 기능의 미숙이나 환경에 익숙하지 못하여 재해를 일으키는 자를 말한다.
  (나) 상황성 다발자 : 작업이 어렵거나 기계설비에 결함이 있거나 주의력의 집중이 혼란된 경우 및 근심이 있는 경우에 재해를 일으키는 자를 말한다.

㈐ 습관성 다발자 : 재해의 경험에 의해 겁쟁이가 되거나 신경과민인 경우와 일종의 슬럼프 상태에 빠진 경우에 재해를 일으키는 자를 말한다.
㈑ 소질성 다발자 : 개인적인 소질 가운데 재해 요인의 소질을 가지고 있는 경우와 개인의 특수한 성격에 의해 재해를 일으키는 자를 말한다.
② 고려사항
㈎ 작업 방법이나 환경에 대해 익숙하도록 교육을 실시한다.
㈏ 주의력 집중훈련을 실시한다.
㈐ 작업을 전환시켜 작업환경을 바꿔주거나 스트레스 해소를 위한 다양한 활동을 전개한다.
㈑ 작업자의 소질에 적합한 적성 배치를 한다.

(2) 맥그리거(McGregor)의 X이론과 Y이론 및 관리방식과 관리처방

① 맥그리거의 X이론과 Y이론
㈎ X이론
㉮ 인간 불신, 성악설에 근거한다.
㉯ 동기 부여는 생리적 욕구, 안전욕구 등 저차원적 욕구에서 가능하다.
㉰ 책임을 회피하고 통제받기를 좋아한다.
㉱ 창의력을 발휘하지 못한다.
㈏ Y이론
㉮ 상호 신뢰, 성선설에 근거한다.
㉯ 동기 부여는 사회적 욕구, 자아실현 욕구 등 고차원적 욕구에서 가능하다.
㉰ 책임감이 강하고 자기통제가 가능하다.
㉱ 창의력 발휘가 가능하다.
② 관리방식과 관리처방
㈎ X이론
㉮ 관리방식 : 권위주의적이고 업적 관리방식이다.
㉯ 관리처방 : 엄격한 통제를 가하며 교육훈련을 하지 않는다.
㈏ Y이론
㉮ 관리방식 : 개인의 목표와 조직의 목표를 통합시도하며 자유방임적이고 개방지향적인 관리방식이다.
㉯ 관리처방 : 권한 위임과 책임감을 부여하며 지속적인 교육훈련을 실시한다.

(3) 오우찌(W.Ouchi)의 Z이론에 관한 기본 개념과 Z형 조직의 특징

① Z이론에 관한 기본 개념 : 사업장에서 생산성을 향상시키는 방법이 과거에는 생산기술

이나 설비, 재료 등에 의해 해결되었으나 현재는 조직 구성원의 인간관계 개선 등 효율적인 인적관리에서 찾아야 한다는 것이다

② Z형 조직의 특징 : Z형 조직의 문화는 자율, 평등, 친밀, 참여, 상호 신뢰 등에 기반하고 있으며, 조직 구성원은 동질성, 집단공동적 인식을 가진다. 따라서 이러한 조직 문화와 인간 관계가 해당 사업장의 생산성을 향상시키는 데 결정적인 역할을 한다.

1-14 피로의 정의, 피로의 종류, 피로에 영향을 미치는 요인 및 피로 시 나타나는 증상, 피로 예방대책에 대해 설명하시오.

(1) 피로의 정의
피로란 체력 또는 근육의 근력 생산능력의 감소를 말하며, 생산 및 작업성적의 양적·질적 저하 현상, 작업능력 또는 생리적 기능의 저하현상을 일으킨다.

(2) 피로의 종류
피로는 다음과 같이 주관적 피로, 객관적 피로 및 생리적 피로로 구분된다.
① 주관적 피로 : '피곤하다'라는 자각을 제일의 징후로 하고, 피로감에는 권태, 단조로움, 포화감이 따르며 의지력이 약화되고 주의가 산만해진다.
② 객관적 피로 : 생산량과 질을 지표로 하며 피로에 의해서 주의가 산만해지고 작업 수행의 의욕과 힘이 떨어져 생산성이 감소하게 된다.
③ 생리적 피로 : 생체의 기능 또는 물질의 변화를 검사 결과를 통해 추정한다. 피로는 특정한 실체가 없기 때문에 피로에 특유한 반응이나 증상이 없다.

(3) 피로에 영향을 미치는 요인
① 개체 조건 : 체력, 숙련도, 경험년수, 연령, 성별, 성격 또는 기질 등이 영향을 미친다.
② 작업 조건 : 심적 부담이 많은 작업 등 질적 조건과 작업부담이나 작업속도 등 양적 조건 등이 영향을 미친다.
③ 환경 조건 : 온도, 습도, 조도, 소음, 진동 등이 영향을 미친다.
④ 사회적 조건 : 거주지역의 통근시간, 직장에서의 인간관계, 임금과 생활수준 등이 영향을 미친다.

(4) 피로 시 나타나는 증상

① 신체적 증상
  ㈎ 머리가 무겁거나 아프다.
  ㈏ 몸이 나른하고 어깨가 쑤신다.
  ㈐ 숨이 차고 가슴이 답답하다.
  ㈑ 하품이 나고 식은땀이 난다.

② 정신적 증상
  ㈎ 머리가 멍하고 현기증이 난다.
  ㈏ 생각이 산만해지고 귀찮아진다.
  ㈐ 초조해지고 마음이 산란하다.
  ㈑ 매사에 자신이 없고 실수가 많다.

③ 신경감각적 증상
  ㈎ 눈이 피로하고 희미해진다.
  ㈏ 발에 힘이 없고 비틀거린다.
  ㈐ 현기증이 나고 근육에 경련이 생긴다.
  ㈑ 귀가 울리고 손발이 흔들린다.

(5) 피로 예방대책

① 작업의 부하를 줄인다.
② 작업속도를 적정하게 한다.
③ 정적 동작을 가능한 피한다.
④ 작업환경 조건을 개선한다.
⑤ 작업시간과 휴식을 적정하게 한다.
⑥ 수면을 충분히 갖도록 한다.

> **1-15** 위험성 평가에 관한 다음 사항에 대해 설명하시오.
> (1) 위험성 평가의 목적, 시기, 및 위험성 평가 시 주의사항
> (2) 용어의 정의 : 위험성평가, 위험성, 위험성 추정, 위험성 결정
> (3) 위험성 평가의 절차와 4M 항목별 유해 위험 요인
> (4) 위험성 평가의 방법, 유해 위험 요인 파악 방법과 위험성 감소 대책 수립 및 실행 시 고려사항
> (5) 위험성 평가의 효율적 추진을 위한 정부의 책무

(1) 위험성 평가의 목적, 시기 및 위험성 평가 시 주의사항

① 위험성 평가의 목적 : 모든 작업활동에 잠재된 위험 요인의 도출 및 위험성 평가를 통하여 사전에 예방적 안전보건경영체제를 구축함으로써 지속적인 위험관리로 재해를 예방하기 위함이다.

② 위험성 평가 시기
  ㈎ 위험성 평가는 최초 평가, 수시 평가 및 정기 평가로 구분하여 실시하며, 최초 평가와 정기 평가는 전체 작업을 대상으로 한다.
  ㈏ 수시 평가는 다음의 해당 계획이 있는 경우에 실시한다.
    ㉮ 사업장 건설물의 설치·이전·변경 또는 해체
    ㉯ 기계·기구, 설비, 원재료 등의 신규 도입 또는 변경
    ㉰ 건설물, 기계·기구, 설비 등의 정비 또는 보수
    ㉱ 작업 방법 또는 작업 절차의 신규 도입 또는 변경
    ㉲ 중대산업사고 또는 산업재해(휴업 이상의 요양을 요하는 경우에 한정한다.) 발생
    ㉳ 그 밖에 사업주가 필요하다고 판단한 경우
  ㈐ 정기 평가는 최초 평가 후 매년 정기적으로 실시한다. 이 경우 다음의 사항을 고려해야 한다.
    ㉮ 기계·기구, 설비 등의 기간 경과에 의한 성능 저하
    ㉯ 근로자의 교체 등에 수반하는 안전·보건과 관련되는 지식 또는 경험의 변화
    ㉰ 안전·보건과 관련되는 새로운 지식의 습득
    ㉱ 현재 수립되어 있는 위험성 감소 대책의 유효성 등

③ 위험성 평가 시 주의사항
  ㈎ 사전에 평가대상 목록을 확정한다.
  ㈏ 현장에서 위험에 직접 노출된 작업자를 참여시킨다.
  ㈐ 위험 요인 파악은 팀원의 브레인스토밍 방식으로 진행하되 근로자의 아차사고 경험을 반영한다.

㈑ 위험 감소 대책은 기술적·경제성을 검토하여 합리적으로 실행 가능한 낮은 수준의 위험이 유지되도록 작성한다.

㈒ 위험도 계산기준 및 허용 위험수준을 사업장의 규모와 업종 특성에 적합하도록 사전에 정한다.

(2) 용어의 정의 : 위험성 평가, 위험성, 위험성 추정, 위험성 결정

① 위험성 평가 : 유해·위험 요인을 파악하고 해당 유해·위험 요인에 의한 부상 또는 질병의 발생 가능성(빈도)과 중대성(강도)을 추정·결정하고 감소 대책을 수립하여 실행하는 일련의 과정을 말한다.

② 위험성 : 유해·위험 요인이 부상 또는 질병으로 이어질 수 있는 가능성(빈도)과 중대성(강도)을 조합한 것을 의미한다.

③ 위험성 추정 : 유해·위험 요인별로 부상 또는 질병으로 이어질 수 있는 가능성과 중대성의 크기를 각각 추정하여 위험성의 크기를 산출하는 것을 말한다.

④ 위험성 결정 : 유해·위험 요인별로 추정한 위험성의 크기가 허용 가능한 범위인지 여부를 판단하는 것을 말한다.

(3) 위험성 평가의 절차와 4M 항목별 유해 위험 요인

① 위험성 평가 절차

㈎ 평가 대상의 선정 등 사전 준비 : 위험성 평가 대상을 선정하고 사전 준비를 한다. 여기서, 평가 대상 생산부서·공정의 대분류 → 평가 대상 작업·공정의 세분류 → 안전보건정보에서 얻어진 자료로부터 주요 평가 항목 선정 등의 절차에 의해 진행한다.

㈏ 근로자의 작업과 관계되는 유해 위험 요인의 파악 : 위험성 평가 대상으로 선정된 세분화된 공정·작업에 대하여 재해로 발전할 작업·공정상 위험은 어떤 것이 있는가? 재해를 당할 가능성의 대상은 누구인가? 재해는 어떤 원인과 경로로 발생하는가? 3가지 질문에 기초하여 평가원의 토론식 방법으로 위험 요인을 도출한다.

㈐ 파악된 유해 위험 요인별 위험성의 추정 : 파악된 위험 요인에 대해 다음과 같이 위험성을 추정한다.

$$위험성 = 재해 발생의 가능성(F) \times 재해의 중대성(S)$$

여기서, F : 위험이 재해로 발전될 확률, 폭로빈도와 시간과의 관계
S : 부상의 정도

㈑ 추정된 위험성이 허용 가능한 위험성인지 여부의 결정 : 위험도 추정에서의 재해 발생 가능성(F)과 재해 중대성(S)을 Matrix로 구성하고 F와 S를 조합하여 위험도(위험도 크기)를 평가한다.

아래 예시 표와 같이 가능성을 5단계, 중대성을 4단계로 분류하여 위험성을 추정할 때 일반적으로 다음과 같이 허용할 수 있는 위험과 허용할 수 없는 위험을 판정한다.

㉮ 허용할 수 있는 위험도(1~8) : 1~3(무시할 수 있는 위험), 4~6(미미한 위험), 8(경미한 위험)

㉯ 허용할 수 없는 위험도(9~20) : 9~12(상당한 위험), 12~15(중대한 위험), 16~20(허용불가 위험)

위험성 평가 Matrix

중대성 (크기) \ 가능성 (빈도)		빈번함 5	가능성 높음 4	가능성 있음 3	가능성 낮음 2	가능성 없음 1
중상	4	20	16	12	8	4
경상	3	15	12	9	6	3
미상	2	10	8	6	4	2
없음	1	5	4	3	2	1

※ **위험성의 내용**
- 무시할 수 있는 위험 : 안전 대책이 필요 없음
- 미미한 위험 : 안전정보 및 주기적 작업교육의 제공이 필요한 위험
- 경미한 위험 : 위험의 표시 부착, 작업절차서 표기 등 관리적 대책이 필요한 위험
- 상당한 위험 : 정기 보수 기간에 안전 감소 대책을 세워야 하는 위험
- 중대한 위험 : 긴급 임시 안전 대책을 세운 후 작업을 하되 정기 보수 기간에 안전 대책을 세워야 하는 위험
- 허용 불가 위험 : 작업 즉시 중단(작업을 지속하려면 즉시 개선을 실행해야 하는 위험)

㈐ 위험성 감소 대책의 수립 및 실행

㉮ 위험의 정도를 허용할 수 없는 위험(상당한 위험, 중대한 위험, 허용불가 위험)에 대해서는 구체적인 위험 감소 대책을 수립하여 감소 대책 실행 이후에는 허용할 수 있는 범위의 위험으로 들어와야 한다.

㉯ 감소 대책은 합리적으로 실천 가능한 범위에서 가능한 한 낮은 수준으로 수립되어야 한다.

㉰ 아무리 위험 감소 대책을 세워도 허용할 수 없는 범위에 머물러 위험도가 낮추어지지 않는 경우는 위험을 근원적으로 제거할 수 있는 새로운 공정 또는 기계

를 도입하거나 위험한 물질을 안전한 물질로 대체 사용해야 한다.
  (ㅂ) 위험성 평가 실시내용 및 결과에 관한 기록 : 위험성 평가 실시 내용과 그 결과는 기록하여 보존한다.
② 4M 위험성 평가의 항목별 유해 위험 요인 : 4M 위험성 평가에서 4M이란 man (사람), machine (기계 · 설비), media (물질 · 환경), management (관리)를 말하며 각각에 대한 위험 요인은 다음과 같다.
  (가) man (사람) : 작업자에 대한 위험 요인으로서 근로자의 특성(고령자, 여성 등)에 의한 불안전 행동, 작업 정보의 부적절, 작업자세 및 작업동작의 결함, 작업 방법의 부적절 등이다.
  (나) machine (기계 · 설비) : 기계설비의 결함, 위험방호의 불량, 본질안전의 부족, 사용 유틸리티의 결함, 설비를 사용하는 운반수단의 결함 등이다.
  (다) media (물질 · 환경) : 작업공간의 불량, 작업환경(가스, 증기, 분진, 소음, 진동, 산소 결핍 등)의 불량 등이다.
  (라) management (관리) : 안전관리조직 및 체계의 결함, 각종 작업절차서 등 규정의 결함, 교육훈련의 부족, 안전관리계획의 미흡 등이다.

(4) 위험성 평가의 방법, 유해 위험 요인 파악 방법과 위험성 감소 대책 수립 및 실행 시 고려사항

① 위험성 평가의 방법
  (가) 안전보건관리책임자 등 해당 사업장에서 사업의 실시를 총괄 관리하는 사람에게 위험성 평가의 실시를 총괄 관리하게 한다.
  (나) 사업장의 안전관리자, 보건관리자 등에게 위험성 평가의 실시를 관리하게 한다.
  (다) 작업내용 등을 상세하게 파악하고 있는 관리감독자에게 유해 · 위험 요인의 파악, 위험성의 추정, 결정, 위험성 감소대책의 수립 · 실행을 하게 한다.
  (라) 유해 · 위험 요인을 파악하거나 감소대책을 수립하는 경우 특별한 사정이 없는 한 해당 작업에 종사하고 있는 근로자를 참여하게 한다.
  (마) 기계 · 기구, 설비 등과 관련된 위험성 평가에는 해당 기계 · 기구, 설비 등에 전문 지식을 갖춘 사람을 참여하게 한다.
  (바) 안전 · 보건관리자의 선임 의무가 없는 경우에는 제2호에 따른 업무를 수행할 사람을 지정하는 등 그 밖에 위험성 평가를 위한 체제를 구축한다.

② 유해 위험 요인 파악 방법
  (가) 사업장 순회점검에 의한 방법
  (나) 청취조사에 의한 방법
  (다) 안전보건 자료에 의한 방법

㈑ 안전보건 체크리스트에 의한 방법
㈒ 그 밖에 사업장의 특성에 적합한 방법

③ 위험성 감소 대책 수립 및 실행 시 고려사항 : 위험성을 결정한 결과 허용 가능한 위험성이 아니라고 판단되는 경우에는 위험성의 크기, 영향을 받는 근로자 수 및 위험성 감소를 위한 대책을 수립하여 실행하며, 이때 고려해야 할 사항은 다음과 같다.
㈎ 위험한 작업의 폐지·변경, 유해·위험물질 대체 등의 조치 또는 설계나 계획 단계에서 위험성을 제거 또는 저감하는 조치
㈏ 연동장치, 환기장치 설치 등의 공학적 대책
㈐ 사업장 작업절차서 정비 등의 관리적 대책
㈑ 개인용 보호구의 사용

(5) 위험성 평가의 효율적 추진을 위한 정부의 책무

① 정책의 수립·진행·조정·홍보
② 위험성 평가 기법의 연구·개발 및 보급
③ 사업장 위험성 평가 활성화 시책의 운영
④ 위험성 평가 실시의 지원
⑤ 조사 및 통계의 유지·관리
⑥ 그 밖에 위험성 평가에 관한 정책의 수립 및 추진

1-16 다음은 재해율에 관한 사항이다. 설명하시오.
(1) 연천인율, 도수율, 강도율 및 종합재해지수
(2) 근로손실일수 산출 방법
(3) 상시 근로자가 120명인 사업장에서 휴업재해가 5건(재해자수 5명) 발생하여 그로 인한 근로손실일수가 10일 발생하였다. 이 사업장의 연천인율, 도수율, 강도율, 종합재해지수를 계산하시오.

(1) 연천인율, 도수율, 강도율 및 종합재해지수

① 연천인율 : 연천인율은 근로자 1,000명당의 재해자수를 말한다. 연천인율 산출 공식은 다음과 같다.

$$연천인율 = \frac{재해자수}{근로자수} \times 1,000$$

② 도수율 : 도수율은 재해 발생의 빈도를 나타내는 것으로 빈도율이라고도 하며, 근로시간 합계 100만 시간당의 재해발생건수를 말한다. 도수율 산출 공식은 다음과 같다.

$$도수율 = \frac{재해발생건수}{근로시간수} \times 1,000,000$$

단, 근로시간수는 근로자수×근로자 1인당 1년간 근로시간수이며, 1일 8시간, 1월 25일, 1년 2400시간을 기준으로 한다.

③ 강도율 : 강도율은 재해 발생 결과의 정도를 나타내는 것으로 근로시간 합계 1,000시간당 재해로 인해 잃어버린 근로손실일수를 말한다. 산출 공식은 다음과 같다.

$$강도율 = \frac{근로손실일수}{근로시간수} \times 1,000$$

④ 종합재해지수 : 종합재해지수는 재해의 도수와 강도를 동시에 나타낼 수 있는 지수로서 산출 공식은 다음과 같다.

$$종합재해지수 = \sqrt{도수율 \times 강도율}$$

(2) 근로손실일수 산출 방법

① 휴업일수 또는 요양일수가 주어지는 경우 근로손실일수

$$근로손실일수 = 휴업일수(요양일수) \times \frac{300}{365}$$

② 신체장해등급으로 주어지는 경우 근로손실일수 (단, 사망 시는 7,500일로 한다.)

신체장해등급	1	2	3	4	5	6	7	8	9	10	11	12	13	14
근로손실일수	7,500	7,500	7,500	5,500	4,000	3,000	2,200	1,500	1,000	600	400	200	100	50

예 신체등급 1~3급은 7,500일, 7급은 2,200일, 14급은 50일이 근로손실일수가 된다.

(3) 연천인율, 도수율, 강도율, 종합재해지수 계산

① 연천인율

$$연천인율 = \frac{재해자수}{근로자수} \times 1,000 에서 재해자수 5, 근로자수 120이므로$$

$$연천인율 = \frac{5}{120} \times 1,000 = 41.66 이다.$$

② 도수율

$$도수율 = \frac{재해발생건수}{근로시간수} \times 1,000,000 에서$$

연간근로시간수는 120×2,400시간이므로

$$도수율 = \frac{재해발생건수}{근로시간수} \times 1,000,000$$

$$= \frac{5}{120 \times 2,400} \times 1,000,000 = 17.36 \text{이다.}$$

③ 강도율

$$\text{강도율} = \frac{\text{근로손실일수}}{\text{근로시간수}} \times 1,000 = \frac{10}{120 \times 2,400} \times 1,000 = 0.034 \text{이다.}$$

④ 종합재해지수

$$\text{종합재해지수} = \sqrt{\text{도수율} \times \text{강도율}} = \sqrt{17.36 \times 0.034} = 0.14 \text{이다.}$$

1-17 재해발생과정과 원인에 관한 다음 사항에 대해 설명하시오.
(1) 하인리히 및 버드 이론
(2) 사고 분석에 따른 재해 발생 비율을 제시한 하인리히의 1 : 29 : 300 법칙과 버드의 1 : 10 : 30 : 600법칙

(1) 하인리히 및 버드 이론

① 하인리히의 이론 : 하인리히의 도미노 이론에서는 사고의 원인에서 발생에 이르는 과정이 시간 순으로 5단계로 정리되며, 5단계의 각 요소는 상호 밀접한 관련을 가지고 일렬로 서기 때문에 한쪽에서 쓰러지면 연속적으로 모두 쓰러지는 것과 같이 사고 발생은 선행 요인에 의해서 일어나고 이들 요인이 겹쳐서 연쇄적으로 생기는 것이다. 그러므로 이러한 연쇄반응에 있어 그것을 구성하는 요인들 중 하나라도 제거할 수 있다면 연쇄반응은 중단되고, 최종적으로 재해는 발생하지 않을 것이다.

㈎ 1단계-사회 환경(유전) : 무모, 완고, 탐욕, 기타 성격상의 바람직하지 못한 특징은 유전에 의해 물려받았을 수 있다. 또한 환경은 이런 유전적 특징을 조장하고, 교육을 방해하므로, 유전적 요인과 사회적 환경은 인적 결함의 원인이 된다.

㈏ 2단계-개인적 결함 : 무모, 포악한 품성, 신경질, 흥분성, 무분별, 안전에 대한 무지 등과 같은 선천적, 후천적 인적 결함은 불안전한 행동을 야기하거나 기계적, 물리적 위험성이 존재하는 데 있어 가장 근접한 이유를 구성한다.

㈐ 3단계-불안전한 행동, 불안전한 상태 : 경보 없이 기계를 작동하거나, 안전장치를 제거하는 등 인간의 불안전한 행동과 방호되지 않은 톱니바퀴, 작업점, 손잡이의 미설치, 불충분한 조명 같은 불안전한 상태가 직접적으로 사고의 원인이 된다.

㈑ 4단계-사고 : 사람의 추락이나 협착 등은 상해의 원인이 되는 전형적인 사고이다.

㈒ 5단계-재해 : 베임, 절단 등은 직접적으로 사고에 의해 생기는 상해(결과)이다.

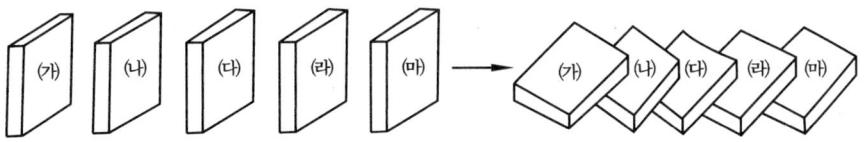

사고 발생의 연쇄과정

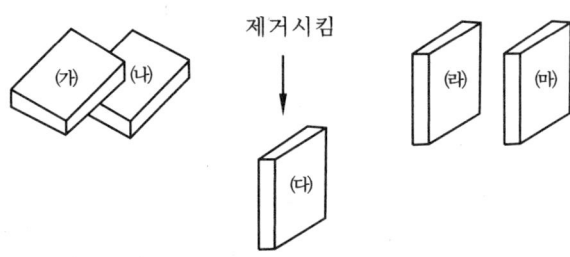

불안전한 행동 및 상태의 제거

② 버드의 이론 : 버드(Frank Bird)에 따르면 재해는 5단계의 연쇄적 과정을 거쳐 발생한다. 버드 이론과 하인리히 이론을 비교해 보면, 버드는 3단계인 징후(사고)가 관리의 부재에서 발생한다고 하였으며, 따라서 하인리히가 제시한 3단계의 원인이 불안전한 행동과 불안전한 상태에 의해 발생한다는 이론과는 차이가 난다. 버드의 재해연쇄성이론은 다음과 같다.

㈎ 1단계 : 관리의 부재
㈏ 2단계 : 기본 원인 (기원론, 원인학)
㈐ 3단계 : 징후
㈑ 4단계 : 접촉
㈒ 5단계 : 상해 또는 손실

(2) 사고 분석에 따른 재해 발생 비율을 제시한 하인리히의 1 : 29 : 300법칙과 버드의 1 : 10 : 30 : 600법칙

① 하인리히의 1 : 29 : 300법칙 : 하인리히에 따르면 사고로 인해 발생하는 재해는 사망 또는 중상해가 1회, 경상해가 29회, 무상해 사고가 300회의 비율로 나타난다.

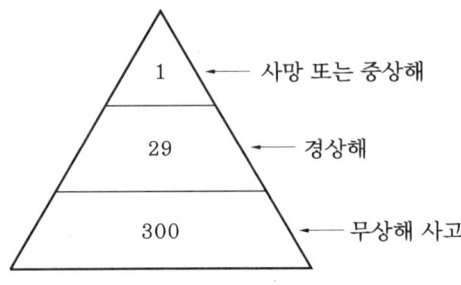

하인리히의 1:29:300법칙

② 버드의 1 : 10 : 30 : 600법칙 : 버드에 따르면 사고로 인해 발생하는 재해는 중상 또는 폐질이 1회, 경상이 10회, 무상해 사고(물적 손실)가 30회, 무상해 및 무사고 고장 (위험 순간)이 600회의 비율로 나타난다.

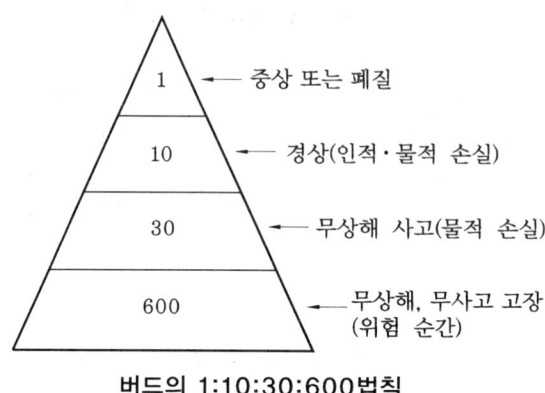

버드의 1:10:30:600법칙

1-18 재해손실비에 관하여 논하고, 재해손실비용의 산정 방법에 대해 설명하시오.

(1) 재해손실비

재해란 사고의 결과로 인한 인명, 재산상의 손실을 말한다. 재해손실비(accident cost)란 재해가 발생하지 않았다면 지출되지 않는 직·간접 손실비용을 말한다.

① 직접 손실비용 : 인적 손실에 따라 산재보험에서 지급되는 휴업보상금 등 보상금이 주로 해당된다.

② 간접 손실비용 : 재해로 인한 생산 중단, 물적 손실 등 제반 비용이 해당된다.

(2) 재해손실비용 산정 방법

① 하인리히(Heinrich) 방식 : 재해로 인한 간접 손실비용이 직접 손실비용의 4배가 된다는 재해손실비 1 : 4 이론을 말한다.

재해손실액 = 직접 손실비용 + 간접 손실비용

직접손실비 : 보험회사가 지급하는 비용 (휴업, 장해, 유족보상비)

간접손실비 : 보험회사가 지급하지 않는 비용 (작업대기, 공구손실, 여비, 병상위문금)

② 시몬즈(Simons) 방식 : 하인리히 방식인 직접 손실비용과 간접 손실비용의 1 : 4 이론에 대해서 전면적으로 부정하고 새로운 산정방식인 평균치법을 채택하고 있다.

재해손실액 = 보험비용 + 비보험비용

비보험비용 = 휴업상해건수×A + 통원상해건수×B + 구급조치건수×C + 무상해건수×D, A, B, C, D는 상해 정도에 따라 결정한다.

> **참고**
>
> **재해손실비 산정 방법의 차이점**
> ① 하인리히 방식과 시몬즈 방식이 근본적으로 다른 점은 하인리히가 재해손실비용을 직접 손실비용과 간접손실비용으로 나누고 그 비가 1 : 4라고 주장하는데 대해 시몬즈는 상해 정도에 따라 4단계로 나누어 1건당의 평균치를 취하고 있는 점이다.
> ② 시몬즈 방식은 하인리히 방식을 검토, 수정하여 재해손실비용을 보험비용과 비보험 비용으로 구분하여 산정하였고, 비보험비용은 상해의 정도별로 평균치를 정해놓고 산정하였으며, 산재 대상에서 제외되고 있는 무상해 사고까지를 고려 대상에 포함시켰다는 데 그 의의가 있다.

③ 버드 방식 : 간접비에 빙산의 원리를 적용하여 하인리히 방식보다는 간접비를 높게 책정하였다. (직접비 : 간접비 = 1 : 5)

④ 콤페스 방식 : 총재해비용 = 개별 비용 + 공용 비용 (공용 비용은 보험료, 안전보건팀 운영비 등이고, 개별 비용은 작업 중단 손실, 사고 조사 경비, 치료 경비 등이다.)

1-19 에너지대사율(RMR) 및 부주의의 원인과 주의의 특성에 대해 설명하시오.

(1) 에너지대사율(RMR)
(2) 부주의의 원인과 주의의 특성

(1) 에너지대사율(RMR)

에너지대사율(RMR ; relative metabolic rate)은 작업강도를 나타내는 것으로써 작업에 따라 작업강도가 어느 정도인지를 객관적으로 표시한다. 작업에 소용되는 매 시간당의 대사량(kcal/h)을 인체의 표면적(m^2)으로 나눈 값으로 단위는 $kcal/m^2 \cdot h$이며, RMR로 약기한다.

에너지대사율은 활동대사량이 기초대사량의 몇 배에 해당되는가를 숫자로 표시하며, 다음 식으로 표시한다.

$$\text{에너지대사율(RMR)} = \frac{\text{활동대사량}}{\text{기초대사량}} = \frac{\text{활동 시 소비칼로리} - \text{안정 시 소비칼로리}}{\text{기초대사량}}$$

에너지대사율은 작업의 종류에 따라 달라지는데, 안정 시의 대사율은 기초대사율의 약 1.2배이며, 작업 중의 RMR은 경노동 0~2, 중(中)노동 2~4, 중(重)노동 4~7, 격노동 7 이상이다.

(2) 부주의의 원인과 주의의 특성

① 부주의 원인 : 부주의는 의식의 우회, 의식수준의 저하, 의식의 단절 및 의식의 과잉에서 나타난다.
  ㈎ 의식의 우회 : 의식이 옆으로 벗어난 현상을 말한다.
  ㈏ 의식수준의 저하 : 피로 등에 의해 의식이 현저히 떨어진 혼미한 상태를 말한다.
  ㈐ 의식의 단절 : 의식의 흐름이 지속적으로 단절되는 현상을 말한다.
  ㈑ 의식의 과잉 : 한곳에만 의식이 집중되는 현상이다.
② 주의의 특성 : 주의의 특성에는 선택성, 방향성, 변동성이 있다.
  ㈎ 선택성 : 한번에 여러 가지에 집중하지 못하고, 어느 특정한 것에만 집중하게 된다.
  ㈏ 방향성 : 시선에서 벗어나면 인지하지 못하지만 주의의 초점이 맞으면 주의를 집중하게 된다.
  ㈐ 변동성 : 한곳에 계속해서 집중하지 못한다.

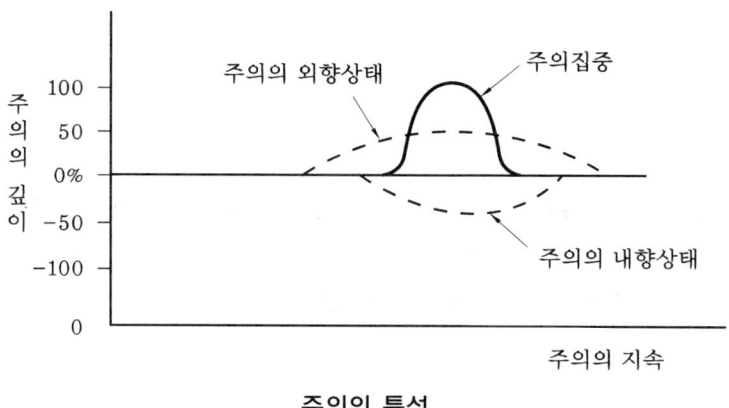

주의의 특성

1-20 안전관리의 조직을 3가지 유형으로 분류하고 각각의 특성에 대해 설명하시오.

안전관리 조직의 형태는 라인형, 스태프형 및 라인 스태프 혼합형으로 구분하며, 각 유형별 특징은 다음과 같다.

(1) 라인형(계선형)

① 안전관리에 관한 계획에서 실시에 이르기까지 모든 안전관리업무를 생산라인에서 담당하는 조직 형태이다.
② 생산라인의 직속상사가 부하 직원에게 안전에 관한 지시나 명령을 내리기 때문에 지시나 전달이 신속 정확하고 전달체계가 간단명료하다.
③ 안전을 전담하는 부서가 없기 때문에 안전에 관한 전문 지식이나 기술 축적이 미흡하다.

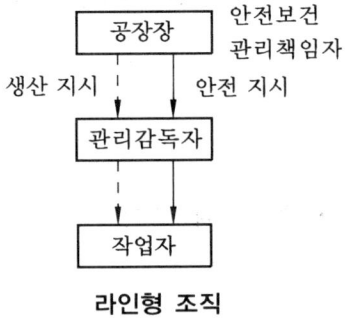

라인형 조직

(2) 스태프형(참모형)

① 안전관리를 전담하는 스태프 부서를 두고 안전에 관한 계획, 조사 및 현장의 안전기술을 지원하는 형태이다.
② 안전을 전담하므로 안전에 관한 기술 축적이 가능하고 안전기법을 개발, 보급할 수 있다.
③ 생산라인과의 유기적인 협조가 잘 되지 않을 경우 지시나 전달이 잘 이루어지지 않는다.

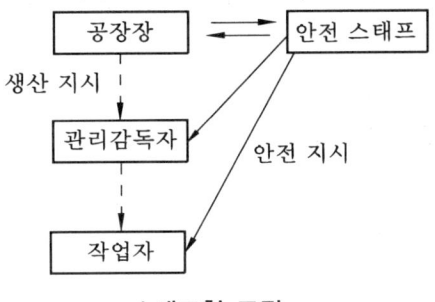

스태프형 조직

(3) 라인 스태프 혼합형

① 생산라인과 별도로 스태프 부서를 두고 있으므로 안전관리가 원활히 진행될 수 있다.
② 안전에 관한 기술 축적과 안전기법의 개발이 가능하고 안전 지시나 전달이 신속 정확하다.
③ 명령 계통과 지도 조언 및 권고적 참여가 혼돈되기 쉽고 소규모 사업장에는 비용 증가로 적용하기 어렵다.

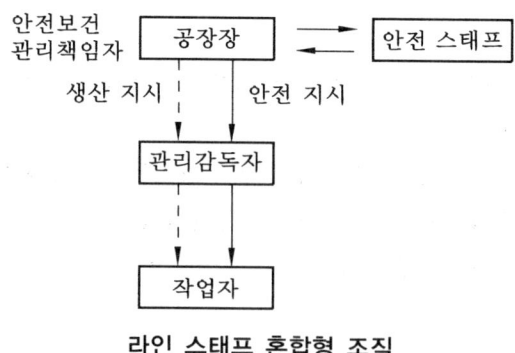

라인 스태프 혼합형 조직

1-21 산업안전보건위원회의 설치목적, 설치대상, 구성, 회의 개최 및 심의·의결사항에 대해 설명하시오.

(1) 설치목적
산업안전보건위원회 설치목적은 산업안전보건에 관한 중요사항을 심의·의결하기 위함이다.

(2) 설치대상
① 상시근로자 100인 이상 사업장, 단 건설공사는 공사금액이 120억원 이상인 사업장
② 상시근로자 50인 이상 100인 미만 사업장 중 유해위험한 다음의 사업장
  ㈎ 토사 석광업
  ㈏ 목재 및 나무제품 제조업
  ㈐ 화학물질 및 화학제품 제조업
  ㈑ 비금속광물제품 제조업
  ㈒ 1차 금속 제조업
  ㈓ 금속 가공제품 제조업
  ㈔ 자동차 및 트레일러 제조업
  ㈕ 기타 기계 및 장비 제조업
  ㈖ 기타 운송장비 제조업

(3) 구성
근로자와 사용자 동수로 구성하되 다음과 같이 구성한다.
① 근로자 위원

㈎ 근로자 대표
㈏ 명예산업안전감독관
㈐ 근로자 대표가 지명하는 9인 이내 근로자
② 사용자 위원
㈎ 사업의 대표자
㈏ 안전관리자
㈐ 보건관리자
㈑ 산업보건의
㈒ 사업의 대표자가 지명하는 9인 이내의 부서장

(4) 회의 개최

회의는 정기회의와 수시회의로 구분하며, 정기회의는 분기마다, 임시회의는 위원장이 필요하다고 인정할 때 개최한다. 회의 시 기록해야 할 사항은 개최일시 및 장소, 출석위원, 심의 내용 및 의결 결정사항, 그 밖의 토의사항이다.

(5) 심의 · 의결사항

사업주가 산업안전보건위원회의 심의·의결을 거쳐야 할 사항은 다음과 같다.
① 산업재해예방계획의 수립에 관한 사항
② 안전보건관리규정의 작성 및 변경에 관한 사항
③ 근로자의 안전보건교육에 관한 사항
④ 산업재해의 원인 조사 및 재발 방지 대책 수립에 관한 사항
⑤ 산업재해에 관한 통계의 기록 및 유지에 관한 사항
⑥ 중대재해에 관한 사항
⑦ 유해위험기계기구 및 설비를 도입한 경우 안전보건조치에 관한 사항

1-22 근골격계질환의 개요를 설명하고, 작업 관련 근골격계질환의 형태를 3단계로 분류하여 설명하시오.

(1) 근골격계질환의 개요

근골격계질환이란 무리한 힘의 사용, 반복적인 동작, 부적절한 작업 자세, 날카로운 면과의 신체 접촉, 진동 및 온도 등의 요인으로 인해 근육과 신경, 힘줄, 인대, 관절 등의 조직이 손상되어 신체에 나타나는 건강장해를 말한다.

(2) 근골격계질환의 형태

① 1단계
  ㈎ 작업 중 통증, 피로감
  ㈏ 하룻밤 지나면 증상 없음
  ㈐ 작업능력 감소 없음
  ㈑ 며칠 동안 지속 – 악화와 회복 반복

② 2단계
  ㈎ 작업시간 초기부터 통증 발생
  ㈏ 하룻밤 지나도 통증 지속
  ㈐ 화끈거려 잠을 설침
  ㈑ 작업능력 감소
  ㈒ 몇 주, 몇 달 지속 – 악화와 회복 반복

③ 3단계
  ㈎ 휴식시간에도 통증
  ㈏ 하루 종일 통증
  ㈐ 통증으로 불면
  ㈑ 작업수행 불가능
  ㈒ 다른 일도 어려움(통증 동반)

1-23 다음 산업재해에 관한 사항에 대해 설명하시오.
  (1) 중대재해 및 산업재해의 정의, 발생 보고 시기, 중대재해 발생 시 보고 내용, 산업재해 발생 시 기록사항
  (2) 산업재해 발생 시 긴급 처치와 2차 재해 예방 조치
  (3) 산업재해 발생 시 조치사항 순서

(1) 중대재해 및 산업재해의 정의, 발생 보고 시기, 중대재해 발생 시 보고 내용, 산업재해 발생 시 기록사항

① 중대재해 : 중대재해란 산업재해 중 사망 또는 재해 정도가 심한 것으로서 다음의 재해를 말한다.
  ㈎ 사망자가 1명 이상 발생한 재해

㈏ 3개월 이상의 요양이 필요한 부상자가 동시에 2명 이상 발생한 재해

㈐ 부상자 또는 직업성 질병자가 동시에 10명 이상 발생한 재해

② 산업재해 : 산업재해란 근로자가 업무에 관계되는 건설물, 설비, 원재료, 가스, 증기, 분진 등에 의하거나 작업 또는 그 밖의 업무로 인하여 사망 또는 부상하거나 질병에 걸리는 것을 말한다.

③ 발생 보고 시기 : 산업재해는 재해가 발생한 날로부터 1개월 이내, 중대재해는 즉시 (지체 없이) 보고해야 한다.

④ 중대재해 발생 시 보고 내용 : 중대재해 발생 시 지방고용노동지청에 즉시 보고해야 할 사항은 다음과 같다.

㈎ 발생 개요 및 피해 상황

㈏ 조치 및 전망

㈐ 그 밖의 중요한 사항

⑤ 산업재해 발생 시 기록사항

사업주는 사업장에서 산업재해 발생 시 다음 사항을 기록하여 보존해야 한다.

㈎ 사업장의 개요 및 근로자의 인적 사항

㈏ 재해 발생의 일시 및 장소

㈐ 재해 발생의 원인 및 과정

㈑ 재해 재발방지 계획

(2) 산업재해 발생 시 긴급 처치와 2차 재해 예방 조치

① 산업재해 발생 시 긴급 처치 : 산업재해 발생 시 피해의 확산을 방지하기 위해서 긴급 처치해야 할 사항은 다음과 같다.

㈎ 피재기계를 정지시킨다.

㈏ 피재자는 응급조치한다.

㈐ 관계자에게 재해 사실을 통보한다.

② 2차 재해 예방 조치 : 재해 발생 시 또 다른 재해가 발생하는 것을 2차 재해라 하며, 고소작업장소에서 충전부 접촉에 의해 감전재해가 발생할 때, 그 전기적인 충격에 의해 작업자가 추락하는 경우가 대표적인 2차 재해 발생 사례이다. 따라서 2차 재해 방지를 위해서는 작업별 발생할 수 있는 모든 위험 요인을 사전에 파악하여 예방조치를 취해야 하며, 특히 재해를 일으킨 설비나 물질 등에 대해서는 즉각적인 안전조치를 취해야 한다.

(3) 산업재해 발생 시 조치사항 순서

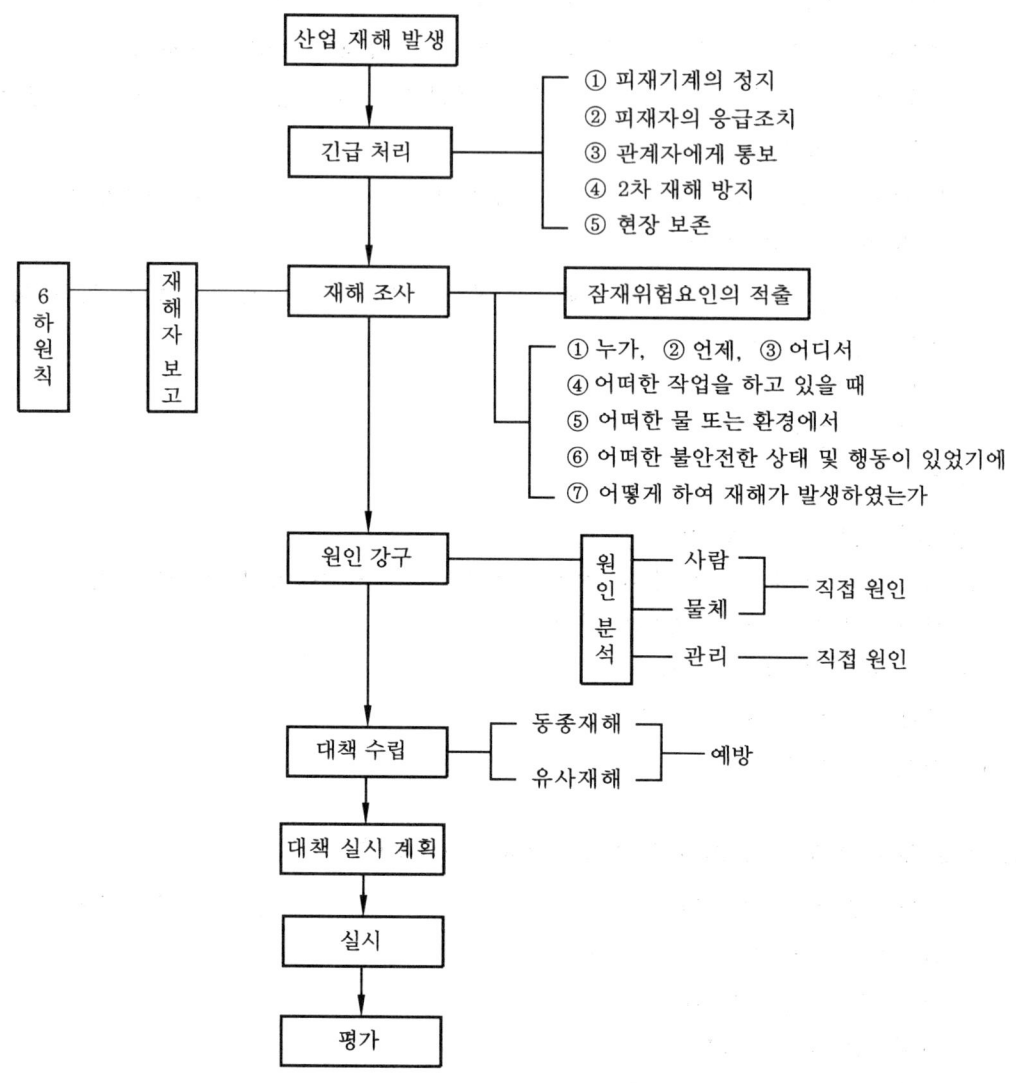

산업재해 발생 시 조치사항 순서

① 산업재해 발생 시 사업주는 사업장의 개요 및 근로자의 인적 사항, 재해 발생의 일시 및 장소, 재해 발생의 원인 및 과정, 재해 재발 방지 계획을 기록하고 보존해야 한다.
② 발생한 산업재해 중 사망자, 4일 이상의 요양이 필요한 부상자 또는 질병자에 대해서는 해당 산업재해가 발생한 날부터 1개월 이내에 산업재해 조사표를 작성하여 관할 지방고용노동관서장에게 제출해야 한다. 사업주는 산업재해 조사표에 근로자 대표의 확인을 받아야 하며, 그 기재 내용에 대하여 근로자 대표의 이견이 있는 경우에는 그 내용을 첨부해야 한다.

③ 중대재해 발생 시 사업주 지체 없이 전화, 팩스 등으로 지방고용노동관서장에게 발생 개요 및 피해 상황, 조치 및 전망, 그 밖의 중요한 사항을 보고해야 한다. 다만, 천재지변 등 부득이한 사유가 발생한 경우에는 그 사유가 소멸된 때부터 지체 없이 보고해야 한다.

1-24 제조업 유해위험방지계획서에 관한 다음 사항에 대해 설명하시오.
(1) 유해위험방지계획서의 개요
(2) 유해위험방지계획서 제출시기와 확인을 받아야 할 시기
(3) 제출대상 사업장 (대상 업종)
(4) 제출대상 사업장 (대상 설비)

(1) 유해위험방지계획서의 개요

유해위험방지계획서 제출대상 업종에서 제품 생산 공정과 직접적으로 관련된 건설물·기계기구 및 설비 등의 일체를 설치·이전하거나 주요 구조 부분을 변경할 경우 또는 제출대상 기계기구 및 설비를 설치·이전하거나 주요 구조 부분을 변경할 경우 해당 사업주가 제출시기에 맞게 관련 서류를 제출하여 심사 및 확인을 받아야 하는 제도를 말한다.

(2) 유해위험방지계획서 제출시기와 확인을 받아야 할 시기

① 유해위험방지계획서 제출시기 : 해당 작업시작 15일 전까지 제출해야 한다.
② 유해위험방지계획서 확인을 받아야 할 시기 : 시운전 단계에서 확인을 받아야 한다.

(3) 제출대상 사업장 (대상 업종)

전기계약용량이 300 kW 이상으로서 제품 생산 공정과 직접적으로 관련된 건설물·기계기구 및 설비 등의 일체를 설치·이전하거나 주요 구조 부분을 변경하는 다음의 사업장을 말한다.
① 금속 가공 제품 제조업
② 비금속 광물 제품 제조업
③ 기타 기계 및 장비 제조업
④ 자동차 및 트레일러 제조업
⑤ 식료품 제조업
⑥ 고무 제품 및 플라스틱 제품 제조업

⑦ 목제 및 나무 제품 제조업
⑧ 기타 제품 제조업
⑨ 1차 금속 제조업
⑩ 가구 제조업

(4) 제출대상 사업장(대상 설비)

다음의 기계기구 및 설비를 설치·이전하거나 주요 구조 부분을 변경하는 다음 사업장이 해당된다.
① 금속이나 그 밖의 광물의 용해로
② 화학설비
③ 건조설비
④ 가스집합용접장치
⑤ 허가대상, 관리대상 유해물질 및 분진작업 관련설비

1-25 무재해운동의 기본 이념과 기본 원칙에 대해 설명하시오.

(1) 기본 이념

무재해운동이란 근로자가 작업과정에서 재해를 당하지 않도록 다양한 재해 예방 활동을 전개하는 것을 말하며, 인간 존중의 이념에 근간을 두고 있다. 즉 사업주는 인간 존중의 경영 철학을 기반으로 해서 근로자가 한 사람이라도 재해를 당하는 일이 없어야 한다는 기본 이념을 갖고 다양한 무재해추진기법을 도입하여 실천할 때 안전보건이 확보되어 무재해를 달성하게 되는 것이다.

(2) 기본 원칙

무재해운동의 기본 원칙에는 무의 원칙, 선취의 원칙, 참가의 원칙이 있다.
① 무의 원칙 : 작업장의 모든 위험 요인에 대한 해결방안을 제시하여 실행함으로써 재해를 근원적으로 없앤다는 것이다.
② 선취의 원칙 : 작업장에 잠재하고 있는 위험 요인을 사전에 예지하여 발견, 파악, 해결함으로써 재해 발생을 예방하는 것이다.
③ 참가의 원칙 : 무재해를 위하여 구성원 전원이 무재해운동에 참가해야 한다는 것이다.

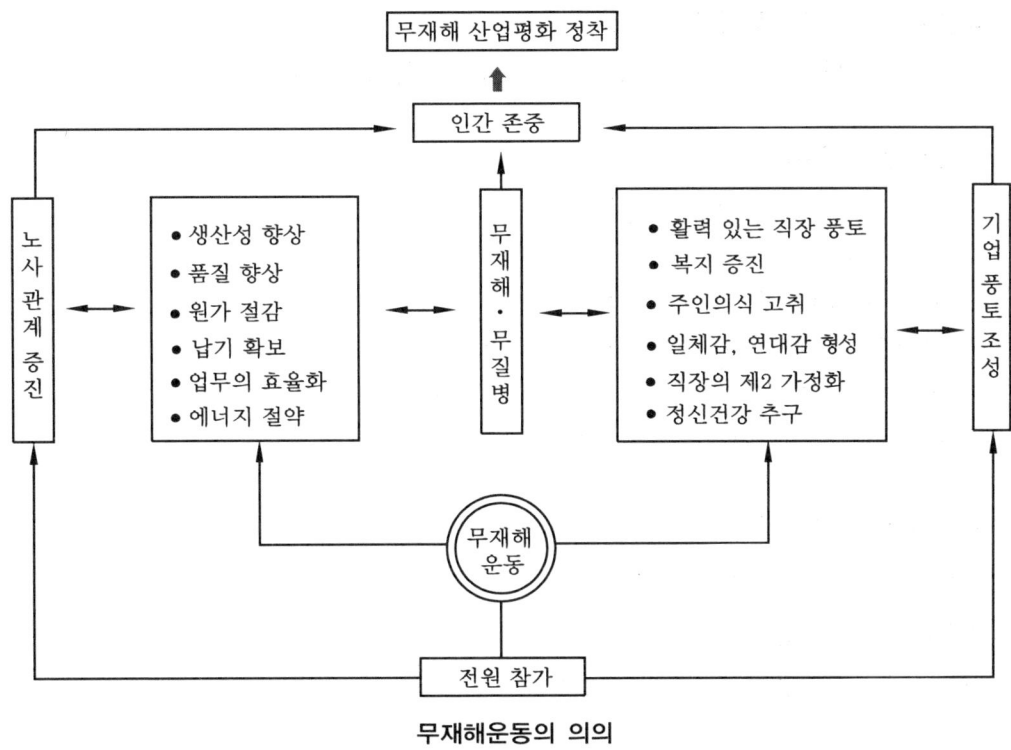

무재해운동의 의의

1-26 작업표준에 관한 다음 사항에 대해 설명하시오.

(1) 작업표준의 목적 및 필요성
(2) 작업표준의 전제 조건 및 구성
(3) 작업표준의 구비 조건
(4) 작업표준의 작성 순서

(1) 작업표준의 목적 및 필요성

작업표준이란 생산에 필요한 작업방법, 작업조건, 관리방법, 사용재료, 기타 취급상의 주의사항 등에 관한 기준을 규정한 것을 말하며, 기술표준, 동작표준, 작업순서, 작업요령, 작업지도서, 작업지시서 등이 포함된다. 작업표준의 목적 및 필요성은 다음과 같다.

① 작업의 효율화
② 작업상의 위험 요인의 제거
③ 손실 요인의 제거

(2) 작업표준의 전제 조건 및 구성

작업표준의 전제 조건 및 구성 요소는 안전, 품질, 능률, 원가이다.

(3) 작업표준의 구비 조건

① 작업 실정에 맞는 것이어야 한다.
② 좋은 작업의 표준이어야 한다.
③ 표현을 구체적으로 나타내어야 한다.
④ 생산성과 품질 특성에 맞는 것이어야 한다.
⑤ 이상 시의 조치사항에 대해서 미리 정해두어야 한다.
⑥ 다른 규정 등에 위배되지 않아야 한다.

(4) 작업표준의 작성 순서

① 제1단계 : 작업의 분류 및 정리
② 제2단계 : 작업 분해
③ 제3단계 : 동작 순서 및 급소를 정함
④ 제4단계 : 작업표준안 작성
⑤ 제5단계 : 작업표준의 제정 및 교육 실시

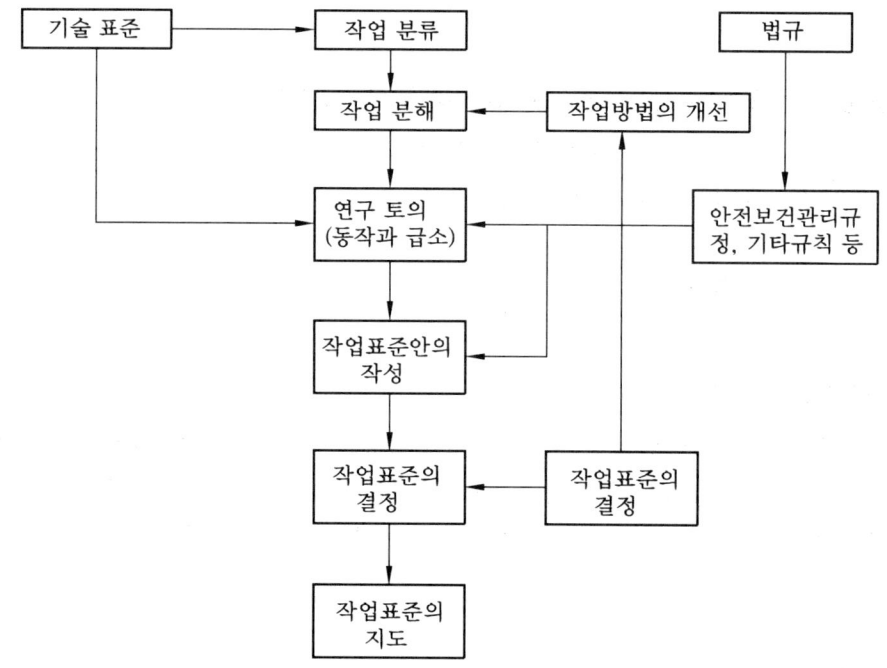

작업표준의 작성 순서

1-27 산업안전보건법상 안전보건개선계획에 관한 다음 항목에 대해 설명하시오.
  (1) 안전보건개선계획의 개요
  (2) 안전보건개선계획의 대상 사업장으로 선정되는 사유 (4가지)
  (3) 안전보건개선계획의 주요 내용 (4항목)

(1) 안전보건개선계획의 개요

사업장, 시설, 그 밖의 사항에 대해서 산업재해를 예방하기 위해 종합적인 개선조치가 필요한 경우 고용노동부 장관은 사업주에게 그 사업장, 시설, 그 밖의 사항에 관한 안전보건개선계획의 수립·시행을 명령할 수 있고, 사업주는 명령을 받은 날로부터 60일 이내 안전보건개선계획서를 작성하여 지방노동관서장에게 제출해야 하며, 지방노동관서장이 안전보건개선계획서의 적정 여부를 검토하여 그 결과를 사업주에 통보하면 사업주는 그 계획서에 따라 시행한다.

(2) 안전보건개선계획의 대상 사업장으로 선정되는 사유 (4가지)

① 사업주가 안전보건조치의무를 이행하지 않아 중대재해가 발생한 경우
② 산업재해발생률이 같은 업종 평균 산업재해발생률의 2배 이상인 사업장
③ 직업병에 걸린 사람이 연간 2명 이상(상시 근로자 1천명 이상 사업장의 경우 3명 이상) 발생한 사업장
④ 작업환경 불량, 화재·폭발 또는 누출사고 등으로 사회적 물의를 일으킨 사업장

(3) 안전보건개선계획의 주요 내용 (4항목)

안전보건개선계획에는 다음의 4가지 사항이 반드시 포함되어야 한다.
① 시설 : 위험요인에 대한 시설 개선에 관한 사항
② 안전·보건관리체제 : 안전보건관리자 선임, 관리감독자 역할 등 체제에 관한 사항
③ 안전·보건교육 : 근로자 및 관리감독자의 안전보건 교육방법 내용 등의 적합성에 관한 사항
④ 산업재해 예방 및 작업환경 개선 사항 : 재해예방과 작업장 환경개선에 관한 전반적인 사항

1-28 시스템 안전 해석 방법 중 FMEA (failure modes and effects analysis)의 개요, 실시 절차 및 장단점을 설명하시오.

(1) FMEA의 개요

① 정의 : 시스템에 영향을 미치는 전체 요소의 고장을 형태별로 분석하여 시스템 또는 서브 시스템이 가동 중에 기기나 부품의 고장에 의해서 재해나 사고를 일으키게 할 우려가 있는가를 해석하는 방법이다.

② 종류
  ㈎ Design FMEA : 생산 전 제품 분석으로 잠재적인 고장 문제에 대해 검증이 가능하다.
  ㈏ Process FMEA : 잠재적 제조 공정 문제를 파악할 수 있고 어떤 사람, 물질, 자재, 방법 및 환경이 프로세스에 문제를 유발하는지 확인 가능하다.
  ㈐ System FMEA : 계획 단계에서 서브 시스템을 분석하는 데 이용할 수 있으며, 시스템의 잠재적 결함 분석에 중점을 둔다.

(2) FMEA의 실시 절차

① 제1단계(대상 시스템의 분석) : 모든 관련 기기 시스템의 구성 및 기능을 파악하고 FMEA 실시를 위한 기본 방침을 결정한다. 각각의 기능 블록(Block)과 신뢰성 블록을 작성한다.

② 제2단계(고장 형태 및 등급의 설정) : 시스템의 고장 형태, 고장 원인, 고장의 빈도 등을 예측하고 설정한다. 각 항목의 고장 영향을 검토하여 고장에 대한 보상법이나 대응법을 찾아내고 FMEA 워크시트에 기입한다. 모든 상황의 고장 등급을 평가한다. FMEA에서 통상 사용되는 고장 형태는 다음과 같다.
  ㈎ 개로 또는 개방 고장
  ㈏ 폐로 또는 폐쇄 고장
  ㈐ 기동 고장
  ㈑ 정지 고장
  ㈒ 운전계속의 고장
  ㈓ 오작동 고장

③ 제3단계(고장의 영향 해석) : 특정 요소 1개의 고장, 또는 오조작의 결과가 어떻게 전체 시스템에 영향을 주고, 위험 상태가 발생하는가를 해석한다. 이 방법은 모든 요소에 대해 고려하는 고장과 오조작을 리스트 업(list up)하고 이것이 서브 시스템(sub system)이나 시스템(system)에 어떻게 영향을 주고 사람이나 물건에 손상을 주는가, 그 고장이나 오조작을 어떻게 발견하고 수정하는가, 보수는 어떻게 하는가 등을 기입한 표를 작성한다. 여기서, 중대한 위험과 연계하는 요소를 도출하고 분석하여 대책을 검토한다.

④ 제3단계 치명도 해석과 개선책의 검토 : 고장의 치명도 해석을 실시하여 해석 결과를 정리하고 시스템의 설계 개선 사항을 도출한다. 치명도는 다음과 같이 분류하여 표시한다.
  ㈎ category1 : 생명 또는 가옥의 손실
  ㈏ category2 : 작업 수행의 실패
  ㈐ category3 : 활동의 지연 FMEA Work Sheet의 서식
  ㈑ category4 : 영향 없음

FMEA Work Sheet의 서식

(3) FMEA의 장단점

① 장점
  ㈎ CA(criticality analysis)와 병행하는 일이 많고 FTA보다 서식이 간단하다.
  ㈏ 비교적 적은 노력으로 특별한 노력 없이 분석이 가능하다.

② 단점
  ㈎ 논리성이 부족하고 각 요소 간의 영향 분석이 어려워 두 가지 이상의 요소가 고장 날 경우 분석이 곤란하다.
  ㈏ 구성 요소가 통상 기기로 한정되어 있어 인적 원인 규명이 어렵다.

1-29 동작경제의 원칙에 대해 설명하시오.

동작경제의 원칙은 길브레드(Gilbreth) 부부에 의해 연구된 것으로, 이는 작업자가 에너지의 낭비 없이 효과적으로 작업할 수 있도록 작업자의 동작을 세밀하게 분석하여 가장 경제적이고 합리적인 표준동작을 설정하는 것을 말한다. 동작경제의 원칙에는 다음의 3가지의 원칙이 있다.

(1) 인체 사용의 원칙
① 양손은 동시에 반대 또는 대칭으로 움직이게 하고 동시에 쉬어서는 안 된다.
② 사용하는 신체 부분의 가능한 최소범위로 한정한다.
③ 가급적 물체의 관성을 활용하고, 급격한 방향 전환을 피한다.
④ 유연하고 원활한 연속동작을 유지한다.
⑤ 동작에 주기성을 주어 자연스러운 리듬이 가능하도록 배열한다.

(2) 작업장의 배치에 관한 원칙
① 모든 공구 및 재료는 정위치에 배치해야 한다.
② 공구, 재료 및 조정기는 사용하기 편리한 곳, 즉 작업자의 주변에 가까이 두어야 한다.
③ 중력 공급 상자 및 용기는 재료를 사용 장소에 가깝게 보내기 위해 사용되어야 한다.
④ 재료와 공구들은 최선의 동작이 연속될 수 있도록 배치되어야 한다.
⑤ 작업대와 의자 높이는 작업 중 앉거나 서기에 모두 용이해야 한다.

(3) 공구 및 설비 디자인에 관한 원칙
① 치공구, 정착 시설 또는 발로 조정하는 장치에 의해서 더욱 유리하게 수행할 수 있는 작업에는 손의 부담을 덜어주어야 한다.
② 공구 및 재료는 가능한 한 작업자 앞에 둔다.
③ 어느 손가락에 대해서도 고유의 동작 능력에 따라서 부하가 주어지도록 해야 한다.
④ 레버, 핸들, 조정기들은 작업자가 몸의 위치를 변경하지 않고서도 최대한으로 신속하고 편리하게 조작할 수 있는 위치에 배치한다.

1-30 다음은 안전보건경영시스템(KOSHA 18001)에 관한 사항이다. 설명하시오.
  (1) 안전보건경영시스템의 개요
  (2) 시스템 운영상 지적사항에 대한 조치형태인 부적합사항, 권고사항, 관찰사항
  (3) 안전보건경영시스템을 구성하고 있는 4단계
  (4) 시스템 운영상 성과 측정 및 모니터링의 개요와 이 단계에서 실행해야 할 사항
  (5) 내부 심사 개요 및 내부 심사 시 고려사항
  (6) 경영자 검토 시 포함해야 할 사항

(1) 안전보건경영시스템의 개요

안전보건경영시스템이란 최고경영자가 경영방침에 안전보건정책을 선언하고 이에 대한 실행계획을 수립하여 이를 실행 및 운영, 점검 및 시정 조치하여 그 결과를 최고경영자가 검토하고 개선하는 등의 P(Plan)-D(Do)-C(Check)-A(Act) 순환 과정을 통하여 지속적인 개선이 이루어지도록 하는 체계적인 안전보건활동을 말한다.

(2) 시스템 운영상 지적사항에 대한 조치형태인 부적합사항, 권고사항, 관찰사항

① 부적합사항 : 사업장 또는 조직의 안전보건활동이 안전보건경영체제상의 기준이나 작업표준, 지침, 절차, 규정 등으로부터 벗어난 상태를 말한다.

② 권고사항 : 안전보건경영시스템 운영의 효율성을 높이기 위하여 개선의 여지가 있는 경우 또는 사내 규정대로 시행되고 있으나 업무의 목적상 비효율적이거나 불합리하다고 판단되는 경우를 말한다.

③ 관찰사항 : 부적합이라고 심증은 가지만 객관적인 증거가 없는 경우 현재 부적합은 아니나 부적합으로 진행될 우려가 있는 경우를 말한다.

(3) 안전보건경영시스템을 구성하고 있는 4단계

① 계획수립(plan) : 사업장의 안전보건활동 수준 평가와 위험성 평가를 실시하고 적용 법규 등을 검토하여 법적 요구 이상의 안전보건활동을 할 수 있도록 목표 및 안전보건활동 추진계획을 수립한다.

② 실행 및 운영(do) : 계획 수립 내용을 실행하는 과정이며 교육훈련 및 자격, 의사소통 및 정보 제공, 문서화 및 문서 관리, 운영 관리, 비상 시 대비 및 대응 등이 포함된다.

③ 점검 및 시정조치(check) : 계획이 실행되고 있는지를 확인하는 과정이며 성과 측정 및 모니터링, 시정조치 및 예방조치, 내부 심사 등이 포함된다.

④ 경영자 검토(act) : 시스템 전반의 운영사항과 중요사항에 대해 최고경영자에게 보고하고 검토를 받아 피드백한다.

(4) 시스템 운영상 성과 측정 및 모니터링의 개요와 이 단계에서 실행해야 할 사항

① 성과 측정 및 모니터링 개요 : 성과 측정은 안전보건경영체제의 효과를 측정하는 것으로서 조직의 필요에 따라 정성적 또는 정량적으로 측정하는 것을 말하며, 모니터링은 계획 수립 내용이 계획대로 실행되고 있는가를 주기적으로 감시하는 것을 말한다.

② 실행해야 할 사항
  ㈎ 안전보건방침에 따른 목표가 계획대로 달성되고 있는가를 측정
  ㈏ 안전보건방침과 목표를 이루기 위한 안전보건활동계획의 적정성과 이행 여부 확인
  ㈐ 안전보건경영에 필요한 절차서와 안전보건활동 일치성 여부의 확인
  ㈑ 적용 법규 및 준수 여부 평가
  ㈒ 사고, 아차사고, 업무상 재해 발생 시 발생 원인과 안전보건활동성과의 관계

(5) 내부 심사 개요 및 내부 심사 시 고려사항

① 내부 심사 개요 : 사업장 또는 조직의 안전보건활동이 안전보건경영체제에 따라 효과적으로 실행되고 있는지, 그 활동 결과가 조직의 안전보건방침과 목표를 달성하였는지에 대한 독립적인 평가와 검증 과정을 말한다.

② 내부 심사 시 고려사항
  ㈎ 안전보건경영체제가 요구하는 안전보건목표의 달성 여부
  ㈏ 사업장의 안전보건경영체제 실행과 유지의 적합성
  ㈐ 안전보건경영체제가 기업경영에 기여한 점과 보완할 점
  ㈑ 위험성 평가 결과에 따른 개선조치의 이행 내용

(6) 경영자 검토 시 포함해야 할 사항

① 안전보건경영방침 및 목표의 이행도
② 정기적 성과 측정 결과 및 조치 결과
③ 내부 심사 및 후속조치 결과 내용
④ 사업장 영역의 구조 변화, 법 개정 및 신기술의 도입 등 내외적인 요소 또는 미래 불확실성에 대처하기 위한 계획

1-31 다음 그림은 결함수(fault tree)에서 같은 사건이 나타나지 않는 경우의 top event 발생경로를 나타낸 것이다. 사상 A, B, C, D, E의 발생 확률이 각각 0.1인 경우 top event의 발생 확률을 구하시오.

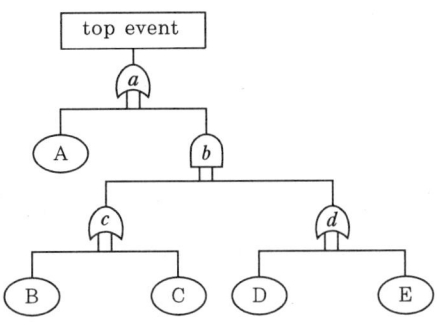

① AND 게이트

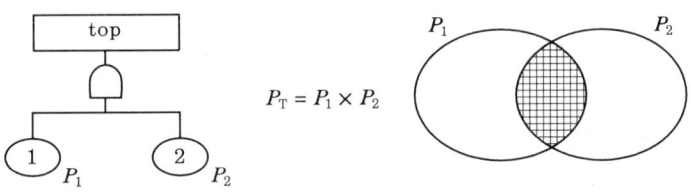

$P_T = P_1 \times P_2$

② OR 게이트

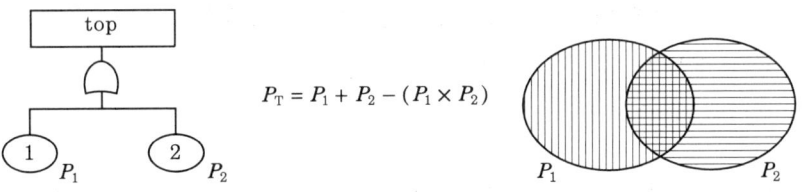

$P_T = P_1 + P_2 - (P_1 \times P_2)$

$c = B + C - (B \times C) = 0.1 + 0.1 - (0.1 \times 0.1) = 0.19$
$d = D + E - (D \times E) = 0.1 + 0.1 - (0.1 \times 0.1) = 0.19$
$b = c \times d = 0.19 \times 0.19 = 0.0361$
$a = A + b - (A \times b) = 0.1 + 0.0361 - (0.1 \times 0.0361) = 0.13249$

즉, top event의 발생 확률은 0.13249이다.

> **1-32** 산업안전보건법상 다음에 대해 설명하시오.
> (1) 사업주가 법령의 요지를 게시하는 등의 방법으로 근로자에게 알려주어야 할 사항 (7가지)
> (2) 사업주가 즉시 작업을 중지시키고 근로자를 작업장소로부터 대피시켜야 할 경우 (2가지)
> (3) 고용부장관이 행정기관의 장에게 영업정지 등을 요청하거나 공공기관장에게 사업의 발주 시 필요한 제한을 요청할 수 있는 경우 (3가지)

(1) 사업주가 법령의 요지를 게시하는 등의 방법으로 근로자에게 알려주어야 할 사항 (7가지)

사업주는 법령의 요지를 상시 각 작업장 내에 근로자가 쉽게 볼 수 있는 장소에 게시하거나 갖추어 두어 근로자로 하여금 알게 하여야 하며 근로자에게 반드시 알려주어야 할 사항은 다음과 같다.
① 산업안전보건위원회가 의결한 사항
② 안전보건관리규정의 작성 내용
③ 안전보건에 관한 노사협의체의 구성·운영에 관한 사항
④ 물질안전보건자료의 작성, 비치 내용
⑤ 작업환경 측정에 관한 사항
⑥ 고용부장관의 안전보건진단 명령에 의해 실시한 안전보건진단 결과
⑦ 안전보건 개선계획의 수립·시행내용

(2) 사업주가 즉시 작업을 중지시키고 근로자를 작업장소로부터 대피시켜야 할 경우 (2가지)
① 산업재해가 발생할 급박한 위험이 있을 때
② 중대재해가 발생하였을 때

(3) 고용부장관이 행정기관의 장에게 영업정지 등을 요청하거나 공공기관의 장에게 사업의 발주 시 필요한 제한을 요청할 수 있는 경우 (3가지)
① 동시에 2명 이상의 근로자가 사망하는 재해
② 중대산업사고
③ 고용부장관의 명령을 위반함에 따라 근로자가 업무로 인하여 사망한 경우

1-33 산업안전보건법에 의한 산업안전지도사의 개요, 직무 및 안전기준 작성 시 고려사항에 대해 설명하시오.

(1) 산업안전지도사의 개요

산업안전지도사는 산업현장에서의 재해예방을 위하여 사업주로부터 다양한 안전업무를 위탁받아 지도할 수 있도록 하고 있으며, 산업안전지도사의 업무영역은 기계안전, 전기안전, 화공안전, 건설안전으로 구분한다.

(2) 산업안전지도사의 직무

① 공정상의 안전에 관한 평가·지도 : 유해위험설비를 보유한 사업장에서 중대산업사고를 예방하기 위해 실시하는 공정안전보고서 제출 대상 사업장에 대한 공정안전보고서 이행상태 평가 및 지도업무를 한다.
② 유해위험의 방지대책에 관한 평가·지도 : 유해위험방지계획서 제출대상 사업장에 대한 계획서 이행상태 평가 및 지도업무를 한다.
③ 공정안전보고서 및 유해위험방지계획서 작성 : 사업주가 작성해야 할 공정안전보고서 및 유해위험방지계획서를 사업주의 위탁을 받아 작성한다.
④ 안전보건개선계획서 작성 : 안전보건개선계획의 수립명령을 받은 사업장에 대해 사업주의 위탁을 받아 계획서를 작성한다.
⑤ 그 밖의 산업안전에 관한 사항의 자문에 대한 응답 및 조언 : 사업주의 요청에 의해 위험성평가 등 산업안전에 관한 전반적인 사항에 대해 자문한다.

(3) 안전기준 작성 시 고려사항

안전기준이란 기계장치 또는 설비 등에 대해 안전을 유지하기 위해서 구체적으로 규정하고 있는 표준이며 안전기준 작성 시 고려사항은 다음과 같다.
① 안전기준 작성의 기본은 사람이 중심이 되어야 한다.
② 기준은 합목적성, 실현가능성, 보편성을 가져야 한다.
③ 기준 적용대상은 기계장치, 위험물질, 에너지 등 모든 대상을 포함해야 한다.
④ 기준 작성 시에는 기준 대상에 대해 사전에 위험성 평가를 실시해야 한다.
⑤ 기준의 정도는 기준 작성대상의 위험성의 크기에 따라 달리 작성해야 한다.
⑥ 기준은 실행이 가능한지를 다양한 방법으로 검토 후 작성해야 한다.
⑦ 기준은 준수해야 할 사람이 이해할 수 있도록 쉽게 작성되어야 한다.

1-34 다음의 시스템 위험분석기법에 대해 설명하시오.

(1) THERP (technique for human error rate prediction)
(2) PHA (preliminary hazards analysis)
(3) FMEA (failure mode and effects analysis)
(4) MORT (management oversight and risk tree)
(5) CA (criticality analysis)

(1) THERP (technique for human error rate prediction)

시스템에 있어서 인간의 과오(휴먼 에러)를 정량적으로 평가하는 기법으로 인간의 동작이 시스템에 미치는 영향을 나타내는 그래프기법이다. 이것은 기본적으로는 ETA의 변형이라고 볼 수 있는데 루프, 바이패스를 가질 수 있고 맨·머신시스템의 국부적인 상세 해석에 적합하다. 어떤 특정 상황하에서 나타나는 인간의 시행착오 또는 행위 간에 상대적을 인정되는 일정 비율의 인간과오를 기본과오율이라 하며, 이를 측정하기 위하여 인간의 형태과정을 다음과 같이 구분하여 분석한다.

① 자극의 투입과정 : 지침, 문자판, 표지, 구두 또는 서면의 지시
② 조정 및 판단과정 : 인지, 인식, 판별
③ 산출과정 : 형태의 반응

인간의 과오를 시스템 내에서 최소한으로 감소시키기 위해서는 시스템 내에 포함된 특정행위에 적응시키기 위한 요원의 적재 선발과 적절한 훈련이 필요하다. 또한 투입내용을 개선하도록 시스템의 설계를 바꾸거나 행동의 조정절차를 단순화시키고 정확한 행동의 산출을 보강해야 한다.

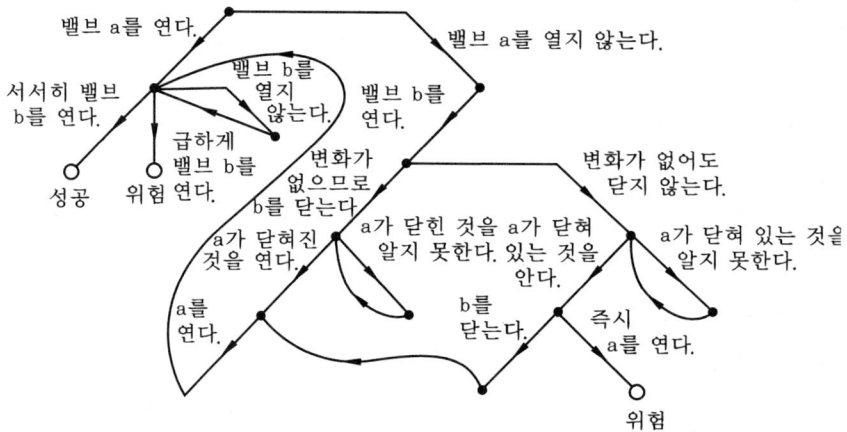

THERP의 위험분석

(2) PHA (preliminary hazards analysis)

예비위험분석이라고도 하며, 시스템 안전 프로그램 중에서 최초 단계의 해석으로, 시스템 내 위험 정도를 정량적으로 분석하는 기법이다.

예비위험해석의 목적은 시스템의 개발단계에서 시스템 고유의 위험상태를 식별하여 예상되는 재해의 위험 수준을 결정하는 것이다. 따라서 예비위험해석은 시스템 개발 단계에서 가급적 빠른 시기에 실시하는 것이 바람직하다.

1. 서브 시스템 또는 기능 요소	2. 양식	3. 위험한 요소	4. 위험한 요소의 갈고리가 되는 사상	5. 위험한 상태	6. 위험한 상태의 갈고리가 되는 사상	7. 잠재적 재해	8. 영향	9. 위험 등급	10. 재해예방수단			11. 확인
									설비	순시	인원	

1. 해석되는 기계설비 또는 기능적 요소
2. 적용되는 시스템의 단계, 또는 운용형식
3. 해석되는 기계설비, 또는 기능 중에서의 질적 위험한 요소
4. 위험한 요소를 동정된 위험상태로 만들 염려가 있는 부적절한 사상 또는 결함
5. System과 System 내의 각 위험요소와의 상호작용으로 생길 염려가 있는 위험상태
6. 위험한 상태를 잠재적 재해로 이행시킬 염려가 있는 부적절한 사상률 결함
7. 동정된 위험상태에서 생기는 가능성이 있는 어떤 잠재적 재해
8. 잠재적 재해가 만약 일어났을 때의 가능한 영향
9. 각각의 동정된 위험상태가 가지는 잠재적 영향에 대한

다음 기준에 준한 중요도의 정성적 척도
Class 1 …… 파국
Class 2 …… 위험
Class 3 …… 한계
Class 4 …… 안전

10. 동정된 위험상태 또는 잠재적 재해를 소멸 또는 제어하는 추장된 예방수단, 추장된 예방수단이란 기계설비의 설계상의 필요사항, 방호장치의 조합, 기계설비의 설계변경
11. 확인된 예방수단을 기록하고, 예방수단의 남겨져 있는 상태를 명확하게 한다.

예비위험해석의 양식

(3) FMEA (failure mode and effects analysis)

고장의 모형과 영향 분석이라고도 하며, 서브 시스템의 해석이나 시스템 해석을 위한 정성적, 정량적 해석기법으로, 이 기법에서 활용되는 고장의 형태는 개방통로 또는 개방의 고장, 폐쇄통로 또는 폐쇄 고장, 기동의 고장, 정지고장, 운전계속고장 등이 있다.

(4) MORT (management oversight and risk tree)

MORT라는 해석나무를 중심으로 FTA와 같은 논리기법을 적용한다. 미국의 W.G.Jhonson

등에 의해 개발된 새로운 시스템 안전 프로그램으로서 MORT라고 명명되는 해석트리를 중심으로 연역적이면서 정량적 해석방법을 사용하여 관리, 설계, 생산, 보전 등에 대한 넓은 범위에 걸쳐 안전성을 확보하려고 시도된 것이다.

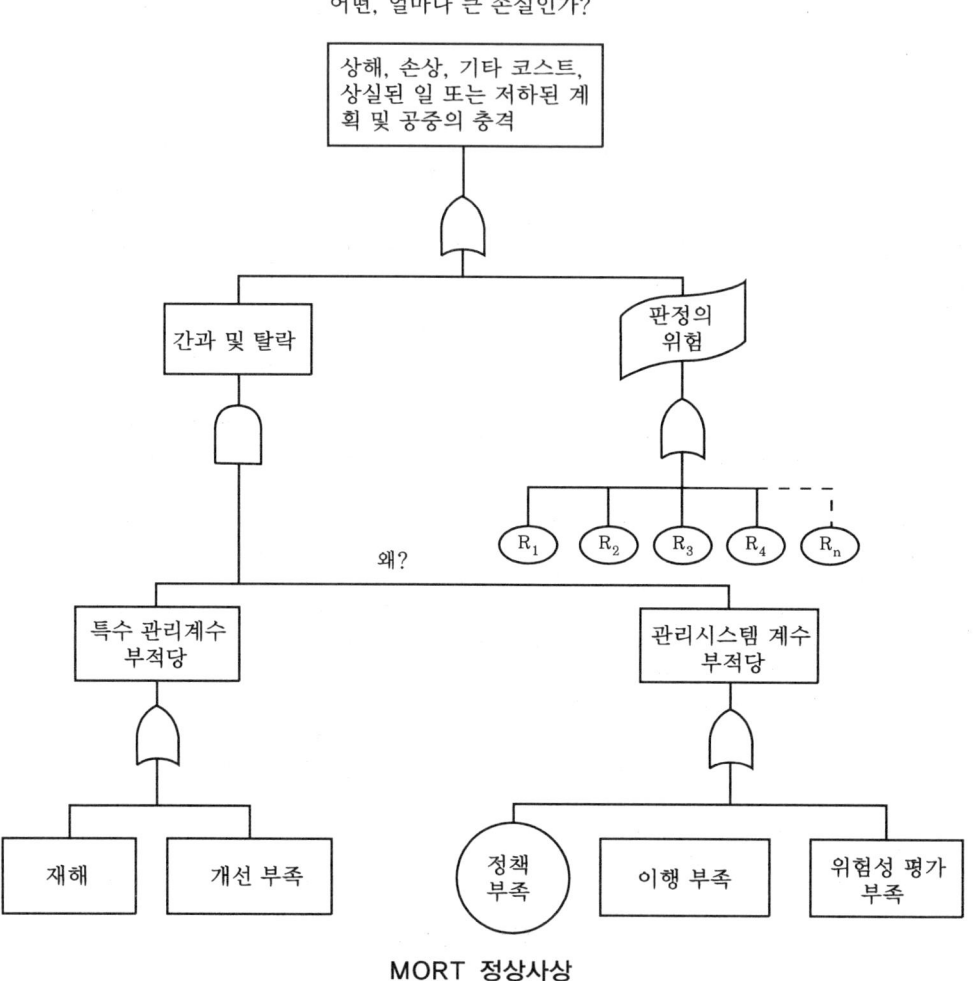

MORT 정상사상

(5) CA(criticality analysis)

치명도 해석이라고도 하며, 고장 모드가 시스템에 미치는 영향을 정량적으로 분석하는 기법으로, 위험성이 큰 요소는 주의하여 해석할 필요가 있다.

> **1-35** 작업위험분석에 관한 다음 사항에 대해 설명하시오.
> (1) 작업위험분석의 개요
> (2) 작업위험분석의 대상
> (3) 작업위험분석 방법
> (4) 작업위험분석 단계

(1) 작업위험분석의 개요

작업위험분석이란 작업대상물에 대해 현재 또는 잠재되어 있는 모든 물리적, 화학적 위험 요소와 인간의 불안전 행동을 파악하기 위한 작업절차에 대한 분석을 말한다.

(2) 작업위험분석의 대상

① 작업자, ② 작업장치, ③ 기계 및 장비, ④ 물자, ⑤ 작업방법

(3) 작업위험분석 방법

① 면접법 : 해당 부문의 숙련된 기술자와 경험이 많은 장기 근속자의 작업 위험에 대한 의견을 수집한다.

② 시찰법 : 작업자가 평상시에 하는 대로의 작업양식을 당사자들이 의식하지 않는 상태에서 시찰하여 문제점을 발견한다.

③ 질문지법 : 작업공정 및 작업방법에 대한 적절한 문항을 작성하여 알아보는 방법으로 개인의 태도 측정과 문제점의 비교에 적합한 방법이다.

④ 절충법 : 위의 방법을 상황에 따라 적절히 절충하여 상호 보완토록 한다.

(4) 작업위험분석 단계

① 제1단계 : 기초 조사
필요한 단서에 대한 기초 조사 및 연구가 선행되어야 한다.
  (가) 관계 문헌 및 자료를 수집·분석하여 문제점과 관련성을 알아내며 전문적 정보를 수집
  (나) 재해빈도 및 강도율
  (다) 반복 작업과 주의력 둔화
  (라) 기계작업 체제에서의 수작업 공정
  (마) 신규작업의 새로운 작업환경과 장비
  (바) 사고보고 기록에 나타난 취약작업, 작업자, 장비 및 작업환경의 검토
  (사) 불량품 및 손실률이 높은 부문

② 제2단계 : 작업의 세분화

　작업내용을 단위작업 수준까지 세분화함으로써 분석해야 할 문제점을 세분·단순화한다.

　㈎ 작업위험분석의 내용에 따른 세분화

　　작업자 개인 단위별, 작업집단별, 조업별, 공정 및 절차별로 세분화한다.

　㈏ 공정의 관련성에 따른 세분화

　　작업자 간의 관련성, 공정의 흐름, 반복성, 기계작업과 수작업의 작업방법 비교, 작업 흐름도표 작성 등에 의해 작업을 세분화한다.

③ 제3단계 : 위험성의 검토 및 분석

　세분화된 작업내용을 검토하여 위험을 인지하고 사고의 잠재성을 찾아내며 안전방안을 강구한다.

　㈎ 검토 내용

　　위험요인의 필요성, 목적, 작업의 순서 및 절차, 공정에 적합한 장비 또는 작업자, 작업자의 위치 및 배치 등

　㈏ 유의사항

　　육체적 요구조건, 작업환경 조건, 보건상 위험성, 잠재적 위험성, 개인 보호구, 작업자의 체격에 부적합한 기계제조원상의 문제 등을 고려해야 한다.

④ 제4단계 : 신규방법의 개발

　잠재적 사고위험을 배제할 수 있는 새로운 작업방법을 개발한다.

　㈎ 불필요한 세부작업 내용의 제거

　㈏ 위험을 조성하는 세부 작업조건을 변경하거나 인간공학적으로 개선

　㈐ 개선된 방법 및 절차로 위험성 배제

　㈑ 모든 필요한 세부 작업내용을 단순화

　㈒ 작업조건과 빈도를 감소

　㈓ 신규방법의 표준화

⑤ 제5단계 : 적용

　안전하고 생산적인 신규방법을 작업에 적용할 수 있도록 표준안전작업을 정하고 이를 실천한다.

1-36 인간에 대한 모니터링(monitoring)의 방법(5가지)을 설명하고, 기계고장률의 기본 모형을 그림으로 그려 각 단계별로 설명하시오.

(1) 인간에 대한 모니터링(monitoring)의 방법(5가지)

① 자기감시(self monitoring) : 인간은 감각으로 자기 자신의 상태를 파악할 수 있다. 자극, 고통, 피로, 권태, 이상감각 등의 지각에 의해서 자신의 상태를 알고 행동하는 감시 방법이다.

② 생리학적 감시(physiological monitoring) : 맥박수, 호흡속도, 체온, 뇌파 등으로 인간자체의 상태를 생리적으로 감시하는 방법이다.

③ 시각적 감시(visual monitoring) : 동직자의 태도를 보고 동직자의 상태를 파악하는 것으로서 졸리는 상태는 생리적으로 분석하는 것보다 태도를 보고 상태를 파악하는 것이 쉽고 정확하다.

④ 반응적 감시 : 인간에게 어떤 종류의 자극을 가하여 이에 대한 반응을 보고 정상 또는 비정상을 판단하는 방법이다. 자극은 청각 또는 시각에 자극을 주어 반응을 판단하여 최근에는 자극 없이 동작 자체를 반응으로 하여 체크하는 방법도 사용되고 있다.

⑤ 환경적 감시(environmental monitoring) : 간접적인 감시방법으로서 환경조건의 개선으로 인체의 안락과 기분을 좋게 하여 정상작업을 할 수 있도록 만드는 방법이다.

(2) 기계고장률의 기본 모형

그림에서 DFR을 초기고장기간, CFR을 우발고장기간, IFR을 마모고장기간, 그리고 CFR의 길이를 내용수명이라 한다. 초기고장기간은 디버깅(debugging) 기간 또는 번인(burn in) 기간이라고도 한다. 디버깅이란 결함을 찾아내어 고장률을 안정시키는 일이다. 또 번인은 물품을 실제로 장시간 움직여 보고 그 동안에 고장난 것을 제거하는 공정이다. 기계의 안전도에 영향을 미치는 요소는 기계의 재질, 기계의 기능, 기계의 작동방법 등이다.

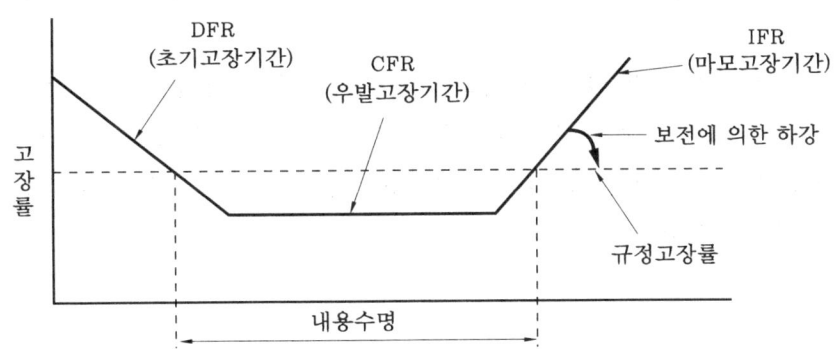

기계고장률의 기본모형

1-37 직무분석(job analysis)의 의의와 목적, 방법, 절차 및 기법에 대해 논하시오.

(1) 직무분석의 의의와 목적
　　직무분석은 인적자원관리에 필요한 직무정보를 제공할 수 있도록 직무의 내용을 체계적으로 분석하는 활동으로서 해당 직무에 대한 의미 있는 정보의 전달을 통하여 직무 능률을 향상시키는 데 있다.

(2) 직무분석의 방법
① 관찰법 : 작업자의 행동을 관찰하여 직무를 분석하는 방법이다.
② 면담법 : 직접 대면하여 면담을 통해 직무를 분석하는 방법이다.
③ 질문지법(설문법) : 질문지를 통해 직무정보를 파악하여 분석하는 방법이다.
④ 체험법 : 자신이 직접 체험을 통하여 직무를 분석하는 방법이다.
⑤ 중요사건법 : 잘했거나 실수한 사례들을 수집하여 분석하는 방법이다.

(3) 직무분석의 절차
① 배경정보의 수집 : 예비조사 단계로서 조직도, 업무분장 등의 배경정보를 수집한다.
② 대표직위의 선정 : 대표직위를 선정하여 이를 중점 분석한다.
③ 직무정보의 획득 : 직무의 성격, 직무수행에 필요한 작업자의 행동이나 인적 요건을 분석한다.
④ 직무기술서 작성 : 직무기술서를 작성한다.

(4) 직무분석의 기법
① 기능적 분석 : 모든 직무에 대해 자료, 사람, 사물 등을 참고하여 직무를 기능적으로 분석한다.
② 직위분석 질문지법 : 질문지를 작성하여 질문지의 내용대로 분석하는 기법으로 질문지는 정보의 투입, 정신적 과정, 성과, 타인의 관계, 직무환경 및 상황 등으로 구성한다.
③ 과업목록법 : 직무의 모든 과업을 열거하고 이를 소요시간, 빈도, 중요성, 난이도 등의 차원에서 분석한다.

1-38 다음 안전점검에 관한 사항에 대해 설명하시오.
(1) 안전점검의 목적
(2) 안전점검의 종류
(3) 안전점검 요령
(4) 안전점검표 작성 시 유의사항

(1) 안전점검의 목적

안전점검이란 작업장의 상황을 기계·설비 등 물적인 면과 작업방법 등 인적 및 관리적인 면을 포함한 종합적인 면으로부터 불안전한 상태나 행위를 찾아내어 개선하는 안전활동을 말한다.

안전점검은 재해를 예측, 예방하는 수단으로서 중요한 역할을 한다. 안전점검의 목적은 생산활동에 있어 정상적인 상태를 유지하기 위하여 사고나 재해발생요인을 발견하여 이것을 제거하거나 개선함으로써 안전성을 유지·보전하여 건강하고 쾌적한 직장을 형성하도록 하는 것이다.

안전점검의 의의를 구체적으로 살펴보면 다음과 같다.
① 기계·기구 및 설비의 안전 확보
② 기계·기구 및 설비의 안전상태 유지와 관리
③ 안전한 작업방법 유지 및 관리
④ 효율적인 생산관리로 생산성 향상

(2) 안전점검의 종류

① 수시점검(일상점검) : 현장에서 매일 기계·기구 및 설비의 안전성을 유지하기 위하여 작업 시작 전, 작업 중 또는 작업 종료 시에 실시하는 점검이다.
② 정기점검 : 주기적으로 일정한 기간을 정하여 기계·기구 및 설비를 점검하는 것으로 주간점검, 월간점검, 연간점검 등이 있다. 이때의 점검방법은 정상적인 운전상태에서 육안이나 간단한 테스트 또는 계측기를 사용하여 이상상태의 유무를 확인하는 것으로 이상의 조기 발견을 목적으로 한다.
③ 특별점검 : 기계·기구 또는 설비를 신설, 이전, 변경하거나 고장 시에 실시하는 점검으로 산업안전강조기간 등 특별한 기간 중에 실시하는 정밀점검도 포함된다. 이 점검이 엄격하고도 철저하게 실시되도록 하기 위해서는 그때의 상황에 따라 면밀한 조사 후 점검기준을 만들어 경험이 풍부한 유자격자가 점검을 실시하도록 해야 한다.
④ 임시점검 : 정기점검 실시 후 다음 점검일 이전에 임시로 실시하는 점검의 형태로서 기

계·기구 또는 설비의 이상 발견 시에 임시로 점검하는 것을 말한다.

(3) 안전점검 요령
효과적인 안전점검을 실시하기 위해서는 다음 사항에 유의해야 한다.
① 점검할 때는 항상 문제의식을 갖도록 한다.
② 불안전 상태를 과소평가하지 않는다.
③ 일상회합 등에서 점검에 대한 관심을 갖도록 노력한다.
④ 점검항목을 예외시키지 않고 이상이나 결함을 빠뜨리지 않도록 한다.
⑤ 점검계획에 따른 분담을 정한다.
⑥ 점검결과 발견된 상태의 이상요소는 시정조치를 강구하고 재확인한다.
⑦ 과거에 발생한 이상, 고장, 사고장소는 특히 주의하여 점검한다.

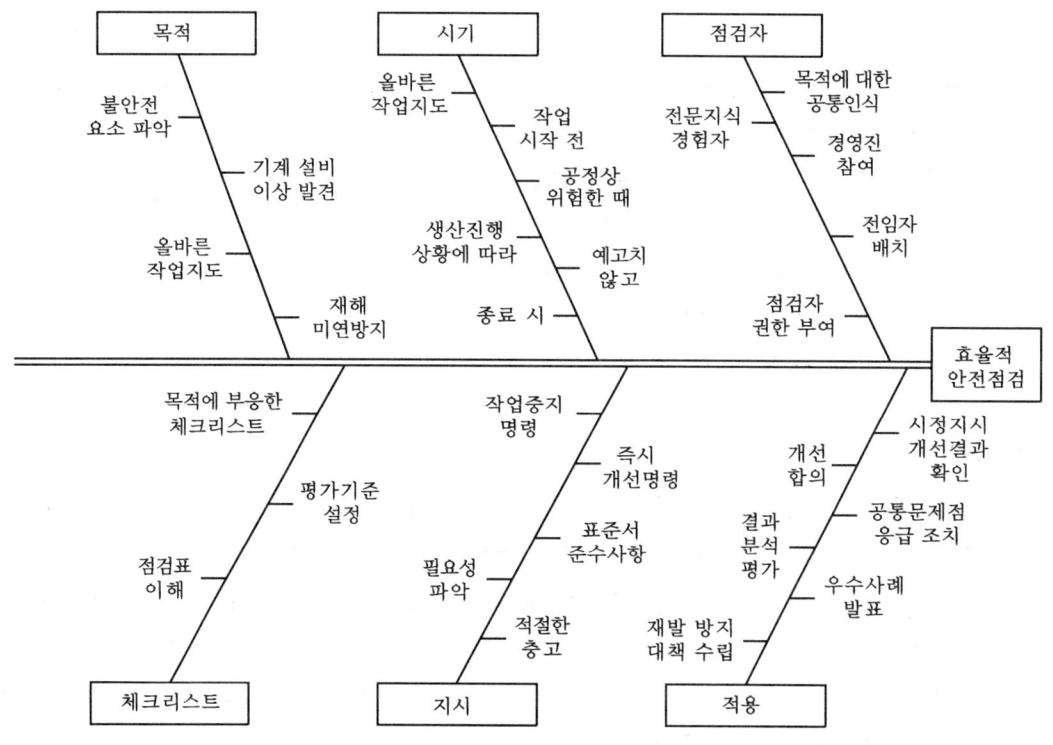

안전점검실시 요령(특성요인도 분석)

(4) 안전점검표(checklist) 작성 시 유의사항
① 안전점검표에 포함되어야 할 사항
  ㈎ 점검항목
  ㈏ 점검사항

㈐ 점검방법
㈑ 판정기준
㈒ 판정
㈓ 조치사항

② 점검표작성 시 유의사항
㈎ 사업장에 적합한 독자적인 내용일 것
㈏ 중점도가 높은 것부터 순서대로 작성할 것 (위험도가 높은 것이나 긴급을 요하는 것부터 작성)
㈐ 정기적으로 검토하여 재해방지에 실효성이 있는 내용일 것
㈑ 일정한 양식을 정하여 점검대상을 정할 것
㈒ 점검표의 내용은 이해하기 쉽도록 표현하고 구체적일 것

1-39 다음은 사업장내 무재해를 위한 소집단 활동이다. 설명하시오.
(1) 터치 앤 콜(touch and call)
(2) 지적 확인
(3) TBM(tool box meeting)
(4) STOP(safety training observation program)

(1) 터치 앤 콜(touch and call)

스킨십을 통하여 사업장내 팀구성원 간의 일체감, 친밀감 및 연대감을 조성하여 재해 예방활동의 성과를 높이고자 하는 소집단 활동이다.

터치 앤 콜의 형태는 팀원들 간의 손을 맞잡거나 어깨동무를 하는 등 신체 일부를 상호 접촉한 상태에서 안전활동에 관한 구호를 제창하는 방법으로 진행한다.

(2) 지적 확인

위험 요인이나 작업자의 중요한 행동에 대해 "○○○ 좋아!"라고 큰 소리로 제창하여 확인하는 방법으로 인간의 의식을 강화시켜 불안전한 행동을 사전에 방지하고자 하는 것이다.

지적 확인은 작업자가 작업 전 위험 요인에 대해 실시하거나 철도 건널목을 건너기 전에 열차의 통행 여부를 확인하는 과정에서 주로 활용되고 있다.

(3) TBM (tool box meeting)

작업 현장에서 즉시 즉응적으로 실시하는 단시간 미팅 훈련으로서 장소나 시간 등에 구애받지 않고 작업 전, 작업 중 또는 작업 종료 시 언제든지 실시 가능하다.

(4) STOP (safety training observation program)

안전행동관찰활동이라고도 하며 현장의 관리감독자가 작업자의 행동을 관찰하여 불안전한 행동이 발견되었을 때 작업을 잠시 중단시키고 안전한 행동을 하도록 조치하는 활동을 말한다. 진행 순서에 따라 불안전한 행동 발견 시 상세하게 작업 상황을 관찰한 후 잘못된 부분에 대해 지적하고 올바른 행동을 하도록 조치하게 된다.

1-40 ETA(event tree analysis)와 FTA(fault tree analysis)를 비교 설명하시오.

(1) ETA

① ETA 정의
　㈎ 사상(事象)의 안전도를 사용해서 시스템의 안전도를 표시하는 시스템 모델의 하나이며, 귀납적이기는 하지만 정량적인 해석수법이다. 종래 간과되기 쉬운 재해의 확대요인의 분석 등에 적합하다.
　㈏ ETA의 작성은 통상 좌로부터 우로 진행되며, 요소 또는 사상(事象)을 표시하는 절점(panel point)에 있어서 성공 사상은 위쪽으로, 실패 사상은 아래쪽으로 분기(分岐)된다. 분기(分岐)마다 발생 확률(안전도와 불안전도)이 표시되며, 각 분기의 발생 확률을 곱한 값을 합해서 시스템의 안전도가 계산된다. (분기된 각 사상의 확률의 합은 항상 1이다.)

② ETA의 활용 : 미국에서 개발된 디시전 트리(decision tree)에서 변천해 온 것으로 설비의 설계·심사·제작·검사·운전·안전 대책의 과정에서 그 대응조치가 성공인가 실패인가를 확대해가는 과정을 검토한다. 귀납적 해석 방법으로 일반적으로 성공하는 것이 보통이고 실패가 드물게 일어나므로 실패의 확률만으로 계산하면 되게끔 되어 있다. 실패를 거듭할수록 피해가 커지는 것으로서 그 발생 확률을 최소로 줄이기 위해서는 어디에 중점을 둘 것인가를 읽어낼 수 있다.

(2) FTA

① FTA 정의 : FTA (결함수법, 결함관련수법 등으로 해석된다.)는 다른 많은 시스템 해석수법이 재해 원인에서 출발하여 재해 현상에 도달하고, 소위 귀납적 해석 방법인데 대해 반대로 정상 (頂上) 사상으로 불리는 재해 현상에서 기본 사상이라 하는 재해 원인으로 향해서 연역적인 해석을 실시하는 데 큰 특징이 있다. 이 때문에 해석하기 전에 예측하지 못했던 재해 현상의 재해 원인과의 결부를 분명하게 할 수 있다.

② FTA의 절차 : FTA의 순서는 일반적으로 다음과 같다.
 ㈎ 재해의 위험도를 검토하여 해석할 재해를 결정한다.
 ㈏ 재해의 위험도를 고려하여 재해발생확률의 목표치를 정한다.
 ㈐ 해석할 기계, 재료, 대상물의 불량상태나 작업자의 에러, 환경의 결함, 감독, 교육의 결함원인과 영향을 상세히 조사한다.
 ㈑ FT를 작성한다.
 ㈒ cut set, 최소 cut set를 구한다.
 ㈓ 작성한 FT를 수식화하여 수학적처리에 의해 간소화한다.
 ㈔ 재해의 발생확률을 계산한다.
 ㈕ cost나 기술 등의 제조건을 고려해서 가장 유효한 재해방지대책을 세운다.

추락재해에 대한 FTA의 예를 들면 그림과 같다.

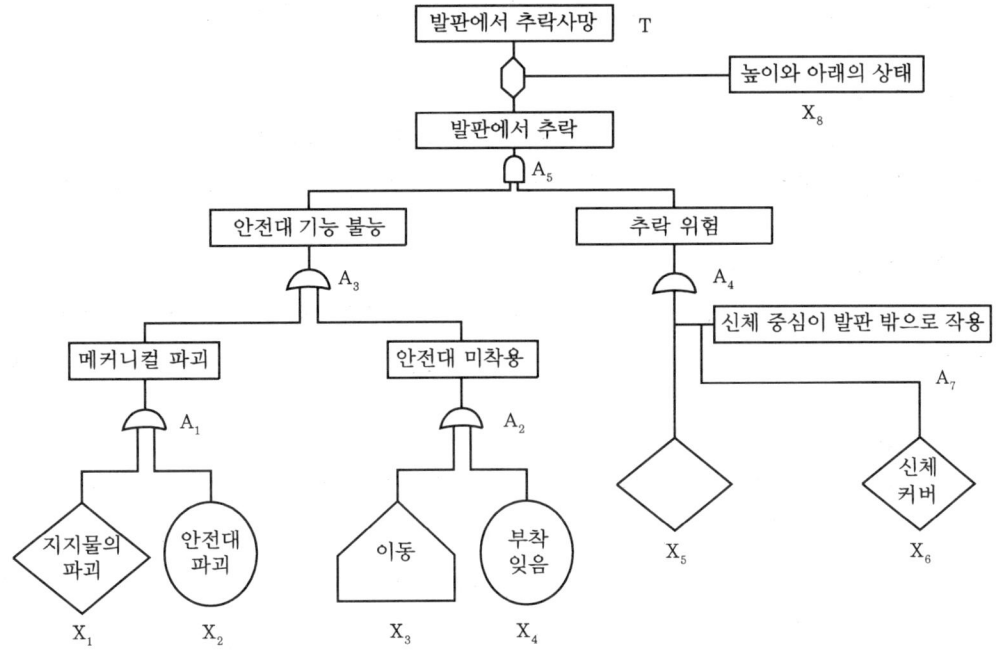

추락재해의 FTA

③ FTA의 활용 : FTA를 활용하여 시각적, 정량적으로 사고 원인을 분석하여 재해 발생 확률이 높은 인적, 물적, 환경상의 위험 및 위험 요인에 대한 안전대책을 강구함으로써 재해 발생 확률을 지속적으로 감소시키는 체계적이고 과학적인 산업안전관리를 행할 수 있다. 동시에 다음과 같은 장·단기적인 안전관리 체제를 구축할 수 있다.
  ㈎ 사고 원인 규명의 간편화
  ㈏ 사고 원인 분석의 일반화
  ㈐ 사고 원인 분석의 정량화
  ㈑ 노력 및 시간의 절감
  ㈒ 시스템의 결함 진단
  ㈓ 안전 점검 체크 리스트 작성

1-41 산업안전보건법에 정하는 안전인증 시 실시하는 심사의 종류에 대해서 기술하시오.

(1) 예비 심사
기계·기구 및 방호장치·보호구가 안전인증 대상인지를 확인하는 심사이다.

(2) 서면 심사
안전인증 대상 기계·기구 등의 종류별 또는 형식별로 설계 도면 등 안전인증 대상 기계·기구 등의 제품 기술과 관련된 문서가 안전인증 기준에 적합한지에 대한 심사이다.

(3) 기술 능력 및 생산 체계 심사
안전인증 대상 기계·기구 등의 안전성능을 지속적으로 유지·보증하기 위하여 사업장에서 갖추어야 할 기술능력과 생산체계가 안전인증 기준에 적합한지에 대한 심사이다.

(4) 제품 심사
안전인증 대상 기계·기구 등이 서면 심사 내용과 일치하는지 여부와 안전인증 대상 기계·기구 등의 안전에 관한 성능이 안전인증 기준에 적합한지 여부에 대한 심사이다.
① 개별 제품 심사 : 서면 심사 결과가 안전인증 기준에 적합할 경우에 안전인증 대상 기계·기구 등 모두에 대하여 하는 심사이다.
② 형식별 제품 심사 : 서면 심사와 기술 능력 및 생산 체계 심사 결과가 안전인증 기준에 적합할 경우에 안전인증 대상 기계·기구 등의 형식별로 표본을 추출하는 심사이다.

1-42 산업안전보건기준에 관한 규칙에서 정하는 안전난간의 개요, 구조 및 설치 요령을 설명하시오.

(1) 안전난간의 개요

안전난간이란 개구부, 작업발판 등에서의 추락사고를 방지하기 위하여 설치하는 시설물을 말한다.

(2) 안전난간의 구조 및 설치요령

① 상부 난간대, 중간 난간대, 발끝막이판 및 난간기둥으로 구성할 것. 다만, 중간 난간대, 발끝막이판 및 난간기둥은 이와 비슷한 구조와 성능을 가진 것으로 대체할 수 있다.

② 상부 난간대는 바닥면·발판 또는 경사로의 표면(이하 "바닥면 등"이라 한다.)으로부터 90 cm 이상 지점에 설치하고, 상부 난간대를 120 cm 이하에 설치하는 경우에는 중간 난간대는 상부 난간대와 바닥면 등의 중간에 설치해야 하며, 120 cm 이상 지점에 설치하는 경우에는 중간 난간대를 2단 이상으로 균등하게 설치하고 난간의 상하 간격은 60 cm 이하가 되도록 한다.

③ 발끝막이판은 바닥면 등으로부터 10 cm 이상의 높이를 유지해야 한다. 다만, 물체가 떨어지거나 날아올 위험이 없거나 그 위험을 방지할 수 있는 망을 설치하는 등 필요한 예방 조치를 한 장소는 제외한다.

④ 난간기둥은 상부 난간대와 중간 난간대를 견고하게 떠받칠 수 있도록 적정한 간격을 유지해야 한다.

⑤ 상부 난간대와 중간 난간대는 난간 길이 전체에 걸쳐 바닥면 등과 평행을 유지해야 한다.

⑥ 난간대는 지름 2.7 cm 이상의 금속제 파이프나 그 이상의 강도가 있는 재료이어야 한다.

⑦ 안전난간은 구조적으로 가장 취약한 지점에서 가장 취약한 방향으로 작용하는 100 kg 이상의 하중에 견딜 수 있는 튼튼한 구조이어야 한다.

1-43 산업안전보건법상 안전검사와 자율검사 프로그램 인정제도에 대해서 설명하시오.

(1) 안전검사

① 주체 : 안전검사 대상품을 사용 중인 사업주

② 절차
  (가) 신청 시기 : 안전검사주기 만료 30일 전
  (나) 처리 기간 : 신청일로부터 30일 이내
  (다) 결과 통지 : 적합 시 안전검사 합격증명서 발급, 부적합 시 안전검사 불합격 통지서 통보

③ 검사주기 : 최초 설치일로부터 3년, 그 이후에는 매 2년

※ 예외 사항
  • 건설현장 크레인, 리프트, 곤돌라 : 최초 설치일로부터 매 6개월
  • 공정안전보고서 확인 압력용기 : 최초 설치일로부터 3년, 그 이후 매 4년

④ 안전검사 대상품 : 프레스, 전단기, 크레인(이동식 크레인과 정격하중 2톤 미만 제외), 리프트, 압력용기, 곤돌라, 국소배기장치(이동식 제외), 원심기(산업용), 화학설비 및 부속설비, 롤러기, 사출성형기(형체결력 294 kN 미만 제외)

(2) 자율검사 프로그램 인정제도

① 주체 : 안전검사 대상품을 사용 중에 있는 사업주

② 절차 : 근로자 대표와 협의하여 자율검사 프로그램을 정한 후 인정기관에 신청하여 인정을 받으면 안전검사를 받은 것으로 보지만 불인정 시에는 안전검사를 신청해야 한다.

③ 유효기간 : 2년

④ 자율검사 프로그램 인정 요건
  (가) 자격이 있는 검사원이 있어야 한다.
  (나) 고용노동부장관이 정하는 검사장비가 있어야 한다.
  (다) 안전검사 주기의 $\frac{1}{2}$ 주기마다 검사를 실시해야 한다. 다만, 건설 현장 외에서 사용하는 크레인은 6개월마다, 건설 현장에서 사용하는 크레인, 리프트, 곤돌라는 3개월마다 안전검사를 실시해야 한다.
  (라) 자율검사 기준이 고용노동부의 안전검사 기준을 충족해야 한다.

⑤ 업무 위탁 : 사업주는 자율검사 프로그램 인정에 따른 검사를 지정 검사기관에 위탁할 수 있다.

1-44 산업안전보건법상 안전보건진단을 받아야 하는 대상 사업장과 안전보건개선 계획 수립대상 사업장을 기술하시오.

(1) 고용노동부장관의 안전보건진단 명령 대상 사업장
① 중대재해(사업주가 안전·보건조치의무를 이행하지 아니하여 발생한 중대재해만 해당) 발생 사업장(다만, 그 사업장의 연간 산업재해율이 같은 업종의 규모별 평균 산업재해율을 2년간 초과하지 아니한 사업장은 제외한다.)
② 안전보건개선계획 수립·시행명령을 받은 사업장
③ 추락·폭발·붕괴 등 재해발생 위험이 현저히 높은 사업장으로서 지방고용노동관서의 장이 안전·보건진단이 필요하다고 인정하는 사업장

(2) 안전보건개선계획 수립대상 사업장
① 산업재해율이 같은 업종의 규모별 평균 산업재해율보다 높은 사업장
② 사업주가 안전보건조치의무를 이행하지 아니하여 중대재해가 발생한 사업장
③ 유해인자의 노출기준을 초과한 사업장

1-45 다음 위험성 평가에 관한 사항에 대하여 설명하시오.
(1) 위험성 평가 시 활용해야 할 안전보건 정보
(2) 위험성 추정 방법 및 위험성 추정 시 유의사항
(3) 위험성 평가의 일반 원칙
(4) 위험성 평가의 효과

(1) 위험성 평가 시 활용해야 할 안전보건 정보
위험성 평가 시 다음의 사업장 안전보건 정보를 사전에 조사하여 위험성 평가에 활용해야 한다.
① 작업표준, 작업절차 등에 관한 정보
② 기계·기구, 설비 등의 사양서, 물질안전보건자료(MSDS) 등의 유해·위험 요인에 관한 정보
③ 기계·기구, 설비 등의 공정 흐름과 작업 주변의 환경에 관한 정보
④ 같은 장소에서 사업의 일부 또는 전부를 도급을 주어 행하는 작업이 있는 경우 혼재

작업의 위험성 및 작업 상황 등에 관한 정보
⑤ 재해 사례, 재해 통계 등에 관한 정보
⑥ 작업환경 측정 결과, 근로자 건강진단 결과에 관한 정보
⑦ 그 밖에 위험성 평가에 참고가 되는 자료 등

(2) 위험성 추정 방법 및 위험성 추정 시 유의사항

① 위험성 추정 방법 : 유해·위험 요인을 파악하여 사업장 특성에 따라 부상 또는 질병으로 이어질 수 있는 가능성 및 중대성의 크기를 추정하고 다음의 어느 하나의 방법으로 위험성을 추정해야 한다.
  (가) 가능성과 중대성을 행렬을 이용하여 조합하는 방법
  (나) 가능성과 중대성을 곱하는 방법
  (다) 가능성과 중대성을 더하는 방법
  (라) 그 밖에 사업장의 특성에 적합한 방법

② 위험성 추정 시 유의사항 : 위험성을 추정할 경우에는 다음에서 정하는 사항을 유의해야 한다.
  (가) 예상되는 부상 또는 질병의 대상자 및 내용을 명확하게 예측할 것
  (나) 최악의 상황에서 가장 큰 부상 또는 질병의 중대성을 추정할 것
  (다) 부상 또는 질병의 중대성은 부상이나 질병 등의 종류에 관계없이 공통의 척도를 사용하는 것이 바람직하며, 기본적으로 부상 또는 질병에 의한 요양기간 또는 근로손실일수 등을 척도로 사용할 것
  (라) 유해성이 입증되어 있지 않은 경우에도 일정한 근거가 있는 경우에는 그 근거를 기초로 하여 유해성이 존재하는 것으로 추정할 것
  (마) 기계·기구, 설비, 작업 등의 특성과 부상 또는 질병의 유형을 고려할 것

(3) 위험성 평가의 일반 원칙

① 위험성 평가의 근본 목적은 위험성을 없애는 데 있다.
② 위험성의 크기가 높은 유해·위험 요인부터 근원적으로 없애는 대책을 가장 우선적으로 적용해야 한다.
③ 한정된 재원을 가지고 개선이 이루어지므로 모든 위험성이 제거되는 것은 아니다. 따라서 남아 있는 위험성에 대하여는 근로자를 대상으로 교육 등을 실시해야 한다.
④ 법규 위반 및 긴급한 위험이나 급성 독성 및 CMR 화학물질, 방사선 등에 대하여는 우선적인 개선이 이루어져야 한다.
⑤ 위험 요인과 유해 요인을 모두 포함하여 작업별·공정별로 위험성 평가가 이루어져야 하며, 근골격계부담작업 및 화학물질 등은 전문화하여 별도로 실시해야 한다.

⑥ 노·사가 협력하여 위험성 평가에 참여해야 한다.
⑦ 건설업 및 정비·보수 등의 일부 작업에 대하여는 위험성 평가를 사전에 실시해야 한다.

(4) 위험성 평가의 효과
① 재해가 감소함에 따라 직·간접적인 손실비용과 산재보험료가 절감된다.
② 노·사가 재해 예방활동에 참여함으로써 사내 소통이 원활해지고 산재 발생에 대한 사업주의 심리적 부담이 완화된다.
③ 사업장에 적합한 안전보건 체계 구축이 가능하다.
④ 산업재해 발생 시 사업주에 대한 벌칙 및 과태료가 완화된다.
⑤ 사업장의 자율적 재해예방활동의 활성화로 정부규제가 완화되어 행정업무 부담이 경감된다.

제2장 전기의 위험성과 감전

2-1 전기로 인한 재해를 전기에너지 발생 형태를 기준으로 분류하고 설명하시오.

전기로 인한 재해를 전기에너지의 발생 형태를 기준으로 분류하면 전기재해, 정전기재해, 낙뢰재해, 전자파재해 등으로 구분한다.

(1) 전기재해

전기재해에는 감전, 전기화상, 전기화재, 2차 재해 등이 있다. 감전은 인체에 전기가 인가되어 쇼크에 의해 사망하기도 하고 추락 등 2차 재해를 유발하기도 한다.

전기화상은 아크의 복사열에 의한 화상을 말하며, 전기화재는 누전이나 단락사고, 과열 등에 의해 전기불꽃이 점화원이 되어 화재를 일으키는 경우를 말한다.

(2) 정전기재해

정전기의 방전현상에 의해 화학공장 등에서 화재 폭발이 발생되거나 전격으로 인한 2차 재해 및 전자기기의 오동작을 유발시킨다. 또한 정전기의 역학현상에 의해 정전기의 흡인 또는 반발작용에 의해 제품 불량 등을 유발시킨다.

(3) 낙뢰재해

낙뢰 발생 시 직격뢰에 의해 감전 사망하거나 화재가 발생되기도 하고 전기설비 및 물체의 파괴 등이 유발된다. 또한 유도뢰에 의해 전기설비가 손상되거나 오동작이 유발된다.

(4) 전자파재해

전자파 발생은 정밀기기의 오동작, 항공기나 열차 등의 제어장치 오류를 유발시키며, 인체에 열적 및 비열적 영향을 주어 전신 또는 부분적인 체온 상승과 신경의 자극으로 인한 스트레스 등을 유발한다.

2-2 다음을 설명하시오.
(1) 위험전압과 안전전압
(2) 접촉전압과 보폭전압의 개요 및 각각의 저감대책

(1) 위험전압과 안전전압
① 위험전압이란 인체가 전원과 접촉하면서 인체에 인가될 수 있는 전압을 말하며, 위험전압에는 접촉전압과 보폭전압이 있다.
② 안전전압이란 회로의 정격전압이 일정 수준 이하의 낮은 전압으로 누전이나 충전부 접촉에 의한 사고 시에도 인체에 영향을 주지 않는 전압을 말하며 국제적으로는 42 V가 채택되어 있으나 우리나라에서는 30 V 이하로 규정하고 있다.

(2) 접촉전압과 보폭전압의 개요 및 각각의 저감대책
① 접촉전압과 저감대책
　㈎ 접촉전압 : 전류가 신체를 통하여 손에서 손으로 또는 손에서 발로 흐르게 할 수 있는 대지 전위차를 말한다. 또한 IEEE에서는 접촉전압을 구조물과 대지면의 거리 1 m에서의 접촉 시 전위차를 말하기도 한다. 일반적으로 누전사고가 일어나게 되면 지락전류가 대지나 전기기기로 흐르게 되어 지표면에 전위차가 상승할 때 사람이 접촉하게 되면 고장전압 중 일부가 인체에 인가되는데, 이를 접촉전압이라 한다.
　㈏ 접촉전압 저감대책 : 접촉전압을 저감시키는 기본 방법은 고장 시 지표면의 전위차를 작게 하는 것이다. 이를 위해서는 접지극을 깊게 매설하고 보조접지극을 추가로 설치하며 중성점 접지방식을 저항접지방식으로 채택한다. 또한 구조체 인하도체는 인근의 금속체 기둥 등과 본딩을 하여 전기적 연속성을 확보한다.

접촉전압

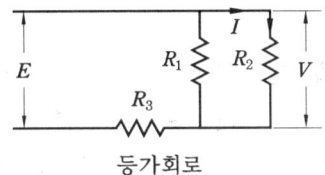

등가회로

R_1 : 기기 접지저항
R_2 : 인체 저항
R_3 : 중성점 접지저항
I : 인체 통전전류
V : 접촉전압
E : 전원전압

② 보폭전압과 저감대책
 (가) 보폭전압 : 전류가 신체를 통하여 발에서 발로 흐르도록 하는 대지 전위차를 말한다. 가축의 경우에는 앞발과 뒷발 사이의 전위차에 의해 전압이 인가되어 통전경로가 심장을 관통하게 되므로 같은 조건하에서는 사람과 가축이 동시에 위험지역을 걸어갈 경우 가축이 더 위험하다.
   보폭전압은 뇌전류나 고전압전로에서 고장전류가 발생 시 이들 전로나 전기기기의 접지극 주변에서 보폭전압이 크게 나타나므로 주의해야 한다.
 (나) 보폭전압 저감대책 : 접지선을 깊게 매설하고, 메시형 접지방식을 채택하여 등전위화하며, 특히 접지극 인근 지역에서는 접촉저항을 크게 하기 위해서 자갈이나 콘크리트를 타설한다. 또한 고장전류 등에 의해 전위차가 크다고 생각되는 위험지역을 걸을 때에는 보폭을 짧게 하거나 해당 구역을 우회해서 벗어나는 것도 보폭전압을 줄이는 방법이다.

보폭전압

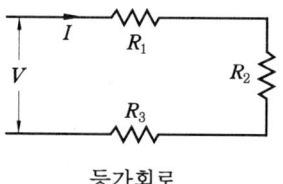
등가회로

R_1 : 한 발과 대지 사이의 저항
R_2 : 인체 저항
R_3 : 중성점 접지저항
V : 보폭전압
I : 인체 통전전류

2-3 다음 조건과 같이 전동기의 절연이 파괴되어 누전상태인 경우 작업자가 접촉되었을 때 감전등가회로를 그리고, 접촉전압과 인체 통전전류를 계산하고 심실세동이 발생 가능한지 여부를 설명하시오.
 【조건】 전원전압 220 V, 전원 측 중성점 접지저항 5 Ω, 선로 임피던스 2 Ω, 전동기 접지저항(기기접지) 5 Ω, 인체의 대지 접촉저항 500 Ω, 인체 내부저항 500 Ω, 접촉시간 1초

① 감전등가회로 : 등가회로는 다음과 같다.

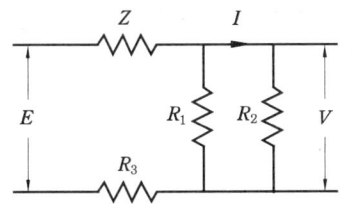

여기서, E : 전원전압, Z : 선로 임피던스, R_1 : 전동기 접지저항(기기 접지저항), R_2 : 인체 저항(인체 대지 접촉저항+인체 내부저항), R_3 : 중성점 접지저항, I : 인체 통전전류

② 접촉전압(V)

$E = 220$, $Z = 2$, $R_1 = 5$, $R_3 = 5$ 이므로

$$V = E \times \frac{R_1}{Z + R_1 + R_3} = 220 \times \frac{5}{2 + 5 + 5} = 91.6 \text{V} \text{ 이다.}$$

③ 인체 통전전류(I)

$R_2 =$ 인체 대지 접촉저항 + 인체 내부저항 $= 500 + 500$ 이므로,

$$I = \frac{V}{R_2} = \frac{91.6}{500 + 500} = 0.0916\text{A} = 91.6 \text{ mA 이다.}$$

④ 심실세동 여부 : 심실세동을 일으키는 전류 크기는 50 mA 이상이므로 91.6 mA는 충분히 심실세동을 일으켜서 치명적인 손상을 줄 수 있다.

> **참고**
>
> **참새가 전선 위에 앉아 있어도 감전되지 않는 이유는?**
>
> 참새의 양발 사이에 전압이 인가되지 않기 때문이다. 전선 한 가닥 위에 참새가 앉아 있을 경우에는 참새의 양발 사이에 걸리는 전압은 한 전선의 두 점 간의 전위차로 영전위차(0 V)가 되어 전압이 인가되지 않기 때문에 전류가 흐르지 않아 감전되지 않는다. 만약 서로 다른 전선에 참새의 날개가 접촉되었다면 선간전압이 인가되어 참새는 죽게 된다.
>
> **끊어진 전선이 땅에 떨어져 있는 상태에서 농부가 소를 끌고 지나갈 때 누가 더 위험한가?**
>
> 같은 조건에서는 소가 더 위험하다. 그 이유는 농부에게는 양발 사이의 전위차에 의해 인체에 전압이 인가되고, 소는 앞발과 뒷발 사이의 전위차에 의해 전압이 인가되는데, 소가 농부보다 양발 사이의 간격이 크기 때문에 인가전압이 크며, 또한 소는 앞발과 뒷발 사이에 심장을 관통해서 전류가 흐르기 때문에 더 위험하다.

2-4 전기기계기구에서 발생되는 감전사고를 직접 접촉과 간접 접촉으로 구분하고 각각에 대한 감전사고 원인과 방지 대책을 기술하시오.

(1) 직접 접촉에 의한 감전사고 원인 및 방지 대책

① 감전사고 원인 : 직접 접촉이란 전기적 고장이 없는 정상운전 시 전압이 인가된 충전

부분에 인체가 접촉되는 것을 말하며, 전기기계기구 충전부가 노출되어 있는 상태에서 인체의 일부가 충전부에 접촉되어 감전이 발생한다.

② 방지 대책
  ㈎ 충전부가 노출되지 않도록 폐쇄형 외함 구조로 한다.
  ㈏ 충전부에 절연덮개 또는 방호망을 설치한다.
  ㈐ 충전부는 내구성이 있는 절연물로 완전히 덮어 감싼다.
  ㈑ 관계근로자가 아닌 사람이 접근할 우려가 없는 구획된 장소, 전주 위, 철탑 위 등에 설치한다.

(2) 간접 접촉에 의한 감전사고 원인 및 방지 대책

① 감전사고 원인 : 간접 접촉이란 전기적 고장으로 전압이 인가된 도전성 부분에 인체가 접촉되는 것을 말하며, 절연손상 등에 의해 전기기계기구의 비충전부에 누전전류가 흐르게 되면 충전되는데, 이곳에 인체의 일부가 접촉되어 감전이 발생한다.

② 방지 대책
  ㈎ 보호절연을 한다. 즉 누전된 부분을 인체가 접촉하더라도 전류의 통전경로를 차단함으로써 인체에 전류가 흐르지 못하도록 하는 것으로 이중절연 구조의 것이 여기에 해당된다. 보통의 전기기계기구는 기능절연만 되어 있으나 이중절연은 보호절연이 추가된다.

> **참고**
>
> **절연불량의 주요 원인**
> ① 이상 전압 등에 의한 전기적 요인
> ② 충격, 진동 등에 의한 기계적 요인
> ③ 산화 등에 의한 화학적 요인
> ④ 온도 상승에 의한 열적 요인

  ㈏ 보호접지를 한다. 보호접지란 인체의 보호를 목적으로 전기기계기구에서 누전 발생 시 누전전류를 신속하게 대지로 방류시키기 위해 기기 외함에 접지를 하는 것을 말하며 일명 기기접지라고 한다. 전기기계기구를 보호하기 위해 접지하는 계통접지와 구분된다.
  ㈐ 누전차단기(감전방지용)를 설치한다. 누전차단기(RCD ; residual current device) 란 지락검출장치·차단장치·개폐기구 등을 절연물 용기 안에 일체로 조립한 것으로, 정상 사용 조건하에서 전류를 흘리거나 차단할 수 있고, 규정된 조건하에서 누설전류가 주어진 값에 도달했을 때 접점을 개로하도록 설계된 개폐기구를 말한다. 감전방지용 누전차단기는 정격감도전류 30 mA에서 동작시간은 0.03초 이내이다.

㈑ 비접지식 전로를 채용한다. 일반적으로 변압기의 2차 측에는 부하 측의 전기기계 기구를 보호하기 위해 계통접지를 하게 되는데, 이러한 계통접지를 하지 않은 경우를 말한다. 계통접지를 하지 않은 경우, 즉 비접지식 전로에서는 누전이 발생되더라도 전기회로(감전 시 폐회로)가 구성되지 않아 인체에는 전류가 흐르지 않게 되어 안전하다.

>
> **계통접지**
> 계통접지는 계통상에서 발생할 수 있는 고·저압의 혼촉에 의한 위험을 방지하기 위한 것으로 접지방법은 저압측의 중성점 또는 1선에 제2종 접지공사를 실시하여 접지전류에 의한 접지점의 전압이 150 V 이하가 되도록 한다. 계통접지는 저압측의 기기나 설비의 보호를 위해서는 반드시 실시해야 하나 인체가 저압측에 직접 접촉되는 사고가 발생할 경우에는 폐회로가 구성되므로 감전의 위험성이 매우 커지게 된다.

2-5 감전사고가 발생되는 과정은 5가지 형태로 나눌 수 있다. 그림을 그려서 설명하시오.

인체가 충전부분에 접촉되어 감전사고가 발생되는 과정은 다음과 같다.

① 전압선 간에 인체가 접촉되어 인체가 단락되어 감전되는 경우

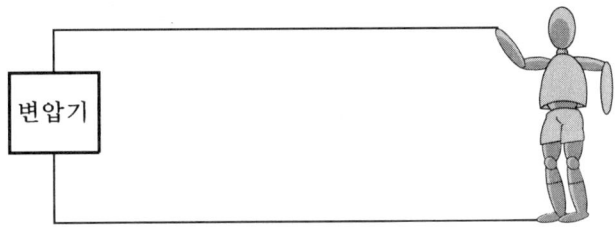

② 전압선과 중성선 사이에 인체가 접촉되어 지락전류가 흘러 감전되는 경우

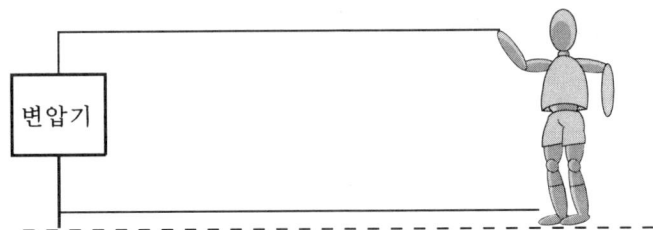

③ 누전상태인 전기기기 외함에 접촉되어 인체를 통해 지락전류가 흘러 감전되는 경우

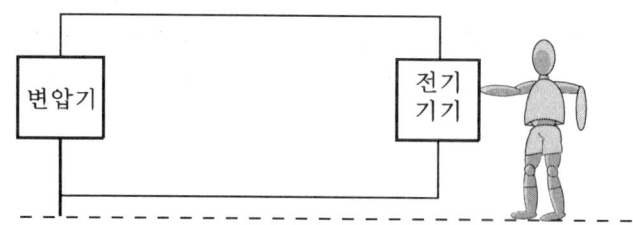

④ 고전압 전로에 인체가 근접 접근하여 아크에 의한 화상을 입거나 인체를 통해 전류가 흘러 감전되는 경우

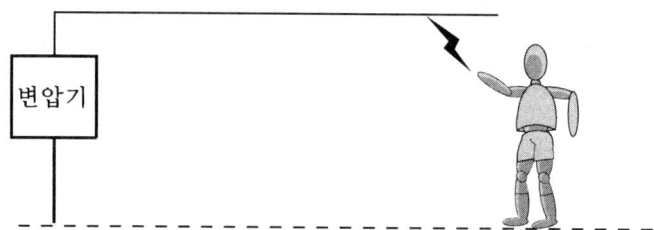

⑤ 특별고압 전선로에 인체가 근접 접근하여 정전유도작용에 의해 인체에 유도된 전하가 접지된 금속체를 통해 방전될 때 인체에 전류가 흘러 감전되는 경우

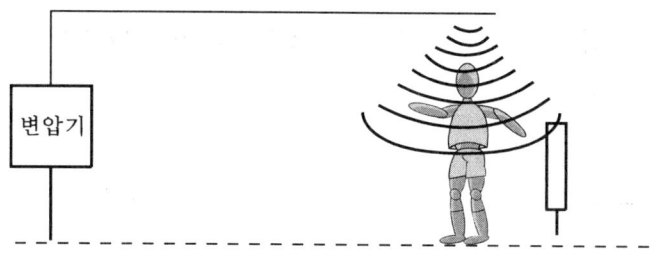

2-6 감전에서 전격에 의한 위험을 결정하는 요인 5가지를 설명하시오.

감전이란 외부에서 인가된 전원에 의하여 인체 내로 전류가 통과되는 것을 말하며, 전격(electric shock)이라고도 한다. 인체에 전류가 흐르면 전기적인 충격(전격) 현상이 발생되어 사망에까지 이를 수 있는데, 전격의 위험을 결정하는 주요 요인은 통전전

류의 크기, 통전시간, 통전경로, 전원의 종류, 주파수 및 파형 등이다.

① 통전전류의 크기 : 인체에 흐르는 전류, 즉 통전전류의 크기가 전격에 가장 큰 영향을 미치며, 통상 100 mA 정도를 심실세동전류라 하여 사망에까지 이르는 전류의 크기이다.
② 통전시간 : 인체에 통전전류가 흐르는 시간을 말하며 낮은 전류도 장시간 흐르면 위험하다.
③ 통전경로 : 통전전류가 흐르는 경로를 말하며 심장에 근접하여 흐를수록 위험이 커진다.
④ 전원의 종류 : 직류보다 교류가 더 위험하며, 교류의 주파수가 낮을수록 위험이 커진다.
⑤ 주파수 및 파형 : 주파수는 고주파일수록, 파형은 왜형파일수록 더 위험하다.

2-7 감전사에 주로 영향을 미치는 요인이 전류인지 전압인지를 설명하고, 감전지연사의 유형을 설명하시오.

(1) 감전사에 영향을 미치는 요인

감전사(또는 감전)에 영향을 미치는 요인은 통전전류의 크기, 통전시간, 통전경로, 전원의 종류 등이다. 따라서 감전(사)에는 전류가 직접적인 영향을 미치며, 전압은 인체의 저항 등에 따라 전류의 크기에 영향을 미치게 된다.

(2) 감전지연사의 유형

감전지연사란 감전사고가 발생한 후 병원에서 치료 도중 사망하는 것을 말하며, 감전지연사의 유형은 다음과 같다.

① 전기화상 : 전기불꽃, 즉 아크열에 의해 일어나는 화상을 말하며, 아크열에 의한 화상은 열상으로서 2도 또는 3도 화상이 대부분이다.
② 급성 신부전 : 감전에 의한 쇼크, 신장 또는 신장의 혈관 파손, 감전전류에 의한 근육이완 또는 심하게 열을 받는 경우 방뇨가 곤란한 증세가 나타난다.
③ 패혈증 : 감전상해나 전기화상에 의해 상해를 받은 부분에 병원체가 혈액 속에 침입하여 패혈증을 일으킨다.
④ 소화기 합병증 : 감전에 의한 스트레스로 급성 위궤양 등의 합병증이 발생한 것이다.
⑤ 2차 출혈 : 감전사고 발생 후 1~4주 지나서 상처부위로부터 다량의 출혈이 발생하는 것이다.
⑥ 암 발생 : 감전상해를 입은 상처 부위에 암이 발생하는 것이다.

> **2-8** 심실세동전류를 설명하고 심실세동이 일어날 때 호흡정지현상이 발생하는 이유를 설명하시오.

(1) 심실세동전류

통전전류를 증가시켜 심장에 흐르는 전류가 어떤 값에 도달하면 심장이 경련을 일으키며 정상 맥동이 뛰지 않게 되어 혈액을 내보내는 심실이 세동(細動)을 일으키게 되는데, 이때의 전류를 심실세동전류라 하며, 그 크기는 50~100 mA 정도이다.

심실세동전류 $I = \dfrac{165}{\sqrt{T}}[\text{mA}]$이고, 전류 I는 1,000명 중 5명 정도가 심실세동을 일으키는 전류값이며, T는 통전시간(s)이다.

(2) 심실세동이 일어날 때 호흡정지현상이 발생하는 이유

심실세동전류 이상의 전류가 인체에 흐르면 심근이 경직되어 심장이 아주 빠르게 불규칙적으로 박동하는 심실세동현상이 일어나며, 심실세동현상이 일어나면 인체의 각 조직에 산소 공급이 되지 않아 호흡정지현상이 발생하여 사망하게 된다.

> **2-9** 인체 저항을 1,000 Ω으로 가정할 때 심실세동전류에 의한 인체의 위험 한계에너지(W)를 열량으로 계산하시오. (단, $I = \dfrac{165}{\sqrt{T}}[\text{mA}]$)

$$W = I^2 RT = \left(\dfrac{165}{\sqrt{T}} \times 10^{-3}\right)^2 \times 1,000\,T$$

$$= (165^2 \times 10^{-6}) \times 1,000 = 27.22 \text{ J}$$

1 J = 0.24 cal이므로

∴ 인체의 위험 한계에너지(W) = 27.22 × 0.24 cal = 6.53 cal

2-10 감전사고 발생 시 인체에 나타나는 국소증상에 대해 설명하시오.

감전사고 발생 시 인체에 나타나는 국소 증상에는 전류반점, 피부의 광성변화, 표피박탈, 전문, 감전성 궤양 등이 있다.

① 전류반점 : 감전전류의 유출입점에 반점이 생기는 현상을 말한다.
② 피부의 광성변화 : 감전사고 시 전선 등의 금속분자가 가열 용융되면서 피부 속으로 녹아 들어가는 현상을 말한다.
③ 표피박탈 : 아크 등의 고열에 의해 인체의 표피가 벗겨지는 현상을 말한다.
④ 전문 : 감전사고 시 전류의 유출입점에 회백색 또는 붉은색의 수지상의 선이 나타나는 현상을 말하며, 낙뢰로 인한 감전 시 자주 나타난다.
⑤ 감전성 궤양 : 감전전류의 유출입 부분에 전기적 장해 등에 의해 궤양이 생기는 현상을 말한다.

2-11 감전사고 발생 시 감전자 구출 요령(방법)과 응급조치 방안 및 시간에 대한 소생률에 대해 설명하시오.

(1) 감전자 구출 요령(방법)
① 2차 재해방지를 위해 피재자에게 영향을 미친 누전된 기기나 충전부를 확인하고 해당 전로를 차단한다.
② 현장에 전원 스위치의 확인이 곤란한 경우에는 피재자를 만지지 말고 옷이나 나무 또는 플라스틱 막대 등으로 접촉 중인 전기기기나 전선을 떼어 놓고 피재자를 안전한 장소로 이동시킨다.
③ 피재자에 대해 의식상태, 호흡상태, 맥박상태, 출혈상태, 골절의 이상 유무 등을 신속히 관찰하여 인공호흡 등 응급처치를 한다.

(2) 응급조치 방안
피재자를 관찰한 결과 의식이 없거나 호흡이나 심장의 정지 또는 출혈이 심할 경우에는 관찰을 중지하고 즉시 필요한 심폐소생술이나 인공호흡, 심장마사지 등의 응급조치를 해야 한다.

① 인공호흡 : 인공호흡은 다음의 순서에 의해 실시한다.
  (가) 환자의 몸 움직임, 눈 깜박임, 대답 등으로 반응을 확인하고, 동시에 숨을 쉬는지 또는 비정상 호흡을 보이는지 관찰한다.
  (나) 인공호흡을 하기 위해서는 먼저 환자의 머리를 젖히고, 턱을 들어 올려서 환자의 기도를 개방시킨다.
  (다) 머리를 젖혔던 손의 엄지와 검지로 환자의 코를 잡아서 막고, 입을 크게 벌려 환자의 입을 완전히 막은 뒤에 가슴이 올라올 정도로 1초 동안 숨을 불어넣는다. 숨을 불어넣은 후에는 입을 떼고 코도 놓아주어서 공기가 배출되도록 한다.
  (라) 정상 호흡 간격인 5초 간격으로 약 1분에 12~15회로 30분 이상 반복한다.
② 심장마사지
  (가) 피재자를 딱딱하고 편편한 바닥에 눕힌다.
  (나) 한 손의 엄지손가락을 갈비뼈 하단에서 3수지 윗부분에 놓고 다른 손을 그 위에 겹쳐 놓는다.
  (다) 체중을 이용하여 엄지손가락이 4 cm 정도 들어가도록 강하게 누른 후 힘을 빼되 가슴에서 손을 떼지 않아야 한다.
  (라) 15회 정도 연속으로 실시한다.

(3) 시간에 대한 소생률

인공호흡은 가능한 빠를수록 좋다. 일반적으로 인공호흡 시 소생률은 1분 이내는 95 %, 3분 이내는 75 %, 5분 이내는 25 %로 시간이 지남에 따라 급격히 낮아진다.

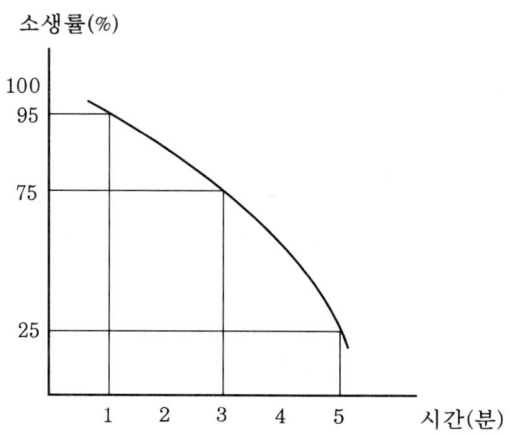

감전사고 후 응급처치 개시시간에 따른 소생률

2-12 전격의 위험을 결정하는 중요한 변수인 인체 저항에 대하여 설명하고 전기적 등가회로를 그리시오.

(1) 인체 저항

인체 저항은 전격에 의한 위험성을 표시하는 척도가 되며 남녀별, 개인차, 연령, 건강상태 등에 따라 달라진다. 독일의 플라이베거(Freiberger)는 인체 저항을 내부저항과 피부저항으로 구분하기도 한다. 피부저항이 2,500 Ω, 내부저항이 500 Ω, 신발과 발 사이의 저항이 1,500 Ω, 신발과 대지 사이의 저항이 500 Ω 정도로서 인체의 전기저항은 대략 5,000 Ω이다. 그러나 인체에 땀이 나거나 물에 젖어 있으면 급격히 감소하는데 땀에 젖어 있는 경우는 건조 시에 비해 $\frac{1}{12} \sim \frac{1}{20}$, 물에 젖은 경우는 $\frac{1}{25}$ 정도 낮아지게 되어 전격의 위험이 매우 커지므로 주의해야 한다.

(2) 전기적 등가회로

독일의 플라이베거에 의해 인체 저항을 내부저항과 피부저항으로 구분하여 전기적 등가회로를 그리면 다음과 같다.

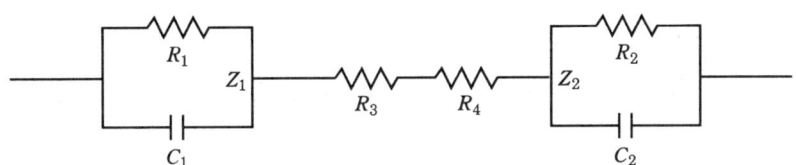

여기서, R_1, R_2 : 피부저항
C_1, C_2 : 피부 정전용량
Z_1, Z_2 : 피부 임피던스
R_3 : 신발과 발 사이의 저항
R_4 : 신발과 대지 사이의 저항

따라서 인체 저항 R은 다음과 같다.

$$R = Z_1 + Z_2 + R_3 + R_4 = \left(\frac{1}{R_1} + j\omega C_1\right) + \left(\frac{1}{R_2} + j\omega C_2\right) + R_3 + R_4$$

2-13 하절기에 감전재해가 자주 발생하는 이유와 그 방지 대책을 설명하시오.

감전재해가 발생하는 통계를 보면 여름철에 감전재해뿐만 아니라 감전사망자도 훨씬 많이 발생한다. 그 이유와 방지 대책은 다음과 같다.

(1) 하절기에 감전재해가 자주 발생하는 이유
① 장마철로 인해 비가 많이 오는 계절이므로 수분이 많아 인체의 저항이 급격히 감소하여 동일한 전압이 인가될 경우에도 통전전류가 커서 감전의 위험성이 높아진다.
② 무더위로 인해 인체에 땀이 많이 나 인체 저항의 감소로 통전전류가 커서 감전의 위험성이 높아진다.
③ 방수상태가 불량한 옥외에 설치된 전기설비의 경우 비에 젖으면 누전현상이 발생하면서 누전전류에 접촉되어 감전된다.
④ 습도와 온도가 높아 전기설비의 절연이 손상되면서 누전에 의해 감전된다.
⑤ 여름철에는 낙뢰가 자주 발생되며 이 낙뢰에 맞아 감전된다.
⑥ 무더위로 인해 불쾌지수가 높아져 불안전행동에 의해 충전부에 접촉되어 감전된다.

(2) 감전재해 방지 대책
① 전기설비를 정기적으로 점검한다.
② 전기설비의 접지상태를 확인하고 접지저항 및 절연저항을 측정하여 이상 여부를 확인한다.
③ 감전방지용 누전차단기를 설치한다.
④ 비가 오는 날에는 옥외에서 전기작업을 하지 않도록 한다.
⑤ 전기위험성에 대한 안전교육을 실시하고 안전수칙을 준수하도록 한다.
⑥ 옥외에 설치된 전기설비나 이동형 또는 휴대형 전동기계기구는 방수 상태 등을 확인한다.
⑦ 낙뢰가 자주 발생하는 장소나 낙뢰가 발생하는 날에는 외출을 가능한 자제한다.

2-14 감전으로 인한 사망의 주요 원인과 감전에 의한 부상의 형태를 설명하시오.

(1) 감전으로 인한 사망의 주요 원인
① 전류가 심장 부위로 흘러 심장마비에 의한 혈액순환 기능 장애 발생

② 전류가 뇌의 호흡 중추부로 흘러 호흡 기능 장애 발생
③ 전류가 가슴 부위에 흘러 흉부 수축으로 인한 질식 발생

(2) 감전에 의한 부상의 형태
① 전류가 인체 내부로 흐를 때 내부 조직의 저항에 의한 줄열(Joule heat)에 의한 화상
② 전기 아크 또는 불꽃에 의한 고열 화상, 전도, 추락에 의한 2차 재해 발생

2-15 지락사고로 인해 인체에 가해질 수 있는 허용접촉전압과 허용보폭전압을 주어진 조건을 이용하여 계산식을 쓰고 계산하시오.
【조건】 인체의 저항 500Ω, 대지 표면층 저항률 100Ω·m, 접촉시간 1초, 몸무게 70 kg이며, 소수점 이하는 절사한다.

(1) 허용접촉전압
접촉전압이란 대지에 접촉되고 있는 발과 발 이외의 신체 부위와의 사이에 인가되는 전압을 말하며, 허용접촉전압은 접촉전압이 가해지더라도 위험성이 낮은 상태의 전압을 말한다.

심실세동전류 $I = \dfrac{0.165}{\sqrt{T}}$, 인체 저항을 R, 대지 표면층 저항률을 ∂, 접촉시간을 T라 하면, 허용접촉전압 $E = (R + \dfrac{3\partial}{2}) \times I$ 이므로, $R=500$, $\partial=100$, $T=1$을 대입하면,

허용접촉전압 $E = (500 + \dfrac{3 \times 100}{2}) \times \dfrac{0.165}{\sqrt{1}} = 107.25\,\text{V}$

따라서 허용접촉전압 $E = 107\text{V}$이다.

(2) 허용보폭전압
보폭전압이란 인체의 양발 사이에 인가되는 전압을 말하며, 허용보폭전압은 보폭전압이 가해지더라도 위험성이 낮은 상태의 전압을 말한다.

심실세동전류 $I = \dfrac{0.165}{\sqrt{T}}$, 인체 저항을 R, 대지 표면층 저항률을 ∂, 접촉시간을 T라 하면, 허용보폭전압 $E = (R + 6\partial) \times I$ 이므로, $R=500$, $\partial=100$, $T=1$을 대입하면,

허용보폭전압 $E = (500 + 6 \times 100) \times \dfrac{0.165}{\sqrt{1}} = 181.5\,\text{V}$

따라서 허용보폭전압 $E = 181\text{V}$이다.

2-16 정전유도에 의한 전격현상 시 정전유도를 받고 있는 물체에 접촉한 경우와 인체의 방전에 의한 경우 각각의 과도전류와 정상전류를 식으로 나타내시오.

(1) 정전유도를 받고 있는 물체에 접촉한 경우

송전선의 대지전압 E에 의해 물체에 인가되는 정전유도전압 V에 대한 전기적 등가회로를 그리면 다음과 같다.

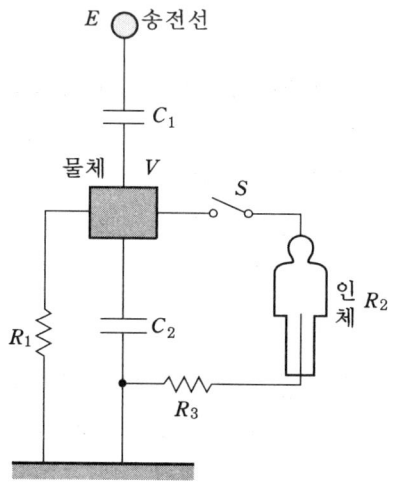

정전유도를 받고 있는 물체에 접촉 시 정전유도 등가회로

여기서, E는 송전선의 대지전압, V는 물체의 정전유도전압, C_1은 송전선과 물체 간의 정전용량, C_2는 물체와 대지 간의 정전용량, R_1은 물체의 대지절연저항, R_2는 인체 저항, R_3는 인체와 대지 간의 접촉저항이다.

정전유도에 의한 전격 시 과도전류와 정상전류를 식으로 나타내면 다음과 같다.

① 과도전류 $I = \dfrac{V}{R_2 + R_3} \exp\left[\dfrac{t}{C_2(R_2 + R_3)}\right]$

② 정상전류 $I = \dfrac{j\omega C_1}{1 + j\omega C_1(R_2 + R_3)} E$

일반적으로 R_2, R_3에 비해 $\dfrac{1}{\omega C_1}$이 대단히 크므로 정상전류 $I = j\omega C_1 E$가 된다.

(2) 인체의 방전에 의한 경우

송전선의 대지전압 E에 의해 인체에 인가되는 정전유도전압 V에 대한 전기적 등가회로를 그리면 다음과 같다.

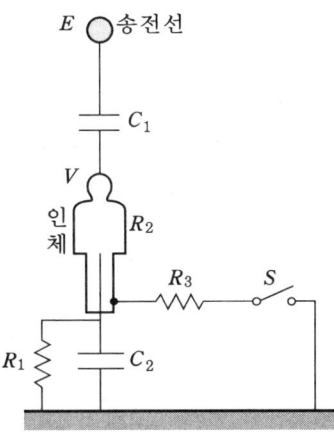

정전유도를 받고 있는 인체 방전 시 정전유도 등가회로

여기서, E는 송전선의 대지전압, V는 물체의 정전유도전압, C_1은 송전선과 물체 간의 정전용량, C_2는 물체와 대지 간의 정전용량, R_1은 물체의 대지절연저항, R_2는 인체 저항, R_3는 인체와 대지 간의 접촉저항이다.

정전유도에 의한 전격 시 과도전류와 정상전류를 식으로 나타내면 다음과 같다.

① 과도전류 $I = \dfrac{V}{R_3} \exp(\dfrac{-t}{C_2 R_3})$

② 정상전류 $I = \dfrac{j\omega C_1}{1 + j\omega C_1 R_3} E$

일반적으로 R_3에 비해 $\dfrac{1}{\omega C_1}$이 대단히 크므로 정상전류 $I = j\omega C_1 E$가 된다.

2-17 허용접촉전압에 대해 설명하시오.

접촉전압이란 대지에 접촉되고 있는 인체의 발과 발 이외의 신체 부위와의 사이에 인가되는 전압을 말하며, 허용접촉전압은 접촉전압이 가해지더라도 위험성이 낮은 상태의 전압을 말한다. 인체의 접촉상태에 따른 허용접촉전압은 다음과 같다.

구 분	인체의 접촉상태	허용접촉전압
1종	인체의 대부분이 수중에 있는 상태	2.5V 이하
2종	• 인체가 젖은 상태 • 금속체의 전기기계장치나 구조물에 인체의 일부가 상시 접촉하고 있는 상태	25V 이하
3종	1종, 2종 이외의 경우로서 통상의 인체상태에서 접촉전압이 가해지면 위험성이 높은 상태	50V 이하
4종	• 1종, 2종 이외의 경우로서 통상의 인체상태에서 접촉전압이 가해지면 위험성이 낮은 상태 • 접촉전압이 가해질 우려가 없는 상태	제한 없음

2-18 전격전류에서 최소감지전류 및 남녀 최소감지전류와 그 설정 근거에 대해 설명하시오.

(1) 최소감지전류
인체에 전류가 흐를 때 고통을 느끼지 않으나 짜릿한 정도의 전기가 흐르고 있음을 감지할 수 있는 최소의 전류를 말한다.

(2) 남녀 최소감지전류와 그 설정 근거
① 남녀 최소감지전류 : 60 Hz 정현파 교류에서 남자 1 mA, 여자 0.7 mA이다.
② 설정 근거 : C. F. Dalziel의 60 Hz 정현파 교류전류를 이용한 실험에서 나타난 결과치를 이용한 것이며, 여자가 남자의 $\frac{2}{3}$ 정도로서 여자가 더 민감한 것으로 나타났다.

제3장 접지

> **3-1** 계통접지(중성점 접지방식)의 장단점을 서술하고 비접지계통(중성점 비접지방식)과 비교하여 설명하시오.

(1) 계통접지(중성점 접지방식)의 장단점

계통접지(중성점 접지방식)란 회로의 중성점 또는 중성 도체를 의도적으로 접지하는 것을 말한다. 회로 이외에 변압기, 기기, 장치 등에 대해서도 마찬가지이다. 접지방식에는 직접 접지방식, 저항 접지방식, 리액터 접지방식 등이 있으며, 220 kV 이상의 송전선에서는 직접 접지방식이 사용되고, 154 kV 이하에서는 저항식 접지, 리액터 접지 등이 사용된다.

계통접지(중성점 접지방식)의 장단점은 다음과 같다.

① 장점
  - ㈎ 1선 지락사고 시 건전상의 대지전압이 거의 상승하지 않으므로 선로의 애자수를 줄이고 기기의 절연수준을 저하시킬 수 있다.
  - ㈏ 서지의 값을 저감시킬 수 있으므로 피뢰기의 책무를 경감시키고 그 효과를 증대시킬 수 있다. 즉 정격전압이 낮은 피뢰기를 사용할 수 있다.
  - ㈐ 1선 지락사고 발생 시에는 1상이 단락상태가 되어 지락전류가 커지기 때문에 보호계전기의 동작을 확실하게 하고 사고구간을 신속히 차단하여 계통을 보호할 수 있다.
  - ㈑ 변압기의 중성점은 항상 영전위 부근에 유지되기 때문에 단절연이 가능하고 변압기의 중량과 가격을 낮출 수 있다.

② 단점
  - ㈎ 지락전류가 저역률 대전류이기 때문에 과도안정도가 나빠진다.
  - ㈏ 지락사고 시에 병행통신선에 전자유도장해를 크게 미친다.
  - ㈐ 지락전류가 커서 기기에 기계적 충격을 준다.
  - ㈑ 차단기가 대전류를 차단할 기회가 많아진다.

(2) 계통접지(중성점 접지방식)와 비접지계통(중성점 비접지방식)의 비교

비접지계통은 계통접지와는 달리 계통의 중성점을 접지하지 않는 방식으로 전선로의 길이가 짧고 전압이 낮은 소규모계통에서 사용한다. 비교 설명하면 다음과 같다.

구 분	계통접지(중성점 접지방식)	비접지계통(중성점 비접지방식)
이상전위 상승	억제 가능하다.	억제 불가능하다.
지락 검출	검출 가능하다.	검출 불가능하다.
전기기계기구의 누전 발생 시 감전 위험성	접촉 시 인체를 통한 폐회로가 구성되므로 위험하다.	폐회로가 구성되지 않으므로 위험성이 낮다.
적 용	대규모 계통에서 적용하고 있다. 대지를 통해 타 계통과 간섭을 일으킬 수 있다.	변압기 1, 2차측 간 절연 유지가 어렵기 때문에 소규모 계통에서 적용하며, 타 계통과의 분리가 가능하다.

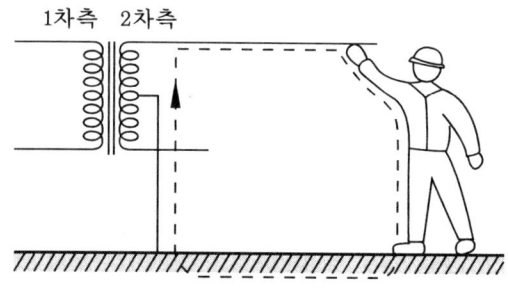

(a) 계통접지

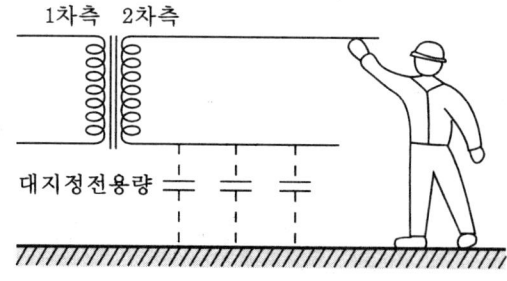

(b) 비접지계통

계통접지와 비접지계통의 감전회로도

3-2 보호접지(외함 접지)의 목적을 서술하고 사용전압별 시공사양에 대해 설명하시오.

(1) 보호접지(외함 접지)의 목적

누전 등에 의한 이상전류가 전기기기 등의 외함에 흐를 때 접촉에 의한 인체를 감전으로부터 보호하기 위해 보호접지 또는 외함 접지를 한다. 즉 전기기기는 내부의 충전부와 외부의 노출 비충전부 사이에 기능절연이 되어 있으나 절연이 파괴되어 누전이 발생되면 접촉에 의해 감전 위험이 있다. 그러므로 기기 외함에 접지를 하여 누전전류를 대지로 방류시키면 인체 감전을 방지할 수 있다.

(2) 보호접지의 사용전압별 시공사양

보호접지는 사용전압에 따라 제1종 접지, 제3종 접지 및 특별 제3종 접지로 구분한다. 접지 종류에 따른 사용전압, 접지저항값, 접지선 굵기 등은 다음과 같다.

제2종 접지는 인체 보호를 목적으로 하는 보호접지가 아니라 전력계통의 보호를 목적으로 하는 계통접지에 해당한다.

접지 종류	사용전압	접지저항값	접지선 굵기
제1종 접지	고압 또는 특별고압용	10 Ω 이하	2.6 mm 이상 연동선
제3종 접지	400 V 이하의 저압용	100 Ω 이하	1.6 mm 이상 연동선
특별 제3종 접지	400 V 넘는 저압용	10 Ω 이하	1.6 mm 이상 연동선

3-3 접지설계 시 고려사항과 접지저항을 저하시키는 방법에 대해 설명하시오.

(1) 접지설계 시 고려사항

접지는 낮은 저항값을 가지고 대지와 전기적으로 연결하는 것을 말하며, 접지방법에는 접지극에 직접 연결하는 방법과 금속전선관 등과 같은 금속제를 경유하여 대지로 접지하는 방법이 있다. 이러한 접지설계 시 고려해야 할 사항은 다음과 같다.

① 안정성과 신뢰성 : 수명이 지속적으로 안정적이어야 하며, 접지시스템에 대한 신뢰성이 확보되어야 한다.

② 접지성능 : 계절, 온도 등의 변화에도 그 성능이 유지되어야 하며, 경년 변화에 무관

한 접지시스템을 갖추어야 한다.
③ 인명과 기계설비 보호 : 뇌전류 등을 빠르고 안전하게 방전하는 시스템을 갖추어야 하며, 서지전압 등에 대한 기계설비가 보호되어야 한다.
④ 접지시공 : 접지해야 할 지역, 장소에 적합한 시공법을 선택하여 용이하게 시공할 수 있어야 한다.
⑤ 유지보수 : 유지보수가 용이하고 특히 설치위치의 확인이 용이해야 한다.
⑥ 경제성 : 시공비, 유지보수비 등을 고려해야 한다.

(2) 접지저항을 저하시키는 방법

접지저항은 접지전극의 재료와 접지전극 크기, 매설 깊이, 매설 방법 등에 따라 달라지며 접지전극을 매설하는 토양의 상태에 따라 크게 달라진다. 일반적으로 접지저항을 저하시키는 방법은 다음과 같다.
① 접지극의 재료는 도전성이 큰 것을 사용한다.
② 접지극의 크기를 크게 한다.
③ 접지극을 여러 개 병렬접속하거나 서로 다른 종류의 접지극을 병용접속한다.
④ 접지극의 매설깊이를 깊게 한다.
⑤ 토양의 전기저항을 저감시키는 제감제 약품을 사용하여 토양을 개선한다.

3-4 등전위 본딩의 목적과 역할에 대해서 기술하시오.

(1) 등전위 본딩의 목적

등전위 본딩이란 서로 다른 전위차가 있는 전기기계기구나 접지시스템의 도전성 부분을 상호간 전기적으로 접속하여 도체 간의 전위차를 최소화하기 위해 이들을 도선으로 연결하는 것을 말한다.

본딩이 접지와 다른 점은 본딩은 도체 a와 b를 등전위로 하기 위해 도선으로 양자를 접속시킨 것이고, 접지는 a 또는 b를 대지와 등전위로 하기 위해 도선으로 접속시킨 것이다.

(2) 등전위 본딩의 역할

본딩은 금속부와 시스템 간에 전위차를 줄이기 위한 것으로 시스템에서 서지를 억제하는 데 매우 중요한 역할을 한다.

① 시스템 간을 등전위화하기 위한 것으로 다수의 설비 간의 금속 외함을 도체로 접속하여 설비 간의 전위차를 없애는 것이다.
② 본딩 도체로서 서지전류의 유입 경로를 다수화하여 전체적인 설비의 외함과 도체 간에 나타나는 전위차를 줄이는 것이다.

본딩 도체로는 가능하면 길이가 짧고 단면적이 큰, 즉 낮은 인덕턴스를 가진 도체가 요구된다.

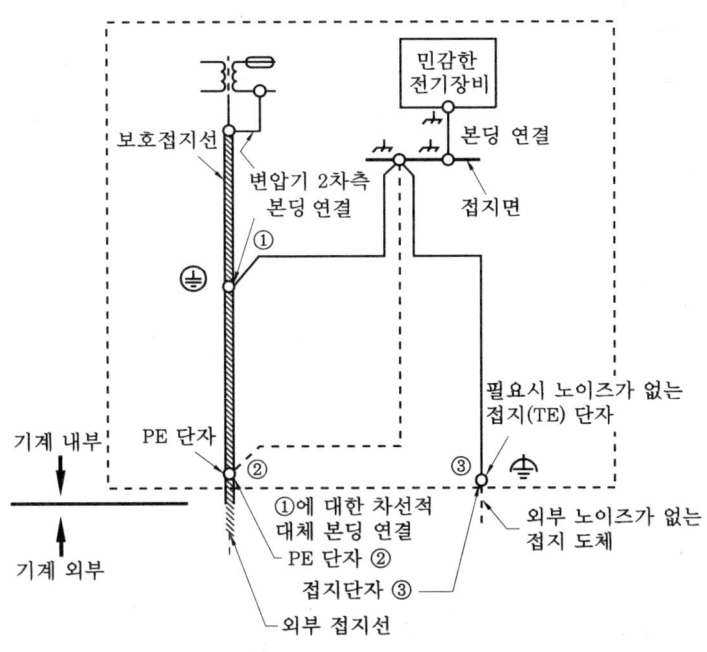

기계의 전기장치 등전위 본딩

3-5 병원에서는 마이크로 쇼크(micro shock)를 방지하기 위해 등전위 접지를 실시한다. 마이크로 쇼크를 간단히 설명하고 등전위 접지의 목적, 접지방법 및 보호범위에 대해 기술하시오.

(1) 마이크로 쇼크

전기가 인체에 흘러 감전되는 경우는 대부분 전류가 체외에서 흘러 들어가 다시 체외로 흘러 나가는 경로이나, 마이크로 쇼크는 전류가 피부를 통해서 체내에 직접 흘러 들어가 체외로 흘러 나가는 경우를 말한다. 따라서 마이크로 쇼크(micro shock)에 의한 심실세동전류는 일반적인 경우에 비해 훨씬 작다.

(2) 등전위 접지의 목적

병원에서 마이크로 쇼크를 방지하기 위하여 노출 비충전부의 등전위를 목적으로 설치한다. 병원에서는 환자 한 사람에게 여러 대의 의료기기를 접속하여 사용하는 경우에 많은데, 이때 각 의료기기가 외관상으로는 잘 접지되어 있지만 각각의 접지점 전위가 다르면 그 전위차에 의해 기기 간에 전류가 흘러 환자에게 위험을 주게 된다.

(3) 등전위 접지방법

병원에서의 등전위 접지는 환자 주위에 있는 모든 금속부와 금속부 사이, 금속부와 의료기기 사이에 전위차가 발생하지 않도록 환자가 있는 실내에 기준접지점(접지저항 0.1 Ω 이하)을 설정한다. 즉, 실내에 있는 모든 금속부를 접속시켜 등전위화하여 전위차를 0으로 하는 역할을 한다.

(4) 등전위 접지 보호범위

병원에서 등전위 접지의 보호범위는 환자가 있는 곳으로부터 주위 2.5 m, 침상 위 높이 2.3 m 까지이다.

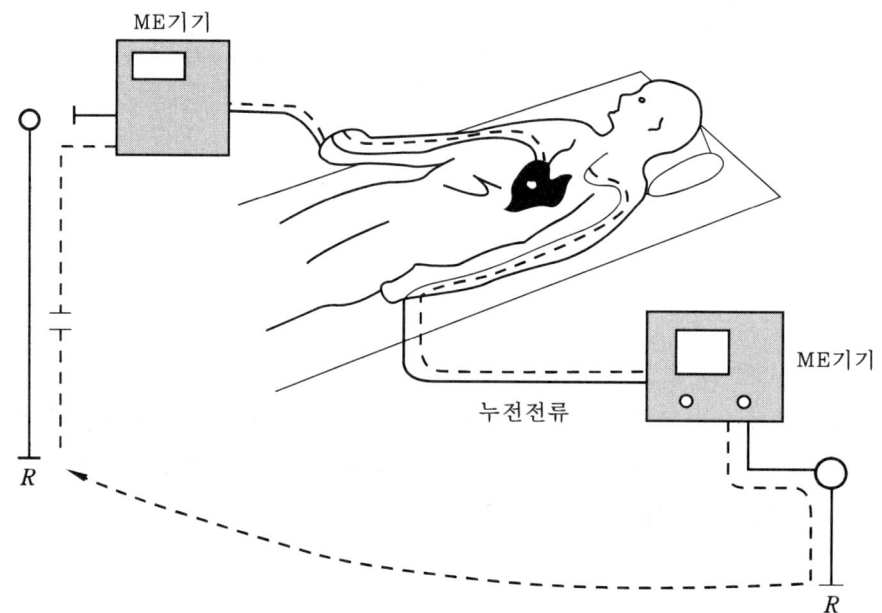

접지점 간의 전위차에 의한 마이크로 쇼크(micro shock) 구성도

3-6 전기방식용 접지의 목적과 접지시설 기준에 대해서 기술하시오.

(1) 전기방식용 접지의 목적
전기부식은 지중에 매설된 금속체가 양극으로 되어 전류 유출 시 패러데이 법칙에 의해 금속의 전해작용으로 일어나는데, 이러한 전기부식이 발생하는 대상물에 방식 전류를 지중 또는 수중에 흐르게 하여 전기부식을 방지시키기 위해 설치하는 접지가 전기방식용 접지이다.

(2) 접지시설 기준
① 전기부식 방지 회로의 사용 전압은 60 V 이하로 한다.
② 양극은 지중에 매설하거나 수중에서 쉽게 접촉할 우려가 없는 곳에 시설한다.
③ 지중에 매설하는 양극의 매설깊이는 75 cm 이상으로 한다.
④ 수중에 시설하는 양극과 그 주위 1 m 이내의 거리에 있는 임의 점과의 사이의 전위차는 10 V를 넘지 않도록 한다.
⑤ 지표 또는 수중에서 1 m 간격의 임의의 2점 간의 전위차가 5 V를 넘지 않도록 한다.

3-7 접지저항에 가장 큰 영향을 미치는 대지저항률에 대해 설명하고 대지저항률에 영향을 미치는 주요 요소를 설명하시오.

(1) 대지저항률
물질에 전기를 가했을 때 전류가 이동하기 어려운 정도를 나타내는 정수를 저항률($\Omega \cdot m$)이라 하며, 토양에서 전류가 이동하기 어려운 정도를 대지저항률이라 한다.

(2) 대지저항률에 영향을 미치는 요소
① 토양의 종류
② 대지에 함유된 수분량
③ 대지에 함유된 물에 용해되어 있는 물질 및 그 농도
④ 대지의 온도
⑤ 토양 입자의 크기
⑥ 토양의 밀도

3-8 접지선이 갖추어야 할 조건, 접지선의 구성 요건, 접지선의 접속 방법 및 접지선의 방호와 보호방법에 대해 설명하시오.

접지선(grounding conductor)은 주접지단자나 접지도선을 접지극에 접속하는 도체를 말한다.

(1) 접지선이 갖추어야 할 조건

접지선은 기기접지도체, 중성선 접지도체, 접지 전극도체, 본딩선 등을 말하며, 접지선이 갖추어야 할 조건은 다음과 같다.
① 영구적이고 지속적이어야 한다.
② 사고 발생 시 발생되는 고장 전류가 안전하게 흐를 수 있는 용량을 가져야 한다.
③ 접지선에 나타나는 전압은 작게 하고 전로의 차단기가 신속 정확하게 동작하도록 임피던스를 낮추어야 한다.

(2) 접지선의 구성 요건

① 접지선은 구리 재질, 기타 금속 또는 금속들의 조합으로 사용할 수 있다.
② 피뢰기 접지선의 접속은 짧고 일직선이어야 하며, 피복이 손상되지 않도록 날카로운 밴드(행거밴드 등)로부터 이격되어야 한다.
③ 건축물의 금속 구조체는 접지선으로 사용할 수 있다.
④ 전력회사에 따라 접지선의 모든 부위를 구리로 사용하거나 알루미늄 또는 강심 알루미늄 연선으로 사용할 수 있다.
⑤ 일반적으로 알루미늄이나 강심알루미늄연선(ACSR)은 전선 표준규격 이상의 것을 사용한다. 구리로 코팅된 강철을 사용하는 전력회사도 있다.
⑥ 모든 도체를 동시에 차단하는 경우를 제외하고는 접지선에 개폐장치를 설치하지 않아야 한다. 다른 예외 항목은 고압 직류 시스템, 유자격자 감독에 의한 시험, 피뢰기 동작 등을 포함한다. 이 지침에서는 단로기의 동작 후 피뢰기의 접지단자는 일반적으로 선간전압에 해당하는 전압이 인가됨을 중요하게 규정하고 있다.

(3) 접지선의 접속 방법

① 접지선(전주접지)과 보호도체(중성선) 사이의 접속은 노출 환경과 금속 재질을 고려해야 한다. 그 접속은 부식되지 않아야 하고, 접속 금속 재질별 요구 조건을 만족해야 한다. 부적절한 이종 금속 간의 접속은 전지작용과 같은 부식을 가속화할 수 있으므로 부득이 사용 시에는 이질 금속 슬리브를 사용한다.

② 고장전류에 의해 납땜을 녹일 수 있는 충분한 열이 발생하므로, 납땜은 납피복 케이블 이외에는 허용하지 않는다.

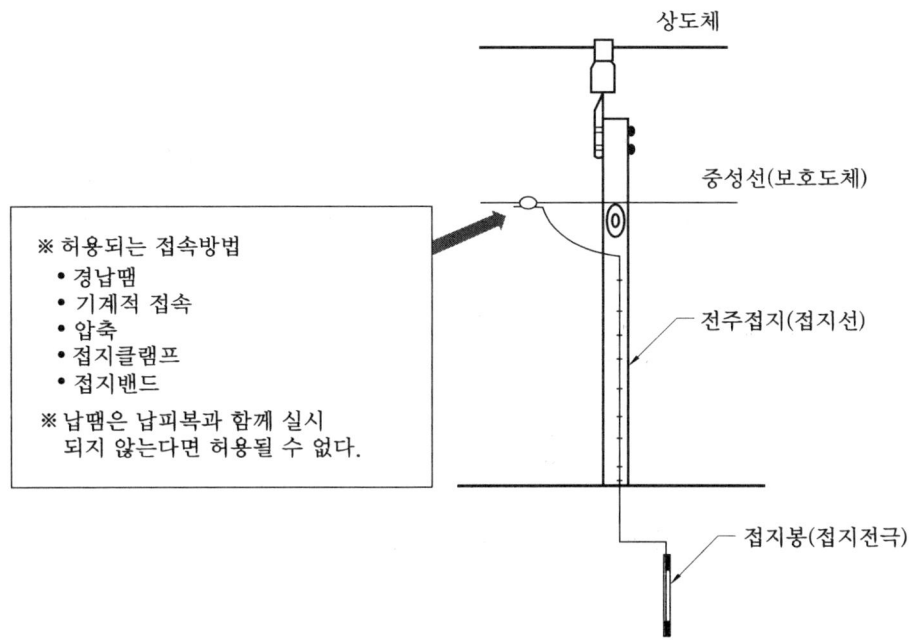

접지선과 보호도체의 접속

(4) 접지선의 방호와 보호 방법

① 접지선에 대한 방호는 일반 사람들에게 노출되어 있는 단일접지시스템을 위해 요구된다. 만약 단일접지시스템상에 있는 접지전극이 일반 사람들에게 노출되어 있지 않다면(울타리가 쳐진 변전소) 방호되지 않아도 된다. 다중접지시스템상의 접지전극은 비록 기계적인 손상에 노출되어 있을지라도 방호가 요구되지 않는다.

② 다중접지시스템은 가공선의 검사 요구사항과 마일당 최소 4개의 접지가 요구된다. 이 두 가지 조건은 다중접지시스템상의 안전한 접지가 보장되는 방식이므로 다중접지시스템상의 방호를 필요로 하지 않는다.

③ 비록 방호를 필요로 하지 않아도 방호는 설치될 수 있으며, 만약 방호가 필요하지 않지만 설치된 것이라면 위의 필요사항에 맞게 적절하게 설치되어야 한다.

④ 만약 접지선에 대하여 방호가 요구된다면 위험에 노출되는 장소에서 발생하는 손상 방지를 위해 적절한 방호가 이루어져야 한다. 만약, 접지선에 대하여 방호가 요구되지 않는다면 일반적인 설치방식(스테플러와 같은 고정장치 등)으로 나무 전주에 접지선을 고정해야 한다.

⑤ 도체가 금속관에 인입 시설된 경우 유도성 초크(chocking effect)가 생성될 수 있으며, 이것은 사고나 낙뢰가 발생할 때 위험전압이 발생할 수 있어, 이를 방지하기 위

해 비금속 전선관이 요구되고 있다.

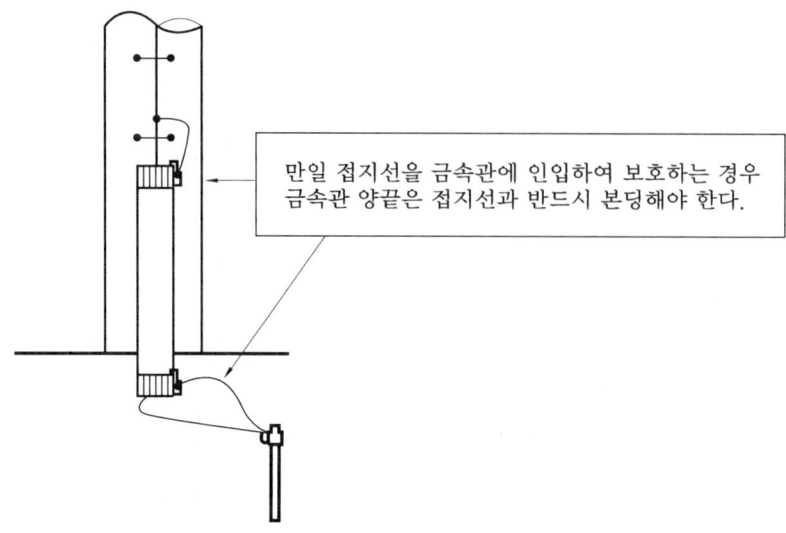

금속관에 접지선을 인입하는 경우의 요구조건

3-9 공통접지와 통합접지에 관한 다음 사항에 대해 설명하시오.
(1) 공통접지와 통합접지의 정의
(2) 공통접지와 통합접지를 할 수 있는 요건
(3) 공통·통합접지 저항값 기준
(4) 등전위 본딩 확인 및 전기적 연속성 측정 방법

(1) 공통접지와 통합접지의 정의

① 공통접지란 등전위가 형성되도록 고압 및 특고압 접지계통과 저압 접지계통을 공통으로 접지하는 방식을 말한다.
② 통합접지란 전기, 통신, 피뢰설비 등 모든 접지를 통합하여 접지하는 방식을 말하며, 건물 내의 사람이 접촉할 수 있는 모든 도전부가 등전위를 형성해야 한다.

(2) 공통접지와 통합접지를 할 수 있는 요건

공통접지는 관계없으나 통합접지를 할 경우에는 계통의 건축물 내에 시설되는 저압전기설비에 과전압에 의한 전기설비를 보호하기 위해 서지보호장치(SDP)를 설치해야 한다.

(3) 공통·통합접지 저항값 기준

접지저항 값이 다음 중 어느 하나에 해당되는 경우에는 공통·통합접지 저항값으로 인정한다.

① 특고압계통 지락사고 시 발생하는 고장전압이 저압기기에 인가되어도 인체 안전에 영향을 미치지 않는 인체 허용접촉전압값 이하가 되도록 한 접지저항 값인 경우
② 통합접지방식으로 모든 도전부가 등전위를 형성하고 접지저항값이 10Ω 이하인 경우

(4) 등전위 본딩 확인 및 전기적 연속성 측정 방법

① 등전위 본딩 확인 : 공통·통합 접지공사를 하는 경우에는 사람이 접촉할 우려가 있는 범위(수평방향 2.5 m, 높이 2.5 m)에 있는 모든 고정설비의 노출 도전성 부분 및 계통 외 도전성 부분은 등전위 본딩을 해야 한다.

② 전기적 연속성 측정 방법 : 등전위 본딩의 전기적 연속성을 측정한 전기저항값은 0.2Ω 이하이어야 하며 전기적 연속성 측정 방법은 다음과 같다.
  (가) 주접지단자와 계통 외 도전성 부분 간
  (나) 노출 도전성 부분 간, 노출 도전성 부분과 계통 외 도전성 부분 간
  (다) TT 계통인 경우 주접지단자와 노출 도전성 부분 간
  (라) TN 계통인 경우 중성점과 노출 도전성 부분 간

3-10 접지저항 측정방법에 대해 설명하시오.

(1) 클램프-온 미터법

운전 중인 전기설비나 전기기계를 정지시키지 않고 사용 상태에서 전류를 빠르고 확실하게 측정할 수 있는 측정방식으로 측정절차가 간단하고 정확한 측정이 가능하다.

① 측정원리 : 특수한 변류기를 사용하여 회로에 전압 E를 공급해 주면 전류 I가 흐르게 되며, 이 흐르는 전류를 측정할 때 전류와 전압과의 관계는 $\dfrac{E}{I} = R_x$라는 식이 성립하게 되는데, 이때 접지저항 R_x를 구할 수 있다.

② 특징
  (가) 다중접지된 통신설로에서만 적용할 수 있다.
  (나) 접지체와 접지대상을 분리하지 않고 보조접지극을 사용하지 않기 때문에 빠르고 간편하게 측정이 가능하다.
  (다) 접지선을 연결해야 측정이 가능하므로 자동적인 유지보수가 이루어진다.

(2) 전위강하법

① 측정원리 : 측정하고자 하는 접지극 이외에 보조접지극을 2개 사용하여 측정하고자 하는 접지극과 보조접지극 사이에 전압을 가하면 전류가 흐르게 되어 저항을 구할 수 있다.

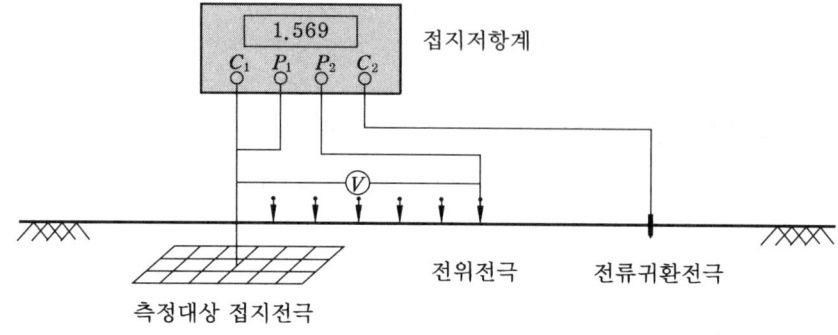

전위강하법

② 측정절차
  ㈎ 사용 중인 시스템의 전원을 차단하고 접지시스템을 분리한다.
  ㈏ 2개의 보조접지극을 이용하여 측정하고자 하는 접지극으로부터 일직선상으로 원거리로 이격된 지점에 고정으로 보조접지극을 박아 놓고 또 다른 보조접지극을 일정 간격으로 향해 박아가면서 측정한다.

3-11 병원 의료실 등의 접지 시설에 관한 사항이다. 다음을 설명하시오.
  (1) 접지저항값
  (2) 누전차단기 시설
  (3) 등전위 접지 시설
  (4) 변압기 시설

(1) 접지저항값

의료실의 접지저항값은 10 Ω 이하로 하며, 등전위 접지를 한 경우에는 100Ω 이하도 가능하다.

(2) 누전차단기 시설

전원회로에는 인체보호용 누전차단기를 설치해야 하며, 의료실의 바닥으로부터 높이 2.3 m를 초과하는 곳에 설치된 조명기구는 누전차단기 설치를 생략해도 된다.

(3) 등전위 접지 시설

환자로부터 수평 2.5 m, 바닥으로부터 높이 2.3 m에 있는 모든 고정설비의 노출 도전성 부분 및 계통의 도전성 부분은 등전위 접지를 해야 한다.

(4) 변압기 시설

의료실의 콘센트회로는 전로의 1선 지락 시에도 전원을 계속 공급할 수 있는 절연변압기를 설치한다.

3-12 접지목적에 따라 접지종류를 구분하고 설명하시오.

접지를 설치목적에 따라 구분하면 계통 접지, 보호 접지(기기 접지), 뇌해방지 접지, 정전기장해방지 접지, 등전위 접지, 전자파장해방지 접지 등이 있다.

(1) 계통 접지

계통접지는 전력계통의 한 전선로를 의도적으로 접지하는 것을 말하며, 접지목적은 뇌서지 등에 의하여 전선로에 발생될 수 있는 과전압을 억제하고, 지락사고 발생 시 사고전류를 원활하게 흐르게 하여 과전류보호장치를 신속히 동작시켜 계통을 보호하는 것이다.

(2) 보호 접지(외함 접지 또는 기기 접지)

누전 등에 의한 이상 전류가 전기기기 등의 외함에 흐를 때 접촉에 의한 인체를 감전으로부터 보호하기 위해 설치한다. 즉 전기기기는 내부의 충전부와 외부의 노출 비충전부 사이에 기능절연이 되어 있으나 절연이 파괴되어 누전이 발생되면 접촉에 의해 감전위험이 있으므로 기기 외함에 접지를 설치하여 누전전류를 대지로 방류시킴으로써 인체 감전을 방지하는 역할을 한다.

(3) 뇌해방지 접지

뇌전류를 안전하게 대지로 방류하여 전기기기나 설비를 보호하기 위한 접지이다. 뇌전류는 직격뢰와 유도뢰에 의해 발생하며 접지전류는 매우 크나 지속시간은 매우 짧은 특성을 가진다.

(4) 정전기장해방지 접지

마찰 등에 의해 발생하는 정전기가 축적되어 각종 장해를 일으키지 않도록 정전기를 원활하게 대지로 방류하기 위한 접지로서 접지와 본딩이 있다. 정전기에 의한 누설전류는 수 μA 정도의 미소전류이므로 정전기장해방지 접지의 접지저항은 $10^6 \Omega$ 이하이면 가능하다.

(5) 등전위 접지

병원에서 마이크로 쇼크를 방지하기 위하여 노출 비충전부의 등전위를 목적으로 설치한다. 병원에서의 등전위 접지는 환자 주위에 있는 모든 금속부와 금속부 사이, 금속부와 의료기기 사이에 전위차가 발생하지 않도록 환자가 있는 실내에 기준접지점(접지저항 0.1Ω 이하)을 설정하여 이곳에 실내에 있는 모든 금속부를 접속시켜 등전위화하여, 전위차를 0으로 하는 역할을 한다.

(6) 전자파장해방지 접지

전자파 등 외부 잡음에 의해 전기기기 및 장치가 오동작하거나 통신품질이 저하되는 것을 방지하기 위해 설치한다. 이 접지에는 일점 접지방식과 다점 접지방식이 있다.

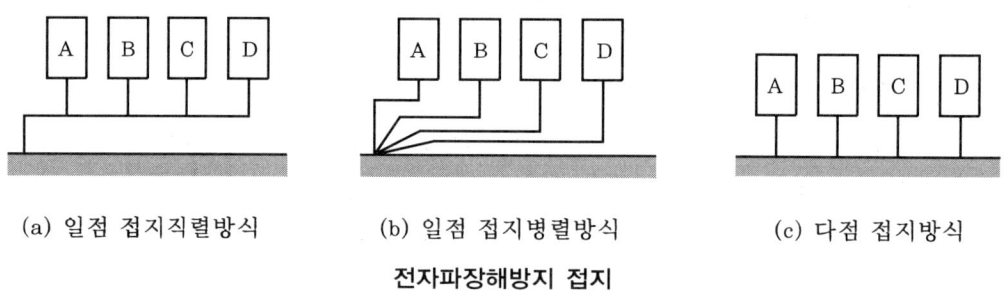

(a) 일점 접지직렬방식　　(b) 일점 접지병렬방식　　(c) 다점 접지방식

전자파장해방지 접지

① 일점 접지방식 : 일점 접지방식에는 직렬 접지방식과 병렬 접지방식이 있다. 직렬 접지방식은 공통 임피던스가 존재하기 때문에 접지선에 연결된 회로 상호간의 간섭에 의하여 잡음의 영향을 받는다. 반면 병렬 접지방식은 공통 임피던스가 존재하지 않기 때문에 회로 사이의 상호 간섭은 일어나지 않으나 회로 배선이 복잡해지는 단점이 있다.

② 다점 접지방식 : 신호주파수가 높은 회로에서는 접지선의 인덕턴스가 접지임피던스를 증대시킴과 동시에 접지선 사이의 유도결합이 일어나며, 접지선 사이의 포유용량에 의해서도 접지선 사이의 결합이 일어나는 경우가 많다.

따라서 접지임피던스를 최소로 낮추고 결합에 의한 영향을 줄이기 위해 임피던스가 낮은 접지면을 만들어 그 표면에 접지단자를 최단거리로 접속하는 다점 접지방식을 이용해야 한다.

3-13 전로의 중성점 접지방식 중 직접접지방식의 개요와 장단점, 유효접지계수 및 특징에 대해 설명하시오.

(1) 직접접지방식의 개요

계통접지는 계통상에서 발생할 수 있는 고·저압의 혼촉에 의한 위험을 방지하기 위한 것으로서 중성점 접지방식이라고도 한다.

중성점 접지는 저압측의 기기나 설비의 보호를 위해서는 반드시 실시해야 하나 인체가 저압측에 직접 접촉되는 사고가 발생할 경우에는 폐회로가 구성되므로 감전의 위험성이 매우 커지게 되며, 접지방식에는 직접접지방식, 저항접지방식, 리액터접지방식 및 소호리액터접지방식이 있으며, 직접접지방식은 계통에 접속된 변압기의 중성점을 금속선으로 직접접지하는 방식이다.

(2) 직접접지방식의 장단점

① 장점
  ㈎ 1선 지락 시 건전상 대지전압 상승이 거의 없다.
  ㈏ 선로 및 기기의 절연 레벨을 낮출 수 있다.
  ㈐ 1선 지락 시 1상이 단락상태가 되어 지락전류가 커지기 때문에 보호계전기 동작이 확실하다.

② 단점
  ㈎ 지락전류가 저역률, 대전류이기 때문에 과도 안정도가 나쁘다.
  ㈏ 지락 사고 시 병행통신선에 전자유도장해를 크게 미친다.
  ㈐ 지락전류가 커 큰 기계적 충격을 가한다.

(3) 직접접지방식의 유효접지계수 및 특징

접지계수란 1선 지락사고 시 건전상의 대지전압의 최대 실효치를 선간전압으로 나누어 %로 표시한 값이다. 유효접지계수란 %로 표시한 값이 75%를 초과하지 않도록 임피던스를 조절해서 접지하는 계통을 말하며, 직접접지방식이 이에 해당된다. 반면 비접지방식은 유효접지계수가 계통의 일부에서 75%를 초과하는 계통을 말한다. 참고로 접지계수는 피뢰기의 정격전압을 산정하는 데 사용된다.

3-14 접지전극의 부식 형태와 방식법에 대해 설명하시오.

(1) 부식 형태

부식이란 화학적으로 침식하는 현상을 말하며, 금속체인 접지전극은 대지와 서로 접속되어 침식에 의해 부식현상이 발생한다.

부식의 형태에는 국부전지부식(micro cell 부식), 농담전지부식(macro cell 부식), 이종금속접촉부식, 전식, 세균부식 등이 있다.

① 국부전지부식(micro cell 부식) : 금속 표면은 일정하지 않고 매우 불균일한 상태로 되어 있어 전극전위가 동일 금속이라도 부분적으로는 전위차가 생기며, 이 전위차에 의하여 국부전지가 형성되어 부식이 발생하는 현상을 말한다.

② 농담전지부식(macro cell 부식) : 동일 금속의 다른 부분에서 용존가스량이 다른 경우 금속 표면에 양극 부분과 음극 부분이 형성되는데, 이 경우 양극 부분이 부식되는 현상을 말한다.

③ 이종금속접촉부식 : 종류가 서로 다른 금속이 결합할 때 전기적 특성의 차이로 인해 부식하는 현상을 말하며, 전극전위가 낮은 금속이 양극으로 되어 양극 부분이 부식된다.

④ 전식 : 지중에 매설되어 있는 금속체에 어떤 원인에 의해 외부에서 전류가 흐르면 유출 부분에 국부 부식이 발생하는 현상을 말한다.

⑤ 세균부식 : 토양 속의 세균에 의해 부식되는 현상을 말한다.

(2) 방식법

금속의 부식은 금속이 전해질에 접촉했을 때 그 표면에 생기는 부분적인 전위차에 의해서 발생하므로 부식을 방지하기 위해서는 금속을 전해질에 접촉시키지 않거나 금속 표면의 전위차가 생기지 않도록 하면 된다.

방식법에는 유전양극방식과 외부전원방식이 있다.

① 유전양극방식 : 이종금속 간의 전극 전위차에 의해서 방식전류를 흐르게 하여 방식하는 방법으로 상대금속보다 전위가 낮은 금속을 선택한다.

② 외부전원방식 : 직류전원장치와 불용성 전극을 애노드로 하여 사용하고 방식 대상물과 전극 사이에 적절한 직류전압을 인가하여 방식전류를 흐르게 하는 방법이다. 직류전원장치로서 일반적으로 실리콘 정류기가 사용되고 전극으로는 자성 산화철, 규소 주철 등이 사용된다.

3-15 접지공사 시 주의사항과 접지를 생략할 수 있는 장소에 대해 기술하시오.

(1) 접지공사 시 주의사항
① 접지극의 지중 매설깊이는 75 cm 이상으로 한다.
② 접지저항과 접지선은 규격에 적합한 것이어야 한다.
③ 접지선을 철주 등의 금속체 부근에 시공할 경우에는 철주 등에서 1 m 이상 이격시킨다.
④ 접지저항은 가능한 낮게 유지하고 접지선은 고장전류를 안전하게 흐를 수 있는 용량을 가져야 한다.
⑤ 지중에 매설된 금속제 수도관로와 대지 간의 저항값이 3 Ω 이하일 때는 접지극으로 사용할 수 있다.
⑥ 접지 시 원칙적으로 각 기기에 대해 단독 접지한다.

(2) 접지를 생략할 수 있는 장소
① 이중절연구조의 전기기계기구
② 절연대 위에서 사용하는 전기기계기구
③ 비접지식 전로에 접속하여 사용하는 전기기계기구
④ 저압전로에 지기가 생겼을 때 자동으로 전로를 차단하는 장치를 시설한 저압전로에 접속하여 건조한 곳에서 사용하는 저압용 전기기계기구
⑤ 외함이 없는 계기용 변성기가 고무, 합성수지 기타의 절연물로 피복한 경우
⑥ 사용전압이 300 V 또는 교류 대지전압이 150 V 이하인 기계기구를 건조한 장소에서 시설하는 경우
⑦ 저압용 개별 기계기구에 전기를 공급하는 전로 또는 개별 기계기구에 감전방지용 누전차단기(감도전류 30 mA 이하, 동작시간 0.03초 이하)를 설치한 경우

3-16 변전소에서의 접지의 목적과 접지개소에 대해 설명하시오.

(1) 접지의 목적
변전소에서 접지를 실시하는 목적은 변전소내 설치된 기기를 보호하고, 송전계통의 중성점 접지 및 작업자의 감전 또는 전기화상 사고를 예방하기 위함이다.

(2) 접지개소
변전소에서의 접지개소는 변전소의 건축물, 피뢰기, 계기용 변성기의 2차 측, 변압기의 중성점, 각 기기의 외함, 옥외 철구, 콘덴서, 변전소 외곽의 울타리 등이다.

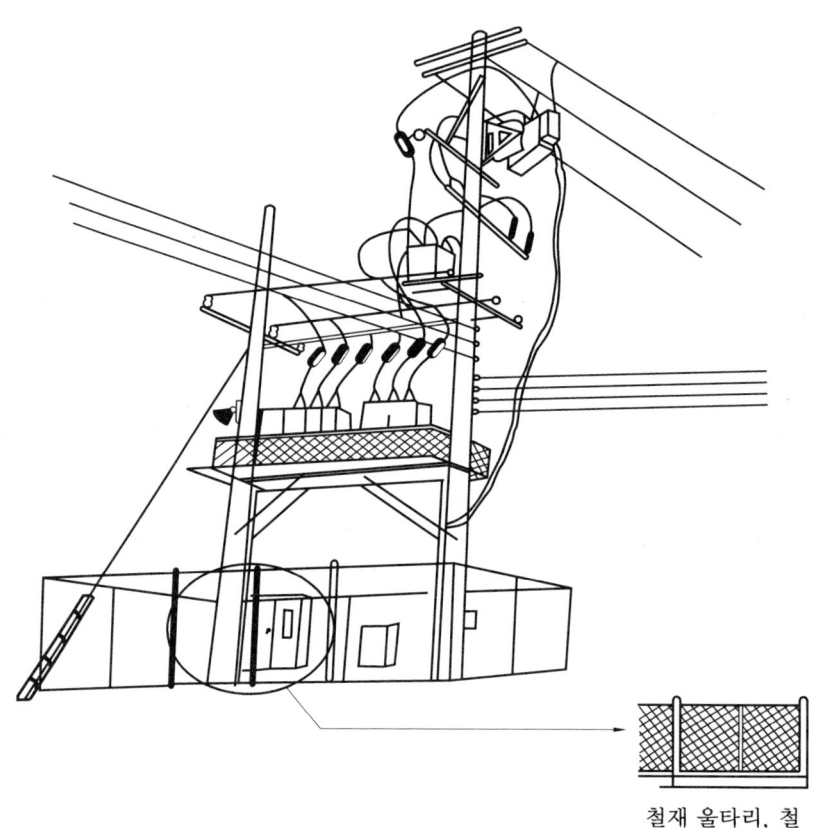

철재 울타리, 철

전주 위에 설치된 수전 변전설비

3-17 저압전로의 접지방식에서 TN 방식, TN-C 방식, TN-S 방식, TN-C-S 방식, TT 방식, IT 방식에 대해 설명하시오.

(1) TN 방식
계통 내의 한 지점을 직접 접지시키고 노출도전부의 접지는 보호도체 등을 이용하여 계통접지 또는 중성선에 연결하는 계통으로, 중성선과 보호도체의 배열방법에 따라 TN-C, TN-S, TN-C-S로 분류한다.

(2) TN-C 방식
계통의 모든 부분에서 중성선과 보호도체 기능이 하나의 전선에 의해 통합 운전되는 계통을 말한다.

(3) TN-S 방식
계통의 모든 부분에서 중성선과 보호도체 기능이 분리되어 운전되는 계통을 말한다.

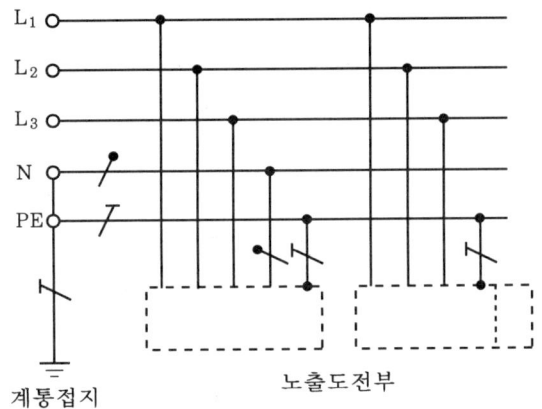

계통의 모든 알려진 중성선과
보호도체를 분리한다.

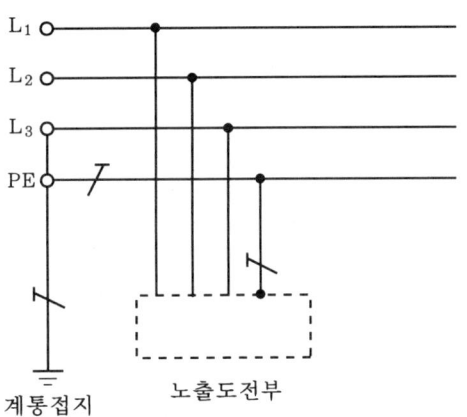

계통의 모든 알려진 접지된 상과
보호도체를 분리한다.

TN-S 방식

(4) TN-C-S 방식
계통의 일부에서 중성선과 보호도체의 기능이 하나의 도체에 의하여 이용되고, 나머지 부분에서는 분리 이용되는 계통을 말한다. 일반적으로 간선 부분은 통합, 지선 부분은 분리·운전된다.

(5) TT 방식

계통 내의 한 지점을 직접 접지시키고 설비의 노출도전부는 계통접지와는 전기적으로 독립된 별도의 접지극에 접속하는 계통을 말한다.

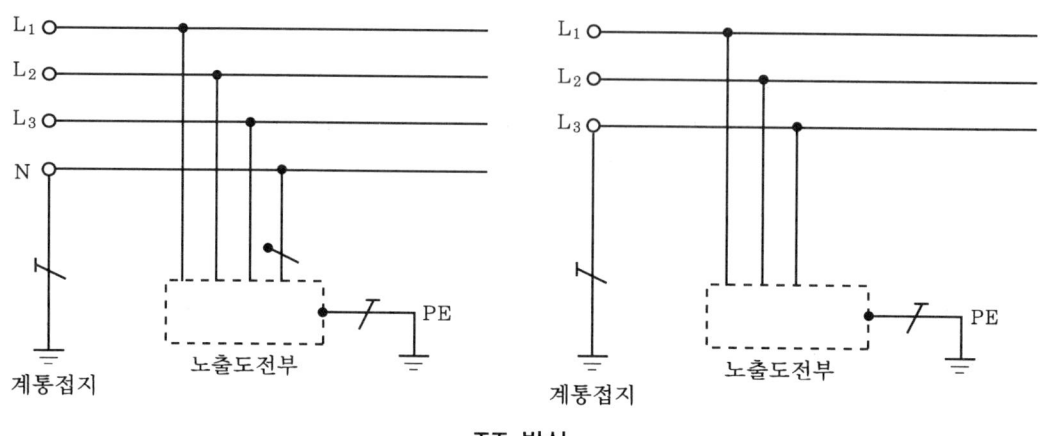

TT 방식

(6) IT방식

계통 전체를 대지로부터 절연시키거나 임피던스를 통하여 1점을 접지시키고, 설비의 노출도전부는 단독 또는 일괄하여 접지하거나 계통 접지에 접속한 것을 말한다.

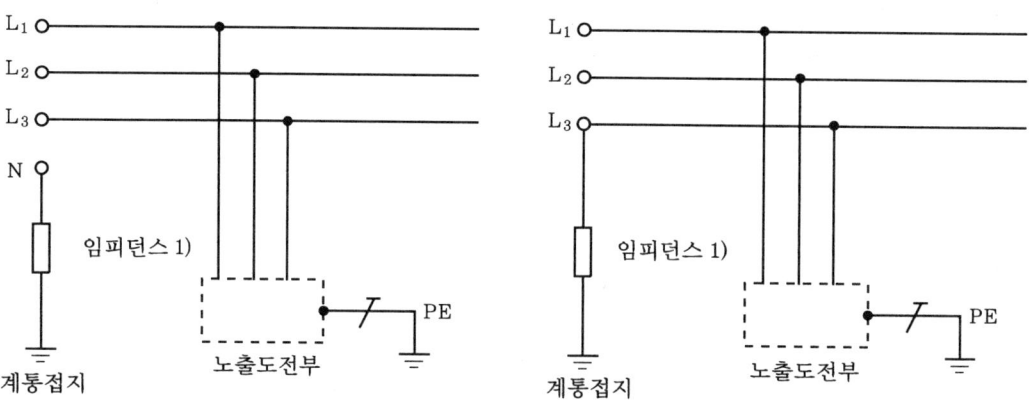

1) 계통은 대지와 절연한 경우가 있다. 중성선을 설치한 경우와 설치하지 않은 경우가 있다.

IT 방식

> **참고**
>
> 사용하는 문자의 의미
> ① 제1문자 : 전력계통과 대지와의 접속방법 표시
>   - T : 1점을 대지에 직접 접지하는 방식
>   - I : 상도체를 대지(접지)에서 절연시키거나 1점을 임피던스 접지하는 방식
> ② 제2문자 : 전기설비 노출도전부의 접지방법 표시
>   - T : 노출도전부를 전력계통 접지와는 관계없이 직접 접지하는 방식
>   - N : 노출도전부를 전력계통의 접지선(교류계통에서의 접지측 상)에 접속하는 방식
> ③ 그 다음 문자(있는 경우) : 중성선과 보호도체와의 배열 관계 표시
>   - S : 중성선(또는 접지된 상) 이외의 도체에 의해 보호도체 기능 수행
>   - C : 한 선에 의하여 보호도체 및 중성선의 기능을 수행

3-18 접지설비 계획 수립과 접지계통 구성 시 고려사항을 설명하시오.

(1) 접지설비 계획 수립 시 고려사항
① 인체에 대한 허용전류
② 고장전류의 유입에 의하여 국부적으로 발생하는 대지전위의 상승, 고장시간, 접촉전압 및 보폭전압의 계산방법과 그 허용치
③ 접지선의 굵기 및 접지저항값의 계산에 의거 필요한 접지저항의 결정
④ 대지저항률 및 접지저항의 측정
⑤ 접지전극과 접지선의 크기 및 형상
⑥ 인건비, 재료비, 유지보수 등을 고려한 접지공법

(2) 접지계통 구성 시 고려사항
① 접지계통은 대지전위의 상승을 억제하고 접촉전압과 보폭전압을 고려하여 다음과 같이 구성한다.
   ㈎ 건물, 구조물, 전기설비, 변전실 등을 포함한 모든 접지설비는 계통적으로 이루어져야 한다.
   ㈏ 피뢰용 접지 및 약전 회로용 접지계통은 단독접지방식으로 구성한다.
   ㈐ 접지계통의 등전위 분포를 위하여 각각의 도체는 상호 본딩(bonding)한다. 단,

타 접지계통과 멀리 떨어진 기기 등에 대한 접지는 단독접지로 할 수 있다.
② 지락사고 시 또는 피뢰기가 동작하는 경우에는 대지전위 상승으로 타 기기에도 영향을 미칠 우려가 있으므로, 기기의 종류에 따라 사고발생 정도를 고려하여 다음과 같이 접지계통을 구성한다.
  ㈎ 전기기기 및 제어함 : 변압기, 차단기, 발전기, 전동기 등 접지를 필요로 하는 기기류와 제어함은 모두 연결하여 접지한다.
  ㈏ 피뢰기 : 낙뢰 등으로 인한 피뢰기의 동작 시에는 방전전류에 의해 대지전위의 상승 우려가 있으므로 피뢰기의 접지는 별도 계통으로 구성한다.
  ㈐ 옥외 철구 : 변전소 등에 설치되어 있는 기기 등의 외함은 주접지계통과 상호 연결한다.
  ㈑ 케이블 : 구내의 단거리용 동력케이블의 금속 외피는 부하측을 접지하고 구외에서 인입되는 원거리용 케이블의 금속 외피는 양단을 접지한다.
  ㈒ 경계 울타리 : 변전소 경계 울타리는 일반 통행인에 대한 위험이 없도록 변전소 접지계통과는 분리시킨다.
  ㈓ 전산실 : 타 기기 등의 사고에 의하여 간섭받지 않도록 단독 접지한다.

3-19 접지의 종류별 접지계통 구성방법에 대해 설명하시오.

(1) 계통 중성점 접지
① 특별고압 계통 : 특별고압용 변압기의 1차측 중성점은 불규칙적인 과전압으로부터 변압기의 권선을 보호하고 사고전류를 신속히 차단하기 위하여 직접 접지를 하며, 특별고압용 변압기의 2차측 중성점은 과전류와 불규칙적인 과전압으로부터 권선을 보호하기 위해 저항접지한다.
② 고압계통 : 6.6 kV 및 3.3 kV 계통의 변압기 중성점은 과전류와 불규칙적인 과전압으로부터 권선을 보호하기 위하여 고저항 접지하는 것이 바람직하다.
③ 저압계통 : 1차측 전압이 고압 이상이고, 2차측이 저압(440 V, 220 V 등)인 계통의 저압 변압기 중성점은 변압기의 1차측 권선과 2차측 권선의 혼촉사고로 인한 과전압위험을 최소화하기 위하여 직접 접지하며, 혼촉방지판이 내장되어 있는 변압기의 경우에는 고저항 접지 또는 비접지 방식으로 할 수 있다.

(2) 전기기의 접지
① 전기기기와 연결되는 철제 구조물, 전선과 케이블 트레이 및 덕트 등은 전기적으로 상호 접속한다.
② 케이블 등의 차폐용 외피 말단에는 접지를 시행한다.

(3) 계측설비 접지
계측설비에 대한 접지는 단독접지로 한다.

(4) 정전기 장해 방지용 접지
① 설비와 구조물의 금속 등 도전성의 물질은 전기기기 접지를 정전기용 접지로 활용할 수 있다.
② 인화성 물질 등을 수송하는 배관의 연결부분이 플랜지 등으로 인하여 절연된 경우에는 플랜지의 양단을 서로 본딩(bonding)한다.

(5) 이상 전압 방지용 접지
차단기 개폐 시의 서지, 외부 사고 또는 낙뢰로 인하여 이상 전압의 발생이 우려되는 경우에는 이상 전압 발생원에 근접된 적절한 위치에 피뢰기 또는 서지보호장치를 설치하여 접지한다.

3-20 접지공사 시의 일반 원칙과 접지계통, 전기기기 및 정전기 장해 방지용 접지공사 방법에 대해 설명하시오.

(1) 접지공사 시의 일반 원칙
① 모든 전기기기, 배선관류(트레이 및 덕트)의 노출 금속부분 및 전력계통의 중성선은 관련 도면, 적용 법규 및 시방서에 따라 접지한다.
② 노출된 접지 접속점 등 부식의 우려가 있는 곳은 적절한 방식물질로 도포하거나 테이핑 처리한다.
③ 기기 또는 장치 및 철 구조물에 대한 접지선은 용융, 용접, 압착 볼트 등을 사용하여 접속한다.
④ 모든 접속은 전기적, 기계적으로 완전히 접속되어야 한다.
⑤ 접지공사 완료 후에는 접지저항을 측정하여 기록·관리한다.

(2) 접지계통, 전기기기 및 정전기 장해 방지용 접지공사 방법

① 접지계통의 접지공사
  ㈎ 접지계통은 접지전극과 접지 단자(bus-bar)를 연결하는 접지전극선으로 구성된다.
  ㈏ 접지망을 구성하는 구리도체는 최소한 지하 75 cm 이상의 깊이에 매설한다.
  ㈐ 보폭전압의 경감이 필요한 경우에는 접지봉 또는 접지판을 매설하여 주접지망에 접속한다.

② 전기기기의 접지공사
  ㈎ 발전기 외함은 주접지 계통과 전기적, 기계적으로 확실하게 접속한다.
  ㈏ 배전반, 전동기 제어반 등에는 최소한 양단에서 주접지 계통과 접속된 접지모선이 설치되어야 한다.
  ㈐ 전동기의 전원 단자함 또는 본체 외함에 접지선을 접속하기 위한 전용단자를 설치한다.
  ㈑ 지상에 설치되는 모든 접지선은 녹색 비닐 절연전선을 사용한다.
  ㈒ 콘센트 및 플러그는 별도로 분리된 접지전극을 구비해야 한다.

③ 정전기 장해 방지용 접지공사
  ㈎ 정전기 제거용 접지를 필요로 하는 기기는 정전기 대전이 우려되는 생산장비, 저장용 장치, 수송용 배관 및 부속장치, 열 교환기, 호퍼, 탑류 등이다.
  ㈏ 철제 구조물, 탱크, 대형 용기 등은 정전기의 대전전위와 낙뢰전류로부터 보호되도록 적어도 1개소 이상 접지 계통에 연결한다.
  ㈐ 각종 본딩을 위한 도체의 최소 굵기는 14 mm^{2}로 한다.
  ㈑ 정전기 대전 방지용 접지설비의 접지저항은 1,000 Ω 이하로 한다.
  ㈒ 충분한 바닥면적을 가진 탱크나 대형 용기류는 접지계통과 연결된 것으로 간주되며, 이에 접속된 배관류도 정전기 접지가 된 것으로 보며, 배관이 정전기적으로 절연된 플랜지로 접속되는 경우에는 연속접지가 되도록 플랜지 양단을 본딩하고 접지한다.
  ㈓ 접지된 구조물에 견고히 부착 설치된 배관 지지물은 접지된 것으로 본다.
  ㈔ 파이프 래크의 철제 지지물은 일정 간격으로 접지모선과 연결하여 접지시킨다.

제 4 장 누전차단기

4-1 누전차단기의 선정 시 주의사항과 감전방지용 누전차단기 접속(설치) 시 준수사항을 설명하시오.

(1) 누전차단기의 개요

누전차단기(RCD ; residual current device)란 지락검출장치·차단장치·개폐기구 등을 절연물 용기 안에 일체로 조립한 것으로, 정상 사용 조건하에서 전류를 흘리거나 차단할 수 있고, 규정된 조건하에서 누설전류가 주어진 값에 도달했을 때 접점을 개로하도록 설계된 개폐기구를 말한다. 감전방지용 누전차단기는 정격감도전류 30 mA에서 동작시간은 0.03초 이내이다.

(2) 누전차단기의 선정 시 주의사항

① 누전차단기는 다음의 전로의 전기방식과 차단기의 극수를 보유해야 하고 그 전로의 전압전류 및 주파수에 적합하도록 사용해야 한다.

전로의 전기방식	차단기의 극수
3상 4선식	4극 또는 4.1극
3상 3선식	3극 또는 3.1극
단상 3선식	중성극을 표시한 3극 또는 3.1극
단상 2선식	2극 또는 2.1극

② 누전차단기는 접속된 각각의 휴대용, 이동용 전동기기에 대해 정격감도전류가 30 mA 이하의 것을 사용해야 한다.
③ 누전차단기는 정격 부동작전류가 정격감도전류의 50% 이상이고 이들의 차가 가능한 한 작은 값을 사용해야 한다.
④ 누전차단기는 동작시간이 0.1초 이하의 가능한 한 짧은 시간의 것을 사용하는 것을 사용해야 한다.
⑤ 누전차단기는 절연저항이 5MΩ 이상이 되어야 한다.
⑥ 누전차단기를 사용하고 해당 차단기에 과부하보호장치 또는 단락보호장치를 설치하는 경우에는 이들 장치와 차단기의 차단기능이 서로 조화되도록 해야 한다.

(3) 감전방지용 누전차단기 접속(설치) 시 준수사항

① 정격감도전류가 30 mA 이하이고 작동시간은 0.03초 이내이어야 한다.

② 분기회로 또는 기기마다 접속한다.
③ 배전반 또는 분전반 내에 접속한다.
④ 지락보호전용 누전차단기는 과전류를 차단하는 퓨즈 또는 차단기 등과 조합하여 접속한다.

4-2 누전차단기의 오작동 또는 부작동의 원인과 누전차단기의 오작동 판단방법에 대해 설명하시오.

(1) 누전차단기의 오작동 또는 부작동의 원인

누전차단기가 지락사고가 발생하지 않았음에도 불구하고 작동하거나, 지락사고가 발생하여도 작동하지 않는 오작동 또는 부작동의 원인은 다음과 같다.

① 누전차단기 불량
  (가) 부품의 열화부식에 의한 고장, 트립 코일부나 개폐기구부의 마모에 의한 투입불량으로 발생된다. 그러나 누전 검출 부분의 고장은 아주 적은 편이다.
  (나) 차단기를 선정할 경우 신뢰성 있는 제품을 설치하고, 만약 오작동이나 부작동하는 경우에는 수리하지 않고 즉시 교체해야 한다.

② 부적합한 감도전류 : 차단기의 감도전류는 회로의 상시 누설전류에 비하여 예민한 경우에 작동하게 되므로 누전차단기 선정상의 문제라고 할 수 있다.
  (가) 회로의 누설전류는 전선의 대지정전용량에 의한 것이 대부분이지만, 전기로나 전열기 등에서는 고온 시 절연저항 저하가 발생되어 누전차단기 작동의 원인 규명이 어렵게 되는 경우가 있다. 또한 회로의 누설전류에서 주의를 요하는 것은 정상 시 상시 누설전류뿐만 아니라 개폐 시나 시동 시의 과도적인 대지 누설전류가 누전차단기를 작동시키는 경우도 있다.
  (나) 기동 시 과도 누설전류는 기동할 때의 권선의 전위 분포가 운전할 때와 다르기 때문에 권선의 프레임(frame)에 대한 정전용량을 통하여 발생한다.
  (다) 부하기기나 배전선의 대지에 대한 정전용량이 큰 경우에는 정상 시에도 누전차단기의 정격 부작동 전류치를 넘는 상당히 큰 영상분 전류가 흐르게 되어 작동하게 된다.
    ㉮ 이는 일반적으로 다수의 분기회로를 통합하여 1대의 누전차단기로 지락보호를 행하는 경우에 발생한다.
    ㉯ 또한 정전용량이 클 경우, 부하 개폐 시에 오작동하기 쉬우므로 저압회로의 감

전방지에 있어서는 분기회로 각각에 누전차단기를 설치해야 한다.
③ 서지(surge)에 의한 것
　㈎ 선로가 유도뢰 서지에 의한 고전압이 전선로를 통하여 배전기기에 가해질 경우, 누전차단기 전자회로가 오작동되거나 전자부품이 파괴되어 작동불능 상태의 고장을 일으킬 수 있다. 특히, 인입구용 누전차단기 등에서는 이 영향을 받기 쉬우므로 주의해야 한다.
　㈏ 유도성 부하기기를 개폐할 때 발생되는 개폐서지에 의한 누설전류가 정격 부작동 전류값을 넘게 되면 누전차단기가 오작동하게 된다.
　㈐ 단상 3선식이나 3상 4선식 Y결선 등에서 접점의 채터링(chattering) 등에 의한 개폐서지가 발생할 경우, 고주파 전압 발생에 의한 임피던스(대지정전용량)가 감소되어 과대한 충전전류가 흐를 경우 누전차단기가 작동할 수 있다.
④ 순환전류에 의한 것 : 누전차단기 2차 측이 병렬 결합된 회로에서는 좌우 분기 각 상분의 분류 전류가 반드시 같다고 볼 수 없으며, 각 분기 회로의 차에 해당하는 전류가 병렬회로의 루프를 순환할 수 있다. 누전차단기가 이 순환전류를 검출하여 작동하므로 누전차단기의 병렬 사용은 절대로 있어서는 안 된다.
⑤ 오결선에 의한 것
　㈎ 오결선은 누전차단기 오작동의 원인이 되므로 주의해야 한다.
　㈏ 배전방식에 따른 적합한 결선방법은 「감전방지용 누전차단기 설치에 관한 기술 지침(KOSHA Code E-5)」의 4.2 (누전차단기의 선정 및 결선)를 참조한다.
⑥ 부적합한 접지에 의한 것
　㈎ 컴퓨터, NC 기계 등 전자회로를 사용하는 설비에서 노이즈 방지 목적으로 설치한 라인필터의 접지를 통하여 상시 누설전류가 흐를 경우, 누전차단기가 오작동할 수 있으므로 이를 방지하기 위하여 전원부에 절연변압기를 설치한다.
　㈏ 피뢰기의 부설위치는 누전차단기의 부하 쪽에 설치될 경우, 낙뢰 시의 방전전류에 의해 누전차단기가 오작동할 수 있으므로 누전차단기의 전원측에 설치한다.
⑦ 분기회로 지락 시의 건전회로의 작동 : 분기회로의 한 지점에 지락이 발생할 경우, 인접한 건전 분기회로에 지락전류(대지 정전용량에 기인)를 흐르게 할 수 있다. 이 경우 건전한 회로의 누전차단기가 작동할 수 있으며 이를 방지하기 위해서는 대지 정전용량을 고려하여 누전차단기의 감도전류를 정한다.
⑧ 과부하, 단락에 의한 작동
　㈎ 과부하 및 단락 겸용 누전차단기에서 과부하 또는 단락 등에 의한 작동을 간과하는 경우가 있다.
　㈏ 지락보호 전용 누전차단기의 경우 평형특성에 한계가 있으므로 과대한 전류가 흐

르면 오작동할 수 있으므로 감도전류 선정에 유의해야 한다.
⑨ 진동, 충격, 고온 등의 주위환경 : 주위환경에 대한 내성은 표준품의 경우 좋은 신뢰성을 가지고 있으나 전자 회로부를 갖고 있는 누전차단기는 고온에서 유의한다.
⑩ 캐리어 폰 장치에 의한 것 : 전력선을 이용하는 캐리어 폰이 설치되어 있는 전로에 설치된 누전차단기가 오작동할 수 있다.
　(가) 캐리어 폰 장치는 고주파 신호(일반적으로 50~400 kHz)를 전력선과 대지 사이에 인가하는 장치이므로 누전차단기로서는 이 고주파 신호를 지락전류로 검출하여 오작동하게 되는 것이다.
　(나) 오작동 여부는 고주파 신호의 크기와 누전차단기의 고주파 특성 및 정격감도 전류에 관련되므로, 이를 방지하기 위해서는 고주파 신호의 크기를 상시 누설 전류로 보고 누전차단기의 감도전류를 선정한다.

(2) 누전차단기의 오작동 판단방법

누전차단기가 정상작동인가 오작동인가는 다음에 의해 판단한다.
① 누전차단기 동작 직전의 부하 기동상태의 확인에 의해 과부하를 판단한다.
② 전로와 대지 간의 절연저항을 측정하여 누전 유무를 판단한다.
③ 전로 상호 간의 절연저항 측정에 의해 단락 유무를 판단한다.

4-3 누전차단기의 설치환경 조건에 대해 설명하시오.

누전차단기는 mA급의 미세한 전류를 검출해서 차단기를 동작시키는 정교한 구조로 되어 있기 때문에 그 취급방법이나 설치장소를 잘못 선정하면 차단기의 성능에 큰 영향을 미친다. 일반적으로 누전차단기의 설치환경조건은 다음과 같다.
① 주위온도에 유의해야 한다.
② 표고 1,000 m 이하의 장소로 한다.
③ 비나 이슬에 젖지 않은 장소로 한다.
④ 먼지와 습도가 적은 장소로 한다.
⑤ 전원전압의 변동에 유의한다.
⑥ 배선상태를 건전하게 유지한다.
⑦ 불꽃 또는 아크에 의한 폭발의 위험이 없는 장소에 설치한다.

4-4 누전차단기의 동작원리와 설치장소를 설명하시오.

(1) 누전차단기의 동작원리

누전차단기는 영상변류기, 누전검출기, 트립코일, 차단장치 및 시험버튼으로 구성되어 있으며, 정상상태에서는 영상변류기에 발생되는 자계가 서로 상쇄되어 검출되지 않으므로 차단기가 동작되지 않으나 지락전류가 발생되면 이 전류에 의한 자계가 영상변류기에 나타나 검출됨으로써 차단기가 동작하게 된다. 즉 누전 시에는 영상변류기를 통과하는 유입 및 유출전류가 지락전류만큼 차이가 나기 때문에 검출기가 이 전류차를 검출하여 차단기를 동작시키는 원리이다.

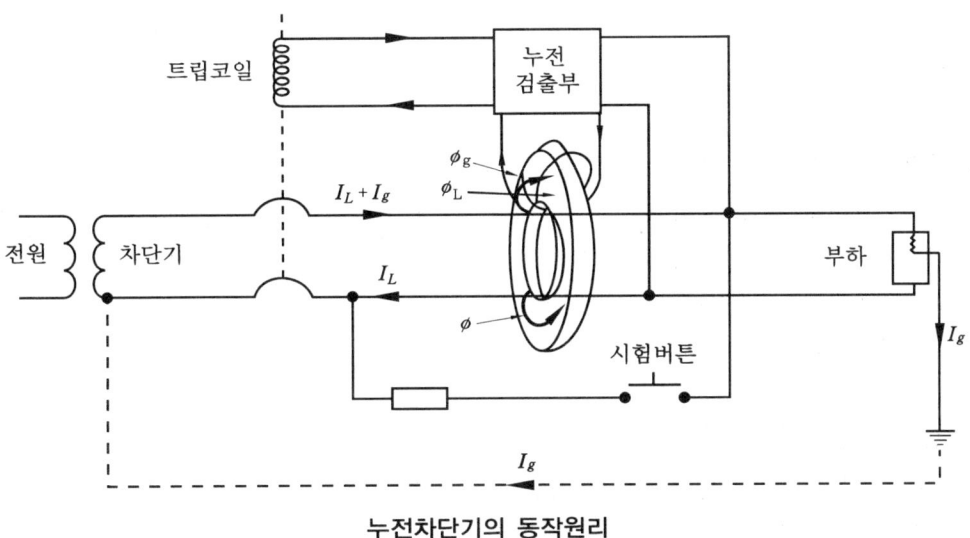

누전차단기의 동작원리

(2) 누전차단기의 설치장소

① 사람이 쉽게 접촉할 우려가 있는 장소에 시설하는 사용전압 60V를 초과하는 저압 기계기구의 전로
② 주택의 옥내에 시설하는 대지전압 150V 초과 300V 이하의 인입구
③ 화약고내 전기설비의 전로
④ 난방 또는 결빙 방지 등을 위한 발열선을 시설하는 전로
⑤ 전기온상 등에 전기를 공급하는 전로
⑥ 콘크리트에 직접 매설하여 시설하는 케이블의 임시배선 전원 측
⑦ 평형보호층 배선에 전기를 공급하는 전로
⑧ 사람이 쉽게 접촉할 우려가 있는 장소의 라이팅덕트에 전기를 공급하는 전로

> **4-5** 누전차단기에 대한 사항이다. 설명하시오.
> (1) 감전방지를 위한 누전차단기의 안전한계치
> (2) 고조파가 누전차단기에 미치는 영향
> (3) 누전차단기의 동작확인

(1) 감전방지를 위한 누전차단기의 안전한계치

전기에 의한 감전에 영향을 미치는 요소는 인체에 흐르는 통전전류의 크기와 통전시간이다. 즉 큰 통전전류가 흐르더라도 통전시간이 짧으면 생명에 지장이 없는 경우도 있지만 반대로 작은 통전전류에도 통전시간이 길어지면 사망에 이를 수도 있다.

일반적으로 감전방지를 목적으로 설치하는 누전차단기의 안전한계치는 $30\,\mathrm{mA \cdot s}$이다. 즉 $20\,\mathrm{mA}$ 전류가 1.5초 흐르거나 $60\,\mathrm{mA}$ 전류가 0.5초 동안 인체에 통전 시에는 안전하다는 것이다.

(2) 고조파가 누전차단기에 미치는 영향

컴퓨터 전원장치 등의 회로에서 고조파가 발생되면 고조파전류는 선로 및 기기의 권선, 철심 등의 부유정전용량에 의해 누설전류를 증가시키는 원인으로 작용하여 검출기가 전류차만큼을 검출하여 누전차단기를 오동작시키는 사례가 자주 발생된다. 따라서 이러한 경우에는 감도전류와 동작시간을 조정하여 사용한다.

(3) 누전차단기의 동작확인

누전차단기의 동작확인이란 누전차단기가 정상적으로 작동하고 있는지를 확인하는 것을 말하며, 누전차단기 스위치가 올라간 상태에서 시험 버튼을 눌러 정상 작동 여부를 시험할 때, 스위치가 떨어지지 않거나 올려지지 않는다면 누전차단기가 고장 난 것이므로 수리를 하지 말고 교체해야 한다.

다음의 경우에는 시험 버튼(test button)을 눌러 누전차단기가 확실히 동작하는지 확인해야 한다.
① 전동기기의 사용을 개시하려고 하는 경우
② 차단기가 동작 후 재투입할 경우
③ 차단기가 접속되어 있는 전로에 단락사고가 발생할 경우

4-6 누전차단기의 설치 시 주의사항과 사용 시 주의사항에 대해 설명하시오.

(1) 누전차단기의 설치 시 주의사항
① 비접지식 전로에는 누전 시 원칙적으로 동작하지 않으므로 사용하지 않는다.
② 지락보호전용 누전차단기는 과전류보호장치를 추가로 설치한다.
③ 분기회로 또는 콘센트형의 것으로 사용하고 주회로에는 설치하지 않는다.
④ 영상변류기에 접지선이 관통되지 않도록 한다.
⑤ 영상변류기를 전원 측에 설치할 경우에는 접지선을 반드시 관통시켜야 한다.
⑥ 서로 다른 누전차단기의 중성선이 누전차단기 부하 측에서 공유되지 않도록 한다.

(2) 누전차단기의 사용 시 주의사항
① 월 1회 이상 시험 버튼을 눌러 동작을 확인한다.
② 누설전류에 의한 오동작을 방지하기 위해 사용 기기수를 제한한다.
③ 누전차단기에 근접한 장소에서 휴대폰 등을 사용하지 않는다.
④ 모터 기동 시에 발생되는 높은 전류에 오작동 될 경우에는 모터에 커패시터를 설치한다.

제 5 장 낙뢰와 피뢰설비

> **5-1** 피뢰기에 대한 다음 용어를 설명하시오.
> (1) 정격전압 (2) 제한전압
> (3) 충격전압 (4) 상용주파방전개시전압
> (5) 충격방전개시전압 (6) 방전전류
> (7) 방전내량 (8) 충격비
> (9) 단위동작책무 (10) 보호비
> (11) 보호레벨

(1) 정격전압
속류를 차단할 수 있는 최고의 교류전압의 실효치를 말한다.

(2) 제한전압
충격파 전류가 흐르고 있을 때 피뢰기 단자 간에 남게 되는 충격전압을 말한다.
① 제한전압이 결정되는 요인 : 충격파의 파형, 피뢰기의 방전특성 등
② 피보호기기에 가해지는 전압에 영향을 미치는 요인 : 피뢰기의 접지저항, 피보호 기기의 특성, 피뢰기로부터 피보호기기까지의 거리 등

(3) 충격전압
직격뢰 등의 이상전압에 의해서 발생되어 선로의 진행파의 형태로 이동하여 피뢰기에 인가되는 전압을 말한다.

(4) 상용주파방전개시전압
상용주파수의 교류전압을 인가하였을 경우 방전을 개시하는 전압(실효값)을 말한다.

(5) 충격방전개시전압
피뢰기 단자 간에 충격전압을 인가할 경우 방전을 개시하는 전압의 순시값을 말한다.

(6) 방전전류
피뢰기의 갭의 방전에 따라 피뢰기를 통해서 대지로 흐르는 충격전류를 말한다.

(7) 방전내량
방전전류의 최대허용한계를 말한다.

(8) 충격비
$\dfrac{충격방전개시전압}{상용주파방전개시전압}$ 의 파고값을 말한다.

(9) 단위동작책무
　　전력계통에 이상전압이 침입하여 피뢰기 단자전압이 어느 일정 값 이상이 되면 즉시 방전해서 전압 상승을 억제하여 기기를 보호해 주고, 이상전압이 소멸하여 피뢰기 제한 전압이 일정 값 이하가 되면 즉시 방전을 정지해서 원래의 송전상태로 복귀하는 일련의 동작을 말한다.
　　피뢰기의 동작책무는 다음과 같다.
① 이상전압 침입 시 신속하게 방전시킨다.
② 이상전류 통전 시 단자전압을 일정 전압 이하로 억제한다.
③ 이상전압 해소 시 속류를 차단하고 자동 복귀한다.
④ 반복동작에 대해 특성이 변하지 않아야 한다.

(10) 보호비
피보호기기의 절연내력과 피뢰기의 보호레벨과의 비를 말하며, 최소보호비는 1 : 2이다.

(11) 보호레벨
　　이상전압의 파고값을 각 기기의 충격전압에 대한 절연강도 이하로 저감하는 전압값을 말한다.

5-2 피뢰기의 개요, 설치장소, 설치위치 및 유효이격거리에 대해 설명하시오.

(1) 피뢰기의 개요
　　피뢰기란 전기설비에 침입하는 뇌에 의한 이상전압에 대하여 그 파고값을 저감시켜 전기기기를 절연파괴에서 보충하는 설비를 말한다.

(2) 설치장소

① 발전소, 변전소 또는 이에 준하는 장소의 가공전선 인입구 및 인출구
② 가공전선로에 접속하는 배전용 변압기의 고압 측 및 특별고압 측
③ 고압 또는 특별고압의 가공전선로로부터 공급을 받는 수용장소의 인입구
④ 가공전선로와 지중전선로가 접속되는 곳

(3) 설치위치

피뢰기는 가능한 피보호기기와 근접해서 설치한다.

(4) 유효이격거리

피뢰기의 전압별 유효이격거리는 345 kV는 85 m, 154 kV는 65 m, 66 kV는 45 m, 22 kV 및 22.9 kV는 20 m이다.

5-3 다음은 낙뢰에 관한 사항이다. 설명하시오.
(1) 낙뢰와 서지의 차이점 및 낙뢰에 의해 발생된 서지의 저감대책
(2) 낙뢰가 전기설비에 미치는 영향
(3) 뇌격전류의 영향
(4) 접촉전압과 보폭전압에 의한 인축의 상해에 대한 보호대책
(5) 낙뢰에 의한 인적·물적재해의 보호대책

(1) 낙뢰와 서지의 차이점 및 낙뢰에 의해 발생된 서지의 저감대책

① 낙뢰와 서지의 차이점 : 낙뢰란 뇌 구름의 전기에너지가 대지 사이의 절연강도보다 클 경우에 발생하는 급격한 방전현상을 말하며 구조물의 파괴, 기기의 손상 등의 피해를 준다.
  서지는 전류·전압 또는 전력이 급격히 증가하는 과도파형으로 낙뢰와 스위치의 개폐 등에 의해서 발생되며 기기의 손상, 오동작 등의 피해를 준다.
② 낙뢰에 의해 발생된 서지의 저감대책 : 낙뢰에 의해 발생된 뇌서지는 외부 뇌서지와 내부 뇌서지로 구분하여 대책을 수립해야 한다. 외부 뇌서지에 대한 대책으로 수뢰부, 인하도선, 접지극으로 구성하는 접지를 실시하며, 이때 각 금속체 간에는 전위를 등위로 하여 전위차가 없도록 하는 등전위 본딩을 해야 한다. 내부 뇌서지에 대한 대책으로 서지보호장치(SPD)를 설치하여 과전압에 대해 보호하고 등전위 본딩용 모선을 별도 설치해야 한다.

(2) 낙뢰가 전기설비에 미치는 영향

뇌서지가 전기설비의 구조물이나 인입설비에 직격뢰, 간접뢰, 유도뢰 형태로 유입되어 설비의 파괴, 손상 등의 영향을 미친다.

① 구조물의 손상 : 구조물에 대한 뇌격의 영향은 전기설비의 절연파괴, 화재로 인한 손상, 전기설비나 시스템의 고장, 발·변전소 등의 손실 등의 영향을 미친다.

② 인입설비의 손상 : 인입설비에 대한 뇌격의 영향은 접속된 모든 전기설비에 피해를 줄 수 있는데, 통신선의 경우 케이블이나 기기의 절연파괴를 가져오고, 전력선의 경우 애자의 손상, 변압기 등 기기의 절연파괴를 가져오며 각종 전기·전자 제어장치의 손상을 초래할 수 있다.

(3) 뇌격전류의 영향

손상을 일으키는 뇌격전류의 영향에는 열적 영향, 기계적 영향, 불꽃방전이 있으며 다음과 같다.

① 열적 영향 : 도체의 저항을 통하거나 피뢰시스템에 흐르는 전류의 순환에 의해 발생하는 저항성 발열에 관계된다. 또한 열적 영향은 부착점에서 아크의 발생부와 아크 진전에 따라 피뢰시스템의 모든 분리된 부분에서 발생하는 열에 의해 영향을 미친다.

② 기계적 영향 : 영향을 받는 기계적 구조물의 탄성 특성, 전류의 크기 및 지속시간에 의존한다. 기계적 영향은 서로 접촉하고 있는 피뢰시스템의 구성 부품 사이에 작용하는 마찰력에 의존한다.

③ 불꽃방전 : 열적불꽃과 전압불꽃으로 나타난다. 즉 열적불꽃은 두 도전도체 사이의 접속부에 매우 높은 전류가 집중적으로 흐를 때 발생하고, 전압불꽃은 접속점 내부와 같은 회선상의 경로로 전류가 집중적으로 흐르는 위치에서 발생한다.

(4) 접촉전압과 보폭전압에 의한 인축의 상해에 대한 보호대책

① 접촉전압에 의한 인축의 상해에 대한 보호대책
  ㈎ 사람이 접근하거나 인하도선 근방과 구조물 외측에 사람이 오래 머물 확률이 매우 낮아야 한다.
  ㈏ 자연적 구성부재 인하도선 시스템은 전기적 연속성이 확보된 여러 개의 구조체의 철골조 또는 서로 접속된 여러 조의 강구조체 기둥으로 구성한다.
  ㈐ 인하도선에서 3 m 이내의 지표층의 저항률은 $5 k\Omega \cdot m$ 이상이어야 한다.

② 보폭전압에 의한 인축의 상해에 대한 보호대책
  ㈎ 사람이 접근하거나 인하도선에서 3 m 이내의 위험영역에 오래 머물 확률이 매우 낮아야 한다.
  ㈏ 인하도선에서 3 m 이내의 지표층의 저항률은 $5 k\Omega \cdot m$ 이상이어야 한다.

㈐ 메시 접지시스템을 이용하여 등전위화한다.

㈑ 인하도선에서 3 m 이내인 위험한 장소에 접근하는 확률이 최소가 되도록 물리적으로 제한하거나 경고문을 제시한다.

(5) 낙뢰에 의한 인적·물적재해의 보호대책

① 인적재해 보호대책 : 인축이 접근 가능한 노출된 도전성 부분에는 적절한 절연을 유지하게 하여 전압이 인가되지 않도록 하고, 메시 접지시스템을 이용하여 등전위화함으로써 전위차가 발생하지 않도록 한다. 또한 위험지역에는 사람이나 가축이 접근하지 못하도록 울타리를 설치하여 출입을 제한하거나 경고표시등을 설치한다.

② 물적재해 보호대책 : 뇌격에 의한 물적피해는 주로 구조물과 인입설비에서 발생되며, 따라서 뇌격 위험이 있는 구조물에는 피뢰시스템을 설치하고 인입설비에는 차폐선을 설치한다. 즉 구조물과 인입설비에 대한 보호는 보호대상물을 접지하고 적절한 두께의 완전한 도전성의 연속차폐공간 내에 놓이도록 하며, 구조물에 접속된 인입설비는 차폐물의 인입구에서 적절한 본딩을 해야 한다.

5-4 전력계통에서의 절연협조와 보호협조에 대해 설명하고 절연협조의 기준전압을 설명하시오.

(1) 절연협조

절연협조란 전력계통에서 피뢰기의 제한전압을 기준으로 기기, 애자 등의 상호간에 적절한 절연강도를 가지게 함으로써 계통 설계를 합리적, 경제적으로 할 수 있게 하는 것을 말한다. 계통의 절연협조는 선로의 절연강도를 결정하는 기준이 된다.

(2) 보호협조

보호협조란 전력계통에서 단락, 지락 등의 사고 발생 시 사고 구간을 신속, 정확하게 차단하고 사고 범위를 제한시켜 계통에 사고를 파급시키지 않도록 보호장치의 동작특성을 상호 조정하는 것을 말한다.

(3) 절연협조의 기준전압

절연협조의 기준전압은 피뢰기의 제한전압이다.

5-5 다음은 피뢰시스템에 대한 사항이다. 설명하시오.
(1) 피뢰시스템의 개요
(2) 피뢰시스템의 수뢰부에 대한 사항 중 수평도체, 메시도체와 배치방법
(3) 피뢰시스템의 리스크 평가의 기본 절차와 대상 (구조물, 인입선)

(1) 피뢰시스템의 개요

피뢰시스템(LPS ; lightning protection system)이란 구조물에 입사하는 낙뢰로 인한 물리적 손상을 줄이기 위해 사용되는 모든 시스템을 말한다.

(2) 피뢰시스템의 수뢰부에 관한 사항 중 수평도체, 메시도체와 배치방법

① 수평도체 : 보호대상물의 상부에 수평도체를 설치하여 뇌격을 흡인한 후 인하도선을 통해서 뇌전류를 대지로 방류하는 방식이다.

② 메시도체 : 보호대상물 주위를 적당한 간격과 그물눈을 가진 망상도체로 감싸는 방식을 말하며 완전한 보호방식이다.

③ 수뢰부의 배치방법 : 보호각법, 회전구체법, 메시법 중의 하나 또는 하나 이상의 방법으로 구조물의 모퉁이, 뾰족한 점, 모서리(특히 용마루) 등에 배치한다.

보호각법은 간단한 형상의 건물, 회전구체법은 모든 경우에 적용 가능하며, 메시법은 표면이 평탄한 경우에 적합하다.

(3) 피뢰시스템의 리스크 평가의 기본 절차와 대상 (구조물, 인입선)

① 리스크 평가의 기본 절차 : 낙뢰로부터 구조물이나 인입설비의 보호 및 보호대책의 선택에 있어 다음의 리스크 절차가 적용되어야 한다.

㈎ 보호대상물과 그의 특성에 대한 확인

㈏ 대상에 있어서 손실의 모든 유형과 관련된 상응 리스크의 확인

㈐ 손실의 각 유형에 대한 리스크의 평가

㈑ 허용 리스크와 구조물 (인입설비에 대해서는 공공설비의 손실 리스크)에 대한 리스크의 비교에 의한 보호의 필요성 평가

㈒ 보호대책의 유무에 따른 총 손실비용의 비교를 통하여 보호비용의 효용성을 평가한다. 이 경우, 구조물 (인입설비에 대해서는 경제적 가치의 손실 리스크)에 대한 경제적 가치의 손실 리스크 요소의 평가는 그러한 비용을 평가하기 위해서 반드시 수행되어야 한다.

② 리스크 평가의 대상 구조물 : 리스크 평가의 대상 구조물은 다음 사항을 포함하며, 구

조물 외측에 접속된 인입설비는 포함되지 않는다.
  ㈎ 구조물 자체
  ㈏ 구조물 내의 설비
  ㈐ 구조물의 내용물
  ㈑ 구조물 내에 있거나 구조물의 외측으로부터 3 m에 이르는 구역 내에 서 있는 사람
  ㈒ 구조물에 대한 손상에 의해 영향을 받는 환경
③ 리스크 평가 대상의 인입설비
  ㈎ 리스크 평가 대상의 인입설비는 다음에 나열한 것들 사이의 물리적 접속이다.
    ㉮ 통신선로에 대한 교환국 건물과 사용자 건물 또는 두 개의 교환국 건물 혹은 두 개의 사용자 건물
    ㉯ 통신선로에 대한 교환국 건물 또는 사용자 건물과 분배노드 또는 두 개의 분배노드 사이
    ㉰ 전원선에 대하여 고압 변전소와 사용자 건물
    ㉱ 배관에 대하여 주배전용 변전소와 사용자 건물
  ㈏ 고려하는 인입설비는 다음과 같은 선로 장치와 선로 말단장치를 포함해야 한다.
    ㉮ 다중절환장치, 전력증폭기, 광네트워크장치, 계측기, 선로 말단장치 등
    ㉯ 차단기, 과전류시스템, 계측기 등
    ㉰ 제어시스템, 안전시스템, 계측기 등
  ㈐ 보호는 사용자 장비 또는 인입설비의 말단에 접속된 구조물을 포함하지 않는다.

5-6 다음 피뢰침과 피뢰기에 관한 사항에 대해 설명하시오.
  (1) 피뢰침과 피뢰기의 차이점
  (2) 피뢰침 설치장소
  (3) 피뢰침의 보호종별 보호범위 각도
  (4) 피뢰기의 직렬 갭(직렬간극) (그림을 그리시오.)

(1) 피뢰침과 피뢰기의 차이점

① 피뢰침 : 피뢰침은 낙뢰에 의한 충격전류를 안전하게 대지로 방류시켜 건축물 등을 보호하는 설비를 말하며, 돌침, 피뢰도선 및 접지극으로 이루어진다.

② 피뢰기 : 피뢰기는 회로에 이상전압이 침입하였을 때 회로와 대지 간에 도전로를 만들어 이상전압의 방전과 기류의 차단을 통하여 기기의 손상과 섬락을 방지하는 역할

을 하며, 직렬갭과 특성 요소로 구성되는데, 직렬갭은 이상전압으로 신속히 방전을 개시하고, 동작이 끝나면 속류를 차단하는 기능을 가진다.

(2) 피뢰침 설치장소
① 지면상 20 m를 초과하는 건축물과 설비
② 위험물 및 화약류 저장소

(3) 보호종별 보호범위 각도
① 일반건축물은 60° 이하
② 위험물 및 화약류 저장소는 45° 이하

(4) 피뢰기의 직렬 갭(직렬간극)

직렬간극은 특성 요소와 직렬로 접속하여 평상시에는 특성 요소에 유입하는 누설 전류를 방지하고 충격전압의 진행파가 침입 시에는 이를 방전함과 동시에 방전이 끝나는 즉시 속류를 차단하여 정상상태로 복귀시키는 역할을 한다.

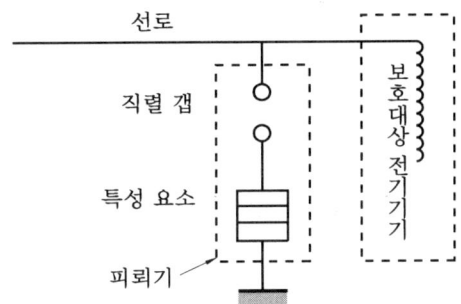

피뢰기의 직렬 갭과 특성요소

5-7 피뢰기가 갖추어야 할 조건을 설명하시오.

피뢰기는 보호대상물에 접근하는 뇌격을 확실히 흡인하여 뇌격전류를 안전하게 대지로 방류하는 기능을 가져야 하며, 피뢰기가 갖추어야 할 조건은 다음과 같다.
① 충격 방전 개시전압이 낮아야 한다.
② 상용주파 방전 개시전압이 높아야 한다.
③ 방전내량이 크고 제한전압이 낮아야 한다.
④ 속류 차단 능력이 충분해야 한다.

5-8 갭형 피뢰기의 구성 요소와 각각의 기능에 대해 설명하시오.

갭형 피뢰기는 직렬 갭과 특성 요소로 구성되는데, 이러한 단위소자를 필요한 개수 만큼 포개서 애자 속에 밀봉한 구조를 가지며, 각각의 기능은 다음과 같다.

(1) 직렬 갭
정상 시에는 방전을 하지 않고 절연상태를 유지하며, 이상 과전압 발생 시에는 신속히 이상전압을 대지로 방전하고 속류를 차단한다.

(2) 특성 요소
탄화규소 입자를 각종 결합체와 혼합한 것으로 밸브 저항체라고도 하며, 비저항 특성을 가지고 있어 큰 방전전류에 대해서는 저항 값이 낮아져 제한전압을 낮게 억제함과 동시에 비교적 낮은 전압계통에서는 높은 저항 값으로 속류를 차단하여 직렬 갭에 의한 속류의 차단을 용이하게 도와주는 작용을 한다.

5-9 갭리스형 피뢰기의 특성에 대해 설명하시오.

갭리스형 피뢰기는 특성 요소가 금속 산화물(ZnO)로 구성되어 있어 직렬 갭에 의한 선로와 절연을 할 필요성이 없어져 직렬 갭을 생략하고, 금속 산화물 특성 요소만을 포개어 애자 속에 봉입한 형태로서 그 특성은 다음과 같다.
① 방전 갭이 없으므로 구조가 간단하여 소형 경량화가 가능하다.
② 소손 위험이 적고 피뢰기의 부합된 뛰어난 성능을 기대할 수 있다.
③ 속류가 없어 빈번한 작동에도 잘 견딘다.
④ 특성 요소의 변화가 적다.
⑤ 직렬 갭이 없이 특성 요소만으로 절연되어 있어 특성 요소의 열화 시 단락사고와 같은 경우로 진전될 수 있다.

> **5-10** 다음 서지보호장치(SPD ; surge protective device)에 관한 사항에 대해 설명하시오.
> (1) SPD의 기능에 따른 분류
> (2) SPD 설치방법(그림으로 표현)
> (3) SPD 설치장소
> (4) SPD 보호장치 시설방법(기준)
> (5) SPD를 누전차단기의 전원 측과 부하 측에 설치하는 경우의 문제점

(1) 서지보호장치의 기능에 따른 종류

① 전압스위칭형 SPD : 서지가 인가되지 않은 경우 높은 임피던스 상태이고, 전압서지가 있을 때는 급격하게 임피던스가 낮아지는 기능을 가진 SPD이다. 여기에 사용되는 소자의 예로, 에어갭, 가스방전관, 사이리스터, 트라이액 등이 있다.

② 전압제한형 SPD : 서지가 인가되지 않은 경우 높은 임피던스 상태이고, 서지전류와 전압이 상승하면 임피던스가 연속적으로 감소하는 기능을 가진 SPD이다. 전압제한형 SPD에 사용되는 소자의 예로, 배리스터, 억제 다이오드 등이 있다.

③ 조합형 SPD : 전압스위칭형 소자와 전압제한형 소자를 갖는 SPD이다. 인가전압의 특성에 따라 전압스위칭, 전압제한 또는 전압스위칭과 전압제한의 두 가지 동작을 하는 것으로 가스방전관과 배리스터를 조합한 SPD가 있다.

(2) SPD 설치방법

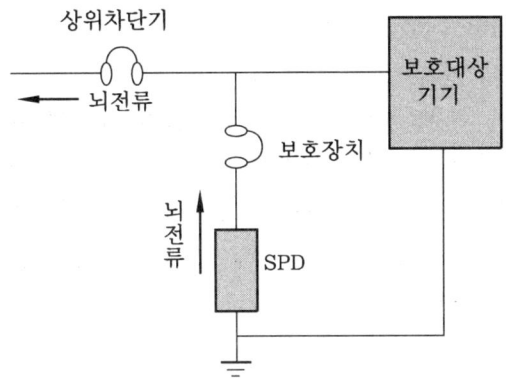

(3) SPD 설치장소

① 22.9kV-Y 계통으로 수전하는 건축물의 저압 배전반
② 분전반 등 기타 장소

(4) SPD 보호장치 시설방법(기준)

① 단락고장으로 상정되는 SPD에 흐르는 단락전류를 확실하게 차단할 수 있는 보호장치를 시설한다.
② Ⅰ등급 SPD용 보호장치의 정격은 일반적으로 대용량을 시설한다.
③ SPD를 누전차단기 부하 측에 설치하는 경우 SPD에 흐르는 전류로 누전차단기가 동작할 수 있으므로 임펄스 부동작형 누전차단기를 시설한다.
④ SPD를 누전차단기의 전원 측에 설치하는 경우에는 SPD가 고장을 일으킬 때 확실히 계통으로부터 분리할 수 있는 차단능력을 가진 보호장치를 시설한다.

(5) SPD를 누전차단기의 전원 측과 부하 측에 설치하는 경우의 문제점

① 전원 측에 설치하는 경우 : SPD가 고장을 일으킬 때 확실히 계통으로부터 분리할 수 있는 차단능력을 가진 보호장치가 필요하다.
② 부하 측에 설치하는 경우 : SPD에 흐르는 전류로 누전차단기가 동작할 수 있으므로 임펄스부동작형 누전차단기의 설치가 필요하다.

5-11 피뢰기(LA ; lighting arrester)와 서지흡수기(SA ; surge absorber)의 기능을 비교하여 설명하시오.

피뢰기(LA ; lightning arrester)는 선로를 타고 들어오는 이상전압(낙뢰 또는 개폐 시)을 신속히 방류하기 위한 장치를 말하며, 서지흡수기(SA ; surge absorber)는 개폐 서지를 차단하기 위해 주차단기(VCB)와 몰드변압기 사이에 설치하는 장치를 말한다.
 피뢰기는 뇌서지와 개폐서지에 대해서도 기기보호용으로 사용되나 서지흡수기는 선로의 이상 고압 진행파의 준도를 완화하고, 또 파고값을 경감시키기 위하여 피뢰기와 콘덴서를 조합한 것으로서 뇌격에 비해 완만하고 지속시간이 긴 개폐서지의 이상전압에 대한 보호용으로만 사용된다.

5-12 피뢰설비를 외부 피뢰설비와 내부 피뢰설비로 구분하여 설명하고 외부 피뢰설비의 수뢰부 배치 방법(3가지)을 설명하시오.

(1) 외부 피뢰설비와 내부 피뢰설비의 개요

피뢰설비(LPS ; lightning protection system)란 낙뢰의 영향으로부터 특정 공간을 보호하기 위한 설비로서 외부 및 내부 피뢰설비로 구분된다.

① 외부 피뢰설비(external lightning protection system)란 직격뢰를 받는 수뢰부, 뇌격전류를 접지전극으로 흐르게 하는 인하도선, 뇌격전류를 대지로 방류하는 접지시스템 등의 3요소로 구성된 설비를 말한다.

② 내부 피뢰설비(internal lightning protection system)란 보호범위 내에서 뇌격전류에 의한 전자적 영향을 감소시키기 위하여 설치되는 본딩 도체, 서지억제기 등 외부 피뢰설비 이외에 설치된 모든 설비를 말한다.

(2) 외부 피뢰설비의 수뢰부 배치 방법 (3가지)

① 보호각법 : 구조물에 설치하는 수뢰부 시스템의 하부 또는 수뢰부 시스템 사이의 낙뢰에 대한 보호범위가 일정한 각도 내의 부분이 된다는 것을 기반으로 하며 구조물의 보호레벨과 높이에 따라 보호각을 다르게 적용한다.

즉 수뢰도체 상의 점을 기준 평면에 모든 방향의 수직에 대해 각도로 투시함으로써 생기는 에워싸인 표면 내에 보호하고자 하는 구조물의 모든 부분이 들어가도록 수뢰도체, 돌침, 마스트, 수평도체를 배치한다.

보호각법은 단순한 구조물이나 큰 구조물의 작은 부분에 적합하다.

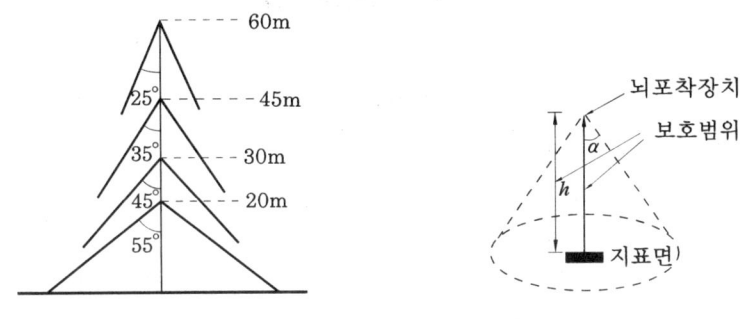

보호각과 보호범위

② 회전구체법

㈎ 회전구체법의 결정 요인 : 구조물에 설치하는 수뢰부 시스템의 하부 또는 수뢰부 시스템 사이의 낙뢰에 대한 보호범위가 구체를 굴렸을 때 수뢰부 시스템 사이의

구체가 닿지 않는 부분이 된다는 것을 기반으로 하며, 건축물의 보호레벨에 따라 회전시키는 구체의 크기(구체의 반지름 R)를 다르게 적용한다.

회전구체법은 모든 구조물에 대해 적용이 가능하나 특히 복합된 모양의 구조물과 특수 구조물에 적합하다.

(나) 회전구체법의 적용방법 : 보호레벨에 따라 정해지는 반지름 R인 구체를 구조물의 상부와 둘레에 걸쳐 모든 방향으로 굴렸을 때 피보호 구조물의 어느 점에도 닿지 않을 경우 이 회전구체법을 적용해 수뢰부 시스템 위치를 정하는 것이 적절하다. 그러므로 회전구체는 대지, 수뢰부 시스템에만 닿아야 한다.

여러 가지 구조물에 회전구체법을 적용하는 방법은 반지름 R인 구를 지표면이나 영구적인 구조물 또는 수뢰도체와 같은 역할을 할 수 있는 지표면에 닿는 물체와 접촉할 때까지 모든 건축물의 상부와 주위를 회전시킨다. 회전구가 건축물과 접촉되는 곳에서는 뇌격이 일어날 수 있으며, 그 지점에 수뢰부 시스템 도체에 의한 보호가 요구된다.

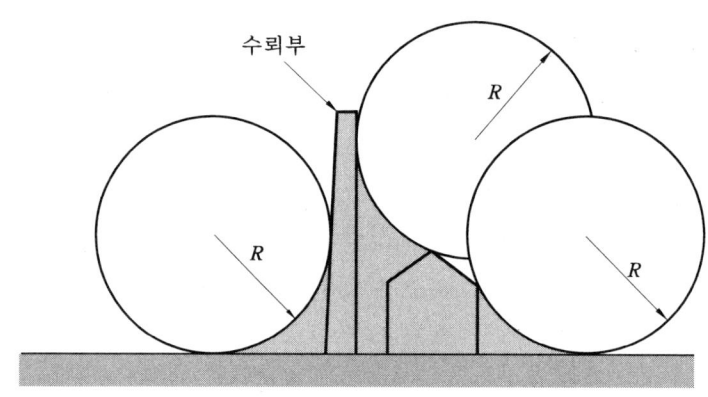

회전구체법의 적용

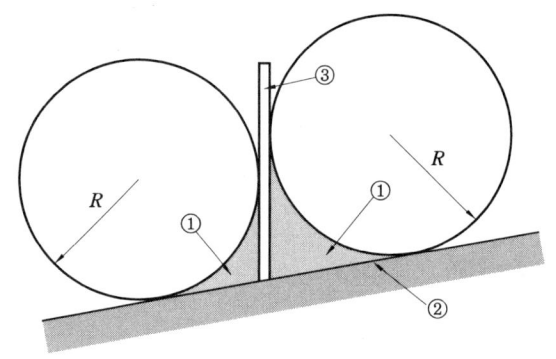

① 보호범위
② 기준면
③ 마스트
R : 회전구체의 반지름

회전구체법을 이용하여 경사면에 설치한 마스트 보호범위

③ 메시법 : 구조물에 설치하는 수뢰부 시스템이 그물 또는 케이지 형태로 되는 경우에는 이 사이가 낙뢰에 대한 보호범위가 된다는 것을 기반으로 하며, 구조물의 보호레벨에 따라 메시의 폭을 다르게 적용한다.

평탄한 면의 보호를 목적으로 하는 경우 다음의 조건을 만족하면 전체 표면을 보호하는 것으로 간주한다.

(가) 수뢰도체를 지붕 가장자리선, 지붕 돌출부, 지붕 경사가 $\frac{1}{10}$을 넘은 경우 지붕 마루선 등의 위치에 배치한다.

(나) 수뢰부 시스템망은 뇌격전류가 항상 최소한 2개 이상의 금속 루트를 통하여 대지에 접속되도록 구성해야 하고 수뢰부 시스템으로 보호되는 영역 밖으로 금속체 설비가 돌출되지 않도록 한다.

(다) 수뢰도체는 가능한 한 짧고 직선 경로로 한다.

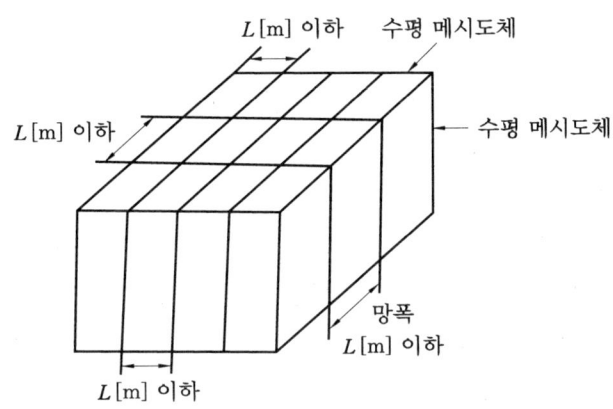

메시법의 보호범위

5-13 피뢰기의 주 피보호기기를 제시하고 그 이유를 설명하시오.

(1) 피뢰기의 주피보호기기 : 변압기

(2) 이유 : 뇌서지 전압은 피뢰기와 변압기 사이에서 왕복진동을 되풀이하게 되며, 이때 변압기 단자에는 높은 전압이 인가하게 된다. 따라서 피뢰기는 변압기 단자에서 가능한 가까운 곳에 설치해야 한다.

5-14 충격파(surge)의 정의, 규약원점, 규격표준파형, 50% 섬락전압에 대해 설명하시오.

(1) 충격파의 정의

충격파란 전선로나 전기설비가 직격뢰를 받았을 때 나타나는 뇌전압, 뇌전류 파형을 말하며, 서지라고도 한다. 이는 극히 짧은 시간에 파고값에 도달하고 소멸하는 파형을 갖는다.

(2) 규약원점

충격전압(전류) 파형에서 파고값의 30%와 90%(전류는 10%와 90%)의 두 점을 잇는 직선이 시간축과 만나는 점을 말한다.

(3) 규격표준파형

규격표준파형이란 전기설비의 절연강도와 절연협조에 사용되는 파형을 말한다.

(4) 50% 섬락전압

섬락전압이란 애자의 상하금구 사이에 전압을 인가하면 애자 주위의 공기를 통해서 양금구간에 지속적인 아크를 발생해서 애자가 단락될 때의 전압을 말한다. 건조한 애자가 섬락할 때의 전압을 건조섬락전압, 비에 젖은 애자가 섬락할 때의 전압을 주수섬락전압이라 한다.

50% 섬락전압이란 표준충격파형의 충격파 전압을 여러 번 인가하였을 때 50%가 섬락하고 나머지는 섬락하지 않는 전압을 말한다.

5-15 인입설비에 대한 뇌격의 영향에 대해 설명하시오.

뇌격이란 낙뢰에 있어서 단일의 전기적 방전현상을 말하며, 인입설비별 뇌격의 영향은 다음과 같다.

(1) 통신선에 대한 뇌격의 영향

① 전선의 기계적 손상, 차폐선이나 도체의 융해, 인입설비의 직접적인 손실과 더불어

주요한 고장을 일으키는 케이블과 기기의 절연파괴

② 인입설비의 손상 없이 케이블의 손상으로 인한 광케이블의 2차 고장

(2) 전력선에 대한 뇌격의 영향
인입설비의 중대한 손실을 가져오는 저압 가공선용 애자의 손상, 케이블 절연체의 관통, 변압기와 기기의 절연파괴

(3) 수도관에 대한 뇌격의 영향
인입설비의 손실을 가져오는 전기·전자 제어장치의 손상

(4) 가스관, 석유관에 대한 뇌격의 영향
화재 폭발을 야기할 수 있는 비금속 플랜지 개스킷의 관통파괴, 인입설비의 손실을 가져오는 전기·전자 제어장치의 손상

5-16 전기전자 시스템은 뇌전자임펄스(LEMP ; lightning electromagnetic impulse)에 의해 손상을 입게 되므로 내부 시스템의 고장을 막기 위해 LEMP 보호대책을 수립하여 시행한다. LEMP 보호대책에 대해 설명하시오.

뇌전자임펄스(LEMP)는 뇌격전류에 의한 전자계의 영향을 말하며 이에 대한 보호대책에는 접지와 본딩, 자기차폐와 선로경로 및 협조된 SPD 보호가 있다.

(1) 접지와 본딩
접지시스템은 뇌격전류를 대지로 흘리고 분산시켜 주며, 본딩망은 전위차를 최소화시키고 자계를 감소시킨다.

(2) 자기차폐와 선로경로
자기차폐는 내부에서의 유도 서지의 크기뿐만 아니라 전자계도 줄일 수 있으며, 내부 선로경로는 유도 서지를 최소화할 수 있고 내부 서지를 감소시킨다. 또한 자기차폐와 선로경로는 내부 시스템의 영구적인 고장을 감소시키는 데 효과적이다.

(3) 협조된 SPD 보호
협조된 SPD 보호는 내부 서지와 외부 서지의 영향을 제한한다. 서지에 대한 내부 시스템 보호는 전원선과 신호선 모두가 협조된 SPD 보호를 이루는 계통적인 접근이

필요하다. 에너지 협조는 계통 내의 SPD에 과도한 스트레스가 가해지는 것을 피하기 위해서 필요하며, 각 SPD에 입사하는 에너지량이 견딜 수 있는 에너지보다 낮거나 같으면 에너지 협조는 이루어진다.

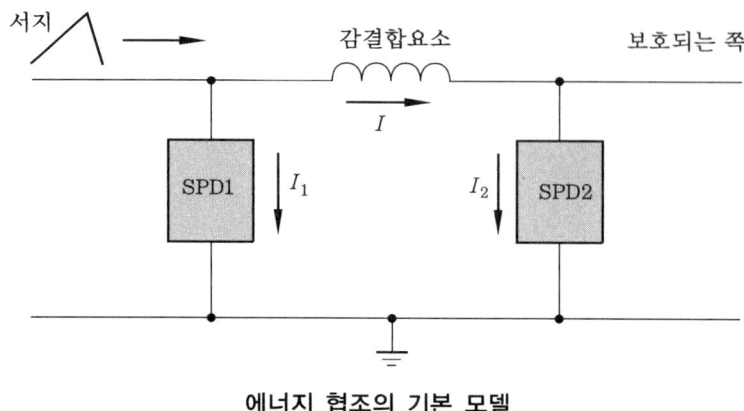

에너지 협조의 기본 모델

5-17 다음은 피뢰설비에 대한 사항이다. 설명하시오.
(1) 외부 피뢰설비 수뢰부의 구성요소
(2) 외부 피뢰설비 접지전극의 시공방법
(3) 피뢰설비 점검 시 확인사항

(1) 수뢰부의 구성요소
뇌격이 보호범위 내에 침입할 확률은 수뢰부를 적절히 설계함으로써 상당히 감소된다. 수뢰부는 다음과 같은 요소 또는 이들의 조합으로 구성된다.
① 돌침
② 수평도체
③ 메시도체

(2) 외부 피뢰설비 접지전극의 시공방법
① 외부 환상접지전극은 최소 0.5 m 깊이에 매설하고, 벽과 1 m 이상 떨어지도록 한다.
② 접지전극은 최소 0.5 m 이상의 깊이에 매설하고, 지중에서 전기적 결합 효과를 최소

화하기 위하여 일정한 간격으로 배치해야 한다.
③ 매설 접지전극은 시공 중 검사할 수 있도록 설치되어야 한다.
④ 매설 깊이와 전극 형태는 토양의 온도와 습도에 영향을 적게 받도록 하여 일정한 접지 저항이 유지되도록 해야 한다.
⑤ 토양이 동결되었을 때는 지표면 아래 1 m 깊이까지는 수직 접지전극의 접지효과가 없으며, 암반에서는 B형 접지전극이 유리하다.

(3) 피뢰설비 점검 시 확인사항

피뢰설비의 점검을 통하여 다음 사항을 확인한다.
① 피뢰설비가 설계와 일치하고 있는지의 여부
② 피뢰설비의 모든 구성요소가 양호한 상태이고, 설계 시 의도한 기능을 달성할 수 있으며 부식이 있는지의 여부
③ 최근에 시설된 구조물이 피뢰설비에 본딩되거나 피뢰설비에 적합한지의 여부

제6장 전기작업 및 안전장구

6-1 정전작업 시 전로차단 절차(정전작업 순서)를 설명하시오.

정전작업(Work for stoppage of electric current)이란 전선로를 개로한 후 수행하는 당해 전선로 또는 그 지지물의 설치·점검·수리·도장 등의 작업을 말하며, 전로를 차단하는 절차는 다음과 같다.
① 전기기기 등에 공급되는 모든 전원을 관련 도면, 배선도 등으로 확인한다.
② 전원을 차단한 후 각 단로기 등을 개방하고 확인한다.
③ 차단장치나 단로기 등에 잠금장치 및 꼬리표를 부착한다.
④ 개로된 전로에서 유도전압 또는 전기에너지가 축적되어 감전 위험을 끼칠 수 있는 전기기기 등은 접촉하기 전에 잔류전하를 방전시킨다.
⑤ 검전기를 이용하여 작업대상 기기가 충전되었는지 확인한다.
⑥ 전기기기 등이 다른 노출 충전부와의 접촉, 유도 또는 예비동력원의 역송전 등으로 위험이 발생할 우려가 있는 경우에는 충분한 용량을 가진 단락접지기구를 이용하여 단락접지한다.

6-2 전기작업 시 사용하는 절연장갑이 갖추어야 할 구조와 재료에 대해 설명하시오.

① 절연장갑은 고무로 제조해야 하며, 핀홀(pin hole), 균열, 기포 등의 물리적인 변형이 없어야 한다.
② 여러 색상의 층들로 제조된 합성 절연장갑이 마모되는 경우에는 그 아래의 다른 색상의 층이 나타나야 한다.
③ 미트의 모양은 하나 또는 그 이상의 손가락을 넣을 수 있는 구조이어야 한다.
④ 컨투어 소매 장갑의 최대 길이와 최소 길이의 차이는 (50±6)mm이어야 한다.

6-3 정전작업 시 정전작업 전, 정전작업 중, 정전작업 후의 조치사항을 설명하시오.

(1) 정전작업 전 조치사항
① 작업지휘자에 의해 작업내용을 주지시킨다.
② 개로 개폐기 잠금조치 및 꼬리표를 부착한다.
③ 전류전하를 방전한다.
④ 검전기에 의한 정전 여부를 확인한다.
⑤ 단락접지한다.
⑥ 근접활선에 대해 방호한다.

(2) 정전작업 중 조치사항
① 작업지휘자에 의해 지휘한다.
② 개폐기를 관리한다.
③ 단락접지를 수시로 확인한다.
④ 근접활선에 대한 방호상태를 관리한다.

(3) 정전작업 후 조치사항
① 작업기구 및 단락접지기구를 철거한다.
② 작업자가 작업이 완료된 전기기기 등에서 떨어져 있는지 확인한다.
③ 개폐기의 잠금장치 및 꼬리표를 철거한다.
④ 모든 이상 유무 확인 후 개폐기를 투입한다.

6-4 국제사회안전협회(ISSA)에서 제시한 정전작업 5대 안전수칙에 대해 설명하시오.

① 작업 전 전원 차단
② 전원 투입의 방지(잠금장치, 꼬리표 부착)
③ 작업장소의 무전압 여부 확인 (검전기 사용)
④ 단락접지
⑤ 작업장소의 보호 (충전부 방호, 작업 중 표지판 부착)

6-5 정전작업 시 단락접지 기구를 사용하여 단락접지하는 이유, 단락접지기구 선택 시 고려사항, 단락접지기구의 설치·철거 시 주의사항, 단락접지 방법에 대해 설명하시오.

단락접지란 정전된 전로들을 도체로 점퍼하여 접지시킨 것을 말하며, 시스템의 중성점 접지 또는 전기설비의 비충전 금속 부분의 접지를 말하는 것은 아니다.

(1) 단락접지하는 이유

단락접지 기구를 사용하여 정전구간 양측 3상을 모두 단락접지하는 이유는 다음과 같다.
① 다른 전로와의 혼촉에 의한 위험 방지를 위해 단락접지한다.
② 다른 전로에서의 유도작용에 의한 위험 방지를 위해 단락접지한다.
③ 예비동력원의 역송전에 의해서 정전전로가 갑자기 충전되는 경우 감전 위험을 방지하기 위해서 단락접지를 실시한다.

(2) 단락접지기구 선택 시 고려사항

① 접지 클램프는 도체의 굵기와 고장 전류에 대하여 적합한 용량이어야 한다.
　㈎ 부적합한 크기의 접지 클램프는 고장전류로 인하여 용해 또는 분리될 수 있고, 전로가 재충전되는 경우에 고장전류를 흘릴 수 있도록 설계되지 않았기 때문에 활선작업용 클램프는 정전된 전로의 접지용으로 사용해서는 안 된다.
　㈏ 활선작업용 클램프는 탭 도체를 가공선로에 연결하기 위한 것으로, 큰 고장 전류는 과전류 보호장치가 작동하기 전에 활선작업용 클램프를 용해 또는 분리시켜 치명적인 전압 및 아크 화상을 작업자에게 입힐 수 있다.
② 단락접지 케이블은 2개 이상을 병렬로 접속 사용하기에 적합한 용량이어야 하며, 이 적합한 용량의 주요 3요소는 다음과 같다.
　㈎ 케이블 말단에 설치된 압착고리의 단자 강도
　㈏ 용해하지 않고 최대 전류를 흘릴 수 있는 굵기
　㈐ 재충전 중, 작업구역에서 안전하게 전압 강하를 유지하는 저저항
③ 단락접지 클램프와 정전된 도체 사이의 금속과 금속 간의 견고한 접속은 필수적인 요건이다.
　㈎ 대부분의 도체는 부식되어 있거나 페인트칠이 되어 있는 경우가 많지만 이를 닦아 낸다는 것은 쉽지 않기 때문에 접지 클램프는 톱니 형태이어야 한다.
　㈏ 철탑, 개폐장치 또는 변전소 접지 모선에 부착된 접지 클램프는 부식이나 페인트를

확실히 통과하도록 하기 위하여 뾰족하고 움푹한 고정나사로 조여 적합한 접속부를 확보해야 한다.
④ 단락접지 케이블은 낮은 저항을 유지하고 고장 시 케이블의 과도한 늘어짐이 없도록 그 길이는 가급적 짧아야 한다.
  ㈎ 전로가 재충전되면 고장전류와 합성자력은 작업자가 작업 중인 구역에서 접지케이블을 이완시킬 수 있다.
  ㈏ 작업자의 안전을 위한 접지 케이블의 적절한 경로 선택은 과도한 늘어짐을 방지하기 위하여 필수적인 사항이다.
⑤ 작업 장소에 전압강하를 최소화시키기 위하여 여러 상을 접지된 구조물 사이와 시스템 중성점(가능한 경우에 한함)에 접속하여야 한다.

(3) 단락접지기구의 설치·철거 시 주의사항

① 단락접지기구를 설치하기 전에 도체 내에 끊어진 연선이 있는지, 클램프 단자에 분리된 연결부가 있는지, 클램프 기구의 결함이 있는지 등을 검사해야 하며, 결함이 있는 기구는 사용해서는 안 된다.
② 단락접지기구는 정전된 장비에서 수행되는 작업의 각 지점에 각각 설치하며, 정전된 전로 끝이나 작업 양쪽에 접지장치를 설치하기도 한다.
③ 정전된 설비의 상도체에 단락접지기구를 접속하기 전에 접지 인하도체의 한끝을 금속 구조물 또는 개폐장치의 접지모선에 먼저 접속하고, 이어서 상도체 사이를 접지케이블로 접속해야 한다.
④ 단락접지기구를 철거할 때에는 설치 절차와 반대로 상 사이의 케이블을 먼저 분리하고 이어서 상도체로부터 인하도체를, 마지막으로 금속 구조물 또는 접지모선으로부터 인하도선을 분리시킨다.

(4) 단락접지 방법

① 재충전이 발생할 경우, 단락접지 케이블은 접지된 구조물이나 시스템 중성선(이용 가능할 때)과 상(전원선) 사이를 접속함으로써 작업장에서 발생하는 전압강하를 최소화시킨다.
② 다음 그림의 등가회로에서 인체저항(R_m)은 500 Ω이고, 하나의 케이블 저항(R_j)은 0.001 Ω, 개폐장치 또는 구조물의 접지저항을 R_g라 할 때, 회로에서 1,000 A의 고장전류가 전로에서 접지 쪽으로 흐른다고 가정하면, 작업구역에 있는 작업자에게 인가되는 전압은 약 1 V 이하이므로 작업자에게 흐르는 전류는 무시할 수 있어 안전하다.

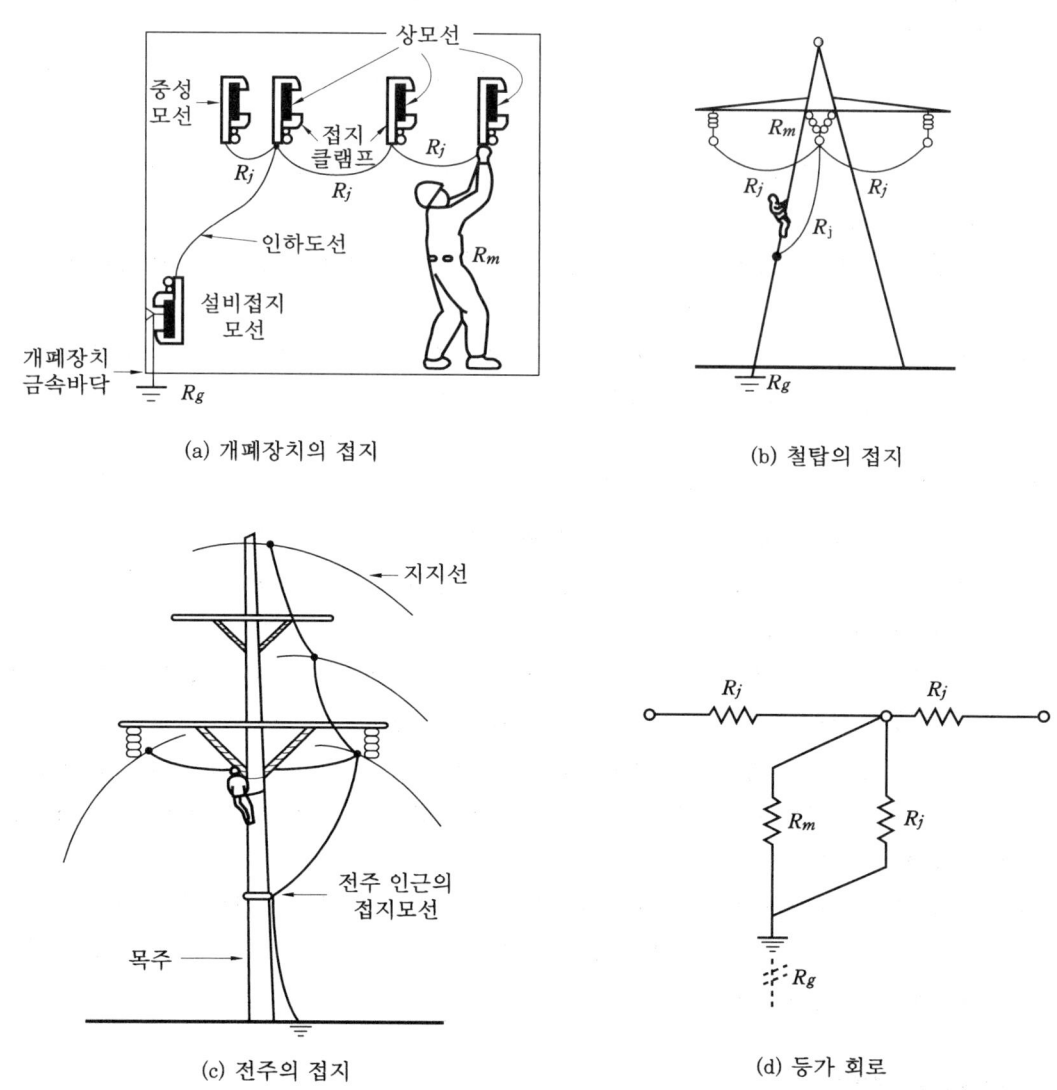

(a) 개폐장치의 접지
(b) 철탑의 접지
(c) 전주의 접지
(d) 등가 회로

양호한 단락접지 방법

6-6 정전작업 시 정전작업 요령에 포함되어야 할 사항을 기술하시오.

정전작업 시에는 감전사고의 위험을 방지하기 위하여 정전작업 전 정전작업 요령을 작성하고 이 요령에 따라 작업이 이루어져야 한다. 정전작업 요령에 포함되어야 할 사항은 다음과 같다.
① 작업책임자 임명, 정전범위, 절연용 보호구의 이상 유무 점검 및 활선접근경보장치의 휴대 등 작업시작 전에 필요한 사항
② 전로 또는 설비의 정전순서에 관한 사항
③ 개폐기 관리 및 표지판 부착에 관한 사항
④ 정전 확인 순서에 관한 사항
⑤ 단락접지 실시에 관한 사항
⑥ 전원 재투입 순서에 관한 사항
⑦ 점검 또는 시운전을 위한 일시운전에 관한 사항
⑧ 교대 근무 시 근무 인수인계에 관한 사항

6-7 충전전로를 취급하거나 그 인근에서 작업(활선작업 또는 활선근접작업) 시 작업자에 대한 안전조치사항을 설명하시오.

활선작업(live work)이란 작업자가 활선 또는 충전된 도체에 접촉하거나, 기구·장비 또는 장치를 다루는 신체의 일부가 활선작업 구역 내에 있는 제반 행위를 말하며, 작업자에 대한 안전조치사항은 다음과 같다.
① 충전전로를 방호, 차폐하거나 절연 등의 조치를 하는 경우에는 근로자의 신체가 전로와 직접 접촉하거나 도전재료, 공구 또는 기기를 통하여 간접 접촉되지 않도록 한다.
② 충전전로를 취급하는 근로자에게 그 작업에 적합한 절연용 보호구를 착용시킨다.
③ 충전전로에 근접한 장소에서 전기작업을 하는 경우에는 해당 전압에 적합한 절연용 방호구를 설치한다.
④ 고압 및 특별고압의 전로에서 전기작업을 하는 근로자에게 활선작업용 기구 및 장치를 사용하도록 한다.
⑤ 유자격자가 아닌 작업자가 충전전로 인근의 높은 곳에서 작업할 때에 작업자의 몸 또는 긴 도전성 물체가 방호되지 않은 충전전로에서 대지전압이 50 kV 이하인 경우에는 300 cm 이내로, 대지전압이 50 kV를 넘는 경우에는 10 kV당 10 cm씩 더한 거리 이내로 각각 접근할 수 없도록 한다.

6-8 정전작업 시 사용하는 안전장구 및 표지를 제시하고 그 용도를 설명하시오.

정전작업 시 사용하는 안전장구 및 표지는 다음과 같다.
① 검전기 : 정전작업 구간의 선로에 대한 충전 여부를 확인하기 위해 사용한다.
② 접지용구 : 정전작업 시 유도 또는 오조작 등으로 인한 감전을 방지하기 위하여 정전작업 구간 양단에 대해 단락접지한다.
③ 활선접근경보기 : 전기작업자가 충전된 기기나 선로에 접근하면 접근에 대해 위험경고를 한다.
④ "정전작업 중" 표지 및 구획로프 : 위험구역과 작업구역을 구분하여 위험구역에 접근하지 못하도록 설치한다.
⑤ 조작꼬리표 : 정전작업 시 개폐기, 차단기 조작레버 등의 오조작을 방지하기 위해 설치한다.
⑥ 위험표찰 : 활선 등의 위험한 개소와 구역을 표시하기 위하여 사용한다.

6-9 활선작업차(버킷트럭)를 이용한 활선작업 시 작업자의 안전확보를 위해 취해야 할 안전조치사항을 설명하시오.

버킷트럭을 이용한 활선작업 시 안전조치사항은 다음과 같다.
① 버킷트럭은 반드시 지정된 면허소지자가 운전해야 하고, 트럭에는 운전조작 안내서와 이동방향 표시가 부착되어 있어야 한다.
② 버킷트럭을 사용한 작업 시에는 반드시 고무장갑 및 고무소매를 착용해야 하며, 붐대가 받침대에 올려져 있지 않거나 작업자가 버킷 안에 있을 때는 이동해서는 안 된다.
③ 버킷은 충전된 도체로부터 붐 하부의 금속 부분이 60 cm 이상의 거리를 유지하도록 하며, 그렇지 못할 경우 트럭을 접지한다.
④ 작업자는 단독으로 작업을 해서는 안 되며, 버킷에 승탑한 보조작업자나 지상감시자의 감시하에 작업을 해야 한다.
⑤ 버킷의 적재하중을 초과하여 사용하지 않아야 하며, 작업 중 버킷을 움직이기 전에 다른 작업자가 버킷이 움직이는 것을 알 수 있도록 신호를 해야 한다.
⑥ 작업 중에는 버킷트럭을 가압장비로 간주하여 보호장비 없이 접근·접촉하지 않도록 한다.

6-10 활선작업용 로프 및 활차의 사용 시 안전조치사항과 활선장구의 취급 시 주의사항에 대해 기술하시오.

(1) 활선작업용 로프 및 활차의 사용 시 안전조치사항
활선작업용 로프 및 활차의 사용 시에는 다음의 안전조치를 해야 한다.
① 로프는 폴리프로필렌 로프, 폴리다크론 로프 등 절연로프를 사용해야 하며, 활선장구와 같이 보관해야 한다.
② 로프는 견고한 지지물이나 로프 브라켓에 고정해야 한다.
③ 로프 및 활차는 습기를 피하고 기름이나 오물 등에 오염되어서는 안 되며, 활선에 직접 사용 시에는 반드시 절연봉을 삽입해야 한다.

(2) 활선장구의 취급 시 주의사항
활선장구의 취급 시 주의사항은 다음과 같다.
① 활선장구는 건조하고 환기가 좋은 장소의 선반이나 활선장구차에 보관해야 한다.
② 활선장구는 지상에 직접 방치해서는 안 되며, 반드시 활선장구 시트나 방수펌프백 위에 놓고 사용해야 한다.
③ 활선장구를 사용한 후에는 깨끗이 청소하되 금속부에는 기름칠을 해서는 안 되며, 지정된 흑연가루를 사용해야 한다.
④ 활선장구는 지지물에 견고하게 설치해야 한다.
⑤ 활선장구 사용 시는 전선이 비틀거리지 않도록 해야 하며, 전선의 중량과 장력을 고려하여 적합한 활선장구를 사용해야 한다.

6-11 활선작업 중 인하선 연결작업을 직접 작업과 간접 작업으로 구분하여 안전조치사항을 기술하시오.

(1) 인하선 연결작업(직접 작업)
작업은 중성선 방호, 전력선 방호, 완철 및 COS 설치, 인하선 연결 전력선 방호구 철거 및 COS 투입 순으로 하되 다음의 안전조치를 해야 한다.
① 버킷트럭 작업 시 중성선 및 인접한 선로도 반드시 절연커버로 방호하여 붐 이동 시 접촉되지 않도록 한다.

② 지선이 설치되어 있는 경우는 지선의 상단 부분을 전선커버로 방호한다.
③ COS를 설치 시 충전부와의 이격거리가 활선작업거리 이상일 경우에는 고무장갑을 착용하지 않아도 된다.
④ 설비가 복잡하고 직접 작업 시행 시 충전부와의 접촉이 우려될 경우에는 간접 작업을 한다.
⑤ COS를 투입하거나 개방할 경우에는 반드시 조작봉을 사용한다.

(2) 인하선 연결작업(간접 작업)

작업은 중성선 방호, 전력선 방호, 주상작업발판대 설치, 피복전선 피박, 분기고리 압축, COS 1차 인하선 연결, 전력선 방호구 철거, 주상작업발판대 철거, COS 홀더 투입의 순으로 하되 다음의 안전조치를 해야 한다.
① COS용 완철 및 COS는 B상 방호를 한 후에 설치해야 한다.
② COS 인하선을 분기고리에 연결할 때 COS 홀더가 개방되어 있는지를 확인해야 한다.

6-12 활선작업 시 사용하는 절연용 보호구, 방호구 및 활선작업용 기구·장치에 대해 설명하시오.

전기작업 시 감전사고를 예방하기 위하여 사용하는 안전장구에는 절연용 보호구, 절연용 방호구, 활선작업용 기구 및 장치 등이 있다.

(1) 절연용 보호구

전로의 활선작업 또는 활선근접작업 시 감전사고를 방지하기 위해 작업자의 몸에 착용하는 것으로 절연용 안전모, 절연화, 절연장화, 고무장갑, 도전성 작업복 등이 있다.
① 절연용 안전모 : 절연성이 있는 AE, ABE종 안전모를 사용한다.
② 절연화 : 저압 전기를 취급하는 작업자의 감전 방지를 위해 착용하는 안전화다.
③ 절연장화 : 저압 및 고압 전기를 취급하는 작업자의 감전 방지를 위해 착용하는 안전화다.
④ 고무장갑 : 고압 전기를 취급하는 작업자의 감전 방지를 위해 착용하는 안전장갑이다.
⑤ 도전성 작업복 : 특별고압 송전선로에서의 활선작업 및 활선근접작업 시 인체의 정전 유도를 완화하기 위해 착용한다.

(2) 절연용 방호구

전로의 활선작업 또는 활선근접작업 시 감전사고를 방지하기 위해 전로의 충전부에 장착하는 것으로 절연시트, 절연관, 절연커버, 애자후드, 완금커버, 고무블랭킷 등이 있다.

① 절연시트 : 충전부의 작업 중에 작업자의 접지면을 절연시켜 충전부와 접촉 시 인체가 통전경로가 되지 않도록 하기 위해 사용한다.
② 절연커버, 절연관 : 작업자의 행동반경 내에 있는 충전전로의 충전부를 방호하여 작업자의 감전을 방지하기 위해 사용한다.
③ 애자후드, 완금커버 : 작업자의 행동반경 내에 있는 애자와 완금을 방호하여 작업자의 감전을 방지하기 위해 사용한다.
④ 고무블랭킷 : 충전전로를 방호하여 작업자의 감전을 방지하기 위해 사용한다.

(3) 활선작업용 기구 및 장치

활선작업용기구는 손으로 잡는 부분이 절연재료로 만들어진 봉상의 절연물로서 절연봉 등이 있으며, 활선작업용 장치는 작업자를 대상으로부터 절연시키기 위해 사용하는 것으로 활선작업차(버킷트럭) 등이 있다.

6-13 전기작업 시 사용하는 절연안전화가 갖추어야 할 일반 구조와 재료에 대해 설명하시오.

(1) 일반 구조
① 발가락을 보호하기 위한 선심이나 강재 내답판을 제외하고는 안전화 어느 부분에도 도전성 재료를 사용해서는 안 된다.
② 안전화의 겉창은 절연체를 사용해야 한다.
③ 안전화에 선심이나 강재 내답판을 사용한 경우에는 기타 다른 부분과는 완전히 절연되어 있어야 한다.
④ 압박이나 충격, 기타 날카로운 물체에 의한 위험이 있는 장소에서 신울 등이 가죽인 절연화를 착용해야 할 경우에는 압박이나 충격에 견딜 수 있어야 한다.

(2) 재료
① 안전화에 사용하는 재료는 절연 성능이 뛰어난 고무 또는 이와 동등 이상의 절연 성

능을 가지고 있는 가죽이어야 한다.
② 안전화는 표면에 절연 성능을 저하시킬 수 있는 기포, 기공, 이물질 혼입 등 제작상의 결함이 없어야 한다.
③ 선심은 가죽제 절연화일 경우 충격 및 압박을 견딜 수 있는 충분한 강도를 가지는 금속, 합성수지 또는 이와 동등 이상의 재질이어야 한다.

6-14 산업용 기계류의 전기안전 시험항목을 설명하시오.

전기장치가 기계에 완전히 접속되었을 때 수행해야 할 시험은 다음과 같다.

(1) 보호본딩 접지 회로의 연속성
① 기계가 설치되고 전원공급을 포함한 전기접속이 완료되었을 때, 루프 임피던스 시험에 의하여 보호본딩 회로의 연속성을 검사해야 한다.
② 기계 부품과 같은 작은 기계의 보호본딩 루프는 30 m를 넘지 않도록 해야 한다.

(2) 절연저항 시험
전원선과 보호본딩선 사이를 직류 500 V로 측정한 절연저항 값은 1 MΩ 이상이어야 한다.

(3) 전압 시험
설계된 전기장치의 회로를 제외한 모든 회로와 보호본딩 회로의 전선 사이에 1초 이상 지속되는 다음의 시험전압에 견딜 수 있어야 한다.
① 장치의 정격 전압의 두 배 또는 1,000 V 중 큰 값의 전압
② 50/60 Hz의 주파수
③ 시험용 변압기의 정격용량은 500 VA 이상

(4) 잔류 전압에 대한 보호
잔류 전압에 대한 기기의 보호 여부를 확인해야 한다.

(5) 전자파 적합성 시험
기계에서 발생되는 전자파 장해 환경에 대해 관련기준에 따라 적합한 시험을 수행해야 한다.

(6) 기능 시험

전기장치의 기능, 특히 안전과 방호장치에 관한 기능에 대한 시험을 실시해야 한다.

6-15 전기작업 시 사용하는 절연장화가 갖추어야 할 일반 구조와 재료의 성질에 대해 설명하시오.

절연장화는 고압 전기를 취급하는 작업을 행할 때 전기에 의한 감전으로부터 신체를 보호하기 위해 사용하며, 일반 구조와 재료의 성질은 다음과 같다.

① 절연장화는 절연 성능이 뛰어난 양질의 고무를 사용해야 하며, 균질한 재질로서 적당한 유연성 및 탄력성을 보유해야 한다.
② 고무의 내외면은 평활하고 눈에 보이지 않는 구멍이나 홈, 기포 및 기타 사용상 유해한 결점이 없어야 하며, 절연 성능을 저하시키는 불순물이 혼합되지 않아야 한다.
③ 절연장화에는 금속 또는 도전성이 뛰어난 재료를 사용하지 말아야 한다.
④ 절연장화의 모든 접합 부분은 접착이 완전하고 물이 새지 않는 구조이어야 하며, 내면에는 면 등을 부착하지 말아야 한다.

6-16 정전기가 발생하는 장소에서 착용하는 정전기안전화가 갖추어야 할 일반 구조와 취급상 주의사항에 대해 설명하시오.

(1) 일반 구조

① 안전화는 인체에 대전된 정전기를 겉창을 통하여 대지로 누설시키는 전기회로가 형성될 수 있는 재료와 구조이어야 한다.
② 겉창은 전기저항 변화가 적은 합성고무를 사용해야 한다.
③ 안창이 도전로가 되는 경우에는 적어도 그 일부분에 겉창보다 전기저항이 작은 재료를 사용해야 한다.
④ 안전화는 착용자의 발한이나 마모로 인한 안전화 내부의 흡습, 더러워짐 등에 의해서 전기저항의 변화가 작은 안정된 재료와 구조이어야 한다.

(2) 취급상 주의사항

① 바닥면의 누설저항이 매우 큰 경우(10GΩ 이상)에는 대전 방지 성능을 기대할 수 없다는 것을 인식하고 있어야 한다.
② 안전화 바닥에 절연성물질(도료, 수지 등)이 부착된 경우에는 대전 방지 성능을 기대할 수 없으므로 주의해야 한다.
③ 인체의 대전 방지를 목적으로 한 안전화이므로 충전부에 접촉하지 않아야 한다.
④ 착용 후 일정 기간이 경과할 때마다 대전 방지 성능을 재확인해야 한다.
⑤ 안전화의 대전 방지 성능을 유지하기 위해 내부 구조를 개조하거나 절연성 깔창을 사용해서는 안 된다.
⑥ 양말은 두꺼운 것을 사용하지 않아야 한다.

6-17 활선작업 시 사용하는 절연관의 일반 구조와 재료에 대해 설명하시오.

(1) 일반 구조

절연관 등의 일반 구조는 다음과 같다.
① 형상에 따라 두께가 일정하고 품질이 균일해야 한다.
② 절연관을 배전선로에 설치하였을 때 회전하거나 탈락되지 않아야 하고 연결부가 분리되지 않는 구조이어야 한다.
③ 2개 이상의 절연관을 연결하여 사용할 때 연결과 분리가 간단하고, 설치 및 해체가 쉬워야 한다.

(2) 재 료

절연관 등의 재료의 성질은 다음과 같다.
① 본체 및 연결부는 폴리에틸렌 혼합물 또는 그 이상의 절연 성능이 있는 재료이어야 하고, 적당한 유연성과 강인성을 갖추어야 하며 절연 성능이 우수해야 한다.
② 외부는 노란색, 연결부는 검은색으로 해야 한다.

6-18 활선작업 시 사용하는 활선작업용 기구(절연봉)의 일반 구조와 재료에 대해 설명하시오.

(1) 일반 구조

절연봉의 일반 구조는 다음과 같다.
① 절연봉의 형상은 바르고 견고하며 표면은 평활하고 흠, 균열 등이 없어야 한다.
② 절연봉 손잡이의 끝에는 절연봉의 손상을 방지하기 위하여 쉽게 벗어지지 않도록 양질의 고무덮개를 끼워야 한다.
③ 절연봉의 말단부 금속 부분과 연결 부분은 사용 중 파손되지 않도록 견고한 구조로 해야 한다.
④ 특별고압용 절연봉으로 연장이 가능한 것은 각 단이 일정 위치까지 연장된 후에는 더 이상 연장되지 않도록 내부에 견고한 고정장치가 있어야 하고 완전히 연장된 후에는 축소, 연장되지 않는 구조이어야 한다.
⑤ 특별고압용 절연봉의 말단부 금속부분은 부착 또는 분리할 수 있어야 한다.

(2) 재 료

절연봉의 재료는 기후에 따라 변화가 없어야 하며 충분한 절연내력을 갖춘 양질의 재료로서 기계적 강도가 강하고 성능 변화가 작은 파이버글라스, 에폭시글라스 또는 그 이상의 성능을 가진 재질이어야 한다.

6-19 다음 전기안전작업 요령에 관한 사항에 대해 설명하시오.
(1) 전기안전작업 요령에 반드시 포함되어야 할 사항
(2) 가공전선로 인근에서 작업 시 안전조치사항
(3) 가공전선로 인근에서 차량, 기계장치 작업 시 안전조치사항
(4) 밀폐 공간에서의 전기작업 시 안전사항

사업주는 작업자의 안전과 전기작업을 위하여 해당 전압이 50 V를 넘거나 전기에너지가 250 VA를 넘는 경우에는 전기안전 작업 요령을 수립하며, 여기에는 해당 작업 요령을 평가하고 관리하는 수단 등을 포함한다.

(1) 전기안전 작업 요령에 반드시 포함되어야 할 사항

① 작업 목적 및 내용
② 관련 작업자 자격, 작업 책임자 및 적정 인원수
③ 작업 범위, 위험 특성(전기 위험성 평가과정), 접근 한계거리, 활선접근 경보장치의 휴대 등 작업시작 전에 필요한 사항
④ 전로차단에 관한 작업계획 및 전원 재투입 절차 등 작업 상황에 필요한 안전 작업요령
⑤ 관련 절연용 보호구 및 방호구, 활선 작업용 기구 및 장치(이하 '절연용 보호구' 등이라 한다) 등의 사용
⑥ 점검 · 시운전을 위한 일시운전, 작업훈련 등에 관한 사항
⑦ 교대 근무 시 근무연계에 관한 사항
⑧ 전기작업 장소의 관계 근로자가 아닌 사람의 출입금지에 관한 사항
⑨ 전기안전 프로그램을 해당 작업자에게 교육할 수 있는 방법과 수립된 전기안전 프로그램의 평가 · 관리 계획
⑩ 전기 도면, 기기 세부사항 등 작업과 관련된 자료

(2) 가공전선로의 인근에서 작업 시 안전조치사항

사업주는 작업자가 가공전선로의 인근에서 작업하는 경우에는 작업시작 전에 전선로를 차단하고 접지하거나 다음의 안전조치를 취한다.

① 가공전선로를 정전시키는 경우, 정전 및 접지에 관련된 전로의 운전자 또는 조작자, 또는 책임자를 배치한다.
② 가공전선로를 방호, 차폐 또는 절연 등의 조치를 하는 경우에는 작업자의 신체 일부가 전로와 직접 접촉하거나 도전재료, 공구 또는 기기를 통하여 간접 접촉하지 않도록 한다.
③ 무자격의 작업자가 가공전선로 인근의 높은 곳에서 작업하는 경우에는 작업자 몸 또는 긴 도전성 물체가 방호되지 않은 가공전선로에서 사용 전압 50 kV 이하는 300 cm, 대지 전압 50 kV 넘는 경우에는 매 10 kV마다 10 cm씩 더한 거리 이내로 접근할 수 없도록 한다.
④ 유자격자가 가공전선로 인근에서 작업하는 경우에는 다음 항목을 제외하고는 노출 충전부에 제시된 최소접근거리 이내로 접근하거나 또는 절연 손잡이가 없는 도전체의 접근을 금지한다.
  ㈎ 작업자가 노출 충전부로부터 절연되는 경우(당해 전압에 적합한 장갑을 착용한 것은 충전부로부터 절연된 것으로 본다)
  ㈏ 노출 충전부가 다른 전위를 갖는 도전체 또는 작업자와 절연되는 경우
  ㈐ 작업자가 다른 전위를 갖는 모든 도전체로부터 절연되는 경우

(3) 가공전선로 인근에서의 차량, 기계장치 작업 시 안전조치사항

① 차량, 기계장치 등의 일부가 가공전선로의 충전부와 접촉할 우려가 있는 경우에는 300 cm 이상의 이격거리를 유지하되, 사용 전압이 50 kV를 넘는 경우에는 매 10 kV 증가에 대해 10 cm 씩 증가시킨다.
② 지상의 작업자는 차량 등의 그 어느 부분과도 접촉해서는 안 된다.
③ 가공전선로 인근에 있는 차량 등의 일부를 의도적으로 접지한 경우, 지상의 작업자는 차량 등이 가공전선로와 접촉할 우려가 있을 때에는 접지 점 부근에 있어서는 안 된다. 필요시에는 접지 점에서 수 미터 이내에 방책 또는 절연체 등으로 작업자가 접근하지 못하도록 해야 한다.

(4) 밀폐 공간에서의 전기작업 시 안전조치사항

① 사업주는 작업자가 노출 충전부가 있는 맨홀 또는 지하실 등의 밀폐 공간에서 작업하는 경우에는 노출 충전부와의 접촉으로 인한 감전 위험을 방지하기 위하여 차폐, 방책 또는 절연 칸막이 등을 구비하고, 작업자는 이를 이용해야 한다.
② 사업주는 개폐 문, 경첩이 있는 패널 등의 움직임으로 인한 작업자의 전기위험을 방지하기 위하여 문 등은 움직이지 않게 고정시켜야 한다.
③ 사업주는 작업자가 노출 충전부가 있는 맨홀 또는 지하실 등의 밀폐공간에서 작업하는 경우에는 비상구 설치, 출입금지조치, 통로 설치 및 통로의 조명 확보 등의 조치를 해야 한다.

6-20 다음 활선작업에 관한 사항에 대해 설명하시오.
(1) 활선작업계획 수립 시 고려사항
(2) 활선작업계획 수립 시 유의사항
(3) 활선작업계획에 포함되어야 할 사항
(4) 활선작업의 전압별(저압, 고압, 특고압) 안전조치사항

(1) 활선작업계획 수립 시 고려사항

활선작업계획 수립 시에는 최소한 다음 사항을 고려해야 한다.
① 전기기기의 점검 및 평가
② 전기기기의 절연 및 외함 유지를 위한 정비
③ 모든 작업 계획 수립 및 최초 절차의 문서화

④ 가능한 한 전원의 차단
⑤ 불의의 사고 예측
⑥ 위험의 확인 및 최소화
⑦ 감전, 화상 및 폭발과 작업환경에 기인한 위험으로부터 작업자 보호
⑧ 작업에 적합한 공구의 사용
⑨ 작업자의 능력 평가
⑩ 계획 내용 준수의 감시

(2) 활선작업계획 수립 시 유의사항
① 모든 전기기기는 충전되지 않았다는 것이 입증되기 전까지는 충전된 것으로 간주해야 한다.
② 대지전압 50 V를 초과하는 노출 충전부 등에 대한 충분한 안전조치 없이는 절대로 맨손으로 이를 접촉해서는 안 된다.
③ 전기기기의 전원을 차단시켜 안전한 작업을 할 수 있도록 하는 것 자체가 잠재적인 위험작업이다.
④ 사업주는 교육을 포함한 작업계획을 개발·수립하고, 작업자는 이 작업계획을 따라야 한다.
⑤ 위험 확인을 위한 절차를 이용하고 위험을 경감 또는 관리하기 위한 계획을 수립해야 한다.
⑥ 전기에너지의 영향을 받는 장소에서 작업하는 경우에 필요한 자격을 갖도록 작업자를 교육시킨다.
⑦ 노출된 충전부 또는 그 인근에서 실시하는 작업을 확인하여 그 위험에 따라 분류한다.
⑧ 작업의 잠재적 위험성을 정하고 작업 환경에 적합한 예방대책을 확인하고 사용한다.

(3) 활선작업계획에 포함되어야 할 사항
활선작업계획에는 최소한 다음 사항이 포함되어야 한다.
① 작업 목적과 관련 작업자 자격 및 인원수
② 작업 범위 및 위험 특성
③ 접근 한계
④ 적용 가능한 안전작업지침
⑤ 필요한 개인용 보호구 및 절연용 방호구 및 기구
⑥ 전기도면

(4) 활선작업의 전압별(저압, 고압, 특고압) 안전조치사항
① 저압 활선작업(600 V 이하)

㈎ 작업자는 절연용보호구를 착용하도록 한다.
㈏ 근접된 충전전로에는 절연용방호구를 설치한다.
㈐ 절연용방호구의 설치·해체작업을 하는 경우에는 절연용보호구를 착용하거나 활선작업용기구를 사용한다.

② 고압 활선작업(600 V 초과 7,000 V 이하)
㈎ 근로자는 절연용보호구를 착용하고 근접된 충전전로에는 절연용방호구를 설치한다.
㈏ 활선작업용기구 및 장치를 사용하도록 한다.
㈐ 유자격자가 아닌 근로자가 충전전로 인근의 높은 곳에서 작업을 할 때에는 근로자의 몸 또는 긴 도전성 물체가 방호되지 않은 충전전로에서 대지전압이 50 kV 이하인 경우에는 300 cm 이내로, 대지전압이 50 kV를 넘는 경우에는 10 km마다 10 cm씩 더한 거리 이내로 각각 접근할 수 없도록 한다.

③ 특고압 활선작업(7,000 V 초과)
㈎ 충분한 성능을 가진 활선작업용 기구 및 장치를 사용하도록 한다.
㈏ 충전전로에 근접할 경우 섬락에 의한 아크 발생 가능성이 있으므로 접근한계거리 이내에 접근할 수 없도록 하며, 충전전로에는 접근한계거리가 유지되도록 보기 쉬운 장소에 표지판을 설치하거나 감시인을 배치한다.

제 7 장 전기화재

> **7-1** 전기화재 발생 원인(출화의 경과)을 기술하시오.

전기화재는 화재 발생의 점화원이 전기로 인한 경우를 말한다. 전기 점화원을 출화의 경과에 따라 구분하면 과전류, 단락(합선), 누전, 지락, 전기 스파크, 절연열화 또는 탄화, 접속부 과열, 정전기 스파크, 열적 경과(열축적), 낙뢰 등이 있다.

① 과전류 : 과부하 등으로 인하여 전선에 허용전류를 초과하는 전류가 흐르는 현상을 말하며, 과전류가 흐르면 전선이 과열되어 피복이 열화되어 화재가 발생하게 된다.

② 단락(합선) : 전선 피복이 벗겨지거나 절연이 파괴되어 두 전선의 접촉(합선) 현상이 발생하게 되면 큰 단락전류가 흐르게 되는데, 이러한 현상을 말한다.

③ 누전 : 전선의 피복 또는 전기기기의 절연이 열화되거나 기계적인 손상 등으로 인하여 전류가 금속체를 통하여 대지로 흐르는 현상을 말한다.

④ 지락 : 지락은 전선 또는 전로 중 일부가 직접 또는 간접으로 대지(접지)와 연결되는 현상을 말하며 이때 흐르는 전류를 지락전류라 한다.

> **참고**
> **누전, 단락, 지락의 차이점**
> 단락은 전기회로나 전기기기의 절연체가 전기적 또는 기계적 원인에 의하여 열화 또는 파괴되어 합선이 되는 현상, 누전은 전류의 통로로 설계된 이외의 곳으로 전류가 흐르는 현상, 지락은 전류가 정상적인 전기회로에서 벗어나 대지로 통하는 현상을 말한다.

⑤ 전기 스파크(전기불꽃) : 개폐기로 전기회로를 개폐할 때 또는 퓨즈가 용단될 때 스파크가 발생되어 점화원으로 작용하는 것을 말한다.

⑥ 절연열화 또는 탄화 : 유기질 절연체가 습기, 먼지, 고온 등의 장소에서 장기간 지속적으로 절연이 열화되어 전류에 의한 발열로 탄화현상이 발생하게 되어 점화원으로 작용하는 것을 말한다.

⑦ 접속부 과열 : 전선과 전선, 전선과 단자 또는 접속편 등의 도체에서 접촉이 불완전한 상태로 전류가 흐르면 접촉저항에 의하여 접속부가 발열되어 점화원으로 작용하는 것을 말한다. 아산화동 증식 발열현상이 여기에 해당한다.

⑧ 정전기 스파크 : 정전기는 물질의 마찰에 의해 발생하는데 대전된 도체 사이에서 정전기 방전이 일어나면 그 불꽃이 점화원으로 작용하여 화재나 폭발이 발생하게 된다. 이때 화재나 폭발이 발생하기 위해서는 조건이 충족되어야 하는데 그 조건은 첫째, 가연성가스 또는 증기가 폭발한계 내에 있어야 하고 둘째, 정전기방전 에너지가 가연성가스 또는 증기의 최소착화에너지 이상이어야 하며 셋째, 정전기가 방전하기에 충분한 전위차가 있어야 한다.

⑨ 열적 경과(열축적) : 전등이나 전열기 등을 가연물 주위에 장시간 사용하거나 열의 발산이 안 되는 상태에서 사용하게 되면 열축적에 의해 점화원이 된다. 즉 백열전구(60 W 이상)를 신문지에 싸서 장시간 방치하면 화재가 발생한다.

⑩ 낙뢰 : 정전기에 의해 발생하는 뇌운과 대지 간의 방전현상으로 이때 흐르는 대전류에 의해 화재가 발생하게 된다.

7-2 전기화재의 원인을 발화원에 따라 분류하고, 발화점(자연발화점)에 대해 설명하시오.

(1) 발화원에 따른 분류

전기화재의 원인은 출화의 경과와 발화원에 따라 분류한다. 발화원에 따라 전기화재의 원인을 분류하면 다음과 같다.

① 이동식 전열기 : 전기난로, 전기곤로, 전기다리미, 전기담요, 전기용접기 등
② 고정식 전열기 : 전기항온기, 전기건조기, 전기오븐, 전기로 등
③ 전기기기 및 장치 : 전동기, 발전기, 정류기, 배전용 변압기, 충전기 등
④ 배선기구 : 스위치, 전자접촉기, 자동개폐기 등
⑤ 전기배선 : 인입선, 배전선, 옥내배선, 코드선 등

(2) 발화점(자연 발화점)

발화점이란 점화원이 없는 상태에서 가연성물질을 공기 또는 산소 중에서 가열하였을 때 발화되는 최저온도를 말하며, 자연발화점이라고도 한다.

7-3 다음의 발화원별 전기화재에 대한 예방대책을 각각 설명하시오.
(1) 전기배선
(2) 전기배선기구
(3) 전열기
(4) 전기기기 및 장치

(1) 전기배선
전기배선은 전등과 옥내배선 및 코드로 구분하여 예방대책을 제시한다.
① 전등 : 전등 중 주로 이동 전등에서 전구의 파손의 의해 주로 발생하며 따라서 이동 전등에 대한 예방대책은 다음과 같다.
  ㈎ 전구에는 파손방지를 위해 보호가드를 설치한다.
  ㈏ 스위치를 달지 않는다.
  ㈐ 캡타이어 코드를 사용하며 이은 곳이 없어야 한다.
② 옥내배선, 코드 : 옥내배선이나 코드에서는 주로 과부하, 단락, 접속불량 등에 의한 발열과 절연열화에 따른 누전에 의해 화재가 발생되며 예방대책은 다음과 같다.
  ㈎ 규격품 전선을 사용하고 부하용량에 적합한 전선의 종류와 굵기를 선택한다.
  ㈏ 설치장소에 맞게 시공하고 모든 전선을 확실히 접속한다.
  ㈐ 부하종류와 용량에 따라 분기회로를 설치한다.
  ㈑ 각 회로마다 개폐기, 자동차단기를 설치한다.
  ㈒ 전기적으로 절연저항을 측정하여 관리하고 전기누전화재경보기를 설치한다.
  ㈓ 코드의 무분별한 연결 사용과 고정 사용을 금지한다.

(2) 전기배선기구
배선기구에 의한 화재는 개폐기 작동 시 개폐기의 스파크와 과전류에 의해 발생되므로 예방대책은 다음과 같다.
① 가연성이나 폭발성 가스나 분진이 발생하는 장소에는 방폭형 배선기구를 사용한다.
② 개폐기를 불연성 박스 내에 내장하거나 통형퓨즈를 사용하여 가연물의 착화를 방지한다.
③ 접속부의 체결상태를 정기적으로 확인하여 접속불량현상이 발생하지 않도록 하고 파손상태도 확인한다.
④ 유입개폐기는 절연유의 누출방지를 위하여 방유제를 설치한다.
⑤ 콘센트, 플러그의 접촉상태와 취급상태를 확인한다.

(3) 전열기

절연기는 이동형과 고정형으로 구분하여 예방대책을 제시한다.

① 이동형 전열기 : 이동형 전열기에서는 취급부주의, 불량기구 등에 의해 주로 화재가 발생하며 예방대책은 다음과 같다.
  (가) 이동형 전열기에는 단열성 불연재 깔판을 사용하고 열판 밑에는 차단판이 있는 것을 사용한다.
  (나) 사용 중에는 과열에 특히 주의하며, 사용하지 않을 때에는 전원을 차단한다.
  (다) 발열부 주위에는 가연물을 두지 않도록 한다.

② 고정형 전열기
  (가) 설비 내의 온도가 이상 상승할 때에는 자동으로 전원을 차단하는 장치를 설치한다.
  (나) 발열부 주위에는 가연물을 두지 않도록 한다.
  (다) 접속부 배선 피복상태, 과열 등에 주의한다.

(4) 전기기기 및 장치

전기기기 및 장치에서는 변압기와 전동기에서 주로 화재의 원인이 제공되므로 그 예방대책은 다음과 같다.

① 변압기
  (가) 변압기 설치장소는 내화구조로 하고 충분히 이격시킨다.
  (나) 대용량 변압기는 상호간 및 차단기 등과 독립설치하여 사고 발생 시 확산을 방지한다.
  (다) 불연성 절연유를 사용하거나 건식변압기를 사용한다.

② 전동기 : 전동기는 운전 중 스파크나 과열이 주요 화재의 원인이 되므로 그 예방대책은 다음과 같다.
  (가) 설비에 적합한 전동기의 형식을 채택한다.
  (나) 과열 방지를 위해 정기적으로 청소를 하고 통풍이 잘 될 수 있도록 수시 확인하며, 과부하보호장치를 설치한다.
  (다) 철대 및 외함을 접지하고 접지상태를 수시로 확인한다.
  (라) 기기에 사용되고 있는 절연종별 허용온도가 초과되지 않도록 관리한다.

7-4 전기화재 예방을 위하여 출화의 경과에 따른 대책을 설명하시오.

출화의 경과에 따른 전기화재 예방대책에는 단락 및 혼촉 방지, 누전 방지, 과부하

전류 방지, 접촉 불량 방지, 정전기 발생 방지 등이 있다.

(1) 단락 및 혼촉 방지

단락은 적정 퓨즈 및 배선용차단기를 설치하면 큰 문제는 없으나, 전류의 양에 따라 순간적으로 대전류가 흐르면 단락점이 용융되어 단선되며, 이때 발생하는 불꽃으로 절연 피복 또는 그 주위의 가연성 물질에 착화될 가능성이 있다. 또한, 혼촉에 의한 위험을 방지하기 위해서는 변압기 저압측 중성점에 제2종 접지공사를 해야 하며, 중성점에 접지공사를 하기 어려운 경우에는 저압측 1단자에 시행할 수 있다. 특히, 단락사고는 정상적으로 시공한 금속관 공사, 비닐전선관공사 또는 몰드공사 등의 배선에서는 거의 일어나지 않지만, 공장이나 공사장의 임의 배선 또는 가정에서 사용되는 이동전선에 중량물이 떨어지거나 눌림으로써 전선피복이 손상돼 발생하는 경우가 많아 다음 사항 등에 유의해야 한다.

① 이동전선에 대한 철저한 관리
② 전선 인출부의 보강 : 전원 인출 시 구부리거나 비틀지 않도록 보강
③ 규격전선의 사용

(2) 누전 방지

누전방지를 위해서는 절연파괴의 원인이 되는 과열, 습기, 부식 등을 방지하는 것이 중요하며, 충전부와 절연물을 다른 금속체인 건물의 구조재, 수도관, 가스관 프레임 등과 이격시키는 것도 필요하다.

이상의 현상을 확인하는 방법으로는 절연저항 측정, 절연내력시험 등이 있으며, 철제 외함에는 전기설비기술기준에 관한 규칙에 따라 반드시 접지를 실시해야 한다. 이러한 접지의 목적은 감전 방지와 더불어 사고전류 감지를 통해 차단기의 동작을 명확히 하는 것이라 할 수 있으며, 감전방지 및 화재예방을 위한 가장 효과적인 방법은 적정 누전차단기의 설치라 할 수 있다.

누전되기 쉬운 금속관의 말단 부분에는 부싱 또는 허브 등을 사용하여 전선을 보호하도록 해야 한다.

(3) 과부하 전류 방지

과전류의 경우 그 자체로 점화원이 될 수 있으나 대부분 누전 또는 단락으로 진행되어 전기화재를 일으키는 경우가 많으며, 이를 방지하기 위한 기본적 대책은 다음과 같다.

① 적정 용량의 퓨즈 또는 배선용차단기의 설치
② 문어발식 배선 사용 금지 : 한 개의 콘센트에 멀티탭(콘센트 삽입구를 늘려주는 배선기구)을 사용하여 여러 개의 가전기기를 꽂아 쓰는 일은 과전류의 원인이므로 삼가야 한다.

③ 스위치 등의 접촉부분 점검 : 퓨즈나 전선 연결점의 접촉 불량 또는 전자개폐기의 접촉면이 심하게 마모된 상태에서 3상전동기에 단상전압이 가해지면 개폐기 전선 및 전동기가 모두 과열된다.

④ 동일 전선관에 많은 전선 삽입 금지 : 전선에서 발생한 열이 전선관 내의 온도를 급격히 상승시키므로 전선의 피복을 포함한 단면적의 합계가 전선관의 단면적의 40%를 넘지 않도록 관의 굵기를 선정해야 한다.

(4) 접촉 불량 방지

각종 전기설비의 접속 상태 등이 불량한 상태로 장시간 지속될 경우에는 발열로 인한 화재의위험성이 높으며 이에 대한 기본적인 대책은 다음과 같다.

① 전기공사 시공 철저 : 전선을 접속할 때에는 소정의 접속 기구를 사용하거나 납땜 등을 이용하여 접속하고, 배선기구 등 각종 조임 부분에 전선을 연결할 때에는 최종 조임 상태를 확실하게 점검한다.

② 전기설비 점검 철저 : 조임 부분은 사용 상태에 따라 헐거워지기도 하고, 때로는 콘센트의 날받이 부분 등이 탄성을 잃어 접촉저항이 증가하게 되므로 각종 배선기구 등의 전선과 연결되는 나사 조임 부분에서 열이 발생되고 있는지를 수시로 확인해야 한다. 육안으로 접속부의 변색 및 주위 절연물이 탄화되어 있지 않은지를 확인하고 나사 조임 부분 근처를 적외선 열 측정기 또는 열화상 카메라 등을 이용하여 열이 감지되지 않은지를 수시로 확인해야 하며 중요 접촉 부분에는 온도 검지 테이프를 붙여서 변색 여부를 확인하는 것도 좋다.

(5) 정전기 발생 방지

인체 및 각종 전기설비에서 발생되는 정전기에 대한 예방대책으로 정전기 발생을 억제하고, 정전기 전하의 축적을 방지해야 하며, 축적전하가 위험조건에서 방전되는 것을 방지해야 한다. 이를 위한 정전기 발생 방지대책은 다음과 같다.

① 접지와 본딩 : 이때 접지저항은 $10^6 \sim 10^8$ Ω 정도면 충분하고 본딩의 경우에는 저항을 10 Ω 이하로 유지해야 한다.

② 인체의 대전방지 : 정전화, 정전작업복, 손목 띠(wrist strap) 착용

③ 도전성 향상 : 탄소, 금속분 등을 첨가 또는 도포하여 도전성을 부여

④ 습도 증가 : 공기 중의 상대습도를 60~70% 정도로 유지

⑤ 제전기 사용 : 전압 인가식, 자기 방전식, 이온식 등

⑥ 배관 내 액체의 유속 제한

⑦ 인화성 물질의 정치시간 고려 및 정전차폐 등 : 여기서 정치시간이란 어떤 물질이 접지

된 상태에서 정전기 발생이 종료된 후 다음의 정전기가 다시 발생될 때까지의 시간, 또는 정전기 발생이 종료된 후 발생된 정전기가 없어질 때까지의 시간을 말한다.

7-5 다음에 대해 설명하시오.
(1) 배선기구 등에서 발생하는 절연열화로 발화하기 쉬운 장소와 발화 현상(흔적)
(2) 정전기로 인한 발화 조건, 발화하기 쉬운 장소, 발화 현상

---

(1) 배선기구 등에서 발생하는 절연열화로 발화하기 쉬운 장소와 발화 현상

① 절연열화로 발화하기 쉬운 장소
 (가) 불꽃을 내는 접점 부근의 유기 절연체
 (나) 건조와 습기가 반복되는 전극 부근의 유기 절연체
 (다) 누전경로 중 아주 근접된 가연물이 있는 장소

② 절연열화로 인한 발화 현상(흔적)
 (가) 발화점 부근의 가연물에 타 들어간 흔적이 있다.
 (나) 발화점 가까운 곳에 탄화물의 흑연이 생성되어 있다.

(2) 정전기로 인한 발화의 조건, 발화하기 쉬운 장소, 발화 현상

① 정전기로 인한 발화 조건
 (가) 가연성 가스 및 증기가 폭발한계 내에 있을 것
 (나) 정전스파크의 에너지가 가연성가스 및 증기의 최소착화에너지 이상일 것
 (다) 방전하기에 충분한 전위가 나타나 있을 것

② 정전기로 발화하기 쉬운 장소
 (가) 분출기체(수소, LPG, 산소, 스팀 등)를 취급하는 기기
 (나) 유동액체(휘발유, 등유 등)를 취급하는 기기
 (다) 그라비아 인쇄기
 (라) 정전도장기, 정전식모기, 정전집진기 등

③ 정전기로 인한 발화 현상 : 정전기 방전이 가연성물질과 공기 등의 혼합물질의 점화원으로 작용할 때 발화되어 화재나 폭발로 이어진다.
　정전기 방전에 의해 화재·폭발이 발생하기 위해서는 폭발한계 내의 농도를 가진 가연성 혼합물이 존재하고 이를 점화시킬 수 있는 최소착화에너지를 방출시키는 정전기 방전이 일어나야 한다.

7-6 전기화재 감식 시 주요 점검 포인트를 3가지 쓰시오.

(1) V자 형태(V-shaped pattern)
화재가 발화점으로부터 상방향 외부로 진전되어 그 형태가 V자 형상으로 나타나는 현상을 말한다. 건축물의 부분 화재 시 발화점을 결정하는 주요 정보원이 된다.

(2) 전선 절단면의 형상
전선의 절연열화 등에 따른 단락이나 지락 발생 시에는 전선의 심선(동)에 흔적이 남게 되며, 통상적으로 동이 녹았다가 냉각되는 형상이 둥근 모양을 띠게 되어 화재에 의해 전선이 타면서 발생한 형상과는 다르므로 발화점을 결정하는 데 사용된다.

(3) 차단기의 트립 상태
차단기의 트립 상태를 보고 발열에 의한 전기화재인지를 판단하게 되는데, 단락, 지락 등 전기가 원인이 되어 화재 발생 시에는 차단기가 바로 트립된다.

7-7 케이블의 화재 원인 및 방화대책을 설명하시오.

케이블 화재는 연소가 빠르고 발화점을 찾기 어려우며 화재 발생 시 독성가스를 발생시키는 등의 특성을 가지고 있다.

(1) 화재 원인
① 누전에 의해 화재가 발생한다.
② 유기질 절연물의 탄화에 의해 화재가 발생한다.
③ 접속부의 과열에 의해 화재가 발생한다.

(2) 방화대책
① 케이블을 정기적으로 점검하고 절연 상태를 체크한다.
② 난연성 케이블을 사용한다.
③ 케이블의 관통부에 화재 확산을 방지하기 위한 조치를 한다.
④ 온도 감시 장치를 부착시켜 이상온도를 감지한다.

7-8 누전경보기의 작동원리, 설치대상, 설치방법 및 전원 공급 방법에 대해 설명하시오.

누전경보기는 전기설비로부터 누설전류를 탐지하여 경보를 발하며 변류기와 수신부로 구성되어 있다. 수신부는 변류기로부터 검출된 신호를 수신하여 누전의 발생을 당해 소방대상물의 관계인에게 경보해 주며, 변류기는 경계전로의 누설 전류를 자동적으로 검출하여 이를 누전경보기의 수신부에 송신하는 역할을 한다.

(1) 작동원리

누전경보기의 작동원리는 전로에 누전(누설) 전류가 발생하면 누설 전류만큼의 자속이 형성되어 영상변류기에 유기전압에 의하여 계전기(relay)를 작동시켜 경보를 울리게 하는 것이다.

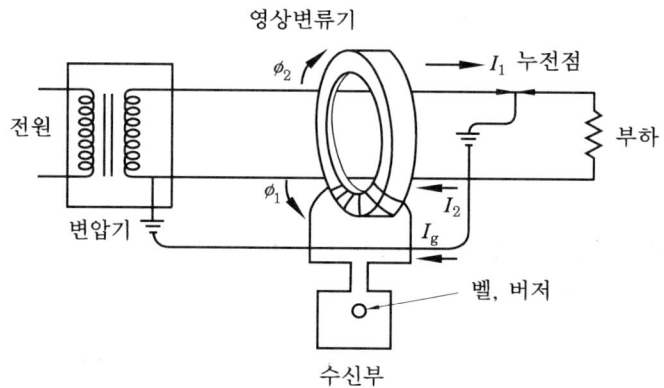

누전경보기의 작동원리

위의 회로에서 누설 전류가 없을 때에는 회로에 흐르는 입력전류 I_1과 출력전류 I_2는 동일하고 입력전류 I_1에 의한 자속 ϕ_1과 출력전류 I_2에 의한 자속 ϕ_2는 동일하여 유기기전력은 발생하지 않는다.

전로에 누설전류가 발생되면 누설전류 I_g가 흐르므로 입력전류는 $I_1 + I_g$가 되고 출력전류 I_2는 입력전류 $I_1 + I_g$보다 작아져서 누설 전류 I_g에 의한 자속이 생성되어 영상 변류기에 유기전압을 유도시켜 계전기(relay)를 작동시켜 경보를 발하게 한다.

이때 누설전류 I_g에 의한 자속으로 유기전압은 다음과 같이 구해진다.

Faraday 법칙에 의하여 $N\dfrac{d\phi_g}{d\phi_t} = e = E_m \sin\omega t$ 이다.

자속의 순시치 $\phi_g = \dfrac{E_m}{\omega N} \sin\left(\omega t - \dfrac{\pi}{2}\right)$ [Wb]에서 자속의 최대치를 ϕ_{gm}이라 하면,

$\phi_{gm} = \dfrac{E_m}{\omega N}$ 이므로 유기전압 E는 다음과 같다.

$$E = \dfrac{E_m}{\sqrt{2}} = \dfrac{2\pi f}{\sqrt{2}} N \phi_{gm} = 4.44 f N \phi_g \text{ [V]}$$

여기서, ϕ_{gm} : 누설 전류에 의한 자속의 최대치, N : 2차 권선수, f : 주파수, E : 유기전압(실효치)이다.

(2) 설치대상
① 경계전로의 정격전류가 60 A를 초과하는 전로에 있어서는 1급 누전경보기를 설치한다.
② 60 A 이하의 전로에 있어서는 1급 또는 2급 누전경보기를 설치한다.

(3) 설치방법
① 변류기는 소방대상물의 형태, 인입선의 시설방법 등에 따라 옥외 인입선의 제1지점의 부하 측 또는 제2종 접지선 측의 점검이 쉬운 위치에 설치한다.
② 변류기를 옥외의 전로에 설치하는 경우에는 옥외형의 것을 설치한다.
③ 수신부는 옥내의 점검에 편리한 장소에 설치하되, 가연성의 증기·먼지 등이 체류할 우려가 있는 장소의 전기회로에는 당해 부분의 전기회로를 차단할 수 있는 차단기구를 가진 수신부를 설치해야 한다.

(4) 전원 공급 방법
① 전원은 분전반으로부터 전용회로로 하고, 각 극에 개폐기 및 15 A 이하의 과전류 차단기를 설치한다.
② 전원을 분기할 때에는 다른 차단기에 따라 전원이 차단되지 아니하도록 한다.
③ 전원의 개폐기에는 누전경보기용임을 표시한 표지를 한다.

7-9 전기누전현상과 누전의 3요소, 누전에 의한 감전 사례 및 예방대책에 대하여 논하시오.

(1) 전기누전현상
누전이란 수도관에서 물이 새는 누수와 같이 전로에서 이탈하여 전기가 새는 현상

을 말한다. 이러한 누전에는 누설전류와 지락전류가 있다.

누설전류란 전선과 대지 사이의 정전용량에 의하여 평상시에도 대지로 누설되는 전류 또는 코로나 방전을 말하며, 이 전류는 아주 작은 전류이므로 감전의 원인이 되지 못한다.

반면에 지락전류는 충전부 접촉이나 전로의 절연파괴 등에 의해 전로 또는 부하의 충전부에서 대지로 전류가 흐르는 현상을 말하며, 감전이나 화재의 원인이 된다.

(2) 누전의 3요소

누전화재에는 전선의 충전부에서 금속 조영재 등으로 전류가 흘러들어 오는 누전점, 과열개소인 출화점 및 접지물로 전기가 흘러들어 오는 접지점의 3요소가 있다.

① 누전점 : 전선로의 절연이 파괴되어 접지된 금속 조영재 등과 접촉하는 것이 누전화재의 전제이다. 단, 반드시 전선이 직접 이것에 접촉한 경우만 한정하지 않고, 전기기기의 금속외함, 금속관, 안테나, 지선 등의 금속 부재 또는 유기절연재의 흑연화 부분을 경유하여 누전되는 것도 있다. 누전점은 한 곳이라도 그 후 다수의 분기경로를 지나서 두 개 이상의 접지점에서 땅속으로 흘러들어 오는 것이 보통이다.

② 출화점 : 출화하기 쉬운 부분은 누설전류가 비교적 집중하여 흐르는 개소에서 다음과 같은 장소를 들을 수 있다.
  ㈎ 모르타르의 이음매
  ㈏ 금속관과 모르타르의 접촉개소
  ㈐ 못으로 고정한 함석판의 맞닿는 부분

③ 접지점 : 가스관 및 수도관, 소화전의 배관 또는 건물의 구조철골 등 건물로부터 연속하여 땅속에 매설된 금속체가 접지물로 되는 것이 일반적이다. 인접건물 또는 떨어진 건물로 접지되어 있는 경우도 있다. 이들 접지물과 그물망, 벽체함석, 전선관 등 건물 조영재의 접촉개소가 접지점이 되지만, 접지점은 벽체의 속에 있는 경우가 대부분이고 실제로 특징을 발견하기 매우 곤란하다.

(3) 누전에 의한 감전 사례

전선접속단자부의 충전부가 노출된 상태에서 충전부 접촉에 의해 접촉전압이 인가되어 감전되는 경우, 전기설비의 절연이 파괴되어 누전되고 있는 상태에서 설비외함의 접촉에 의해 접촉전압이 인가되어 감전되는 경우 등 감전사고의 대부분이 이에 해당된다.

(4) 누전에 의한 감전 예방대책

① 충전부 방호 : 충전부가 노출되지 않도록 절연처리하며, 절연이 곤란할 경우에는 접촉

되지 않도록 덮개 등으로 방호한다.
② 전기기계기구의 접지 : 전기기계기구의 금속제 외함, 고정 설치되거나 고정 배선에 접속된 전기기계기구의 노출된 비충전 금속제 중 충전될 우려가 있는 부분에는 접지한다.
③ 누전차단기 설치 : 누전이 발생될 경우에는 즉시 전로를 차단할 수 있도록 당해 전로의 전격에 적합하고 감도가 양호하며 확실히 동작하는 감전방지용 누전차단기를 다음의 장소에서는 반드시 설치해야 한다.
  ㈎ 대지전압이 150V를 초과하는 이동형 또는 휴대형 전기기계기구
  ㈏ 물 등 도전성이 높은 액체가 있는 습윤장소에서 사용하는 저압용 전기기계기구
  ㈐ 철판, 철골위 등 도전성이 높은 장소에서 사용하는 이동형 또는 휴대형 전기기계기구
  ㈑ 임시 배선의 전로가 설치되는 장소에서 사용하는 이동형 또는 휴대형 전동기기계기구
④ 이중 절연구조 전기기계기구 사용 : 기능절연과 보호절연이 된 이중 절연구조를 사용한다.
⑤ 규격품, 검정품의 전기기계기구 사용 : 성능이 유지, 확보되는 제품을 사용한다.
⑥ 절연저항 측정 및 유지관리 : 절연이 항시 정상적으로 유지될 수 있도록 정기적으로 절연저항을 측정, 관리한다.

7-10 전기화재 발화원인 중 다음 사항에 대해 설명하시오.
(1) 트래킹(tracking) 현상
(2) 가네하라 (금원) 현상
(3) 아산화동 증식 발열 현상

(1) 트래킹(tracking) 현상
전선의 충전 전극 간의 절연물 표면에 습기, 수분 등 오염된 곳의 표면을 따라 전류가 흐르면 줄열에 의해 표면이 국부적으로 건조되어 국부적인 미소한 발광방전이 일어나거나 카본화되어 플래시오버 현상이 발생한다. 이때 발생된 열에 의해 절연이 분해되어 탄화 또는 침식이 일어나 탄화성 도전로가 절연을 침식, 파괴시켜 단락, 지락이 일어나는 현상을 말한다.

(2) 가네하라(금원) 현상
누전회로에서 발생하는 스파크 등에 의해 탄화성 도전로가 생성되고 이러한 도전

로가 증식 확대되어 발열량이 증대되면서 발화하는 현상을 말한다.

(3) 아산화동 증식 발열 현상

전선과 전선, 전선과 단자부와의 접속 불량에 의해 스파크가 발생되면 고온의 스파크에 노출된 도체의 일부가 산화되어 아산화동(Cu_2O)이 발생하는데, 이러한 아산화동이 생성, 증식되면서 발열하는 현상을 말한다.

7-11 전기화재 조사 시 조사자의 역할과 현장 조사방법에 대해 설명하시오.

(1) 조사자의 역할

① 조사자의 기본적인 자세와 안전유지 : 조사자는 가능한 모든 화재 원인을 추정하여 조사하되 사진 촬영 등을 통해 물적 증거를 확보하며, 조사 시 감전이나 화상에 주의해야 한다.
② 화재 현장 보존 : 조사가 완전히 완료될 때까지는 현장을 원상태로 보존해야 한다.
③ 목격자 등의 면담 실시 : 목격자를 통하여 화재 당시의 상황, 화재 발생 관련 유무 등을 조사한다.

(2) 현장 조사방법

① 전기화재 조사 시 검토사항 : 전기공급 형태, 발화점에서의 등기구, 콘센트 사용 여부, 전기기기의 위치, 비충전부 금속체의 발열 또는 아크 흔적 등을 조사한다.
② 전기화재 발화 원인 및 화재 진행 과정 규명 : 조사 시 검토사항을 토대로 발화 원인과 화재 진행 경로 등을 규명한다.
③ 판단 가능한 전기기기의 결함사항 등 파악 : 발화원으로 추정되는 모든 전기기기의 결함사항 등을 파악하여 발화 원인을 조사한다.

7-12 전기배선기구 등에서 발생하는 접속부의 과열에 의한 발화요인과 접촉저항 저감을 위한 조치를 설명하시오.

(1) 접속부의 과열에 의한 발화요인

전선과 전선, 전선과 단자, 접속편 등에서 접촉이 불량한 상태로 전류가 흐르면 접촉저항에 의해 접속부가 과열되며, 접속부 과열 시 열팽창 및 수축이 반복되면서 아산화동이 생성되고 이로 인해 발열부가 더욱 거칠어져 접촉저항이 급격히 증가하면서 적열상태가 되어 발화하게 된다.

(2) 접촉저항 저감을 위한 조치

접촉저항은 접속부의 접속 체결 상태, 도체의 표면 상태(요철, 산화물, 기름), 코드의 비틀림, 접속부 비틀림 등에 의해 증가되므로 접속부는 확실히 체결하고 도체 표면에 요철이 없도록 하며 도체 표면의 이물질인 산화물, 기름 등은 정기점검을 통해 제거한다. 또한 코드의 비틀림 접속부는 비틀리지 않도록 해야 한다.

7-13 스위치류의 접점에서 접촉 불량이나 융착 등에 의해 발생되는 발화의 진행 과정과 발화 원인에 대해 설명하시오.

(1) 발화의 진행 과정

스위치류는 접점의 접촉 불량이나 융착 및 가동부의 동작 불량이 발생하면 접점이 국부적으로 발열하고 장시간 지속되면 부근의 가연물이 발화되어 화재의 원인이 된다.

(2) 발화 원인
① 접점 표면에 먼지 등 이물질의 부착
② 접점 재료의 증발, 마모 등에 의한 접점의 소모
③ 줄열 또는 아크열에 의한 접점 표면 일부의 용융
④ 과전압, 전류의 사용
⑤ 가동부의 부식, 고점성 물질의 부착
⑥ 빈번한 미세 개폐동작에 의한 단속

제 8 장 전기방폭

8-1 가스폭발 위험장소를 구분하고 가스폭발 위험장소의 구분기준과 위험장소별 예시를 각각 1개소 서술하시오.

(1) 가스폭발 위험장소의 구분
위험장소는 0종 장소, 1종 장소, 2종 장소로 구분한다.
① 0종 장소 : 위험분위기가 지속적 또는 장기간 존재하는 장소를 말하며, 기기의 내부, 피트 등의 내부 등이 해당된다.
② 1종 장소 : 정상 사용 상태에서 위험분위기가 존재하기 쉬운 장소를 말하며, 운전이나 정비 또는 누설에 의하여 자주 위험분위기가 생성되는 장소를 말한다.
③ 2종 장소 : 일부 기기의 고장이나 오작동 등의 이상 상태에서 위험분위기가 단시간 동안 존재할 수 있는 장소를 말한다.

(2) 가스폭발 위험장소의 구분기준과 위험장소별 예시
가연성가스 또는 인화성액체가 존재하거나 존재할 수 있는 장소에서 폭발 위험분위기의 누출빈도와 지속시간에 따라 구분한다. 장소별 폭발 위험분위기의 누출빈도와 지속시간, 적용 예시는 다음과 같다.

장소 구분	가스나 증기에 의한 폭발 위험분위기 누출빈도와 지속시간	적용 예시
0종 장소	정상 상태에서 지속적 또는 장기간 존재하는 장소	용기 내부, 장치 및 배관 내부
1종 장소	정상 상태에서 존재하기 쉬운 장소	0종 장소 주변, 송·급기구 주변, 배기관의 유출구 주변
2종 장소	이상 상태에서 단시간 존재할 수 있는 장소	용기나 장치 연결부 주변, 안전밸브 배출구 주변

8-2 다음 가스폭발 위험장소에 관한 사항에 대해 설명하시오.
  (1) 가스폭발 위험장소의 범위를 결정하는 요소 (5가지)
  (2) 가스폭발 위험장소의 구분도에 표시해야 할 사항

(1) 가스폭발 위험장소의 범위를 결정하는 요소 (5가지)
가스폭발 위험장소의 범위를 결정하는 경우 설치 위치, 취급 물질, 설비 크기, 운전 조건 및 충분한 환기 여부 등을 고려해야 한다.

(2) 가스폭발 위험장소의 구분도에 표시해야 할 사항
위험장소 구분도에 표시해야 할 사항은 위험장소의 등급과 범위, 위험원의 설치위치, 설비의 규모, 트렌치 위치, 옥내외 구분(환기 여부) 등이다.

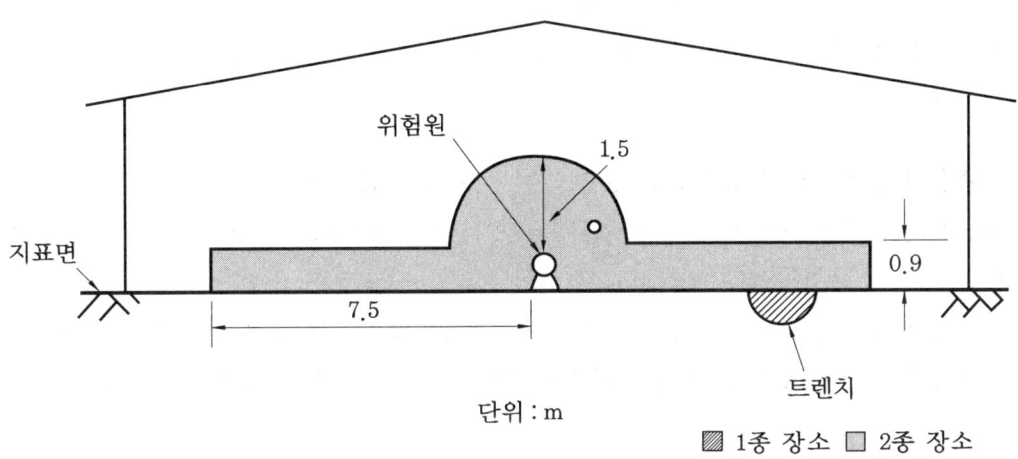

구 분	조 건			
설치 위치	옥내			
취급 물질	인화성 액체			
환기 여부	충분			
위험 발생원의 위치	바닥면			
설비 규모	소	중	대
운전 압력	소	중	대
유량	소	중	대

위험장소 구분도 예시

8-3 다음 폭발성가스의 위험 특성에 관한 사항에 대해 설명하시오.
  (1) 방폭구조에 관계되는 위험 특성(3가지)
  (2) 폭발성 분위기의 생성조건에 관계되는 위험 특성(3가지)

(1) 방폭구조에 관계되는 위험 특성(3가지)

방폭구조를 결정하는 데 관계되는 위험 특성은 발화온도, 화염일주한계 및 최소점화전류이다.

① 발화온도 : 발화온도는 화재 또는 폭발을 일으키는 최저온도를 말하며 폭발성가스의 종류에 따라 달라진다.

② 화염일주한계 : 화염일주한계는 폭발성분위기 내에 있는 표준용기의 접합면 틈새를 통하여 화염이 내부에서 외부로 전파되는 것을 저지할 수 있는 틈새의 최대간격치를 말하며 최대안전틈새라고도 한다.

③ 최소점화전류 : 최소점화전류는 전기불꽃에 의해 폭발할 수 있는 최소회로전류를 말한다.

(2) 폭발성 분위기의 생성조건에 관계되는 위험 특성(3가지)

폭발성 분위기를 결정하는 데 관계되는 위험 특성은 폭발한계, 인화점 및 증기 밀도이다.

① 폭발한계 : 폭발한계는 점화원에 의하여 폭발을 일으킬 수 있는 폭발성가스와 공기와의 혼합가스 농도범위의 한계치를 말한다. 상한치를 폭발상한계, 하한치를 폭발하한계라 하며, 폭발한계는 폭발성 분위기 중의 폭발성가스의 체적백분율($Vol\%$)로 표시한다.

② 인화점 : 인화점은 점화원에 의해 연소되는 최저온도를 말하며 인화점이 낮을수록 폭발성 분위기가 생성되기 쉬워진다.

③ 증기 밀도 : 증기 밀도는 동일한 압력과 온도의 공기 밀도를 1로 하여 비교한 수치이며, 증기 밀도가 1보다 크면 공기보다 무거우므로 바닥 부근에서, 1보다 작으면 공기보다 가벼우므로 천장 부근에서 폭발성 분위기가 생성되기 쉬워진다.

8-4 방폭전기기기와 방폭전기배선의 선정원칙에 대해 설명하시오.

(1) 방폭전기기기의 선정원칙
위험장소의 종별 방폭전기기기의 선정원칙은 다음과 같다.
① 0종 장소에는 본질안전방폭구조(ia)의 것을 선정한다.
② 1종 장소에는 본질안전방폭구조(ia 또는 ib), 내압방폭구조, 압력방폭구조, 유입방폭구조 중 적합한 것을 선정한다.
③ 2종 장소에는 본질안전방폭구조(ia 또는 ib), 내압방폭구조, 압력방폭구조, 유입방폭구조, 안전증방폭구조 중 적합한 것을 선정하거나 2종 장소에서 적합하도록 제작된 방폭전기기기를 선정한다.

(2) 방폭전기배선의 선정원칙
위험장소의 종별 방폭전기배선의 선정원칙은 다음과 같다.
① 0종 장소에는 본질안전회로에 적합한 방폭배선을 선정한다.
② 1종 장소에는 본질안전회로에 적합한 방폭배선, 내압방폭금속관 배선, 케이블 배선 중 적합한 것을 선정한다.
③ 2종 장소에는 본질안전회로에 적합한 방폭배선, 내압방폭금속관 배선, 케이블 배선, 안전증방폭금속관 배선 중 적합한 것을 선정한다.

8-5 방폭형 전기기기에서 화염일주한계, 최소점화전류, 발화온도에 대해 설명하시오.

(1) 화염일주한계
화염일주한계는 폭발성 분위기 내에서 표준용기의 접합면 틈새를 통하여 폭발화염이 내부에서 외부로 전파되는 것을 저지할 수 있는 틈새의 최대간격치를 말하며 최대안전틈새(MESG ; maximum experimental safe gap)라고도 한다.

화염일주한계는 폭발성 가스나 증기의 분류에 필요하고 내압 및 본질안전방폭구조의 분류와 관련이 있다.

내압 및 본질안전방폭구조의 가스 또는 증기에 따른 화염일주한계(최대안전틈새)는 다음과 같다.

방폭구조의 종류	가스 또는 증기의 분류	화염일주한계(최대안전틈새)[mm]
내압방폭구조	A	0.9 이상
	B	0.5 초과 0.9 미만
	C	0.5 이하
본질안전방폭구조	A	0.8 초과
	B	0.45 이상 0.8 이하
	C	0.45 미만

(2) 최소점화전류

최소점화전류는 폭발성 분위기가 전기불꽃에 의하여 폭발을 일으킬 수 있는 최소 회로전류를 말한다. 최소점화전류는 폭발성가스의 종류에 따라 달라지므로 폭발성가스의 분류에 필요하고 본질안전방폭구조를 분류하는 데 중요한 요소가 된다.

(3) 발화온도

발화온도는 폭발성가스와 공기와의 혼합가스의 온도를 높일 경우 연소 또는 폭발을 일으키는 최저온도를 말하며, 폭발성가스의 종류에 따라 달라진다.

8-6 다음 분진방폭에 관한 사항에 대해 설명하시오.
  (1) 분진폭발 위험장소 구분
  (2) 분진폭발 위험장소 구분기준과 위험장소별 예시

---

(1) 분진폭발 위험장소 구분

위험장소는 20종 장소, 21종 장소, 22종 장소로 구분한다.
① "20종 장소"란 분진운 형태의 가연성 분진이 폭발농도를 형성할 정도로 충분한 양이 정상 작동 중에 연속적으로 또는 자주 존재하거나, 제어할 수 없을 정도의 양 및 두께의 분진층이 형성될 수 있는 장소를 말한다.
② "21종 장소"란 20종 장소 밖으로서 분진운 형태의 가연성 분진이 폭발농도를 형성할 정도의 충분한 양이 정상 작동 중에 존재할 수 있는 장소를 말한다.
③ "22종 장소"란 21종 장소 밖으로서 가연성 분진운 형태가 드물게 발생하거나 단기간

존재할 우려가 있거나, 이상 작동 상태하에서 가연성 분진운이 형성될 수 있는 장소를 말한다.

(2) 분진폭발 위험장소 구분 기준과 위험장소별 예시

분진폭발 위험장소란 폭발성분진과 공기의 혼합물 발생 빈도와 기간에 따라 그 위험성을 구분한 지역을 말하며, 가연성분진 또는 폭연성분진의 누출빈도와 지속시간에 따라 구분한다.

장소 구분	분진에 의한 폭발 위험분위기 누출빈도와 지속시간	적용 예시
20종 장소	정상 상태에서 연속적 또는 장기간 형성되는 장소	분진발생장치, 이송배관 내부
21종 장소	정상 상태에서 자주 형성되는 장소	분진설비의 개폐문 인근
22종 장소	정상 상태에서 드물게 단시간 형성되거나 이상 상태에서 형성되는 장소	백필터 배기구의 배출구

8-7 방폭전기설비의 전기회로가 지락, 과전류로 인한 이상 발생 시 전기적 보호에 대해 설명하시오.

(1) 전기적 보호 일반 원칙
① 방폭전기설비에서 전기회로에 이상 발생 시에는 이를 조기에 검출하고 그 원인을 제거하기 위해 전기적 보호시스템 등을 설치한다.
② 보호시스템은 이상 시 검출경보와 전로를 자동 차단하거나 이상 시 검출경보는 자동으로 하고 수동으로 전로를 차단하는 것이어야 한다. 여기서, 보호시스템(protective system)이란 장비의 구성품 이외의 장치를 말하며, 초기 폭발을 즉시 멈추게 하거나 폭발의 영향 범위를 제한하는 것을 말하고, 구매 시 자동시스템과는 별도의 시스템이다.

(2) 지락에 대한 보호
① 접지식 전로에는 지락 발생 시 즉시 전로를 차단하는 지락차단장치를 설치한다.
② 비접지식 전로에는 지락 발생 시 지락자동경보장치를 설치하거나 자동으로 전로를 차단하는 장치를 설치한다.
③ 고압전로에는 지락 발생 시 즉시 전로를 차단할 수 있는 지락차단장치를 설치한다.

(3) 과전류에 대한 보호

① 전로에 단락 발생 시 즉시 단락을 자동으로 검출하는 장치와 전로를 자동으로 차단하는 장치를 설치한다.

② 전로에 과부하 전류가 흐를 때는 즉시 전로를 자동으로 차단하는 장치를 설치한다.

8-8 내압방폭 금속관 배선 및 안전증방폭 금속관 배선의 배관방법에 대해 설명하시오.

(1) 내압방폭 금속관 배선의 배관방법

① 나사 결합 : 전선관과 전선관용 부속품 또는 전기기기와의 접속은 관용평행나사에 의해 완전나사부에 5산 이상 결합시키고 그 위에 전선관과 전선관용 부속품 또는 전기기기와 나사와의 끼워 맞춘 부분에 대해 로크너트를 사용하여 축선 방향으로 강하게 조인다.

② 가요성 접속 : 가요성을 요하는 접속 부분에는 내압방폭구조의 플렉시블 피팅을 사용하고 이것을 구부릴 경우의 내측 반경은 플렉시블 피팅의 관 부분의 외경의 5배 이상으로 한다.

③ 실링 : 전선관에는 실링 피팅을 설치하여 그 내부에 실링 콤파운드를 충전시켜 폭발성 가스의 유동 및 폭발화염의 전파를 방지한다.

(2) 안전증방폭 금속관 배선의 배관방법

① 나사 결합 : 전선관과 전선관용 부속품 또는 전기기기와의 접속은 관용평행나사에 의해 완전나사부에 5산 이상 결합시켜 가능한 한 강하게 조인다.

② 가요성 접속 : 가요성을 요하는 접속 부분에는 안전증방폭구조의 플렉시블 피팅을 사용하고 이것을 구부릴 경우의 내측 반경은 플렉시블 피팅의 관 부분의 외경의 5배 이상으로 한다.

③ 실링 : 전선관에는 전선관로의 지지 등에 대해 실링을 시설하고 폭발성 가스의 유동을 방지한다.

8-9 이동전기기기의 배선에서 배선재료와 배선방법에 대해 설명하시오.

(1) 배선재료

① 이동전선 : 이동전선은 3종 또는 4종 캡타이어 또는 이와 동등 이상의 캡타이어 케이블로서 단면의 형상이 원형인 것을 사용한다.

② 차입접속기(콘센트형, 커넥터형) : 차입접속기는 적합한 것으로서 이동전선을 접속한 부분에 캡타이어 케이블의 외경에 맞는 패킹 및 클램프를 구비해야 한다.

(2) 배선방법

① 이동전선은 최소한의 길이로서 무리 없이 묶든가, 적당한 케이블릴을 사용하여 운반 및 사용 시에 외상이나 불필요한 장력이 가해지지 않도록 한다

② 고정된 전원과 이동전선의 접속 시 콘센트형 차입접속기를 사용한다.

③ 이동전선과 이동전기기기의 접속 시 이동전기기기에 이동전선을 직접 꽂아 처리한다.

④ 이동전선 간의 접속은 원칙적으로 하지 않도록 하며, 부득이한 경우 커넥터형 차입접속기를 사용한다.

8-10 방폭형 전기설비를 설치할 때의 표준환경조건에 대하여 설명하시오.

방폭 전기설비를 설치할 때 표준 환경조건은 다음과 같다.

① 주변온도 : $-20 \sim 40℃$

② 표고 : 1,000 m 이하

③ 압력조건 : 80 kPa (0.8 bar)~110 kPa (1.1 bar)

④ 상대습도 : 45~85 %

⑤ 전기설비에 특별한 고려를 필요로 하는 정도의 공해, 부식성가스, 진동 등이 존재하지 않는 환경

8-11 외부의 폭발성 가스의 침입으로 인한 화재·폭발을 방지하기 위하여 압력실(pressurized room)을 규정하고 있는데, 이러한 압력실의 구조, 통풍 및 보호장치에 대해 설명하시오.

(1) 압력실의 구조
① 기둥, 벽, 천장, 지붕, 문 등의 주요 구성 부분은 불연성 재료로 하거나 폭풍 등 기계적 영향에 충분히 견딜 수 있는 것이어야 하며, 폭발성가스가 침입하기 어려운 것이어야 한다.
② 출입구는 반드시 2곳 이상 설치하고 적어도 한 곳은 위험원이 없는 장소에 접하여 설치하며, 출입문은 안에서 밖으로 밀어서 여는 것이어야 한다.
③ 위험장소에 접하여 있는 창은 원칙적으로 개방할 수 없고, 폭발성 가스의 분출이나 기타 기계적 영향에 대해 충분한 강도를 가진 것이어야 한다.
④ 위험장소로부터 실내로 배선, 배관, 덕트류를 인입한 경우의 인입구는 건조한 모래나 불연성 실링제 등을 사용하여 폭발성 가스가 실내로 침입하는 것을 방지할 수 있는 구조이어야 한다.

(2) 압력실의 통풍장치
① 압력실에 공급한 통풍의 출입구는 청정공기를 받아들이기 위하여 위험원으로부터 충분히 안전한 위치에 설치해야 한다.
② 송입할 공기의 풍압은 출입구 부근에서 실내의 압력이 대기압보다 높은 상태를 유지하도록 한다.
③ 압력실 각부의 최저압력은 $0.05\ kPa\ (0.05\ mbar)$로 한다.

(3) 압력실의 보호장치
압력실에는 실내의 압력을 유지하기 위한 보호장치를 설치하고 통풍에 이상이 발생 시 작업자가 이를 확인할 수 있는 압력계와 적절한 경보장치를 설치해야 한다.

8-12 다음 방폭전기설비의 보수에 관한 사항에 대해 설명하시오.
(1) 방폭전기설비의 보수 실시자가 갖추어야 할 지식 및 기능
(2) 방폭전기설비의 보수 시 갖추어야 할 필요한 자료

(1) 방폭전기설비의 보수 실시자가 갖추어야 할 지식 및 기능
① 전기기기의 방폭구조 원리 및 기능
② 배선에 관한 방폭 지식
③ 전기기기의 조작, 취급, 분해, 조립 등의 방법
④ 보수작업 시의 주의사항
⑤ 보수항목 및 보수방법
⑥ 관계법령

(2) 방폭전기설비의 보수 시 갖추어야 할 필요한 자료
① 위험장소를 표시한 도면
② 배선도
③ 전기기기의 구성도
④ 전기기기의 외형치수
⑤ 전기설비 보호장치의 특성에 관한 자료
⑥ 예비품에 관한 자료
⑦ 전기기기의 취급설명서
⑧ 전기기기의 시험성적서
⑨ 배선의 시험기록
⑩ 과거 전기설비의 보수기록

8-13 방폭대책과 관련하여 다음 사항에 대해 설명하시오.
(1) 위험분위기 생성 방지 방법(2가지)
(2) 전기기기 방폭의 기본(3가지)

(1) 위험분위기 생성 방지 방법(2가지)
① 폭발성 가스의 누설 및 방출 방지 : 폭발성 가스가 누설되거나 방출되는 것을 방지하기

위해서는 위험물질의 사용을 가능한 억제하고 배관 이음부 등에서의 누출을 방지해야 하며, 이상반응, 오동작 등에 의한 누설을 방지해야 한다.

② 폭발성 가스의 체류 방지 : 불가피하게 폭발성 가스가 폭발 위험장소에서 누설되거나 방출되면 체류하여 위험분위기가 형성되지 않도록 강제환기 등의 방법으로 조치해야 한다.

(2) 전기기기 방폭의 기본(3가지)

① 점화원의 방폭적 격리 : 전기 점화원을 주위 폭발성 가스와 격리하여 접촉하지 않도록 하거나 전기기기 내부에서 발생한 점화원이 폭발성 가스에 파급되지 않도록 점화원을 실질적으로 격리하는 방법으로 내압, 압력, 유입 방폭구조가 여기에 해당된다.

② 전기기기의 안전도 증강 : 전기기기의 접점, 단자, 권선 등에 대해 구조와 온도 상승 등에 대한 안전도를 증가시켜 고장을 일으키기 어렵게 한 것으로 안전증방폭구조가 여기에 해당된다.

③ 점화능력의 본질적 억제 : 최소점화에너지 이하로 전기회로를 구성하여 전기불꽃이 점화원 역할을 하지 못하도록 본질적으로 억제한 것으로 본질안전방폭구조가 여기에 해당된다.

8-14 방폭전기배선의 종류와 점검항목에 대하여 설명하시오.

(1) 방폭전기배선의 종류

① 내압방폭 금속관 배선 : 전선관 내에서 발생하는 사고가 주위의 위험분위기로 파급되지 않게 내압방폭성능을 갖추도록 금속관에 의해 배선하는 것으로 전선관은 후강 전선관을 사용하고 접선관 접속은 나사부에 5산 이상 결합하며 실링 피팅을 부착하여 실링 콤파운드로 충진한다.

② 안전증방폭 금속관 배선 : 절연체의 손상, 단선, 접속부의 이완 등의 이상 상태가 발생되지 않도록 기계적, 전기적 안전도를 증강시킨 배선으로 금속관 배선공사는 내압방폭 금속관 배선과 동일하다.

③ 케이블 배선 : 케이블 배선은 폭발 위험장소에 적합하도록 기계적, 전기적 안전도를 증강시킨 것을 말하며, 케이블의 보호를 위해 보호관이나 금속제 덕트 또는 트레이를 사용한다.

④ 본질안전 방폭회로의 배선 : 정상 상태뿐만 아니라 이상 상태에서도 전기스파크 등이 점화원으로 작용하지 않도록 최소점화에너지 이하로 억제한 배선을 말한다.

(2) 방폭전기배선의 점검항목

① 내압방폭 및 안전증 방폭 금속관 배선 : 절연전선의 절연저항, 전선관의 외관, 나사의 결합 상태, 실링 피팅의 외관, 지지금구의 외관 등

② 케이블 배선 : 보호관 외관, 덕트와 트레이의 외관 및 상태, 지지금구 외관, 실링 상태 등

③ 본질안전 방폭회로의 배선 : 배선 식별, 이격 상태 등

8-15 가스폭발 위험장소 및 분진폭발 위험장소별 적합한 방폭구조를 기술하시오.

(1) 가스폭발 위험장소별 적합한 방폭구조

위험장소	방폭구조
0종 장소	본질안전방폭구조
1종 장소	0종 장소용 방폭구조, 내압방폭구조, 압력방폭구조, 안전증방폭구조, 유입방폭구조, 충전방폭구조, 몰드방폭구조
2종 장소	0종 장소 또는 1종 장소용 방폭구조, 비점화방폭구조

(2) 분진폭발 위험장소별 적합한 방폭구조

위험장소	방폭구조
20종 장소	특수방진방폭구조, 본질안전방폭구조
21종 장소	20종 장소용 방폭구조, 보통방진방폭구조
22종 장소	20종 장소 또는 21종 장소용 방폭구조

8-16 가스방폭구조와 분진방폭구조에 대하여 설명하시오.

방폭구조란 가연성 또는 폭발성 가스, 증기 또는 분진이 존재하는 장소에 설치된 전기기기에서 전기불꽃이 발생하더라도 폭발이 발생하지 않도록 한 구조로 제작된 것을 말한다.

(1) 가스방폭구조

가스방폭구조에는 내압, 압력, 안전증, 유입, 본질안전, 비점화, 몰드형, 충전형 방폭구조가 있다.

① 내압방폭구조(flameproof enclosure, d) : 점화원에 의해 용기 내부에서 폭발이 발생할 경우에 용기가 폭발압력에 견딜 수 있고, 화염이 용기 외부의 폭발성 분위기로 전파되지 않도록 한 방폭구조를 말한다.

내압방폭구조는 용기가 내부의 폭발압력에 견디는 기계적 강도를 가지며, 내부의 폭발로 인해 발생한 불꽃이나 고온 가스가 용기의 접합부분을 통하여 외부의 가스에 점화하지 않는다. 용기의 외부 표면온도가 외부 가스의 발화온도에 달하지 않는 등 3조건을 충족시켜야 한다.

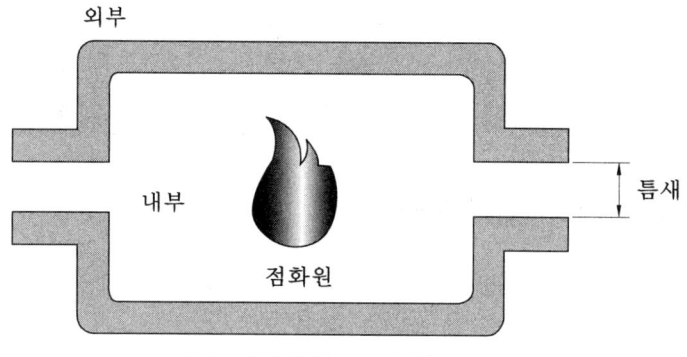

내압방폭구조의 원리

② 압력방폭구조 : 전기기기 용기 내부에 공기, 질소, 탄산가스 등의 보호가스를 대기압 이상으로 주입하여 용기 내부에 가연성가스 또는 증기가 침입하지 못하도록 한 구조를 말한다. 용기 내의 압력을 외부 압력보다 50 Pa (0.05 kg/cm^2) 정도 높게 유지하여, 용기 내를 비폭발위험장소로 하는 것으로 이 방폭구조의 용기 내부에는 비방폭형 전기기계기구를 사용하기 때문에 가스 누출(유입), 차단, 운전실수, 공기 공급설비 고장 등에 의해 위험물질이 용기 내로 유입되어 보호효과가 상실되면 경보를 발하거나, 기기의 운전이 자동으로 정지되도록 하는 보호장치를 해야 한다.

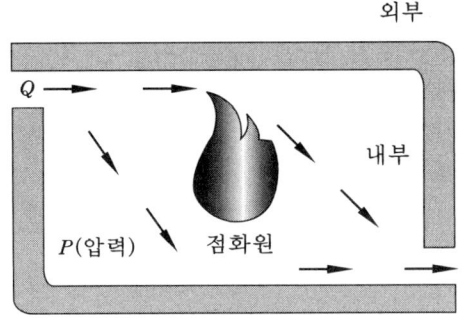

압력방폭구조의 원리

③ 안전증방폭구조 : 전기기기의 과도한 온도 상승, 아크 또는 불꽃 발생의 위험을 방지하기 위하여 추가적인 안전조치를 통한 안전도를 증가시킨 방폭구조를 말한다.

안전증방폭구조의 원리

④ 유입방폭구조(oil immersion, o) : 유체 상부 또는 용기 외부에 존재할 수 있는 폭발성 분위기가 발화할 수 없도록 전기설비 또는 전기설비의 부품을 보호액에 함침시키는 방폭구조의 형식을 말한다.

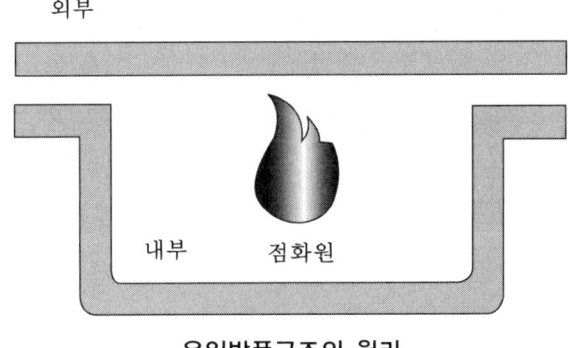

유입방폭구조의 원리

⑤ 본질안전방폭구조 : 정상 시 및 사고 시에 발생하는 전기 불꽃 또는 과열에 의하여 갱내 가스에 점화되지 않는 것이 불꽃점화시험이나 그 밖의 실험에 의해 확인된 구조를 말한다.

⑥ 비점화방폭구조(type of protection, n) : 전기기기가 정상작동과 규정된 특정한 비정상상태에서 주위의 폭발성 가스 분위기를 점화시키지 못하도록 만든 방폭구조를 말한다.

⑦ 몰드방폭구조(encapsulation, m) : 전기기기의 불꽃 또는 열로 인해 폭발성 위험분위기에 점화되지 않도록 콤파운드를 충전해서 보호한 방폭구조를 말한다.

⑧ 충전방폭구조(powder filling) : 폭발성 가스 분위기를 점화시킬 수 있는 부품을 고정하여 설치하고, 그 주위를 충전재로 완전히 둘러싸서 외부의 폭발성 가스 분위기를 점화시키지 않도록 하는 방폭구조를 말한다.

(2) 분진방폭구조

폭발성 분진분위기는 대기 상태에서 점화 후 혼합물을 통해 연소가 확산되는 분진, 섬유, 먼지 형태의 가연성 물질과 공기가 혼합된 상태를 말하며, 분진폭발위험장소는 구름 형태의 가연성 분진이 존재하거나 분진, 공기의 폭발성 혼합물에 대해 점화 예방조치가 필요한 장소를 말한다.

분진방폭구조에는 분진내압, 분진몰드, 분진본질안전 및 분진압력 방폭구조가 있다.

① 분진내압방폭구조 : 주변의 분진입자가 침입할 수 없도록 된 특수 방진 밀폐함 또는 전기설비의 안전운전에 방해될 정도의 분진이 침투할 수 없도록 한 보통 방진 밀폐함을 갖는 방폭구조를 말한다.

② 분진몰드방폭구조 : 분진층 또는 분진운의 점화를 방지하기 위하여 전기불꽃 또는 열에 의한 점화가 될 수 있는 부분을 콤파운드로 덮은 방폭구조를 말한다.

③ 분진본질안전방폭구조 : 폭발성 분진분위기에 노출되어 있는 기계·기구 내의 전기에너지, 권선 상호간의 전기불꽃 또는 열의 영향을 점화에너지 이하의 수준까지 제한하는 것을 기반으로 하는 방폭구조를 말한다.

④ 분진압력방폭구조 : 밀폐함 내부에 폭발성 분진 분위기의 형성을 막기 위하여 주위환경보다 높은 압력을 가하여 밀폐함에 보호가스를 적용하는 방폭구조를 말한다.

8-17 다음은 기기 본체에 표시된 방폭구조 전기기기의 표시이다. 의미를 설명하시오.
(1) Ex d ⅡA T₄ IP54
(2) Ex SDP Ⅱ 13

(1) Ex d ⅡA T₄ IP54
Ex는 방폭구조의 심벌, d는 내압방폭구조, Ⅱ는 산업용, A는 가스·증기 분류, T₄는 온도 등급, IP54에서 IP는 기기 외함의 보호 등급을 의미하며, 첫 번째 숫자 5는 분진에 대한 보호 등급, 두 번째 숫자 4는 수분에 대한 보호 등급을 나타낸다.

(2) Ex SDP Ⅱ 13
Ex는 방폭구조의 심벌, SDP는 특수방진방폭구조, Ⅱ는 산업용, 13은 분진 발화도의 분류를 의미한다.

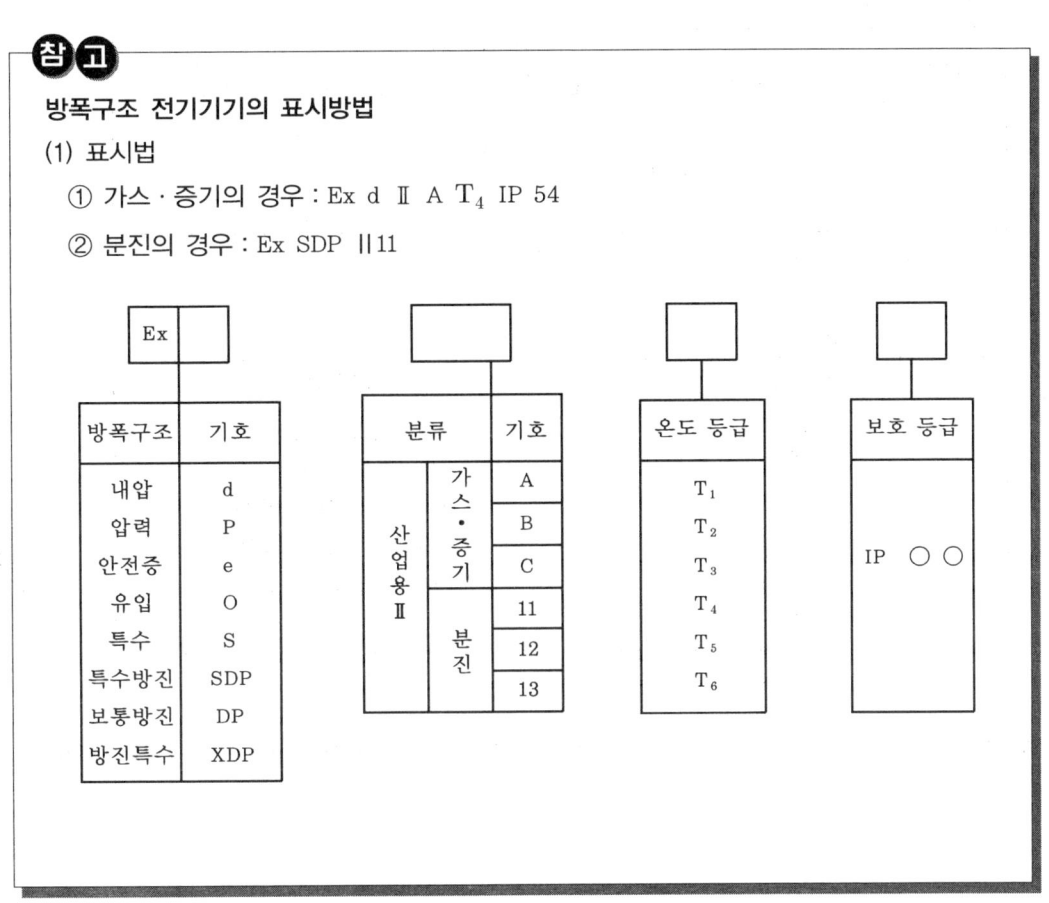

참고

(2) 표시 관련 사항

① 가스 또는 증기의 분류

구 분	가스 또는 증기의 최대안전틈새의 범위(mm)	가스 또는 증기의 분류
내압	0.9 이상 0.5 초과 0.9 미만 0.5 이하	A B C
본질 안전	0.8 초과 0.45 이상 0.8 이하 0.45 미만	A B C

비고 : 최소점화전류비는 메탄(methane) 가스의 최소점화전류를 기준으로 나타낸다.

② 분진의 발화도 분류

발화도	온도 상승 한도(℃)	
	과부하로 될 우려가 없는 것	과부하로 될 우려가 있는 것
11	175	150
12	120	105
13	80	70

비고 : 과부하로 될 우려가 있는 것에는 전동기, 전력용 변압기 등이 있다.

③ 온도 등급 분류

온도 등급	최고 표면온도의 범위(℃)
T_1	300 초과 450 이하
T_2	200 초과 300 이하
T_3	135 초과 200 이하
T_4	100 초과 135 이하
T_5	85 초과 150 이하
T_6	85 이하

8-18 방폭전기기기의 설치공사 시 고려사항을 기술하시오.

① 설치방식(바닥 설치, 벽부형 설치, 천장매달기식 설치 등) 및 허용기울기 등 설치형태가 방폭전기기기의 사용조건에 부합해야 한다.
② 설치 시 사용되는 볼트, 너트, 금구류 등은 충분한 기계적 강도가 있어야 하며, 설치장소의 특성에 따른 재질 및 표면 처리가 확실한 것을 사용해야 한다.
③ 노출 충전 부분이 발생하지 않도록 해야 한다.
④ 펜던트형 조명기구를 설치할 때에는 그 부착부에 적합한 후강전선관이나 또는 이와 동등 이상의 강도가 있는 금속관을 사용하여 매달아야 한다.

8-19 방폭전기기기의 보수작업 시 보수작업 전 준비사항과 보수작업 중 및 보수작업 후 유의사항에 대해 설명하시오.

방폭기기의 보수작업은 보수기준, 방폭전기기기의 종류, 방폭구조의 종류, 배선방법 등에 따라 계획성 있게 시행해야 하며, 방폭기기에 대한 지식과 기능을 가진 자가 실시해야 한다.

(1) 보수작업 전 준비사항
① 정비 보수 내용을 명확화한다.
② 공구, 재료, 교체 부품 등을 준비해 둔다.
③ 정전의 필요성 유무와 정전 범위를 결정하고 정전 여부를 확인한다.
④ 폭발성 가스 등의 존재 여부를 확인한다.
⑤ 작업자의 지식과 기능을 확인한다.

(2) 보수작업 중 유의사항
① 통전 중 점검 시는 방폭전기기기의 본체, 단자함, 점검창 등을 열어서는 안 된다.
② 폭발 위험장소에서 정비 보수를 할 경우에는 공구 등에 의한 마찰불꽃이 발생하지 않도록 한다.
③ 정비 보수 시에는 정비 보수 부분 등에 대해 방폭 성능이 상실되지 않도록 한다.

(3) 보수작업 후 유의사항
① 방폭전기기기 전체로서의 방폭 성능을 복원시켜야 한다.
② 방폭전기기기의 점검기준에 정해진 사항이 적합한지 확인한다.

8-20 방폭구조(방폭형) 전기기기 선정 시 고려사항을 기술하시오.

방폭구조 전기기기를 선정 시에는 장소, 위치, 구조, 가스 등급, 종류 등의 설치조건에 적합한 것을 선정해야 하며, 설치 이후에도 유지보수가 매우 중요하므로 이를 충분히 검토해야 한다.
일반적으로 방폭구조 전기기기의 선정 시 고려해야 할 사항은 다음과 같다.
① 설치장소의 폭발위험장소 등급, 해당물질의 발화온도
② 내압방폭구조의 최대안전틈새 및 본질안전방폭구조의 최소점화전류비
③ 방폭구조의 최고표면온도
④ 설치장소의 주위온도, 표고 또는 상대습도, 먼지 등 환경조건

8-21 분진폭발위험장소에 설치하는 저압 또는 고압의 전기설비에서 지락에 의해 전기불꽃 또는 고온이 발생하여 점화원으로 되는 것을 억제하기 위하여 실시하는 보호접지의 보호접지 대상, 접지저항값, 접지선에 대해 설명하시오.

(1) 보호접지 대상
위험장소에 설치하는 전기기기 및 배선류의 비충전 노출 금속 부분

(2) 접지저항값
접지저항값은 10 Ω 이하로 한다. 단, 300 V 이하의 저압 전로에 접지된 것의 비충전 노출 충전 부분은 100 Ω 이하로 한다.

(3) 접지선
① 접지선은 600 V 비닐절연전선 이상의 절연 성능이 있는 절연전선을 사용한다.
② 금속관 배선에서는 금속관 내로 접지선을 배선하고 단자함의 내부 접지단자에 접속

하며, 금속관로에 최대지락전류가 안전하게 흐를 수 있는 경우는 금속관로를 접지선으로 이용 가능하다.
③ 케이블 배선에서는 선심 하나를 접지선으로 사용하고 단자함의 내부 접지단자에 접속한다.
④ 이동용 기기에서는 이동전선의 선심 하나를 접지선으로 사용하고 그 양단을 각각 단자함 또는 차입접속기의 플러그 내부 단자에 접속한다.
⑤ 접지선으로 사용하는 전선 또는 선심은 절연피복을 녹색으로 한다.

8-22 가스폭발 위험장소에서 전선관과 케이블에 대한 방폭배선공사 시 실링방법에 대해 설명하시오.

실링은 전선관이나 케이블을 통하여 증기나 가스가 소통되는 것을 방지하고 전기설비에서 발생하는 화염을 차단하기 위한 것으로, 매우 중요한 역할을 한다.

(1) 전선관 실링방법

전선관의 실링에는 실링 피팅과 실링 콤파운드가 필요한데, 실링 피팅은 내부에 콤파운드로 충전하도록 만들어진 전선관용 부속품이며, 실링 콤파운드는 피팅을 통하여 가스·증기가 통과하지 못하도록 하는 역할을 하는 것을 말한다.
실링방법은 다음과 같다.
① 스위치, 차단기, 퓨즈, 릴레이, 저항 또는 기타 장치 등과 같이 정상동작 시 아크나 스파크를 발생시키는 방폭전기기기에 접속되는 모든 전선관의 입·출구에는 실링을 해야 한다.
② 실링의 위치는 방폭전기기기의 용기로부터 가능한 가까운 위치에 설치해야 하며 45 cm를 초과해서는 아니된다.
③ 두 개 이상의 용기를 연결하는 전선관이나 또는 니플의 길이가 90 cm 이하일 때 실링이 각 배관 중앙에 위치하고 양측 용기로부터 45 cm 이내에 설치되는 경우에는 실링 피팅을 하나만 설치해도 무방하다.
④ 실링 콤파운드는 용융점이 93 ℃ 이상이어야 하며, 실링 콤파운드 두께는 최소 16 mm 이상으로서 전선관의 굵기 이상이어야 한다.
⑤ 실링 콤파운드가 경화된 후 피팅 주입구 나사 플러그를 견고히 조인다.
⑥ 실링 피팅과 전선관은 나사결합을 해야 한다.

(2) 케이블 실링방법

① 단심 케이블과 다심 케이블 중 케이블 심을 통하여 가스·증기가 통과할 수 없는 경우는 전선관의 경우와 같은 방법으로 실링한다.
② 밀폐형 외피 구조로서 케이블 심을 통하여 가스·증기가 통할 수 있는 다심 케이블은 외피를 벗겨내고 실링 콤파운드로 절연도체와 외피를 실링 처리한다.

8-23 변전실 등의 양압유지를 위해 양압설비를 설치 시 양압설비의 종류, 양압설비의 급기력 및 보호장치에 대해 설명하시오.

(1) 양압설비의 종류

① 누설보상방식(pressurization with leakage compensation) : 변전실 등의 모든 개구부를 닫은 상태에서 예측 가능한 누설을 감안하여 충분한 보호기체를 주입시킴으로써 양압을 유지하는 방법을 말하며, 봉입식이라고도 한다.
② 보호기체순환방식(pressurization with continuous circulation of protective gas) : 변전실 등에 내부 보호기체를 연속적으로 순환시킴으로써 양압을 유지하는 방법으로, 통풍식이라고도 한다.

(2) 양압설비의 급기력

① 변전실 내의 모든 개구부가 닫혀 있는 상태에서 실내의 모든 부분의 압력은 25 Pa (0.25 mbar) 이상의 압력을 유지한다.
② 개방 가능한 모든 개구부를 열어 놓은 상태에서 개방면에서의 공기속도는 0.305 m/s 이상으로 한다.

(3) 보호장치

① 양압설비의 전원은 변전실 등의 입력전원 차단장치 앞단의 주 전원선에서 분기하거나 별도로 독립된 전원을 사용해야 한다.
② 양압설비의 조작스위치, 전선로, 전동기 등은 양압이 유지되지 않았을 때를 감안하여 해당 폭발위험장소에 적합한 방폭구조로 해야 한다.
③ 양압설비의 고장은 팬의 배출구 끝에서 감지할 수 있도록 해야 하며, 필요한 조치를 취할 수 있는 근무자가 즉각 감지할 수 있는 장소에 경보기를 설치해야 한다.

④ 양압설비의 고장 시 전기공급의 차단은 양압실패 시 조치내용 및 전원차단 절차에 따라 이루어져야 한다.
⑤ 변전실 등 내부의 적합한 위치에 가연성가스 누출감지경보기를 설치해야 한다.
⑥ 전등, 전화기와 같이 양압실패 시에도 전원이 투입되어야 하는 모든 전기기기는 양압실패 시 기기가 설치될 장소에 적합한 방폭구조의 것을 사용해야 한다.
⑦ 변전실 등의 내부에는 기압계 또는 유속계를 설치하여 양압 유지상태를 감시해야 한다.
⑧ 양압의 저하를 감지하는 장치로는 유량스위치, 압력스위치 등이 있다.

8-24 방폭전기설비를 설치할 때 검토요건(사항)에 대해 설명하시오.

(1) 설치장소 및 운전 조건
방폭전기설비를 설치하는 장소의 입지조건(기후, 표고 등), 설치대상 건축물의 구조 및 배치상태, 설비의 운전조건 등에 대해 검토한다.

(2) 가연성 가스, 증기 또는 분진의 위험특성
방폭전기설비를 설치하고자 하는 설비에서 발생하는 가연성 가스, 증기 또는 분진의 폭발한계, 증기밀도, 인화점 등 위험특성을 검토한다.

(3) 위험장소의 종별 및 위험범위
방폭전기설비를 설치하고자 하는 장소의 가연성 가스, 증기 또는 분진의 위험특성에 따라 위험장소의 종별 및 위험범위를 검토하고 결정한다.

(4) 전기설비의 배치 및 방폭전기설비의 선정
전기설비는 가능한 한 폭발위험이 없는 비위험장소에 배치하나 부득이한 경우 폭발위험성이 낮은 지역에 배치함을 원칙으로 하며, 부득이한 경우에는 방폭전기설비를 선정하여 설치하도록 한다. 방폭전기설비를 선정하고자 할 때는 위험장소에 적합한 방폭구조의 것을 선정해야 한다. 가스증기 방폭전기설비의 선정 원칙은 다음과 같다.
① 0종 장소 : 본질안전방폭구조(ia)의 것을 선정한다.
② 1종 장소 : 본질안전방폭구조(ia, Ib), 내압방폭구조, 압력방폭구조 중 적합한 어느 하나를 선정한다.

③ 2종 장소 : 본질안전방폭구조(ia, Ib), 내압방폭구조, 압력방폭구조, 안전증방폭구조 중 적합한 어느 하나를 선정한다.

8-25 방폭전기기기의 점검 시 확인해야 할 사항을 기술하시오.

① 단자전압, 상회전, 극수 등
② 퓨즈링크, 광원 등의 교환부품의 종류와 정격
③ 윤활부의 기름 주입 또는 윤활유 충진 상태
④ 전기기기 입구에서의 냉각매체 온도, 압력 및 유량과 배관 등에서의 누설 유무
⑤ 제어, 조작, 표시, 통보 등의 전체 제어시스템 동작 이상 유무
⑥ 부속기기류의 동작 및 표시
⑦ 진동의 유무 및 그 정도

제 9 장 정전기

9-1 정전기 발생에 영향을 주는 5가지 요인을 설명하시오.

정전기는 서로 다른 두 물체가 접촉되거나 분리될 때 두 물체의 표면에 발생된다. 이러한 정전기 발생에 영향을 주는 요인은 물체의 특성, 물체의 표면상태, 물체의 이력, 접촉면적 및 압력, 분리속도 등이다.

① 물체의 특성 : 두 물체의 접촉, 분리하는 과정에서 정전기가 발생되며 이때 물체의 종류 및 조합에 따라 정전기의 크기 및 극성이 달라진다.

② 물체의 표면 상태 : 물체의 표면 상태에 따라 정전기의 발생이 크게 달라지는데, 표면이 거칠거나 오염, 산화물 등이 표면에 존재하면 정전기 발생량이 증가한다.

③ 물체의 이력 : 물체 표면의 물성 변화, 대전 상태 등에 따라 정전기 발생이 달라지며, 일반적으로 첫 회 및 초기에 발생이 크고 대전이 지속됨에 따라 발생이 작아진다.

④ 접촉면적 및 압력 : 접촉면적과 압력이 크면 정전기 발생이 증가한다.

⑤ 분리속도 : 물체가 분리되는 속도는 전하 분리에 부여되는 에너지에 관계되며, 따라서 분리속도가 크면 정전기의 발생이 증가한다.

9-2 액체의 정전기 완화에 관한 사항 중 완화시간(정치시간 ; relaxation time)과 영전위 소요시간에 대해 설명하시오.

(1) 완화시간(정치시간)

완화시간(정치시간)이란 탱크, 탱크로리 등에 위험물질을 주입해서 용기 내의 유동이 정지하여 정전기가 완화될 때까지의 시간을 말한다. 발생된 정전기는 일정 장소에 축적되었다가 점차 소멸하게 되는데 처음 값의 36.8%로 감소되는 시간을 완화시간이라 하며 영전위 소요시간의 $\frac{1}{4} \sim \frac{1}{5}$ 정도이다.

(2) 영전위 소요시간

액체에 생성된 정전기는 주변에 반대 극성의 전하에 의해서 상호 상쇄작용으로 소멸하게 되며, 전하가 완전히 소멸할 때까지의 소요시간 T는 액체의 전도도에 따라 다음과 같이 나타낸다.

$T = \dfrac{18}{\text{전도도}}$ (단, T의 단위는 초(s), 전도도의 단위는 picosiemens/m이다.

9-3 정전기로 인한 재해를 방지하기 위해서는 대전을 방지해야 한다. 대전방지 대책을 도체, 부도체, 인체에 대하여 각각 기술하시오.

(1) 도체의 대전방지 대책

정전기 대전방지용 접지를 실시한다. 정전기 대전을 억제하기 위한 접지 시 접지저항을 1MΩ 이하로 유지하면 충분하다.

(2) 부도체의 대전방지 대책

① 도전성 재료를 사용한다.
② 대전방지제를 첨가하거나 표면에 도포한다.
③ 가습을 한다. 습도는 60 % 이상 유지하도록 한다.
④ 제전기를 설치한다.
⑤ 정전기가 발생되는 배관에는 유속을 제한하거나 정치시간을 길게 한다.

(3) 인체의 대전방지 대책

① 바닥을 철판이나 도전성 도색으로 처리하여 도전성을 부여하고 대전방지용 안전화(제전화)와 대전방지용 작업복(제전복)을 착용한다.
② 반도체 공장 등에서의 정전기 대전방지를 위해 작업자의 손목접지대 등으로 인체에 대해 직접 접지한다.

9-4 정전기 발생 시 발생될 수 있는 재해 또는 장해를 기술하시오.

정전기로 인해 발생될 수 있는 재해 또는 장해로는 화재폭발, 전격, 생산장해 등을 들 수 있다.

① 화재폭발 : 정전기에 의한 화재폭발은 정전기가 방전되었을 때 방전불꽃이 점화원이 되어 일어나는 것으로 가연성가스 또는 인화성물질을 취급하는 화학공장 등에서 주로 발생된다.

② 전격(감전) : 정전기가 인체에 대전되었을 때 접지도체에 접촉하거나 대전물체로부터 인체로 정전기가 방전될 때 방전쇼크에 의해 전격이 발생한다. 정전기에 의한 전격은 사망에까지 이르지는 않고, 근육수축이나 불쾌감 등을 초래하며, 쇼크에 의한 추락 등 2차 재해가 발생된다.

③ 생산장해 : 정전기에 의한 생산장해는 역학현상과 방전현상에 의해 발생된다. 역학현상에 의해서 발생되는 생산장해로 가루로 인한 망(메시)의 막힘, 실의 엉킴, 인쇄 불량, 제품 오염 등이 발생되며, 방전현상에 의해서는 반도체 소자 등 전자부품의 손상 또는 특성열화, 자동화설비 등의 통신장해 또는 오작동, 발광에 의한 사진필름 등의 감광현상이 발생된다.

9-5 유기용제를 섬유, 종이 등에 코팅하는 공정에서 발생되는 정전기 방지방법을 기술하시오.

① 코팅 기계가 설치된 바닥은 도전성 재질로 마감하고 기계는 접지한다.
② 작업자는 도전성 신발을 신어야 하며, 주위바닥을 깨끗하게 유지하여 작업자와 대지가 절연상태가 되지 않도록 한다.
③ 정전기 제전기는 직물이 풀리는 장소, 롤러 위, 전개용 칼 아래 등에 설치하고 모든 기계 부분들이 상호 본딩되고 접지되도록 한다.
④ 코팅기 주위가 충분히 환기되도록 하여 폭발분위기 조성이 안 되도록 한다.
⑤ 작업공정이나 제품 품질에 지장을 초래하지 않는 경우 상대습도를 50 % 이상 높이는 방법을 고려한다.
⑥ 솔벤트 용기 등은 밀봉된 구조로 하고 폐쇄배관을 통하여 주입되도록 한다.

⑦ 용제탱크, 기계, 배관 등 모든 관련 설비는 상호 본딩하고 접지해야 하며, 접지저항은 1 MΩ 이하로 한다.
⑧ 전기적으로 절연된 배관 이음부, 기계의 접속부는 모두 본딩한다.
⑨ 가연성 액체가 전달되는 계통은 용기로부터 모두 상호 본딩시키고 접지를 한다.
⑩ 본딩 및 접지에 사용되는 도체는 내부식성 및 기계적 강도가 충분하고 5.5 mm^2 이상의 전선을 사용한다.
⑪ 동력 전달에 사용되는 고무, 가죽제품의 벨트 및 롤러는 도전성 제품을 사용한다.
⑫ 인화성 액체를 용기에 분사 또는 낙하시킬 때에는 가능한 한 용기 바닥까지 배관을 연장시킨다.

9-6 가연성 물질 등 액체 취급 시 정전기 재해방지 대책을 설명하시오.

액체 취급 시 정전기 방지 대책은 배관 이송 및 충전 시, 혼합 및 교반 시, 세정 시 등에 따라 달라지며 다음과 같다.

(1) 배관 이송 및 충전 시 대책
① 충전 시 액체의 비산을 방지한다.
② 배관 이송에는 초기 유속과 최대 유속을 제한한다.
③ 배관, 탱크 등에 수분의 혼입을 방지한다.
④ 정치시간을 확보한다.

(2) 혼합 및 교반 시 대책
① 가연성 분체 저장탱크 등에는 공기, 가스를 사용한 믹서를 사용하지 않는다.
② 액체를 혼합, 교반할 경우에는 교반용기 내에 불활성가스를 치환, 봉인한다.

(3) 세정 시 대책
① 용제를 이용한 세정 시에는 용제를 기벽을 따라 흘리면서 세정한다.
② 스팀으로 세정하거나 가연성 가스를 퍼지하는 경우에는 내부가 스팀으로 약 65% 이상 채워질 때까지는 소량씩 스팀을 내보내고, 그 후 서서히 스팀의 방출량을 증가시킨다.
③ 고압 세정 시에는 분출압력을 10 kg/cm^2 이하로 한다.

9-7 비도전성 물질을 혼합, 그라인딩, 스크린, 교반하는 공정에서 발생되는 정전기 방지방법을 3가지 기술하시오.

① 인화성 액체를 혼합하는 혼합 용기, 가동 부분은 접지하고 혼합물과 접촉되는 가동부는 가능한 도전성 재질을 사용한다.
② 솔벤트나 첨가제는 도전성을 가진 것을 사용한다.
③ 가연성 분진 등이 발생하는 장소는 정리정돈 및 청소를 주기적으로 한다.

9-8 가연성 분체 등 분체 및 가연성가스 등 기체 취급 시 정전기 재해방지 대책을 설명하시오.

(1) 가연성 분체 등 분체 취급 시 정전기 재해방지 대책
   ① 분체의 체류 및 퇴적을 방지한다.
   ② 가연성 분체의 취급 규모를 가능한 제한한다.
   ③ 설비를 구획화하여 분체의 운동을 억제한다.
   ④ 사이로 내부에 앵글 등 돌기 부분이 있을 경우 정전기 방전이 일어나므로 불필요한 돌기물을 제거한다.
   ⑤ 가연성 분체를 취급하는 백필터, 천, 직물 슈트 등의 직물제품은 도전성 섬유를 혼입한다.

(2) 가연성가스 등 기체 취급 시 정전기 재해방지 대책
   ① 가연성 가스 등은 가능한 한 점화 위험성이 낮은 것을 사용한다.
   ② 고압가스 등의 분출을 적극 방지한다.
   ③ 공기와의 혼합에 의해 폭발성 조건이 형성될 수 있는 기체의 수송에는 공기의 혼입을 차단하고, 폭발하한계 이하가 되도록 불활성가스로 희석한다.
   ④ 기체의 배출 시에는 배출속도를 가능한 한 낮게 한다.

9-9 용기에 인화성 물질을 주입하는 과정에서 정전기가 발생된다. 정전기 방지방법을 도전성 용기와 비도전성 용기로 구분하여 각각 기술하시오.

(1) 도전성 용기에 주입하는 경우
  ① 주입 배관, 용기 등이 전기적으로 모두 접속되도록 본딩시키고 접지한다.
  ② 마이크로 필터를 사용할 경우 주입 노즐을 가능한 멀리 위치시키고 배관은 도전성 재질을 사용한다.

(2) 비도전성 용기에 주입하는 경우
  ① 하부 주입 방법으로 한다.
  ② 드럼 주변에 접지밴드를 체결하고 모든 도전성 물체는 접지한다.
  ③ 정전기 제거용 접지극을 주입 시에는 용기 내에 위치하게 하고 주입이 끝난 후 30초 이상 경과 후 제거한다.

9-10 정전기의 대전을 줄이는 (완화하는) 방법을 5가지 기술하시오.

① 접촉면 줄이기 : 정전기 대전은 표면현상이기 때문에 분리되는 고체의 접촉면적을 감소시키면 대전전하의 양이 감소한다.
② 분리속도 늦추기 : 물체의 분리속도를 가능한 늦추면 대전전하의 양이 감소한다.
③ 유전계수 : 정전기 대전은 대전물질의 전자 일함수에 따라 좌우된다. 따라서 정전기 대전량을 줄이는 방법은 가능한 전자 일함수가 서로 차이가 나지 않는 물질을 선택하는 것이다. 낮은 유전계수를 가진 물질들은 음극으로 대전되고 높은 유전계수를 가진 물질들은 양극으로 대전되는 경향이 있다.
④ 표면저항률의 감소 : 전기저항을 감소시키면 정전기 대전량이 감소된다. 표면저항률 이외에 체적저항률도 정전기 대전에 영향을 미친다.
⑤ 공기 중 습도 높이기 : 표면저항은 공기 중의 습도에 따라 크게 달라진다. 즉 습도가 높으면 대전량이 감소한다.

9-11 정전기의 대전에 따른 물리현상을 3가지 설명하시오.

(1) 역학현상

정전기의 역학현상이란 전기적 쿨롱력에 의해 대전물체 가까이 있는 물체를 흡인하거나 반발하는 현상을 말한다.

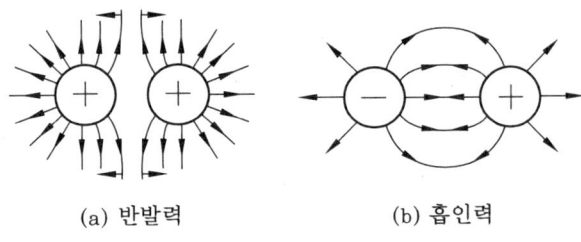

(a) 반발력   (b) 흡인력

역학현상

(2) 정전유도현상

대전물체 근처에 대지와 절연된 도체가 있는 경우 대전물체에 가까운 도체 표면상에 대전물체의 전하와 반대 극성의 전하가 나타나고, 이것과 극성이 다른 전하가 대전물체로부터 먼 표면상에 나타나는 현상이다.

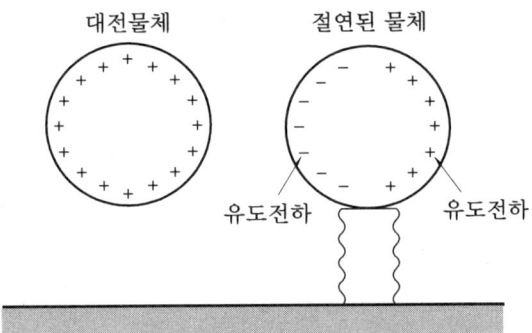

정전유도현상

(3) 방전현상

물체의 대전량이 많아지면 공기의 절연이 파괴되는 기체의 전리현상을 말한다. 방전이 일어나면 열, 발광, 파괴음, 전자파 등이 발생되어 화재폭발, 전격, 생산장해 등의 원인이 된다.

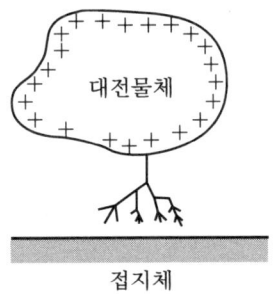

방전현상

9-12 정전기의 대전과 방전에 대해 설명하시오.

(1) 정전기 대전

정전기 대전은 서로 다른 물체가 상호운동을 할 때 그 접촉면에서 발생하게 되며, 마찰대전, 박리대전, 유동대전, 분출대전, 비말대전 등이 있다.

① 마찰대전 : 두 물체 사이의 마찰에 의해 접촉과 분리과정에서 정전기가 발생하며, 고체·액체·기체류에서의 대전은 주로 마찰대전에 기인한다.

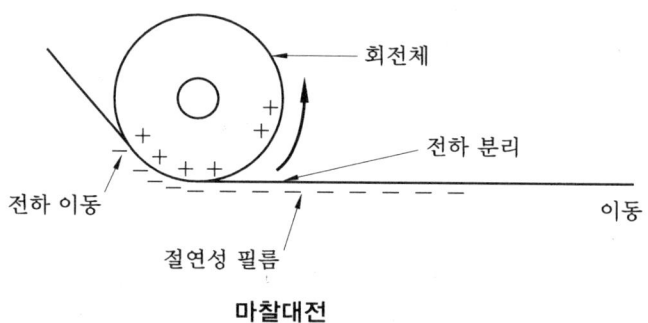

마찰대전

② 박리대전 : 서로 밀착되어 있는 두 물체가 떨어질 때 전하의 분리가 일어나 정전기가 발생한다. 박리대전은 접착면의 밀착면, 박리속도 등에 따라 대전량이 변화된다.

박리대전

③ 분출대전 : 단면적이 작은 분출구를 통해 공기 중에 분출될 때 분출되는 물질과 분출구의 마찰 또는 분출물질 입자 간에 충돌 등에 의해 정전기가 대전되는 현상을 말한다.

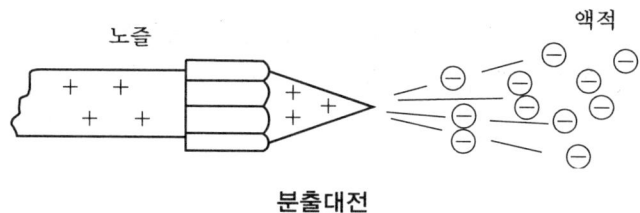

분출대전

④ 유동대전 : 액체가 배관 등을 흐르면서 배관 내부와 접촉할 때 경계면에 전기이중층이 형성되고 이 이중층을 형성하는 전하의 일부가 액체류의 유동과 같이 이동하면서 대전되는 현상이다.

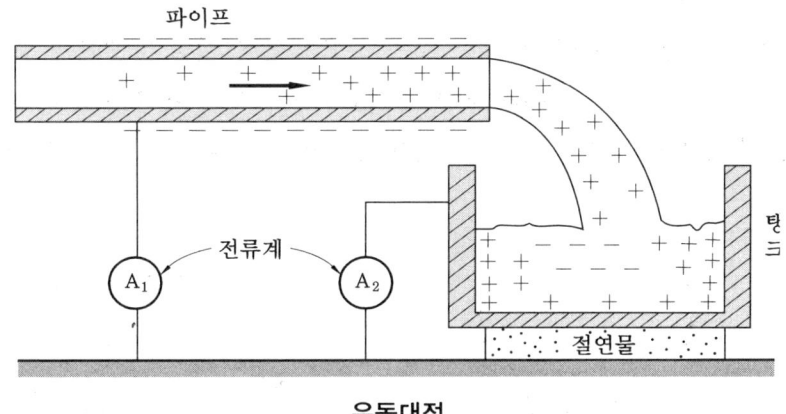

유동대전

⑤ 충돌대전 : 분체류에 의한 입자 상호간이나 입자와 고체 간의 충돌에 의한 빠른 접촉, 분리과정에서 정전기가 대전된다.

⑥ 유도대전 : 도체가 전기장에 노출되면 도체에는 전하의 분극으로 가까운 쪽에는 반대 극성의 전하, 먼 쪽에는 같은 극성의 전하로 대전되는 현상을 말한다. 이것은 접지되지 않는 도체가 대전물체 가까이 있을 때 발생한다.

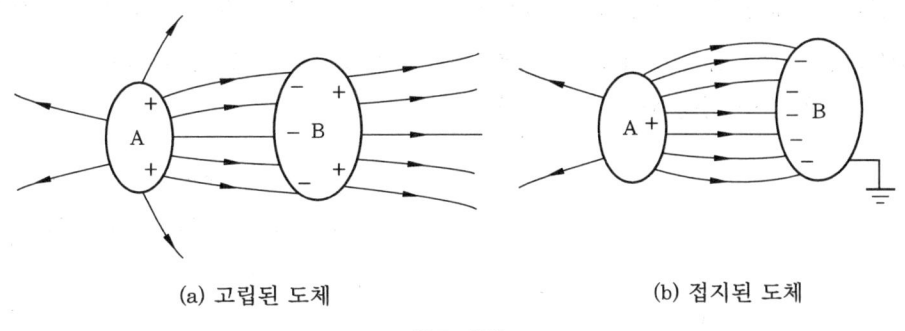

(a) 고립된 도체   (b) 접지된 도체

유도대전

⑦ 파괴대전 : 고체나 분체류와 같은 물체가 파손될 때 전하의 분리 또는 정부 전하의 균형이 깨지면서 발생하는 대전이다.

⑧ 교반대전・침강대전 : 액체류가 교반 또는 수송 중에 액체류 상호간의 마찰, 접촉 또는 액체와 고체와의 상호작용에 의해 발생되는 대전이다.

⑨ 동결대전 : 극성을 가진 물 등의 동결된 액체류가 파손되면 정부 전하가 균형을 잃어 발생되는 대전이다.

(2) 정전기 방전

방전에는 스트리머방전, 코로나방전, 불꽃방전, 연면방전, 뇌상방전이 있다.

① 스트리머방전 : 대전량이 많은 부도체와 곡률반경이 큰 선단을 가진 도체 사이에서 발생하는 방전이다.

② 코로나방전 : 대전된 부도체와 가는 선상의 도체 사이에서 발생하는 방전이다.

③ 불꽃방전 : 표면전하밀도가 아주 높게 축적되어 분극화된 절연판 표면 또는 도체가 대전되었을 때 접지된 도체 사이에서 발생하는 강한 발광과 파괴음을 수반하는 방전이다.

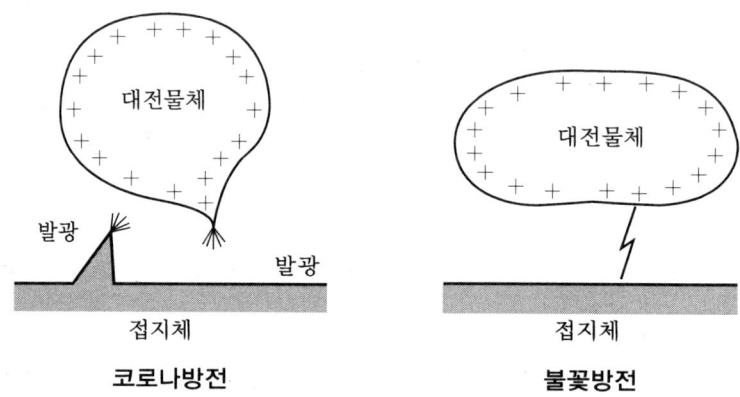

④ 연면방전 : 대전량이 많은 얇은 층상의 부도체를 박리할 때 발생하는 방전이다.

⑤ 뇌상방전 : 공기 중에 뇌상으로 부유하는 대전 입자의 규모가 커졌을 때 대전운에서 번개형의 발광을 수반하는 방전이다.

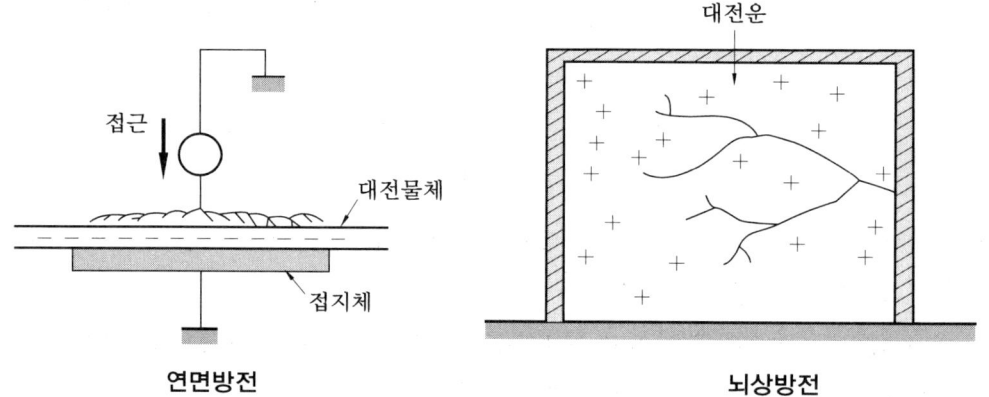

9-13 정전기 방전에 의한 화재폭발의 조건과 화재폭발이 우려되는 설비로서 정전기 발생을 억제하거나 제거하는 등의 필요한 조치를 해야 하는 설비 및 그 방지 대책에 대해 설명하시오.

(1) 정전기 방전에 의한 화재폭발 조건
정전기에 의한 화재폭발은 정전기 방전이 가연성 물질과 공기 등 혼합물의 점화원으로 작용할 때 발생한다. 즉 정전기에 의한 화재폭발이 발생되기 위해서는 폭발한계범위 내의 농도를 가진 가연성 혼합물이 존재하고 이를 점화시킬 수 있는 방전에너지를 방출하는 정전기 방전이 일어나야 한다.

(2) 정전기로 인한 화재폭발이 우려되는 설비로서 정전기 발생을 억제하거나 제거하는 등의 필요한 조치를 해야 하는 설비
① 위험물을 탱크로리, 탱크차 및 드럼에 주입하는 설비 및 위험물 저장설비
② 인화성 물질을 함유하는 도료 및 접착제 등을 제조, 저장, 취급 또는 도포하는 설비
③ 위험물 건조설비 또는 그 부속설비
④ 가연성 분진을 저장 또는 취급하는 설비
⑤ 액화수소, 액화천연가스 등을 이송하거나 저장, 취급하는 설비
⑥ 화약류 제조설비
⑦ 드라이클리닝설비 또는 모피류 등을 씻는 설비 등 인화성 유기용제를 사용하는 설비
⑧ 고압가스를 이송하거나 저장, 취급하는 설비

(3) 정전기 방전으로 인한 화재폭발 방지 대책
① 점화원을 제거 또는 격리한다.
② 공기, 산소 등 지연성 가스를 제거한다.
③ 폭발범위의 조건이 되지 않도록 환기시스템을 설치하여 사용한다.
④ 불활성가스를 사용하여 치환하거나 봉인한다.
⑤ 가연성 물질의 공급을 정지하거나 차단한다.
⑥ 가연성 물질을 강제 냉각하거나 강제 배출한다.

9-14 정전기 제전기의 종류와 제전 원리 및 특징을 설명하시오.

제전이란 정전기 대전으로 인하여 과잉된 전하를 그와 역극성의 전하로 중화시켜 전기적 중성상태로 복귀시키는 것을 말한다. 즉 정(+)전하로 대전된 물체에는 부(-)전하를, 부전하로 대전된 물체에는 정전하를 공급하여 중화시키는 것이다. 제전기의 종류에는 전압인가식, 자기방전식, 방사선식이 있다.

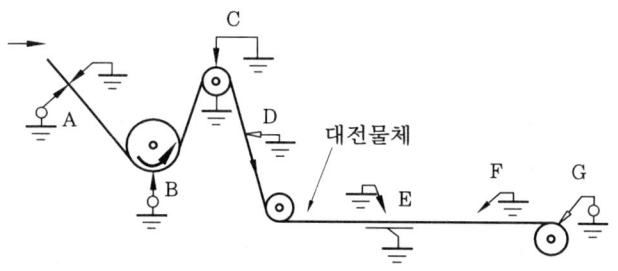

A : 대향 설치
B, C : 발생원 설치
C, E : 접지체 설치

▼ : 설치위치가 좋은 경우
▽ : 설치위치가 나쁜 경우

제전기의 설치위치

(1) 전압인가식 제전기

① 제전 원리 : 전압인가식은 제전전극, 고압전선 및 고압전원으로 구성되는데, 침상전극에 고전압을 인가하여 코로나 방전을 발생시켜 이온을 생성하며, 이때 생성된 이온을 대전물체에 전달하여 제전하는 것이다.

② 특징 : 제전능력이 크고 기종이 송풍형, 노즐형 등 다양하다. 이 제전기는 필름, 종이, 섬유 등 각종 대전물체의 제전에 사용되며 가연성 물질의 제전에는 폭발방지를 위해 방폭형 제전기를 사용해야 한다.

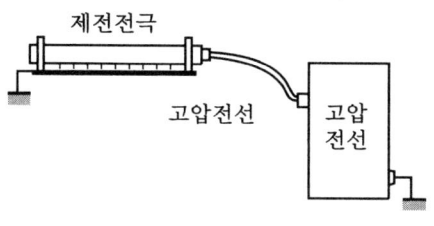

전압인가식 제전기

(2) 자기방전식 제전기

① 제전 원리 : 이 제전기는 대전물체의 정전기에 의한 전계를 접지한 침상전극에 모으고 그 전계에 의해 기체를 전리시켜 제전에 필요한 이온을 생성한다.

② 특징 : 이온 생성에 전원이 필요 없고 취급이 간단하며 필름, 종이, 섬유 등 다양한 대전물체의 제전에 사용된다.

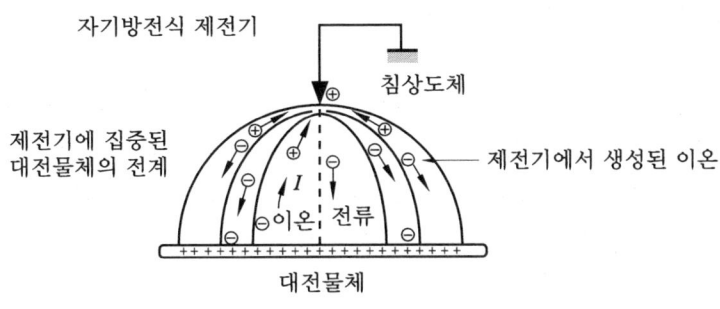

자기방전식 제전기

(3) 방사선식 제전기

① 제전 원리 : 이 제전기는 방사선 동위원소의 공기전리작용을 이용하여 제전에 필요한 이온을 생성한다.

② 특징 : 제전기 자체가 착화원이 될 가능성이 있으며, 방사선에 의해 대전물체의 물성이 변화하는 경우도 있다. 탱크에 저장되어 있는 가연성 물질의 제전에 사용되나 최근들어 거의 사용되지 않고 있다.

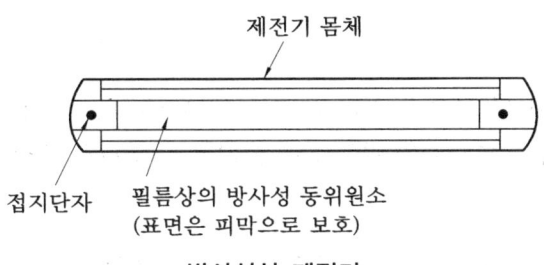

방사선식 제전기

9-15 정전기 대전방지복의 구조 및 재료 구비요건과 취급상 주의사항에 대해 설명하시오.

(1) 정전기 대전방지복의 구조 및 재료 구비요건
① 대전방지복의 옷감에 사용하는 대전방지 직편물은 7에 따라 시험했을 때 대전전하량이 $7\,\mu C/m^2$ 이하인 것이어야 한다.
② 안감 없는 대전방지복의 옷감은 모두 대전방지 직편물이어야 한다.
③ 안감 붙임 대전방지복(솜 넣은 방한복 등)의 옷감은 겉감 및 안감에 대해서도 대전방지 직편물을 사용하고, 통상 속 털옷감(모피)을 사용해서는 안 된다.
④ 금속제 부속품(단추, 지퍼 등)은 사용하지 말아야 하며, 어쩔 수 없이 이들을 사용하는 경우에는 착용상태에 있어서 직접 외부에 노출하지 않는 구조로 한다.

(2) 정전기 대전방지복의 취급상의 주의사항
① 취급 시 정전기 대전방지용 신발과 및 작업장 바닥재를 같이 적용하도록 한다.
② 대전방지복을 바르게 착용한다.
③ 가연성 물질과 같은 위험물질이 존재하는 장소에서 탈착하지 않는다.
④ 금속 버클 등은 노출하지 않는다.
⑤ 큰 손상을 받을 세탁은 피한다.
⑥ 옷감 찢어짐 등의 손상이 있는 경우에는 교환한다.

9-16 성형품이나 필름 등의 취급 시 정전기 재해방지 대책을 설명하고, 일반적으로 정전기 대전방지를 목적으로 설치하는 접지와 본딩에 대해 설명하시오.

(1) 성형품이나 필름 등의 취급 시 정전기 재해방지 대책
① 성형품, 필름 등의 재료는 가능한 한 대전성이 작은 것을 사용한다.
② 대전방지를 위해 가습, 도전성 재료의 사용, 대전방지제 사용, 제전기 사용 등의 적절한 조치를 취한다.
③ 성형품, 필름의 대전면적을 가능한 한 작게 한다.
④ 필름 등의 롤 공정 시에는 주행속도를 낮추고 롤의 압력 및 장력을 낮게 한다.

(2) 정전기 대전방지를 목적으로 설치하는 접지와 본딩

본딩은 도전성 물체 사이의 전위차를 줄이기 위해 사용되고, 접지는 물체와 대지 사이의 전위차를 같게 하는 것으로, 본딩과 접지 사이의 관계는 다음과 같다.

① 도전성 물체는 직접 대지로 접지되거나 접지된 다른 도전성 물체와의 본딩에 의해 접지한다. 지하 금속 파이프나 대지 위에 설치된 대형 금속 저장 탱크는 대지와의 접촉으로 인해 본질적으로 접지되어 있다.
② 정전기가 축적되는 것을 방지하기 위한 접지경로의 저항은 $1\,M\Omega$ 이하로 충분하다.
③ 본딩 또는 접지선의 최소 굵기는 허용전류 용량이 아니라 기계적인 강도에 의해 결정된다. 자주 접속·분리되는 본딩선은 연선 또는 편조선(braided)을 사용한다.
④ 접지도체는 절연도체 또는 나도체를 사용할 수 있다.
⑤ 영구적인 본딩 또는 접지는 납땜이나 용접에 의해 접속하고, 임시 접속은 볼트, 압착 접지클램프 또는 기타 특수 클램프를 사용하여 연결한다.

9-17 반도체 소자의 정전기 방전에 의한 피해 메커니즘과 정전기 방전의 제어대책을 작업자, 설비 및 재료 측면에서 설명하시오.

(1) 반도체 소자의 정전기 방전에 의한 피해 메커니즘

반도체 소자의 정전기 방전에 의한 피해 형태는 잠정적인 피해와 완전한 피해로 구분된다.

① 잠정적인 피해 : 정전기 방전으로 인하여 넓은 주파수 대역에서 간섭하는 전자기 펄스가 발생하여 노출된 반도체 소자나 시스템에 교란을 일으키는 피해 현상을 말한다. 이러한 피해는 하드웨어적인 피해는 없으므로 회복이 가능하다.
② 완전한 피해 : 정전기 방전으로 인하여 반도체 소자가 완전히 파괴되어 시스템의 정상적인 동작이 불가능한 피해 현상을 말한다. 이러한 현상에는 정전기 방전이 가해질 때 열이 집중되어 발생하는 열적 파괴 현상, 유전체에 인가된 전압에 의해 유전체가 뚫리고 절연이 파괴되는 유전체 파괴 현상 및 정전기 방전에 의해 반도체 소자의 온도가 높아져 금속이 녹아 끊어지는 금속 용융 현상 등이 있다.

(2) 작업자, 설비 및 재료 측면에서의 정전기 방전의 제어대책

① 작업자 측면에서의 제어대책 : 작업자의 인체 부위의 마찰 등에 의해 발생하는 정전기 방전에 대한 제어대책은 다음과 같다.

㈎ 작업자는 제전복을 착용하거나 손목 접지 등을 실시하고 불필요한 부품에는 가능한 한 손을 대지 않는다.
㈏ 사용장비는 반드시 접지를 실시한다.
㈐ 정전기 대전방지 설비, 장비 등의 성능을 수시 확인한다.
㈑ 주요 부품은 정전기 발생 위험이 높은 곳에 두지 않는다.

② 설비 및 재료 측면에서의 제어대책
㈎ 작업대와 운반상자 등은 전도성이 있는 것을 사용한다.
㈏ 정전기 발생을 억제하는 재료를 사용하거나 발생된 정전기를 중화시킬 수 있는 설비를 갖추어야 한다.

9-18 정전기가 로봇, 자동화설비 등에 오동작을 유발하여 사고 발생, 생산성 및 품질 저하 등의 영향을 미친다. 정전기가 오동작에 미치는 영향 및 오동작 방지 대책을 기술하시오.

(1) 정전기가 오동작에 미치는 영향
① 정전기 방전이 발생하면 반도체 소자에 영향을 주어 로봇의 프로그램에 오류를 일으켜 동작범위를 벗어난 오동작을 일으켜 주변 작업자에게 치명적인 상해를 가한다.
② 정전기 방전에 의한 정전유도현상에 의해 자동화설비가 오동작을 일으켜 생산이나 품질에 지장을 초래한다.

(2) 오동작 방지 대책
① 해당 설비 작업자는 인체 정전기의 대전을 방지하기 위해 제전복을 착용하고 손목 접지 등을 실시한다.
② 작업장 바닥에 도전성 매트나 도전성 재료로 시공하고 작업자는 제전화를 착용한다.
③ 작업자가 해당 작업장을 출입 시에는 인체에 대전된 정전기를 방류하기 위해 출입구에 제전 브러시를 설치하고 이를 접촉한 후 출입하도록 한다.
④ 로봇, 자동화설비는 반드시 정전기 방지를 위한 접지를 한다.

9-19 정전기의 방전에너지와 착화한계에 대해 설명하시오.

(1) 정전기의 방전에너지

대전물체가 도체인 경우에만 해당되며, 정전기의 방전에너지 W는 정전용량 C, 방전 시 전압 V, 대전전하량 Q라 할 경우 다음 식에 의해 구해진다.

$$W = \frac{1}{2}CV^2 = \frac{1}{2}QV = \frac{Q^2}{2C} [\text{J}]$$

이 방전에너지는 대부분 열에너지로 방출되는데, 부도체일 경우 방전에너지가 전부 방출되지 못하고 천천히 방출된다.

(2) 착화한계

대전물체가 도체인 경우 착화에너지의 대부분이 열에너지로 변환되어 최소 착화에너지 이상이면 착화가 가능한데 이때의 착화에너지를 착화한계라 한다. 즉 폭발 위험분위기가 형성된 상태에서 최소 착화에너지 이상이 되면 폭발할 가능성이 매우 높아진다. 최소 착화에너지에 영향을 미치는 요인은 불꽃 간격과 전극의 형상, 온도와 압력이며, 압력이 상승할수록, 불꽃 간격이 넓을수록, 온도가 높을수록 최소 착화에너지는 감소하게 된다.

9-20 겨울철 어두운 방에서 옷을 벗을 때 정전기 방전불꽃이 발생한다. 이때의 최소 방전불꽃전압이 300V라면 옷과 옷이 박리될 때의 간격은 얼마인지 계산하시오. (파센의 법칙을 따르면 기압 P=5.5 mmHg이며 K=1이다.)

파센의 법칙에 따르면 온도가 일정할 때 방전불꽃전압 V [V], 기압 P [mmHg], 전극 사이의 간격 d [mm]와의 관계는 다음과 같다.
$V = KPd$ (여기서, K는 계수로서 1이다.)
따라서 간격 $d = \dfrac{V}{KP} = \dfrac{300}{5.5} = 54.5\,\text{mm}$이다.

9-21 두 물체의 접촉으로 인한 전기 이중층의 형성을 일함수(work function) 관점에서 설명하고 전기 이중층의 분리 시 발생되는 현상에 대해 설명하시오.

(1) 전기 이중층의 형성(일함수 관점)

물질 내부에는 물질을 구성하는 입자 사이를 자유롭게 이동하는 자유전자와 그 입자들 사이에서 전기적인 힘에 의해 구속되는 구속전자가 있는데, 정전기 발생에 기여하는 전자는 자유전자이다.

이 자유전자는 외부에서 물리적인 힘을 가하면 물체 외부로 방출되는데, 이때 필요한 최소에너지를 일함수(work function)라 한다. 두 물체를 접촉하면 그 접촉면에는 두 물체의 일함수의 차로서 접촉전위가 발생하게 되어 한쪽 물체의 표면에는 (+), 다른 쪽 표면에는 (-)로 대전되어 전기 이중층이 형성하게 되는데, 이때 두 개의 표면에 나타나는 접촉전위 V는 두 물체 일함수를 각각 ϕ_1, ϕ_2라 할 경우 이들의 차에 해당된다. 즉 $V = \phi_1 - \phi_2$가 된다.

접촉에 의한 정전기의 발생과정을 그림으로 나타내면 다음과 같다.

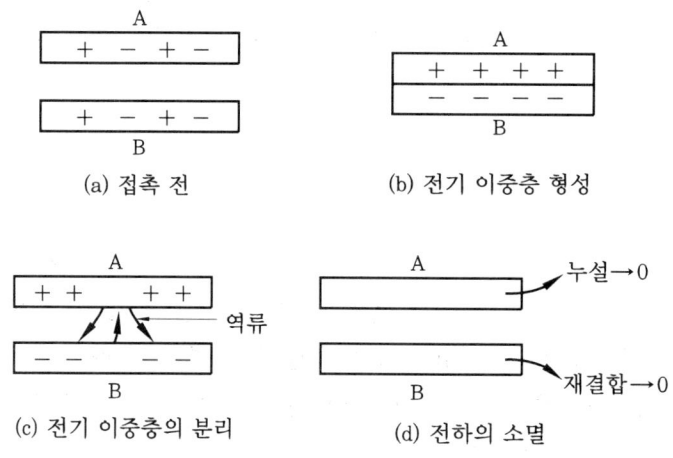

접촉에 의한 정전기 발생과정

(2) 전기 이중층의 분리 시 발생되는 현상

전기 이중층이 기계적으로 분리되면 평면전극의 극판 간격이 넓어지는 현상이 발생하므로 정전용량은 감소하고 접촉전위는 상승하게 된다. 두 물체가 완전히 분리되면 전위차는 거리에 비례하여 감소하나 두 물체 사이의 절연내력보다 전위차가 커지게 되면 절연파괴에 의해 전하의 역류현상이 일어나게 되고, 분리된 물체에서 발생된 전하는 누설과 재결합의 과정을 거치면서 소멸된다.

9-22 두께 10 μm의 단면 필름이 100V로 대전된 경우 표면 전하밀도 σ [C/m²] 와 도체 표면에 대전된 필름이 밀착하는 경우의 정전흡인력 F [kg/m²]를 계산하시오. (단, 필름의 비유전율 (ε)은 2.5이다.)

(1) 표면 전하밀도(σ)

단면 필름 전위차 V, 진공의 유전율 $\varepsilon_0 = 8.854 \times 10^{-12}$ F, 두께 d라 하면,

$V = \dfrac{\sigma d}{\varepsilon_0}$ 에서 $V = 100$, $d = 10 \times 10^{-6}$이므로

표면 전하밀도 $\sigma = \dfrac{\varepsilon_0 V}{d} = \dfrac{8.854 \times 10^{-12} \times 100}{10 \times 10^{-6}} = 8.854 \times 10^{-5}$ C/m² 이다.

(2) 정전흡인력(F)

$$F = \dfrac{1}{2} \times \varepsilon_0 \varepsilon \times \left(\dfrac{V}{d}\right)^2 \times \dfrac{1}{9.8}$$

$$= \dfrac{1}{2} \times 8.854 \times 10^{-12} \times 2.5 \times \left(\dfrac{100}{10 \times 10^{-6}}\right)^2 \times \dfrac{1}{9.8} = 112.93 \, \text{kg/m}^2 \text{이다.}$$

9-23 백금과 구리를 접촉시킨 이종금속에 대한 다음 사항을 설명하시오.
  (1) 상기의 이종금속을 접촉하였다가 분리할 때 표면에 정전기가 발생되는 이유
  (2) 이종금속의 접촉전위차와 접촉면의 전하밀도
    (단, 백금과 구리의 일함수는 각각 5.44 eV, 4.29 eV이며, 접촉면계의 두께는 5×10^{-10} m, 유전율은 진공의 유전율과 같다.)

(1) 상기의 이종금속을 접촉하였다가 분리할 때 표면에 정전기가 발생되는 이유

두 물체 접촉면에서 두 물체의 일함수의 차로 인한 접촉전위가 발생하게 되어 한쪽 물체의 표면에는 (+), 다른 쪽 표면에는 (−)로 대전되어 전기 이중층이 형성하게 된다. 이때 백금과 구리의 일함수의 차인 5.44−4.29=1.15 eV의 전위차가 발생되므로 전기 이중층이 형성되어 정전기가 발생한다.

(2) 이종금속의 접촉전위차와 접촉면의 전하밀도

① 이종금속의 접촉전위차 : 접촉전위차는 두 물체의 일함수의 차이므로, 접촉전위차

$V = 5.44 - 4.29 = 1.15$ eV이다.

② 접촉면의 전하밀도 : 표면 전하밀도를 σ, 접촉전위차를 V, 두께를 d, 진공의 유전율 $\varepsilon_1 = 8.854 \times 10^{-12}$ F라 하면,

$V = \dfrac{\sigma d}{\varepsilon_o}$ 이고 $V = 1.15 \text{eV} = 1.15 \times 1.602 \times 10^{-19}$ J이므로,

표면 전하밀도 $\sigma = \dfrac{\varepsilon_o V}{d} = \dfrac{8.854 \times 10^{-12} \times 1.15 \times 1.602 \times 10^{-19}}{5 \times 10^{-10}}$

$= 3.26 \times 10^{-21}$ C/m² 이다.

9-24 전하의 축적과 소멸을 액체, 절연된 도체, 절연물질, 가스부유물질 등으로 구분하여 설명하시오.

전하가 발생하면 곧바로 방전으로 이어져 소멸되는 것이 아니며, 발생된 전하가 축적되어 고전위계가 될 때 방전현상이 일어난다.

(1) 액체

액체에 생성된 정전기는 주위에 반대 극성의 전하가 있을 경우 상호 상쇄작용에 의해 소멸되며, 이 전하의 소멸에 소요되는 시간, 즉 완화시간은 도전율에 반비례한다.

(2) 절연된 도체

절연된 도체에서의 전하 축적은 대지와의 저항값의 크기에 따라 달라지는데, 전하가 발생되는 상황에서 접지저항이 $10^6 \sim 10^8$ Ω 이상일 때 위험한 전위까지 축적될 수 있다. 이러한 전하의 축적을 방지하기 위해서 접지 또는 본딩을 한다.

(3) 절연물질

접지저항이 $10^6 \sim 10^8$ Ω 이상인 고저항 절연물체는 전하가 축적되므로 접지 또는 본딩을 하면 전하는 소멸하게 된다.

(4) 가스부유물질

가스부유물질은 가스나 전하를 운반하는 부유입자를 보유할 경우에 축적되며, 천천히 이동할 때는 축적되더라도 전하의 소멸이 일어나 큰 문제는 없으나 고속으로 이동할 때는 전위가 증가되어 위험전위가 될 수 있다.

9-25 패러데이 케이지(Faraday cage)에 의한 정전전하량의 측정원리와 측정조건에 대해 설명하시오.

(1) 측정원리

패러데이 케이지법의 측정원리는 정전유도에 의하며 따라서 도체, 부도체에 관계없이 어떤 대전량도 측정이 가능하다. 전하의 측정에는 패러데이 케이지라는 절연된 금속 용기를 사용하며 측정원리는 다음과 같다.

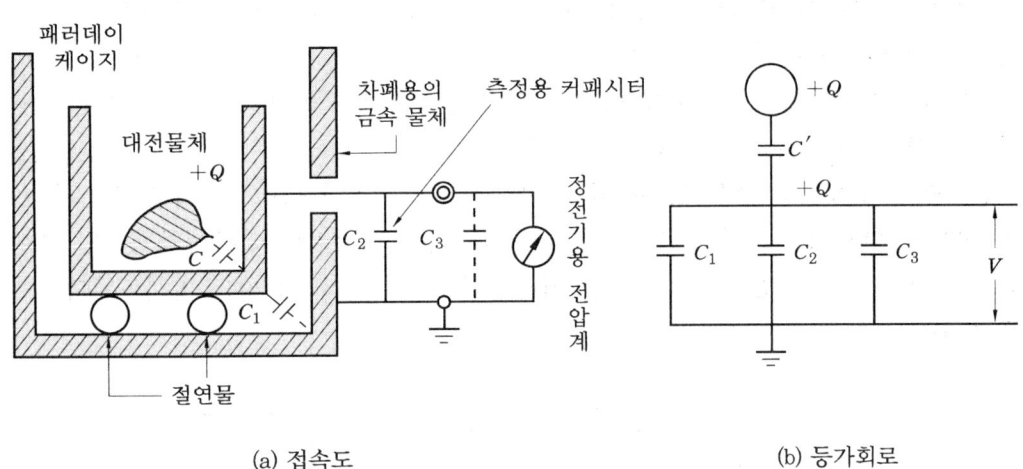

(a) 접속도　　　　　　　　　(b) 등가회로

패러데이 케이지에 의한 전하량 측정

위의 등가회로에서 대전물체의 전하량 Q는 전위계에 의한 측정값 V에서 다음과 같이 산출된다.

$Q = (C_1 + C_2 + C_3)V$ 이며, 여기서 C_1, C_2, C_3는 각각 패러데이 케이지 정전용량, 측정용 정전용량 및 전위 측정기의 정전용량이다.

(2) 측정조건

① 패러데이 케이지는 그 대부분을 둘러싸는 접지 금속 용기, 금속판 또는 금망에 의해 정전차폐를 한다.
② 패러데이 케이지의 형상과 크기는 대전물체를 충분히 수납할 수 있도록 원통형 또는 상자형이며, 케이지 차폐용기의 높이는 패러데이 케이지보다 10 % 이상 높게 한다.
③ 패러데이 케이지의 절연에는 테플론, 아크릴 등을 사용한다.

제10장 전자파 및 고조파

> **10-1** 전자파에 관한 사항 중 전자파의 개요, 전자파 장해(EMI), 전자파 내성(EMS), 전자파 적합성(EMC)에 대해 설명하시오.

(1) 전자파 개요

전자파란 전계와 자계가 전파해가는 진동현상으로 전기장과 자기장으로 이루어지며 전파방향에 대해 각각 수직이다.

전자파는 파장 또는 주파수에 따라 특성이 달라지는데 파장이 짧고 주파수가 높아질수록 전자파가 갖는 운동에너지와 온도가 증가한다.

전자파는 물질과의 상호작용에 따라 전리성과 비전리성으로 구분하게 되는데 파장이 100 nm보다 짧은 것을 전리성, 이보다 긴 것을 비전리성 전자파라 한다. 전자파의 종류에는 X-선, 감마선, 자외선, 가시광선, 적외선, 라디오파, 마이크로파, 극저주파 등이 있다.

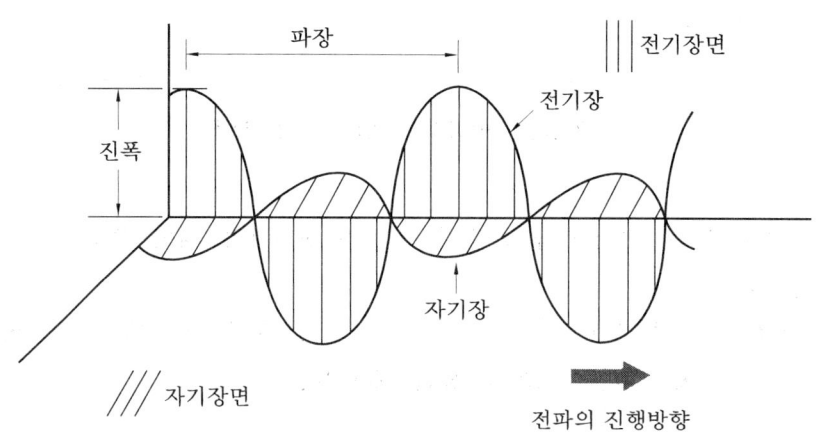

전자파의 개념도

(2) 전자파 장해(EMI)

전원을 사용하는 모든 전기기계기구를 동작하면 단위시간당 전류 변화량에 따라 발생되는 전자파가 방사 또는 전도되어 다른 기기의 성능에 장해를 주는 현상을 말한다. 전기기기의 사용 과정에서는 불가피하게 고조파와 서지 등이 발생되며, 이러한 전자파는 간섭을 일으켜 통신 장해나 산업용 기계의 전자제어장치에 오작동을 일으키게 된다.

(3) 전자파 내성(EMS)

외부로부터 유입되는 불요 전자파에 대해 오작동을 일으키지 않고 견디는 능력을 말하며, 전자파 장해의 반대 개념이다.

(4) 전자파 적합성(EMC)

전자파를 발생시키는 기기로부터 나오는 전자파가 다른 기기의 성능에 장해를 주지 않고 다른 기기에서 나오는 전자파의 영향으로부터 정상 동작할 수 있는 능력으로서 전자파 장해 방지기준 및 전자파 보호기준에 적합한 것을 말한다.

10-2 다음 전자파에 대한 사항에 대해 설명하시오.
  (1) 전기기계기구의 사용에 의해서 발생하는 전자파로 인하여 기계설비가 오동작함으로써 발생하는 재해를 예방하기 위한 조치사항
  (2) 전자파 장해(EMI)로 인한 산업재해 발생 우려가 있는 산업용 설비를 제조하고자 하는 자가 전자파로 인한 설비의 오작동을 방지하기 위하여 전자파 적합성에 충족되도록 제조할 때 필요한 충족기준

---

(1) 전기기계기구의 사용에 의해서 발생하는 전자파로 인하여 기계설비가 오동작 함으로써 발생하는 재해를 예방하기 위한 조치사항

① 전기기계기구에서 발생하는 전자파의 크기가 다른 기계설비가 원래 의도된 대로 작동하는 것을 방해하지 않도록 한다.
② 기계설비가 원래 의도된 대로 작동할 수 있도록 적절한 수준의 전자파 내성을 가지게 하거나 이에 준하는 전자파 차폐조치를 한다.

(2) 전자파 장해(EMI)로 인한 산업재해 발생 우려가 있는 산업용 설비를 제조하고자 하는 자가 전자파로 인한 설비의 오작동을 방지하기 위하여 전자파 적합성에 충족되도록 제조할 때 필요한 충족기준

① 설비에서 방사되는 전자파의 크기는 해당 기준에서 정하는 한계 값을 초과하지 않아야 한다.
② 설비는 원래 의도된 대로 작동할 수 있도록 적절한 수준의 본질적인 전자파 내성(immunity)을 갖도록 한다.

10-3 전자파 장해(EMI)의 발생 원인, 전자파가 인체 등에 미치는 영향, 전자파 장해(EMI) 대책을 설명하시오.

(1) 전자파 장해(EMI)의 발생 원인

전자파란 전기장과 자기장의 세기가 주기적으로 변화할 때 에너지가 전파되는 파동현상을 말하며, 이러한 전자파는 최근 각종 통신기기의 사용 주파수 대역의 확대와 고출력, 전류와 전압의 변화가 많은 대용량 전동기, 개폐기, 전력용 반도체소자의 사용은 불요 전자파가 많이 발생되는 원인으로 작용하고 있다.

(2) 전자파가 인체 등에 미치는 영향

전자파는 제품 생산성 저하, 산업재해, 인체장해, 수출장벽 등의 영향을 미친다.

① 제품 생산성 저하 : 전자파 장해에 의한 산업용 설비의 오동작은 제품의 품질 및 생산효율을 저하시키고 설비의 손상을 초래한다.

② 산업재해 : 로봇 등 자동화설비의 오동작으로 인한 재해나 철도의 컴퓨터나 신호기기의 오동작에 의한 열차 충돌 등의 사고가 발생된다.

③ 인체장해 : 전자파로 인해 인체에 열작용과 자극작용을 일으킨다. 열작용은 전자파 에너지의 인체 흡수로 체온을 상승시키는 현상으로, 100kHz 이상의 높은 주파수에서 발생하며 휴대폰이나 전자레인지 등이 주요 원인으로 작용한다. 자극작용은 신경이나 근육의 흥분으로 신경계통에 영향을 미치는 현상으로 100 kHz 이하의 낮은 주파수에서 발생하며 전기설비 등이 주요 원인으로 작용한다.

④ 수출장벽 : 선진국에서 전자파 장해에 대한 규제를 강화하고 있어 수출장애 요인으로 작용한다.

(3) 전자파 장해(EMI) 대책

전자파 장해 대책으로 접지, 필터링, 배선, 차폐가 주로 채택되고 있다.

① 접지(grounding) : 필터 및 금속 하우징에 차단된 전자파 에너지를 전위가 낮은 대지로 바이패스시켜 주기 위해 설치하는 것이다. 접지선은 가능한 짧고 굵은 선을 사용하며, 접지단자는 진동 억제 와셔, 내구성 있는 뾰족한 와셔, 고정 너트 및 아연 도금 백 플레이트, 프레임 및 섀시 등을 사용하여 조립한다. 접지방법에는 1점 접지와 다점 접지 등이 있다.

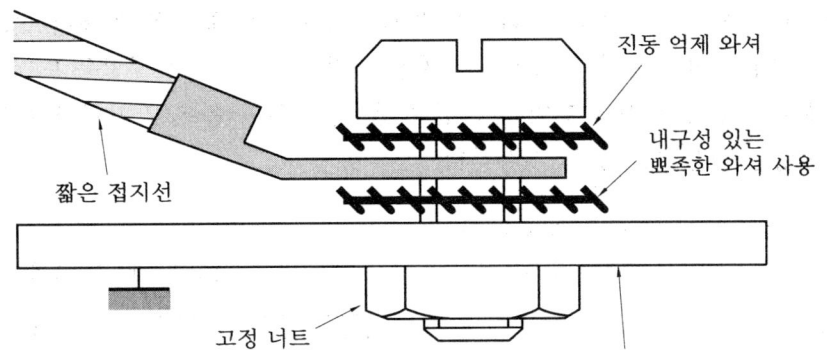

접지단자 고정방법

② 필터링(filtering) : 필터링은 선로에 흐르는 노이즈를 걸러내는 방법으로 부하특성에 따라 적절한 필터를 전자파가 발생되거나 노이즈가 유입 가능한 회로의 앞단에 설치한다. 접촉부는 밀착시켜 조립한다.

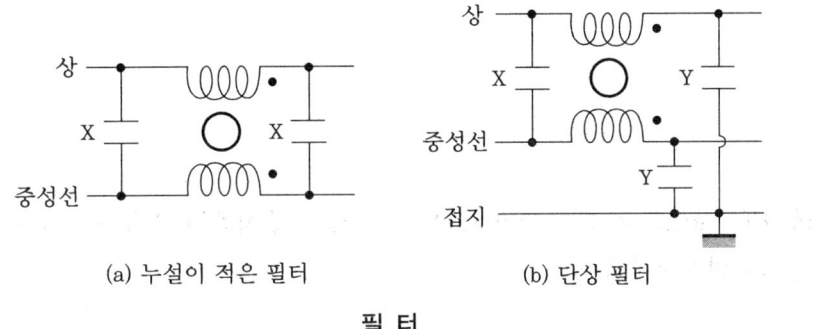

(a) 누설이 적은 필터 (b) 단상 필터

필 터

③ 배선(wiring) : 배선 시 항상 쌍도체를 사용하여 배선한다. 즉 송신경로에 가능한 한 가까운 수신경로로 전선을 배열하는 것이 효과적인데, 이러한 도체쌍을 페라이트 코어에 부착하면 효과가 더욱 커진다.

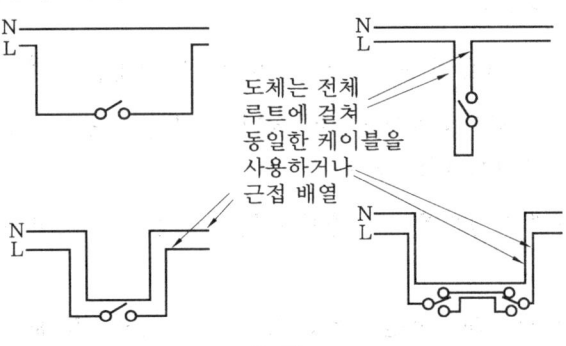

배 선

④ 차폐(shield) : 차폐는 전자파가 금속을 투과하지 못하는 특성을 이용한 것으로 전자파 발생원을 금속이나 도전성 케이스로 완전히 밀폐시키거나 장해원을 도전성 재질로 완전히 밀폐시킨다. 차폐의 취약 부분인 이음새, 출입구 등은 전자파가 누출되지 않도록 도전성을 갖는 개스킷을 사용한다.

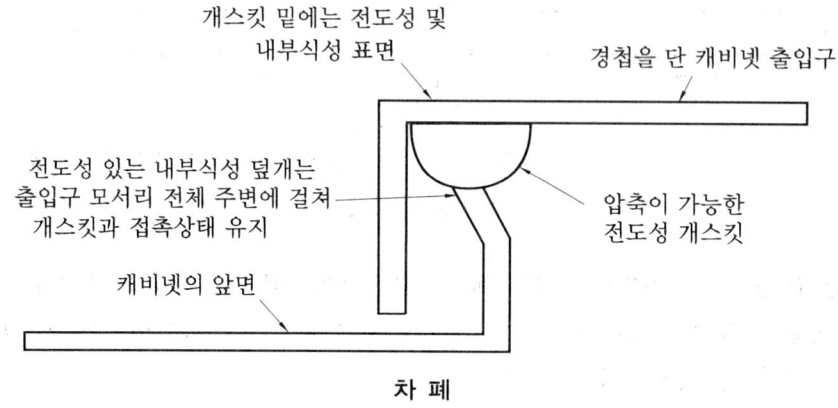

차 폐

10-4 RF(radio frequency)와 microwave 전자파가 인체에 미치는 영향에 대해 설명하시오.

RF(radio frequency)와 microwave는 10 kHz~300,000 MHz 대역의 전자파로서 TV, 라디오 등에서 주로 사용하고 있으며, 이들 전자파가 인체에 미치는 영향은 열 작용, 눈에 대한 작용, 중추신경에 대한 작용, 혈액의 변화 등이 있다.

① 열 작용 : 조직에 대한 가열 작용으로 큰 주파수에 노출되면 피부에 흡수되어 부분적인 열 상승을 일으킨다.
② 눈에 대한 작용 : 열작용에 의해 눈의 수정체에 백내장을 유발할 수 있다.
③ 중추신경에 대한 작용 : 중추신경계에 영향을 미쳐 두통, 피로감, 기억력 감퇴, 발한, 호흡 곤란 등의 증상이 나타난다.
④ 혈액의 변화 : 혈액의 변화를 유발하여 백혈구의 증가, 혈소판의 감소 등의 현상이 발생한다.
⑤ 유전 및 생식 기능에 대한 작용 : 유전 및 생식 기능의 장해를 유발할 수 있다.

10-5 초고압기기(GIS)에서 전자파 장해대책으로 채택하고 있는 1점식과 다점식 접지방식에 대해 설명하시오.

(1) 1점 접지방식

필터 및 금속 하우징에 차단된 전자파 에너지를 전위가 낮은 대지로 바이패스시켜 주기 위해 설치하는 것으로서 1점식은 직렬 접지보다 병렬 접지가 효과적이며, 노이즈 원이 되는 동력용 접지와 저레벨용 접지인 신호용 접지는 따로 구분하여 접지하는 것이 바람직하다.

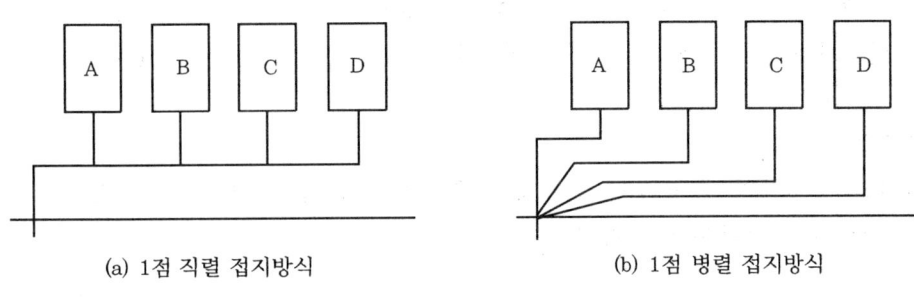

(a) 1점 직렬 접지방식   (b) 1점 병렬 접지방식

1점 접지방식

(2) 다점 접지방식

접지선 임피던스의 영향이 큰 고주파에서는 다점식을 채택하며, 다점식은 고주파 회로에서 접지임피던스를 최소로 낮추고 결합에 의한 영향을 줄이기 위해 접지면을 만들어 그 표면에 접지단자를 최단거리로 접속한다.

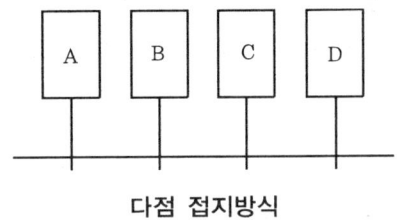

다점 접지방식

10-6 100 kHz 정도의 비전리전자파가 인체에 미치는 영향에 대해 설명하시오.

비전리전자파는 줄열에 의한 체온 상승 등 열적 작용과 신경 및 감각세포에 흥분 등을 일으키는 자극 작용에 의해 인체에 영향을 미치며, 비전리전자파인 자외선, 적외선, 레이저광선, 라디오(RF)파 및 극저주파가 인체에 미치는 영향은 다음과 같다.

(1) 자외선

자외선이 인체에 미치는 영향은 파장, 조사시간 및 강도 등에 따라 달라지며 피부, 눈, 전신에 영향을 미친다. 피부에 대해서는 혈관을 확장시키고 홍반을 일으키며, 전신에는 혈소판 증가 등 자극 작용과 두통, 불면, 체온 상승 등을 일으킨다.

(2) 적외선

적외선은 인체에 조사되어 조직에 흡수되면 온도를 상승시키고 홍반이 생기며 혈관을 확장시켜 혈액순환을 촉진시킨다.

(3) 레이저광선

레이저광선은 광선의 파장과 흡수 능력에 따라 인체에 미치는 영향이 달라지며 주로 눈과 피부에 영향을 미친다. 눈에 대해서는 각막염, 백내장 등을 일으키며, 피부에 대해서는 열적 작용이 강하여 피부 화상을 일으킨다.

(4) 라디오(RF)파

라디오파는 열작용이 매우 강하며 특히 눈에 노출될 경우 백내장을 일으키기 쉽다. 또한 두통, 기억력 감퇴, 정서 불안 등 중추신경계에 영향을 미치며 백혈구를 증가시키고 혈소판을 감소시키는 등 혈액의 변화를 일으킨다. 특히 여성의 경우 생식 기능에 영향을 미칠 수 있다.

(5) 극저주파

극저주파는 인체에 영향을 미치지는 않으나 지속 반복적으로 노출될 경우에는 스트레스를 주게 된다.

10-7 다음은 산업용기계기구의 전자파 적합성 내용이다. 설명하시오.
   (1) 전도잡음, 방사잡음, 무선잡음의 정의
   (2) 장해시험과 내성시험의 종류 및 장해시험에서 적용하고 있는 1종 기기와 2종 기기
   (3) 전자파장해로 인한 산업재해 예방대책

(1) 전도잡음, 방사잡음, 무선잡음의 정의

① 전도잡음(conducted noise) : 전원 코드를 통하여 기기로부터 전원 선으로 역행되어 나가는 무선 잡음을 말한다.

② 방사잡음(radiated noise) : 공간으로 방사되는 무선 잡음을 말한다.

③ 무선잡음(radio frequency noise) : 10 kHz와 3,000 GHz 사이의 주파수 대역의 잡음을 말한다.

(2) 장해시험과 내성시험의 종류 및 장해시험에서 적용하고 있는 1종 기기와 2종 기기

① 장해시험과 내성시험의 종류

㈎ 장해시험은 전도장해시험과 방사장해시험으로 구분한다

㈏ 내성시험에는 정전기방전, 방사내성, 전기적 빠른 과도현상, 전도내성, 과도내성, 전압변동 등이 있다.

② 장해시험에서 적용하고 있는 1종 기기와 2종 기기

㈎ 1종(group 1) 기기 : 기계·기구의 내부 기능을 위해 필요한 고주파 에너지를 의도적으로 발진하여 도선을 통하여 전도적으로 결합하여 사용하는 모든 산업용 기계·기구를 포함한다.

  ㈐ 신호발생기, 측정용 수신기, 주파수 카운터, 스펙트럼 분석기, 전자 현미경, 스위칭 모드 전원공급기(SMPS), 산업용 로봇, 서보전동기 드라이버, 광모뎀, 크레인 과부하방지장치와 같은 각종 산업용 전기 및 전자적 안전장치(광전자식 안전장치는 제외) 등

㈏ 2종(group 2) 기기 : 재료의 가공이나 전기불꽃 부식 설비의 가동을 위하여 고주파 에너지를 의도적으로 발진하거나 기기의 내부에서 전자파 방사의 형태로 사용하는 모든 산업용 기계·기구를 포함한다.

  ㈐ 산업용 유도가열기, 유전체 가열기, 산업용 마이크로 웨이브 발열기기, 사이리스터 제어기기, 방전가공기, 아크용접기기, 자외선(UV) 조광기 등

(3) 전자파장해로 인한 산업재해 예방대책

① 전자파장해(EMI)로 인한 산업재해 발생 우려가 있는 산업용 설비를 제조하고자 하는 자는 전자파로 인한 설비의 오작동을 방지하기 위하여 다음과 같은 필요한 전자파 적합성에 관한 기준이 충족되도록 제조한다.

  ㈎ 당해 설비에서 방사되는 전자파의 크기는 해당 기준에서 정하는 한계 값을 초과하지 않아야 한다.

  ㈏ 당해 설비는 원래 의도된 대로 작동할 수 있도록 적절한 수준의 본질적인 전자파 내성(immunity)을 갖도록 한다.

② 전자파 장해로 인한 오작동 우려가 있는 산업용 설비를 구입, 설치하고자 할 경우에는 전자파 적합성에 대한 평가 기준에 적합한 설비를 구입하도록 한다.

10-8 RF(radio frequency) 전자파의 피폭에 따른 장해·재해로부터 작업자와 일반인을 보호하기 위한 조치사항과 사업장에서의 조치사항에 대해 설명하시오.

(1) 전자파의 피폭에 따른 장해·재해로부터 작업자와 일반인을 보호하기 위한 조치사항

① 피폭 한계치를 설정하고 안전조치를 위한 매뉴얼과 절차서를 작성·관리한다.
② 개별 기기의 전자파 조사량을 제한하는 방출기준을 정하고 엄격히 관리한다.
③ 전자파의 방호지침을 정하고 이를 준수토록 한다.
④ 전자파에 대한 안전한 행동요령과 안전수칙을 제정하여 관리한다.
⑤ 전자파 측정절차와 방법을 표준화하고 이를 이행한다.
⑥ 전자파를 대량 방출시키는 기기는 별도의 제어수단을 강구토록 한다.
⑦ 피폭 시 주의사항과 방호방법에 대한 안전교육을 실시한다.

(2) 전자파의 피폭에 따른 장해·재해에 대한 사업장에서의 조치사항

① 한계치 이상의 전자파를 방출할 가능성이 있는 기기 등은 수시로 조사량을 측정·관리한다.
② 한계치를 초과하는 기기에 대해서는 방출을 억제하는 대책을 수립하고 피폭사항은 상세히 기록·유지한다.
③ 해당 작업자에 대해 안전작업절차 등에 대한 안전교육을 실시하고 이행 여부를 확인한다.
④ 필요시 개인보호구를 지급하고 착용토록 한다.

10-9 산업용 기계기구의 안전을 인증하는 S마크 인증기준에 따른 전자파 장해(EMI) 및 전자파 내성 시험대상을 설명하시오.

(1) 전자파 장해(EMI) 시험대상
① 산업용 전기유도 가열기, 산업용 고주파 가열기, 고주파 용접기 등 고주파 에너지를 이용하는 가공작업 기계류
② 방전가공기, 전기용접기 등 가공작업 중 아크 또는 스파크를 발생시키는 기계
③ 레이저 가공기
④ 전자파 장해시험을 희망하는 기계·기구

(2) 전자파 내성 시험대상
전자파 내성(immunity)이란 전자가 방해에 견딜 수 있는 장치 또는 시스템의 능력을 말하며 시험대상은 다음과 같다.
① 산업용 로봇 또는 이를 내장한 기계류
② 자동제어방식 공작기계
③ 무선리모컨 제어장치를 사용하는 기계·기구
④ 전자회로를 내장한 방호장치 및 센서류
⑤ 무인운반장치
⑥ 산업용 컴퓨터, 모니터 또는 관련 주변기기

10-10 전기설비에서 고조파의 발생원인과 저감대책을 설명하시오.

고조파란 기본파의 정수배 주파수를 말하며, 실제 회로의 파형은 기본파의 복수 고조파의 순시치가 합성된 것으로 나타난다.

(1) 고조파 발생원인
고조파는 다음에 의해 주로 발생된다.
① 인버터, 컨버터 등의 전력변환장치
② 전기로, 아크로
③ 송전선로의 코로나방전
④ 변압기나 전동기의 여자돌입전류

⑤ 전력용 콘덴서
⑥ 조명기기의 안정기 등

(2) 저감대책

① 인버터 등 전력변환장치의 펄스 수를 크게 한다(6펄스보다는 12펄스, 12펄스보다는 24펄스 등).
② 고조파 필터를 사용하여 제거한다.
③ 고조파 발생기기는 별도의 전원으로 분리하여 사용한다.
④ 중성선 영상 고조파 전류저감장치를 설치하여 사용한다.
⑤ 전력콘덴서는 직렬 리액터를 사용한다.

10-11 서지(surge)의 특성, 서지의 피해 및 저감대책을 설명하시오.

(1) 서지의 특성

서지는 전력파형에 의해 나타나는 과전압 스파이크(spike) 또는 전력파형의 교란을 말하며, 기기의 오작동, 수명 단축 또는 손상을 초래한다. 서지의 특성은 다음과 같다.
① 지속시간이 $8.4\,\mu s$ 이하이다.
② 구형파와 지수함수적인 파형이 있다.
③ 일반적으로 저임피던스 전원과 관련이 있다.
④ 서지 크기의 90 %가 표준동작준위의 2배 이하로 그 크기가 비교적 작다.

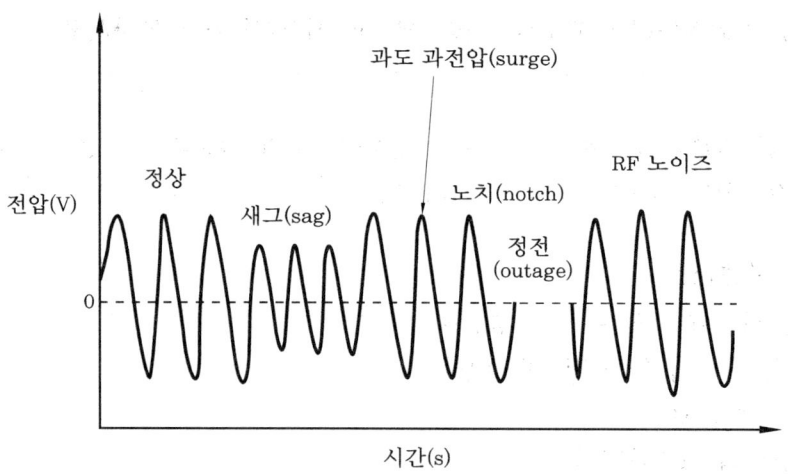

서지 파형의 예

(2) 서지의 피해

서지로 인한 피해로는 전자화된 자동화 설비 등에서 기기의 과전압, 부족전압 또는 과전류 등에 의한 오작동, 손상 또는 수명 단축 등이 있으며 이들 피해 규모는 정확히 산정하기는 쉽지 않지만 막대할 것으로 추정된다.

(3) 서지의 저감대책

① 서지 방지대책을 수립하기 위해서는 보호대상기기에 침입하는 서지의 경로, 서지전압과 전류의 크기와 파형 등을 조사하여 서지 발생 메커니즘을 파악하고, 서지의 침입을 방지 또는 억제하고 등전위화하는 등의 조치를 취해야 한다.

② 전원선, 뇌방전 및 대지전위 상승으로 인한 과전압과 과전류에 의한 위험도를 분석하고 경제적인 조건을 고려하여 서지보호장치(SPD)를 설치한다.

10-12 서지의 발생원을 낙뢰와 개폐로 나누어 설명하고 서지의 전달경로를 설명하시오.

(1) 낙뢰에 의한 서지 발생

낙뢰에 의한 서지는 직격뢰, 유도뢰, 간접뢰 등의 형태로 영향을 미친다.

① 직격뢰(dircect lightning) : 뇌 서지가 건축물이나 장비 또는 전력선에 직접 떨어지는 것을 말하며, 보통 20 kV 이상의 고압에 수 kA~수백 kA의 과전류가 발생하여 상당 부분은 접지시스템을 통하여 땅으로 흐르지만 그 일부는 전력선을 타고 흘러 전기기기에 영향을 준다.

② 간접뢰(indirect lightning) : 뇌 서지가 송전선로나 통신선로 등에 떨어져 선로를 통하여 전도되는 것을 말하며, 발생 빈도도 많고 수천 V 이상의 큰 전위를 갖고 있어 그 피해가 가장 크다.

③ 유도뢰(induction lightning) : 낙뢰 지점에 근접된 대지에 매설된 전원선, 통신선, 접지, 수도파이프 등의 도전체를 통하여 유도되어 발생하는 고전압의 전류로 인하여 대지 전위의 급상승으로 발생하는 서지를 말한다.

(2) 개폐에 의한 서지 발생

① 외부 서지 : 발전소, 변전소 등의 차단기의 개폐 시에 발생하는 서지를 말한다.

② 내부 서지 : 부하 자체의 스위치의 개폐, 단락 등에 의해 발생하는 서지를 말한다.

(3) 서지의 전달경로

서지는 전달경로에 따라 전도성, 유도성, 전파성 및 복합성으로 구분한다.

① 전도성 서지 : 송전선, 금속배관, 접지선, 회로 등과 같은 도체를 통하여 전달되는 서지를 말한다.

② 유도성 서지 : 낙뢰 시 유도뢰에 의한 서지와 같이 갑작스런 전류 변화에 의해 인접회로에 유도되는 서지를 말한다.

③ 전파성 서지 : 라디오파 등 공중파 형태로 회로에 전달되는 서지를 말한다.

④ 복합성 서지 : 전도성, 유도성 및 전파성 등의 형태가 복합적으로 전달되는 경우를 말한다.

제11장 보호계전기, 차단기와 퓨즈

11-1 보호계전기의 개요 및 구비 조건(적용 원칙)에 대하여 설명하시오.

(1) 보호계전기의 개요

보호계전기란 각종 전기회로 사고 등 이상상태를 검출하여 사고구간 개방용 차단기에 개방동작 신호를 전달해주는 장치를 말하며 산업현장에서 주로 많이 사용되는 과전류 계전기는 전류의 크기가 일정치 이상으로 되었을 때 동작하는 계전기로서 과부하 계전기라고도 하며, 지락사고 시 지락전류의 크기에 반응하여 동작하도록 한 것을 지락과전류계전기라 한다.

과전류계전기를 OCR(over current relay), 지락과전류계전기를 OCGR(over current ground relay)라 표시한다.

① 보호계전기는 전력계통의 사고(지락, 단락) 시 사람 및 기기의 손상을 최소한으로 억제하여 전력계통의 안정을 유지토록 설치한다.
② 보호계전기는 최근에 동작시간의 고속화, 관성동작시간의 최소화, 경제성 등의 면에서 정지형을 많이 사용하였으나 최근 고성능화, 고기능화, 소형화, 고신뢰화한 디지털 계전기가 급속도로 보급되고 있다.
③ 디지털계전기는 마이크로프로세서를 이용하여 연산, 판단 등을 소프트웨어로 처리하여 복잡한 동작특성이나 각종 요소의 연결을 쉽게 할 수 있고 모든 보호요소를 한 개의 계전기로 통합관리가 가능하다.

(2) 보호계전기의 구비 조건(적용 원칙)

① 고장회선 또는 고장구간의 선택 차단을 신속·정확하게 해야 한다.
② 필요한 한도 내의 동작 시간을 가져 과도안정도를 유지해야 한다.
③ 후비 보호 능력이 있어야 한다.
④ 계통 구성 등에 따른 고장 전류 변동에 대해 동작시간의 조정 등으로 계전기의 동작이 이루어져야 한다.
⑤ 계통 운영 측면에서 보호계전방식이 경제적이어야 한다.

11-2 보호계전기의 동작상태에서 정동작, 정부동작, 오동작, 오부동작을 설명하시오.

보호계전기는 정동작과 정부동작만 이루어져야 하나 실제로는 변류기의 포화, 계전기의 정정 오류 등 많은 원인에 의해 오동작과 오부동작이 발생한다.

① 정동작 : 계전기가 동작해야 할 때에 동작하는 것을 말한다.
② 정부동작 : 계전기가 동작하지 않아야 할 때에 동작하지 않는 것을 말한다.
③ 오동작 : 계전기가 동작하지 않아야 할 경우에 동작하는 것을 말한다.
④ 오부동작 : 계전기가 동작해야 할 경우 동작하지 않는 것을 말한다.

11-3 보호계전기의 종류를 동작원리와 용도(기능)에 따라 분류하시오.

(1) 보호계전기의 동작원리에 따른 분류

보호계전기는 전력계통의 사고 시 기기의 손상을 최소한으로 억제하여 전력계통의 안정을 유지하기 위해 설치하며, 동작원리에 따라 전자형, 정지형, 디지털형이 있다.

① 전자형 : 전자형은 동작원리에 따라 유도형, 가동철심형, 가동코일형이 있다. 전자형의 장점은 서지에 강하고 주위 온도에 따른 특성 변화가 작은 것이고, 단점은 가동부의 마찰, 관성 등에 의해 오차가 발생할 수 있고 저속, 저감도 및 정밀도가 낮은 것이다.

② 정지형 : 정지형에는 트랜지스터형, 전자관형 등이 있으며 스위칭이 고속이고 서지에 약하며 고조파에 오동작하기 쉽다.

③ 디지털형 : 전압, 전류를 일정 시간 간격으로 샘플링하여 디지털 양으로 변환하여 동작하는 것으로 장점은 마찰이나 관성에 의한 오동작이나 오차가 없고 고속, 고감도이며 고도의 자동감지기능을 가지는 것이다. 반면 단점은 서지에 약하고 왜형파에 의해 오동작하기 쉬운 점이다.

(2) 보호계전기의 용도(기능)에 따른 분류

① 과전류계전기 : 단락 또는 과부하 발생 시 동작하며, 과부하계전기라고도 한다.
② 지락과전류계전기 : 지락이 발생 시 지락전류에 의해 동작한다.

③ 과전압계전기 : 회로에 지속성 과전압이 발생 시 동작한다.

④ 부족전압계전기 : 회로의 전압이 예정치 이하로 되었을 때 동작하며, 후비보호용으로 사용된다.

⑤ 선택접지계전기 : 많은 선로 중 하나의 선로에서 사고 발생 시 영상전류를 검출하여 동작한다.

⑥ 결상계전기 : 결상, 역상, 부족전압에 의해 동작한다.

⑦ 비율차동계전기 : 변압기, 발전기의 내부 고장 시 전기량의 차가 예정치를 초과하였을 때 동작한다.

⑧ 거리계전기 : 전압과 전류의 비가 일정치 이하인 경우에 동작한다.

11-4 보호계전기에서 정격(rating), 정정(setting), 한시(time delay), 순시(instantaneous)에 대해 설명하시오.

① 정격(rating) : 연속정격과 단시간정격이 있는데, 연속정격이란 계전기에 정격치가 연속적으로 인가되어도 그 특성 및 성능이 규정 한도를 넘지 않는 경우를 말하며, 그렇지 않은 경우에는 단시간정격이라 한다.

② 정정(setting) : 계전기가 보호구간에서 이상상태 발생 시 이에 적절히 동작하도록 조정장치에 의해 동작기준치를 정하는 것을 말한다. 조정장치로 정정된 동작기준치를 정정치(setting value)라 하며, 정정할 수 있는 동작기준치의 범위를 정정범위라 한다.

③ 한시(time delay) : 응답하여 동작(응동)하는 시간이 늦어지도록 고려한 경우의 응동을 말하며, 한시 특성에 따라 정한시형, 반한시형, 반한시성 정한시형, 단한시형으로 구분한다.

④ 순시(instantaneous) : 응답하여 동작(응동)하는 시간을 고려하지 않은 경우의 응동을 말하며, 일반적으로 일정 입력에서 0.2초 이내에 동작하는 것을 말한다.

11-5 보호계전기의 구성에서 주보호계전방식과 후비보호계전방식에 대해 설명하시오.

보호계전방식은 주보호계전방식과 후비보호계전방식으로 구분한다. 주보호계전방식은 고장구간을 신속하게 차단하여 피해 범위를 최소화하는 책무를 하며, 후비보호계전방식은 주보호계전방식이 실패했을 경우 또는 보호할 수 없을 경우 동작하는 백업 보호 계전방식이다.

① 주보호계전방식 : 전력계통에서 고장 발생 시 보호범위 내에 있는 보호대상기기에 대해 1차적으로 보호하도록 하는 계전방식이다. 따라서 주보호계전방식은 고장구간만을 신속 정확하게 계통에서 분리하고 있다.

② 후비보호계전방식 : 후비보호계전기는 주보호계전기와 병설로 구성되어 주보호계전기가 정지해 있거나 결함으로 정상 동작이 어려운 경우 또는 차단기 사고 등 주보호계전기로 보호할 수 없는 장소의 사고에 대해 백업함과 동시에 사고구간이 확대되는 것을 방지하는 계전방식이다. 후비보호계전방식은 원격점과 국지점 백업보호계전방식으로 구분된다.

11-6 보호계전기의 신뢰도 향상방법과 노이즈 또는 서지의 억제대책을 설명하시오.

(1) 보호계전기의 신뢰도 향상방법

보호계전기의 설치목적은 과전류, 단락전류, 결상 등으로부터 회로를 보호하기 위함이며 따라서 계전기 동작의 신뢰도가 매우 중요하다. 신뢰도를 향상시키는 방법은 다음과 같다.

① 디지털 계전기는 고속, 고감도의 기능을 가지고 있으며, 가동부가 없어 오동작이 거의 없고 오차가 매우 작으므로 전자형 계전기를 디지털 계전기로 전환한다.
② 계전기를 다중 설치하여 동작의 신뢰도를 향상시킨다.
③ 고조파는 계전기의 오동작을 유발시키고 오차를 증대시키므로 필터, 직렬 리액터 등을 활용하여 고조파를 사전에 차단 또는 억제한다.

(2) 보호계전기의 노이즈 또는 서지의 억제대책

① 내부 서지 발생을 억제한다. 계전기는 코일에 인가된 전압을 개방할 때 서지가 발생

되므로 보조계전기를 설치하고 다이오드와 직렬저항을 접속하여 사용한다.
② 외부에서 침입하는 서지를 억제한다. CT, PT의 침입 서지를 억제하기 위해 권선 간에 정전 실드(얇은 동판)를 설치하거나 제어전원선 사이에 라인필터를 설치하는 방법 등을 사용한다.
③ 서지의 발생이나 침입에 대한 억제가 곤란할 경우 전자회로에서의 이행을 저감시킨다. 배선을 분리하거나 정전 실드 등을 설치하여 회로상에 서지의 이행을 저감시킨다.

11-7 지락차단장치를 설치해야 할 장소와 지락보호방식에 대해 설명하시오.

지락이란 전로와 대지 간의 절연이 저하하여 아크 또는 도전성 물질에 의해 서로 연결되어 전로 또는 기기의 외부에 위험한 전압이 나타나거나 전류가 흐르는 상태를 말하며 이러한 지락사고 발생 시 신속히 사고구간을 차단하는 장치를 지락차단장치라 한다.

(1) 지락차단장치의 설치장소
① 사용전압이 60V를 넘는 저압 기계기구로서 사람이 쉽게 접촉할 우려가 있는 곳에 시설하는 것에 전기를 공급하는 전로
② 특별고압 또는 고압전로에 변압기에 의해 결합되는 사용전압 400V 이상의 전압전로
③ 특별고압 또는 고압전로 중 발전소·변전소의 인출구
④ 특별고압 또는 고압전로 중 다른 전기사업자로부터 공급받는 수전점
⑤ 특별고압 또는 고압전로 중 배전용 변압기의 시설장소

(2) 지락보호방식
지락보호방식에는 보호접지방식, 과전류차단방식, 누전차단방식 등이 있다.
① 보호접지방식은 기기외함, 배선용 금속관 등을 낮은 저항값으로 대지와 연결함으로써 대지전위와 동일하게 하여 전로에 지락이 발생 시 기기의 접촉전압을 허용값 이하로 억제하는 방식이다.
② 과전류차단방식은 접지선과 기기 등을 충분한 전류용량을 가지는 금속재료를 통하여 지락전류가 흐르게 되면 기기 등의 전원 측 과전류보호기(퓨즈, 과전류차단기 등)를 동작시켜 회로를 자동 차단시킴으로써 기기외함에 발생하는 접촉전압을 소멸시키는 방식이다.
③ 누전차단방식은 지락 발생 시 기기 등에 발생하는 영상전압 또는 영상전류를 검출하여 전로를 자동 차단하는 방식이다.

11-8 보호계전기의 정정(setting) 시 검토 사항 및 시행되어야 할 사항에 대하여 설명하시오.

정정이란 계전기가 보호구간에서 이상상태 발생 시 이에 적절히 동작하도록 조정장치에 의해 동작기준치를 정하는 것을 말하며, 정정 시 검토 및 시행되어야 할 사항은 다음과 같다.

(1) 검토 사항
① 신속하게 동작해야 한다. 사고 발생 시 사고구간과 기기의 피해를 최소화하기 위해서는 가능한 한 최단시간에 동작하도록 정정해야 한다.
② 계전기가 오동작하지 않는 범위 내에서 예민한 검출감도를 가져야 한다. 검출감도를 너무 예민하게 하면 오동작을 일으킬 수 있으므로 오동작이 최소화 되도록 정정해야 한다.
③ 계통 전체의 보호협조가 되어야 한다. 주보호와 후비보호 간의 보호협조가 잘 이행되어야 한다. 즉, 주보호계전기는 검출감도를 예민하게 하여 신속히 동작하도록 정정해야 하며, 반면 후비보호계전기는 주보호계전기의 동작 실패 시에만 동작하도록 해야 한다.

또한 일부 계통에 사고 발생 시 계통 전체에 파급되지 않도록 주보호계전기 간 검출감도와 동작시간이 협조되도록 정정해야 한다.

(2) 시행 사항
각 계전기별 정정 시 시행되어야 할 사항은 다음과 같다.
① 과전류계전기 : 순시탭, 한시탭 및 타임레벨을 정정해야 하며, 순시탭은 변압기 1차 측 단락사고 시에만 동작하도록 정정하고, 한시탭은 T-C 커버를 검토하여 적정 시간에 동작하도록 정정해야 한다. 또한 보호협조 차원에서 단락사고 시 수용가 측 차단기가 한전 측 차단기보다 먼저 동작하도록 해야 한다.
② 지락과전류계전기 : 중성점 직접접지계통에 주로 사용되며, 순시탭은 최소치에 정정한다.
③ 과전압계전기 : 정정치는 정격전압의 130%에 정정하고 타임 레벨은 정정치의 150% 전압에서 2초 정도 동작하도록 정정한다.
④ 지락과전압계전기 : 정정치는 정상상태에서의 최대잔류전압의 150% 이상이어야 한다.

11-9 차단기가 갖추어야 할 요구조건, 차단기의 기능 및 구성에 대해 설명하시오.

(1) 차단기가 갖추어야 할 요구조건

차단기는 전기가 통전되는 동안에는 양호한 도체로서, 평상시의 전류나 단락 전류에 대해서 열적, 기계적 충분한 강도를 가져야 하며, 회로가 개방될 시에는 양호한 절연성을 가져 작업상 안전한 상태를 유지해야 한다. 그리고, 이상 상태에서도 대지 및 동상 (同相) 단자 간의 전압에 견딜 수 있어야 하고, 통전 상태의 임의 시점에 있어서 정격 차단 전류 이하의 전류를 이상 전류가 발생하지 않도록 가능한 단시간에서 차단할 수 있어야 한다. 또한 기계적으로는 충분한 강도를 가져야 하며 개폐 조작 시에 발생하는 소음이 작고, 소형이며, 보수·점검이 용이해야 한다.

(2) 차단기의 기능

① 전류통전 기능 : 전류통전기능이란 정상상태에서는 양호한 도체로서의 기능을 수행하며, 상시의 전류는 물론 단락전류에 대해서도 열적, 기계적으로 견딜 수 있어야 한다는 것을 의미한다.

② 사고전류 차단 기능 : 사고전류 차단기능이란 전기가 공급되는 폐로 상태의 임의의 시점에 있어서 사고가 발생하였을 경우 정격차단전류 이하의 전류를, 이상전압을 발생하는 일이 없도록 단시간에 차단할 수 있는 기능을 말한다. 규정의 회로 조건하에서 규정의 개폐동작에 따라서 차단할 수 있는 한계를 정격차단전류라 한다.

③ 절연 기능 : 차단기의 절연기능이란 차단기 자체가 가지는 절연성을 나타내며, 계통과 보호 협조되도록 해야 한다. 절연기능은 차단기를 포함한 모든 전기기계기구에 요구되는 가장 중요한 요소이다.

④ 개폐조작 기능 : 차단기의 개폐조작 기능이란 앞의 세 가지 기능을 수행하기 위해 개폐 특성에 따라 조작하는 기능이다.

차단기는 통상 사용 중에 개폐 빈도는 크지 않은 것이라고 정의되어 있으나 규격에서는 주회로 저항이나 개폐 특성이 변화하는 일 없이 2,000회의 연속 개폐를 할 수 있을 것이라고 규정하고 있다.

(3) 차단기의 구성

① 전류전달부 : 전류전달부의 차단기가 전류를 통전하는 "폐" 상태일 때는 고정접점과 접촉되어 있고 접촉저항에 의해 회로에 흐르는 전류를 제어하지 않도록 가동접점면에 충분한 압력이 걸리도록 하고 있다. 차단 시에는 가동접점은 적당한 속도로 각 접

점에 걸리는 전압에 충분히 견딜 수 있는 거리까지 떨어진다.

② 절연부 : 고압이 흐르는 도전부와 차단기 구조물과는 전기적으로 절연되어야 한다.

③ 소호장치 : 회로에 흐르고 있는 전류를 차단하면 아크가 발생하게 되는데, 이 아크를 소멸시키는 장치로서 차단기 중 가장 중요한 부분이다.

④ 기구부 : 규정의 투입전류 투입이나 차단전류의 차단을 하기 위해서는 가동접점의 동작은 고속도로 하지 않으면 안 된다. 따라서 큰 가속을 얻기 위해서는 충분한 힘이 요구되며 이 가속은 순간적으로 가동부에 전달되어야 한다. 또한 차단동작 시 조작력이 크므로 기구에 나타나는 충격도 크기 때문에 이러한 충격을 흡수하는 장치가 필요하게 된다.

⑤ 보조장치 : 차단기가 올바르게 동작되기 위하여 필요한 장치로서 제어장치, 인터로크 장치, 인출장치 등이 있다.

11-10 지락차단장치 설치방법을 직접접지식과 비접지식으로 구분하여 설명하시오.

(1) 직접접지식 지락차단장치 설치방법

① 변류기 y결선 잔류회로에 의한 지락차단 : 변류기 y결선의 잔류회로를 이용하여 지락전류를 검출하는 방식으로 가장 많이 활용되는 방식으로 비교적 시설용량이 작은 설비에 사용된다.

② 3권선 영상분로회로에 의한 지락차단 : 3권선 변류기를 이용하는 방식으로 2차 권선은 y결선하여 영상변류기를 접속하고 3차 권선은 영상분로 접속하여 지락전류를 검출하는 방식으로 비교적 시설용량이 큰 설비에 사용된다.

③ 저압 측 2종 접지선의 변압기에 의한 지락차단 : 2종 접지선에 변류기를 설치하여 지락을 검출한다.

(2) 비접지식 지락차단장치 설치방법

① 접지변압기와 지락과전압계전기에 의한 지락차단 : 차단기 1차 측에 접지변압기를 설치하고 차단기 2차 측에 지락 발생 시 영상전압을 검출하여 지락과전압계전기를 동작시킨다.

② 접지변압기와 영상변류기를 사용하여 지락과전압계전기와 선택지락계전기를 동작시켜 지

락차단 : 영상변류기를 통해 영상전류를 검출하여 선택지락계전기를 동작시키고 접지변압기를 통해 영상전압을 검출하여 지락과전압계전기를 동작시킨다.

③ 접지콘덴서를 사용하여 누전차단기에 의한 지락차단 : 단거리 비접지선로에서 사고 발생 시 지락전류가 거의 흐르지 않아 영상전류 검출이 어려우므로 영상변류기 1차 측에 접지콘덴서를 부착하여 지락계전기를 동작시킨다

11-11 차단기에서 사용하는 정격전류, 정격차단전류, 과부하전류, 과전류를 설명하시오.

① 정격전류 : 전류가 연속해서 흘러도 규정된 온도 상승 한도를 초과하지 않는 최대전류를 말한다.
② 정격차단전류 : 회로에 사고 발생 시 고장전류를 차단 및 투입할 수 있는 한계전류치를 말한다. 이때는 정격전류가 흐를 때와는 달리 온도 상승이 동반된다.
③ 과부하전류 : 정격용량을 초과한 부하설비를 전기회로에 접속, 사용하는 경우 정격전류를 초과하여 흐르는 전류를 말한다.
④ 과전류 : 정격전류 또는 전선의 허용전류를 초과하는 전류로서 과부하전류, 단락전류, 지락전류를 말한다.

11-12 차단기의 트립(trip)과 트립 프리(trip free)에 대해 설명하시오.

(1) 차단기의 트립(trip)

차단기의 on과 off는 켜짐, 꺼짐의 의미이며 on off trip에서 trip은 차단기가 스스로 이상을 감지하여 선로를 차단하는 경우를 말한다.

한편으론 off와 동일한 결과이지만, off는 사용자가 임의로 선로를 개로(off)한 경우이고 trip은 차단기가 스스로 이상전류를 감지하여 선로를 off한 것이다. 만약 차단기를 on한 상태에서 강제로 off할 수 없도록 장치를 하였다고 가정할 때도 과전류 등의 이상 전류가 유입 시 차단기는 내부적으로 트립(trip)이 되는데 이것을 트립 프리

(trip free)라 하며 차단기가 가져야 될 기본 기능이다.

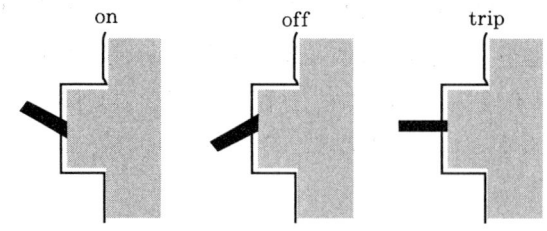

차단기의 on-off trip

(2) 트립 프리(trip free)

　차단기가 갖추어야 할 중요한 기능은 사고전류를 신속히 차단하여 회로를 보호하는 것이며, 트립 프리란 과전류 등 이상전류가 흐를 경우에만 트립(trip)되도록 하고 강제적(인위적)으로 차단할 수 없도록 하는 장치를 말한다. 즉, 트립 프리란 폐로 또는 조작 기구의 동작에 관계 없이 자동 트립 기구가 동작되는 것을 말한다. 트립 프리 방식에는 기계적 트립 프리, 전기적 트립 프리, 공기적 트립 프리가 있다.

11-13 다음 차단기의 동작책무에 관한 사항에 대해 설명하시오.
(1) 동작책무를 규정하고 있는 이유
(2) 동작책무 표기법 및 기호의 의미
(3) 고압차단기의 일반용과 고속도 재투입용 차단기의 표준동작책무
(4) 저압차단기의 최대단락시험과 사용단락시험의 표준동작책무

(1) 동작책무를 규정하고 있는 이유

　차단기의 동작책무란 1회 또는 2회 이상의 차단동작을 규정시간의 간격을 두고 반복하여 행하는 일련의 동작을 나타내는 책무를 말하며, 차단, 재투입, 차단 등의 횟수와 시간에 따라 차단성능과 차단용량에 영향을 미치므로 그 성능을 보장할 수 있는 동작책무를 규정하고 있다.

(2) 동작책무 표기법 및 기호의 의미

　O – (0.3초) – CO – (3분) – CO 등으로 표시하며, 여기서 O는 차단, CO는 재투입 및 차단, 0.3초와 3분은 차단 후 재투입 시까지의 시간을 말한다. 즉, 한 번 차단 후 0.3

초 후에 재투입 및 차단, 3분 후 다시 재투입 및 차단함을 의미한다.

(3) 고압차단기의 일반용과 고속도 재투입용 차단기의 표준동작책무
① 일반용 : CO – (15초) – CO 또는 O – (3분) – CO – (3분) – CO
② 고속도 재투입용 : O – (0.3초) – CO – (3분) – CO

(4) 저압차단기의 최대단락시험과 사용단락시험의 표준동작책무
① 최대단락시험 : O – (15초) – CO
② 사용단락시험 : O – (3분) – CO – (3분) – CO

11-14 다음 전력퓨즈에 대한 사항에 대해 설명하시오.
  (1) 한류형과 비한류형 퓨즈의 동작원리, 특징(장단점), 전차단시간
  (2) 전력퓨즈의 장단점
  (3) 전력퓨즈가 갖추어야 할 조건 (기능)

(1) 한류형과 비한류형 퓨즈의 동작원리, 특징(장단점), 전차단시간
전력퓨즈는 차단기와 릴레이, 변성기 등 3가지 역할을 하는 것으로 그 특성은 다음과 같다.
① 동작원리
  ㈎ 한류형 퓨즈 : 전압 "0"에서 높은 아크저항을 발생해서 사고전류를 강제로 한류차단하는 방식이다.
  ㈏ 비한류형 퓨즈 : 전류 "0"에서 소호가스를 극간의 절연내력을 재기전압 이상으로 높여서 차단하는 방식이다.
② 특징(장단점)
  ㈎ 한류형 퓨즈 : 장점 – 소형이며 차단용량이 크고 한류 효과가 있으며 고속 차단이 가능하고 후비보호에 적합하다. 단점 – 과전압이 발생하며 최소 차단전류가 있다.
  ㈏ 비한류형 퓨즈 : 장점 – 과전압이 발생하지 않고 녹으면 반드시 차단하므로 과부하 보호가 가능하다. 단점 – 대형이며 한류 효과가 작다.
③ 전차단시간
  ㈎ 한류형 퓨즈 : 0.5 Hz

(나) 비한류형 퓨즈 : 0.65 Hz

(2) 전력퓨즈의 장단점

① 장점
  (가) 가격이 싸고 소형, 경량이다.
  (나) 릴레이나 변성기가 별도로 필요 없다.
  (다) 큰 차단용량을 갖는다.
  (라) 보수가 간단하고 고속 차단이 가능하다.
  (마) 한류형은 한류 특성을 가지며 후비보호에 적합하다.

② 단점
  (가) 재투입이 곤란하다.
  (나) 동작 시간 – 전류 특성을 자유로이 조정할 수 없다.
  (다) 한류형은 차단 시에 과전압이 발생한다.
  (라) 비보호영역이 있으며 사용 중 열화하여 동작 시 결상을 일으킬 수 있다.
  (마) 고임피던스의 접지계통의 접지보호는 불가능하다.

(3) 전력퓨즈가 갖추어야 할 조건(기능)

① 부하전류를 안전하게 통과시켜야 한다.
② 동작대상의 일정값 이상의 과전류에서는 오동작 없이 차단해야 한다.
③ 과도적 서지전류에 동작하지 않아야 한다.
④ 타 보호기기와 절연협조를 가질 수 있어야 한다.

11-15 전력계통에서 차단기의 개폐 시 발생하는 서지의 종류와 그 방지 대책에 대하여 설명하시오.

(1) 서지의 종류

전력계통에서 차단기를 개폐하는 경우 과도현상으로서 이상전압이 발생하게 되며, 그 종류는 다음과 같다.
① 고장전류 차단 시 서지
② 무부하 충전전류 차단 시 서지
③ 고속도 재폐로 시의 서지

④ 변압기 여자전류 차단 시의 서지
⑤ 3상을 동시에 투입하지 않을 때의 서지

(2) 서지 방지 대책

① 고장전류 차단 시 발생하는 서지를 방지하기 위해서는 중성점 저항접지방식을 채택한다.
② 무부하 충전전류 차단 시 발생하는 서지를 방지하기 위해서는 차단구간을 신속히 차단하고 중성점 직접접지방식을 채택하며 병렬회선을 설치한다.
③ 고속도 재폐로 시의 서지를 방지하기 위해서는 선로 측에 리액터를 설치하여 잔류전하를 방전시킨다.
④ 변압기 여자전류 차단 시의 서지를 방지하기 위해서는 변압기와 병렬로 콘덴서를 설치하고 피뢰기를 설치한다.
⑤ 3상을 동시에 투입하지 않을 때 발생하는 서지를 방지하기 위해서는 변압기 2차 측에 콘덴서를 설치하거나 피뢰기를 설치한다.

11-16 다음에 대해 설명하시오.
   (1) 선로개폐기와 단로기
   (2) 배선용 차단기의 개요, 종류 및 과부하 차단과 지락사고 차단 시 고려사항

(1) 선로개폐기와 단로기

① 선로개폐기 : 선로개폐기는 변압기의 여자전류나 단거리 선로의 충전전류를 차단하는데 주로 사용하며, 이를 위해 차단 부분에 초호각이나 압축공기를 이용한다.
② 단로기 : 단로기는 기기를 선로에서 분리하거나 선로를 접속 변경하는 경우 주로 사용하며, 충전전류를 차단할 수는 없다.

(2) 배선용 차단기의 개요, 종류 및 과부하 차단과 지락사고 차단 시 고려사항

① 배선용 차단기의 개요 : 배선용 차단기(moulded-case circuit breaker)는 교류 600 V, 직류 750 V 이하의 전로보호에 사용하는 과전류 차단기를 말하며, 개폐기, 트립장치 등을 절연물의 용기 내에 일체로 조립한 것이다.
② 배선용 차단기의 종류
   ㈎ 작동방식에 의한 분류

㉮ 열동식은 바이메탈의 열에 대한 변화(변형) 특성을 이용하여 작동하는 것으로, 직렬식(소용량), 병렬식(중, 대용량), CT식(교류 대용량) 등이 있다.

㉯ 열동 전자식은 열동식과 전자식 두 가지 작동요소를 갖는 것으로, 과부하 영역에서는 열동식 소자가 작동하고, 단락 등의 대전류 영역에서는 전자식 소자에 의해 단시간에 작동한다.

㉰ 전자식은 전자석에 의해 작동하는 것으로 작동시간이 길어진다.

㉱ 전자식은 CT를 이용하여 소전류 영역에서는 장시한, 대전류 영역에서는 단시한, 단락전류 영역에서는 순시에 작동한다.

(나) 용도에 따른 분류

㉮ 배선보호용 차단기는 일반배선용 전압회로의 간선 및 분기회로에 일반적으로 사용되며, 2.5~200 kA까지 제조되고 있다.

㉯ 전동기보호 겸용 차단기는 분기회로의 과전류차단기로 사용되며, 전동기의 전부하 전류에 맞춘 것으로서 전동기의 과부하보호를 겸한다.

㉰ 특수용으로는 단한 시 차단기, 순시 차단기, 4극 차단기가 있다

(다) 차단 유닛의 형태에 따른 분류

㉮ 공장 봉인, 작동 전류 변환 불가

㉯ 작동 전류 변환 가능

㉰ 반도체형

③ 배선용 차단기의 과부하 차단과 지락사고 차단 시 고려사항

(가) 과부하 차단

㉮ 대부분의 배선용 차단기는 시간 지연 및 순시의 트립 장치가 구비되어 있다.

㉯ 시간 지연 차단은 보다 큰 과부하에서는 더 짧은 시간에 차단되는 반한시 특성을 갖는 것을 말한다. 그러나 기동 시의 오작동을 방지하기 위하여 전동기의 기동전류와 같이 아주 짧은 시간 동안의 과부하에서는 차단기가 작동되지 않도록 하고 있다.

㉰ 지나치게 큰 고장 전류인 과도한 과부하에서는 배선용 차단기의 도체와 절연물의 손상을 방지하기 위하여 자기 차단장치가 작동하여 회로를 즉시 신속하게 개방시킨다.

(나) 지락사고 차단 : 일반 배선용 차단기는 지락사고를 감지하여 이를 차단하는 기능이 없으므로 낮은 수준의 지락사고는 차단할 수 없음을 인지해야 한다.

제12장 전동기, 발전기 및 변압기

12-1 전동기의 보호조건과 보호계전방식의 적용 시 고려사항을 설명하시오.

(1) 보호조건
전동기는 다음의 조건에 대해 반드시 보호해야 한다.
① 운전 중 정지(stalling) 보호 : 운전 중 정지사고 시에는 기동전류에 도달하게 되어 전동기를 급속히 가열시킨다. 이러한 사고는 과부하나 공급전압이 낮을 때 발생한다.
② 고정자 권선보호 : 고정자 권선의 절연열화가 원인이 되며, 전동기 수명 단축과 고장을 일으킬 수 있다.
③ 회전자 과열보호 : 전동기의 급격한 온도 상승을 방지하기 위해 과열보호장치를 회전자에 설치한다.
④ 고정자 단락 및 지락보호 : 고정자 권선의 단락보호를 위해 비율차동계전기를 사용하며 지락보호를 위해 지락과전압 계전기에 의해 지락을 검출하며 전동기를 보호한다.
⑤ 회전자 단락보호 : 회전자에 단락발생 시 과도한 단락전류에 대해 보호장치가 필요하다.
⑥ 공급전원의 비정상상태 및 비정상운전상태 : 공급전원의 품질의 급격한 변동에 따라 적합한 보호장치를 채택한다.

(2) 보호계전방식의 적용 시 고려사항
① 적용되는 전동기 제어방식
② 전동기의 마력수 및 형식
③ 공급전원의 특성, 전압, 위상, 접지방식, 단락전류
④ 운전의 중요성을 결정짓는 프로세스의 기능과 특성
⑤ 기동특성곡선

12-2 전동기의 과열(소손) 원인에 대해 설명하시오.

① 과부하 : 전동기에 과부하가 가해져 전동기에 열을 발생시켜 그 열에 의해 권선의 절연이 파괴된다.
② 결상 : 전동기의 3상 중 한 상의 결함으로 단상으로 운전될 때 전동기는 회전 토크의 부족으로 회전을 계속하지 못하고 전류는 통상 전류의 2배 이상으로 증가되어 과도한 전류에 의해 과열이 발생하고 소손된다.
③ 층간단락 : 전동기 권선 중 한 상의 권선이 절연열화로 인해 같은 상의 권선이 서로 단락되어 과열에 의해 소손된다.
④ 선간단락 : 전동기 권선의 열화로 인한 절연이 취약하게 되어 선간단락을 일으켜 과열에 의해 소손된다.
⑤ 권선지락 : 권선의 열화로 인해 전동기의 몸체에서 누설전류가 흘렀을 때 그 누설전류에 의한 1선 지락으로 과열이 발생되어 소손된다.

12-3 유도전동기로 인한 전기재해 예방을 위한 외관 점검항목을 쓰고, 제동법을 설명하시오.

(1) 유도전동기의 외관 점검항목
① 오손, 먼지, 부식, 고정부의 이완 상태
② 배선 등의 접속 상태, 벨트 등 동력전달장치의 장력 상태
③ 전류, 전압의 이상 또는 불평형 등 계기의 이상 유무
④ 이상 진동 및 소음 상태
⑤ 이상 과열 상태

(2) 제동법
① 발전제동 : 전동기를 전원으로부터 분리한 후 1차 측에 직류전원을 공급하여 발전기를 동작시켜 발생한 전력을 저항에서 열로 소비시키는 방식이다.
② 회생제동 : 유도전동기를 유도발전기로 동작시켜 그 발생전력을 전원에 변환하면서 제동하는 방식이다.

③ 역상제동 : 1차 권선의 3단자 중 2단자의 접속을 바꾸면 역방향의 토크가 발생되어 제동하는 방법으로 급제동이 가능하다.
④ 단상제동 : 권선형 유도전동기의 1차 측을 단상교류로 여자하고 2차 측에 적당한 크기의 저항을 넣으면 역방향의 토크가 발생되어 제동하는 방식이다.

12-4 몰드변압기(mold transformer)의 특성과 유입변압기와 비교할 때 장단점을 설명하시오.

(1) 몰드변압기(mold transformer)의 특성
몰드변압기는 본체를 에폭시 수지로 절연하여 몰드화한 변압기로서, 주요 특성은 다음과 같다.
① 난연성, 안전성이 뛰어나다.
② 내습성, 내진성이 양호하다.
③ 소형, 경량이다.
④ 단시간 과부하 내량이 크다.
⑤ 전력손실이 작다.
⑥ 유지보수와 점검이 용이하다.

(2) 유입변압기와 비교할 때 장단점

구 분	몰드변압기	유입변압기
단시간 과부하 내량	크다.	작다.
전력손실	작다.	크다.
내습, 내진성	내습, 내진성이 양호하다.	강하다.
난연성	난연성이 있다.	가연성이다.
크기 및 중량	소형, 경량이다.	대형, 중량이다.
유지보수 및 점검 용이성	용이하다.	용이하지 않다.
단락강도	강하다.	매우 강하다.
내열등급	B종 : 120℃ F종 : 150℃	A종 : 105℃

12-5 전동기의 분전반에 대한 점검항목을 쓰시오.

① 분전반 주위 정돈 여부
② 분전반 회로 구성의 적정성 및 전원 인출 상태
③ 분전반 가까운 곳에 인화성 물질 또는 가연성 가스 존재 여부
④ 분전반 주변 및 내부 조도의 적절성 여부
⑤ 전선의 인입, 인출구의 고정 상태
⑥ 충전부의 노출 여부
⑦ 과전류차단기의 적정 용량 여부 및 누전차단기의 동작 상태

12-6 변압기의 병렬 운전 조건에 대해 설명하시오.

2대 이상의 변압기를 병렬 운전하기 위한 조건은 다음과 같다.
① 각 변압기의 권수비가 같고 1, 2차 전압이 같아야 한다. 1, 2차 전압이 같지 않으면 변압기 간에 순환전류가 흘러 출력이 줄고 소손하는 경우가 있다.
② 각 변압기의 임피던스 전압이 같고 저항과 리액턴스 비가 같아야 한다. 임피던스 전압이 서로 다를 경우 변압기의 용량에 비례하는 부하분담을 하지 않고 임피던스 전압이 낮은 쪽으로 과부하가 발생할 수 있다. 또한 저항과 리액턴스 비율이 같지 않으면 부하역률에 따라 변압기의 부하분담이 변화되어 소손될 수 있다.
③ 3상의 경우 각 변위 및 상회전이 같고, 단상의 경우 극성이 같아야 한다. 각 변위가 다르면 변압기 간 순환전류가 흘러 온도 상승을 유발하며 극성이 다르면 변압기를 단락시키게 된다.
④ 각 변압기의 정격용량의 비는 3 : 1 이하로 한다. 변압기의 용량차가 너무 크면 소용량 변압기에 과부하되기 쉽다.

12-7 발전기의 보호장치로서 연료전지를 전로에서 차단함과 동시에 연료가스 공급을 차단하고 연료전지 내 연료가스를 배제하는 장치를 시설해야 하는 경우를 3가지 설명하시오.

① 연료전지에 과전류가 생긴 경우
② 발전요소의 발전전압에 이상 발생 시 또는 연료 가스 출구에서의 산소 농도 또는 공구 출구에서의 연료 가스 농도가 현저히 상승한 경우
③ 연료전지의 온도가 현저히 상승한 경우

12-8 변압기의 소음 발생 원인과 그 저감대책에 대해 설명하시오.

(1) 소음 발생 원인
변압기의 소음과 진동은 코어로 사용한 규소강판들이 누설 자기력으로 인해 서로 당기고 밀치면서 발생하는 현상이며, 구체적인 원인은 다음과 같다.
① 변압기의 철심, 코일, 덕트 고정볼트 등의 조임이 불량할 경우 발생한다.
② 고조파가 발생 시 소음이 커진다.
③ 변압기 내부에 층간단락이 발생하거나 절연물질이 열화될 때 발생한다.
④ 변압기의 터미널 단자의 접속이 불량할 때 발생한다.

(2) 저감대책
① 철심, 권선을 단단히 조인다.
② 철심의 자기밀도를 낮게 하고 이방성규소철판을 사용한다.
③ 진동의 전달을 차단하기 위해 변압기 본체와 탱크, 탱크와 설치대 사이에 방진패드를 설치한다.
④ 내부 소음을 흡수하는 재료를 넣은 2중 구조로 하며, 변압기 주변에 방음벽을 설치한다.

12-9 변압기의 고장 원인 및 결과(고장의 종류)와 보호계전방식에 대해 설명하시오.

(1) 변압기의 고장 원인 및 결과(고장의 종류)

① 변압기의 고장 원인
  ㈎ 과전류 및 단락전류 : 변압기 고장의 가장 큰 원인은 과전류와 단락전류이며, 이러한 대전류가 흐르면 변압기 권선의 온도가 급격히 상승하여 절연손상을 가져와 고장을 일으킨다.
  ㈏ 이상전압 : 직격뢰나 개폐서지 등 이상전압이 인가되면 변압기의 절연파괴 등이 발생되어 고장을 일으킨다.
  ㈐ 기계적 충격 : 변압기에 기계적 충격이 부과되면 리드선의 단선이나 부싱의 파손 등의 고장이 발생한다.
  ㈑ 열 또는 온도 변화 : 변압기의 온도가 상승과 하강을 반복하게 되면 변압기의 철심 등에 영향을 미치게 되어 고장이 일어난다.
  ㈒ 절연물 내부의 공극 : 변압기 절연물의 내부에 공극이 존재하면 미소 코로나가 절연물의 절연을 파괴시키는 원인이 된다.

② 변압기의 고장 결과(고장의 종류)
  ㈎ 권선의 단락 및 층간 단락
  ㈏ 권선과 철심 간의 절연파괴 또는 접지
  ㈐ 고압, 저압 권선 간의 혼촉
  ㈑ 단선
  ㈒ 부싱 파괴 또는 리드선의 절연파괴

(2) 보호계전방식

변압기의 고장별 보호계전방식은 다음과 같다.
① 변압기의 고장 중 변압기 권선의 상간 및 층간 단락에 대한 보호로는 피보호 변압기의 각 단자에 변류기(CT)를 설치하여 비율차동보호를 하는 방식이 가장 많이 사용된다.
② 변압기 권선의 지락에 대한 보호는 고압 · 저압권선마다에 개별로 지락과전압보호 또는 지락과전류보호계전방식을 사용한다.
③ 변압기의 과부하 및 후비보호는 유도 원판형 과전류계전기에 의해 보호되며 비율차동계전기를 주보호로 하고 과전류계전기를 후비보호로 하고 있다.
④ 변압기 내부 고장 때, 기름이나 절연물이 분해해서 생기는 가스와 기름의 급격한 팽창현상이 발생하게 되는데, 변압기 본체와 콘서베이터와의 연결관 도중에 부흐홀쯔계전기를 설치하여 이때 발생하는 유류에 의해 동작함으로써 변압기를 보호하고 있다.

12-10 임피던스 전압이 서로 다른 변압기의 병렬 운전에 대하여 설명하시오.

임피던스 전압이 서로 다를 경우 변압기의 용량에 비례하는 부하분담을 하지 않고 임피던스 전압이 낮은 쪽으로 과부하가 발생할 수 있다.

① 병렬 운전을 하였을 경우 부하분담 : 2대의 변압기 T_1, T_2의 임피던스를 Z_1, Z_2라 하고, 부하를 P라 하면, T_1의 부하분담 $= \dfrac{Z_2}{Z_1+Z_2} \times P$, T_2의 부하분담 $= \dfrac{Z_1}{Z_1+Z_2} \times P$ 이다.

따라서 임피던스 전압이 작은 변압기의 부하분담이 커지므로 임피던스 전압이 큰 차이가 있는 변압기의 병렬 운전은 가능한 하지 않도록 해야 한다.

② 과부하 운전을 하지 않기 위한 부하제한 : 임피던스 전압이 서로 다른 변압기를 병렬 운전함에 있어 과부하가 발생하지 않도록 하기 위해서는 부하를 낮추면 된다. 즉 임피던스 전압이 작은 변압기의 부하분담이 그 변압기의 용량이 되도록 부하 P를 낮추면 된다.

12-11 변압기유가 갖추어야 할 조건과 열화의 원인 및 방지대책에 대해 설명하시오.

(1) 변압기유가 갖추어야 할 조건
변압기는 교류전압을 변환시키는 장치로써 부하전류가 흐르면 변압기의 철손과 동손에 의해 변압기의 온도가 상승하므로 이에 대한 냉각작용과 변압기 권선의 절연을 목적으로 사용되며 변압기유의 구비조건은 다음과 같다.
① 절연파괴 전압이 크고 냉각작용이 좋아야 한다.
② 장기간 사용해도 산화 변질이 적고 부식되지 않아야 한다.
③ 매우 추운 곳에서도 주상변압기 등에서 지장 없이 사용할 수 있을 만큼 유동점이 낮고, 100 ℃ 부근의 온도로 증발감량이 적은 것이어야 한다.

(2) 변압기유의 열화의 원인 및 방지대책
변압기유의 열화에는 변압기에서 발생하는 열에 의한 열화, 대기 중의 수분을 흡수해서 생기는 흡습에 의한 열화, 코로나에 의한 열화, 이상 진동, 충격 등에 의한 기계적 응력에 의해 발생하는 열화 등이 있다. 이러한 열화를 방지하기 위해서는 콘서베이터를 설치하여 변압기의 호흡작용을 하는 브리더와 공기가 변압기의 외함으로 유입하지 못하게 한다.

12-12 정격이 같은 2대의 단상변압기가 있다. 용량은 1,000 kVA이고 임피던스 전압은 8%와 7%이다. 이것을 병렬운전하면 몇 kVA의 부하를 걸 수 있는지 계산하시오.

분담하는 부하가 큰 편이 정격용량과 같을 때까지 부하를 걸 수 있으므로 각 변압기의 분담부하를 각각 kVA_1, kVA_2라 하고, 전부하를 kVA라 하면,

$$\frac{kVA_1}{7} = \frac{kVA_2}{8} = \frac{kVA}{15}$$ 가 된다.

따라서 임피던스가 작은 측, 즉 kVA_2가 큰 부하가 걸리게 되므로

전부하$(kVA) = kVA_2 \times \frac{15}{8} = 1,000 \times \frac{15}{8} = 1,875\ kVA$ 이다.

12-13 변압기의 단절연과 차폐에 대해 설명하시오.

(1) 변압기의 단절연

중성점 직접접지 계통에서 사용하는 변압기에 실시하는 것으로서 중성점 접지 시의 서지 압력은 선로단 측이 강하고 중성점 측으로 갈수록 약해지므로 절연강도는 각 코일을 동일하게 할 필요 없이 선로단 측은 특히 강하게 하고 중성점 측으로 갈수록 약하게 한다. 따라서 절연이 매우 경제적으로 되어 변압기의 치수, 중량을 줄일 수 있게 되는데, 이와 같이 절연강도를 점차 감해 가는 방식을 단절연이라 한다.

(2) 변압기의 차폐

변압기의 차폐란 변압기 단자에 충격전압의 진행파가 가해질 때 발생하는 권선 내부의 전위 진동을 억제하기 위해 내부에 발생하는 이상전압을 방지할 목적으로 실시하는 것이다. 변압기의 차폐구조는 변압기의 권선에 정전용량을 부가하는 것을 말하며 차폐도체는 절연전선을 주로 사용한다.

12-14 변압기의 냉각방식에 대해 설명하시오.

변압기는 부하손이나 무부하손에 의해 철심과 권선이 발열하게 되며, 이를 냉각시키기 위해 절연유나 공기를 이용하게 된다. 일반적으로 변압기의 냉각방식에는 유입자랭식, 유입수랭식, 유입풍랭식, 송유자랭식, 송유수랭식, 송유풍랭식이 있다.

① 유입자랭식 : 철심이나 권선에서 발생하는 열을 기름에 의해 외함과 방열기에 전달하여 공기의 대류와 방사에 의해 열을 방산시키는 방식이다.
② 유입수랭식 : 변압기의 탱크 내 기름 속에 설치된 냉각관에 냉각수를 통과시켜 냉각하는 방식이다.
③ 유입풍랭식 : 유입자랭식의 방열기에 냉각팬을 설치하여 냉각 효과를 증가시키는 방식이다.
④ 송유자랭식 : 기름을 송유펌프로 순환시켜 방열기로 열을 방산시키는 방식이다.
⑤ 송유수랭식 : 기름을 송유펌프로 강제순환시키면서 냉각관에 냉각수를 통과시켜 냉각하는 방식이다.
⑥ 송유풍랭식 : 기름을 펌프로 냉각기를 통하여 순환시키면서 냉각기를 냉각팬에 의해 강제 통풍으로 냉각시키는 방식이다.

12-15 송전선로에서 조상설비의 설치목적과 조상설비로 사용되는 전력용 콘덴서와 동기조상기의 차이점을 설명하시오.

(1) 조상설비의 설치목적

장거리 송전선로에서 경부하 시 선로의 충전전류에 의한 페란티 효과(Ferranti effect) 때문에 수전단 전압은 송전단 전압보다 높아진다. 조상설비는 이러한 부하변동에 따른 수전단 전압의 변동을 조정하여 수전단 전압을 일정하게 유지시키고, 역률을 개선시켜 손전손실을 경감시키며 안정도를 향상시키는 기능을 가진다.

(2) 전력용 콘덴서와 동기조상기의 차이점

① 경부하 시 수전단 전압이 상승했을 때 동기조상기는 지상전류를 취하여 수전단 전압을 떨어뜨릴 수 있으나 전력용 콘덴서는 불가하다.

② 계통에 단락사고 발생 시 전력용 콘덴서는 고장전류를 공급하지 않지만 동기조상기는 공급한다.
③ 계통에 전력 변동 발생 시 동기조상기는 과도안정도를 높이는 작용을 하지만 전력용 콘덴서는 불가하다.
④ 전력용 콘덴서의 투입 및 차단은 각 군마다 하므로 전압 조정이 계단적으로 되지만 동기조상기는 조압 조정이 원활하다.
⑤ 전력용 콘덴서는 전력 손실이 작지만 동기조상기는 크다.
⑥ 동기조상기는 송전선로를 충전할 수 있지만 전력 콘덴서는 할 수 없다.

제13장 전기설비기술기준

13-1 전기울타리의 설치방법과 전기울타리용 전원장치에 대해 설명하시오.

(1) 전기울타리의 설치방법
  ① 사람이 쉽게 출입하지 않는 곳에 시설한다.
  ② 사람이 보기 쉽도록 적당한 간격으로 위험 표시를 한다.
  ③ 전선과 이를 지지하는 기둥 사이의 이격거리는 2.5 cm 이상으로 한다.
  ④ 전선은 인장강도 1.38 kN 이상의 것 또는 지름 2 mm 이상의 경동선으로 한다.
  ⑤ 전선과 다른 시설물 또는 수목 사이의 이격거리는 30 cm 이상으로 한다.

(2) 전기울타리용 전원장치
  ① 충전부 및 철심부는 외함 속에 수용한다.
  ② 절연변압기를 사용한다.
  ③ 입력 측 회로의 각 극에 개폐기 및 정격전류가 1A 이하인 차단기가 있어야 한다.
  ④ 출력 측 단자에는 방전 갭 등 습뇌 시의 위험을 방지하는 장치를 설치한다.

13-2 강색차선의 시설방법과 절연저항 유지기준에 대해 기술하시오.

(1) 강색차선 시설방법
  ① 지름 7 mm의 경동선으로 한다.
  ② 레일면상의 높이는 4 m 이상으로 한다.

(2) 절연저항 유지기준
  사용전압에 대한 누설전류가 궤도 연장 1 km마다 10 mA를 넘지 않도록 한다.

13-3 유희용 전차의 전기설비 시설방법과 유지방법에 대해 기술하시오.

(1) 전기설비 시설방법
① 전로의 사용전압은 교류 40V 이하, 직류 60V 이하로 한다.
② 절연변압기를 사용한다.
③ 사용 접촉전선은 제3 레일방식에 의한다.
④ 레일은 용접 또는 본드로 전기적으로 접속한다.
⑤ 전용개폐기를 시설한다.

(2) 전기설비 유지방법
① 접촉전선과 대지 사이의 절연저항은 사용전압에 대한 누설전류가 레일의 연장 1 km 마다 10 mA를 넘지 않도록 유지한다.
② 유희용 전차 안의 전로와 대지 사이의 절연저항은 사용전압에 따른 누설전류가 규정 전류의 $\frac{1}{5,000}$ 을 넘지 않도록 유지한다.

13-4 수영장(pool)용 수중 조명등 설비와 전기울타리 설치방법에 대해 기술하시오.

(1) 수영장용 수중조명등 설비의 설치방법
① 조명등은 적당한 용기에 넣어야 한다.
② 1차 측 전로는 400 V 미만, 2차 측 전로는 150 V 이하인 절연변압기를 사용한다.
③ 절연변압기의 2차 측에는 개폐기 및 과전류차단기를 시설한다.
④ 절연변압기의 2차 측 배선은 금속관공사를 한다.
⑤ 절연변압기의 2차 측 전압이 30 V를 초과하는 경우에는 지락차단장치를 설치한다.

(2) 전기울타리 설치방법
① 전기울타리는 기존 또는 새로운 벽이나 울타리 상단 및 안쪽에 10 cm 간격의 수평으로 고정된 평행 스프링 강선 가닥으로 구성된다.
㈎ 전선은 일상적인 날씨/바람 조건하에서 처지지 않고, 서로 접촉할 수 없도록 팽팽하게 되어 있어야 한다.

(나) 전선은 사람의 손으로 쉽게 움직일 수 있고, 사람이 올라가기 위해 전선을 밟으면 전선은 처지게 되어 서로 단락될 수 있다.

(다) 절연부싱은 사람이 전기울타리를 올라가고자 하는 경우에 떨어지도록 설계되어 있어야 한다.

② 전선은 최대 3 m 간격으로 떨어져 있는 울타리 기둥에 부착된 플라스틱 절연부싱을 통하여 뻗어 있어야 한다.

③ 전기울타리의 전선 가닥들은 하나 걸러 서로 연결되어 있고, 전격(shock) 전류의 주요 귀환 경로는 인접한 가닥에 흐르도록 되어 있다.

④ 두 개 혹은 그 이상의 전선 가닥들을 동시에 접촉하면 감전을 당하며, 또는 경우에 따라 한 선과 지면을 동시에 접촉할 때에도 감전이 발생한다.

⑤ 각 전기울타리에는 전원과 제어장치가 있다. 보안용 전기울타리는 전압이 가해져 있을 때 지속적으로 감시하고, 침입자가 전선을 자르거나 접근을 시도하는 사실이 감지되면 현장이나 다른 관계자에게 경보하기 위하여 경보시스템을 동작시키도록 설계되어야 한다.

⑥ 전기울타리 부품들은 안전성이 보장되는 것으로 선택되고 제작되어야 한다.

⑦ 전기울타리를 설치함에 있어서 설비의 안전을 보장하기 위하여 제조사에서 제공하는 매뉴얼이나 설계된 설치 절차에 따라 설치해야 한다.

⑧ 제조사는 교육과 계약서를 통하여 설치작업의 표준을 엄격하게 수행해야 한다.

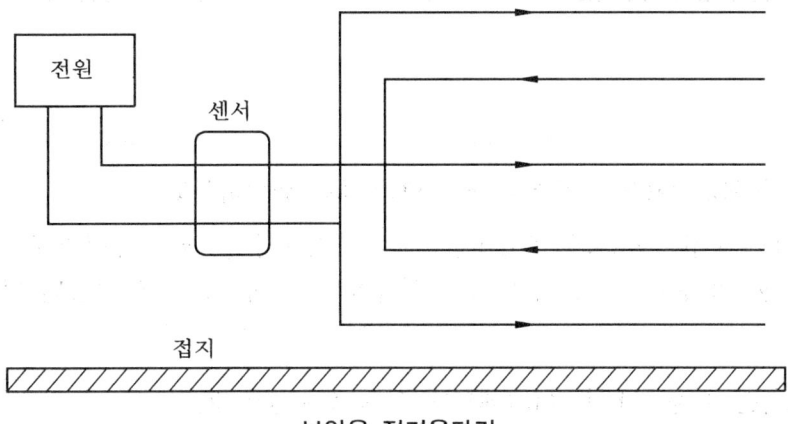

보안용 전기울타리

13-5 발전소 등의 울타리·담 등의 시설의 설치방법을 기술하시오.

① 울타리·담 등의 높이는 2 m 이상으로 하고 지표면과 울타리·담 등의 하단 사이의 간격은 15 cm 이하로 한다.
② 울타리·담 등의 출입구에는 출입금지 표시와 잠금장치를 한다.
③ 옥내일 경우에는 견고한 벽을 설치한다.
④ 가공전선과 교차하는 경우 금속제의 울타리·담 등에는 교차점과 좌, 우로 45 m 이내의 개소에 제1종 접지공사를 한다.
⑤ 공장 등의 구내에 시설할 경우에는 위험 경고 표시를 한다.
⑥ 울타리·담 등의 높이와 울타리·담 등으로부터 충전부까지의 거리의 합계는 다음의 값 이상이어야 한다.

사용전압	울타리·담 등의 높이와 울타리·담 등으로부터 충전부까지의 거리의 합계
35,000 V 이하	5 m
35,000 V 초과 160,000 V 이하	6 m
160,000 V 초과	6 m에 160,000 V를 초과하는 10,000 V 또는 그 단수마다 12 cm를 더한 값

13-6 화재안전기준에 따른 다음 사항에 대해 설명하시오.
(1) 비상조명등의 설치대상, 설치제외대상 및 설치방법(기준)
(2) 휴대형 비상조명등의 설치대상, 설치장소 및 설치방법(기준)

(1) 비상조명등의 설치대상, 설치제외대상 및 설치방법(기준)

비상조명등이란 화재 발생 등에 따른 정전 시에 안전하고 원활한 피난활동을 할 수 있도록 거실 및 피난통로 등에 설치되어 자동 점등되는 조명등을 말한다.
① 설치대상
㈎ 5층 (지하층 포함) 이상으로 연면적 3000 m² 이상
㈏ 지하층 또는 무창층의 바닥면적이 450 m² 이상인 경우에는 그 지하층 또는 무창층
㈐ 지하가 중 터널의 길이가 500 m 이상

② 설치제외대상 : 창고 및 가스시설
③ 설치방법(기준)
  ㈎ 조도는 비상조명등이 설치된 장소의 각 부분의 바닥에서 1럭스 이상이 되도록 한다.
  ㈏ 비상전원은 조명등을 20분 이상 유효하게 작동시킬 수 있는 용량으로 한다.
  ㈐ 특정 소방대상물의 각 거실과 그로부터 지상에 이르는 복도, 계단 및 그 밖의 통로에 설치한다.
  ㈑ 예비전원을 내장한 것은 평상시 점등여부를 확인할 수 있는 점검스위치를 설치하고 충분한 용량의 축전지와 예비전원 충전장치를 내장한다.
  ㈒ 예비전원을 내장하지 않은 비상조명등의 비상전원은 자가발전설비 또는 축전설비를 다음 기준에 따라 설치하여야 한다.
    • 점검에 편리하고 화재 및 침수 등의 재해로 인한 피해를 받을 우려가 없는 곳에 설치하고, 비상전원의 설치장소는 다른 장소와 방화구획 할 것
    • 상용전원으로부터 전력의 공급이 중단된 때에는 자동으로 비상전원으로부터 전력을 공급받을 수 있도록 할 것
    • 비상전원을 실내에 설치하는 때에는 그 실내에 비상조명등을 설치할 것

(2) 휴대형 비상조명등의 설치대상 및 설치방법(기준)

휴대용비상조명등이란 화재 발생 등으로 정전 시 안전하고 원활한 피난을 위하여 피난자가 휴대할 수 있는 조명등을 말한다.
① 설치대상 : 숙박시설, 수용인원 100명 이상의 영화관, 대규모 점포, 지하역사, 지하가 중 지하상가
② 설치장소
  ㈎ 숙박시설 또는 다중이용업소에는 객실 또는 영업장 안의 구획된 실마다 잘 보이는 곳에 1개 이상 설치
  ㈏ 대규모 점포와 영화상영관에는 보행거리 50 m 이내마다 3개 이상 설치할 것
  ㈐ 지하상가 및 지하역사에는 보행거리 25 m 이내마다 3개 이상 설치할 것
③ 설치방법(기준)
  ㈎ 바닥으로부터 0.8 m 이상 1.5 m 이하의 높이에 설치할 것
  ㈏ 어둠 속에서 위치를 확인할 수 있고, 사용 시 자동으로 점등되는 구조일 것
  ㈐ 건전지를 사용하는 경우에는 방전방지조치를 하여야 하고, 충전식 배터리의 경우에는 상시 충전되도록 할 것
  ㈑ 건전지 및 충전식 배터리의 용량은 20분 이상 유효하게 사용할 수 있는 것으로 하고, 외함은 난연 성능이 있을 것

13-7 자가용 수용가의 인입전선로의 시설방법과 전기가마의 안전한 사용을 위한 요구조건에 대해 기술하시오.

(1) 자가용 수용가의 인입전선로의 시설방법
자가용 수용가는 저압을 사용하므로 저압 인입전선로의 시설방법은 다음과 같다.
① 전선은 절연전선, 다심형 전선 또는 케이블로 한다.
② 전선이 케이블이 아닌 경우에는 인장강도 2.3 kN 이상 또는 지름 2.6 mm 이상의 비닐절연전선으로 한다.
③ 전선이 옥외용 비닐절연전선인 경우에는 사람이 접촉할 우려가 없도록 설치한다.
④ 전선의 높이는 도로를 횡단하는 경우 노면상 5 m 이상으로 한다.① ②③④

(2) 전기가마의 안전한 사용을 위한 요구조건
전기가마(electric kiln)는 전기 저항에 의하여 발생하는 열을 이용하여 끓이도록 만든 가마를 말하며, 안전한 사용을 위한 요구조건은 다음과 같다.
① 가마의 파손 및 고장방지를 위하여 정격에 맞는 전원전압을 공급한다.
② 전원으로부터 용이한 접근을 막기 위한 격리 표시를 해야 한다.
③ 적절한 정격을 갖는 차단기나 퓨즈에 의하여 과전류를 보호해야 한다.
④ 단로 스위치와 가마의 연결 시 환경에 적합한 내열성 절연 케이블을 사용해야 하고, 기계적인 손상으로부터 보호되어야 한다.
⑤ 접근이 가능한 외부 금속은 접지되어야 한다.
⑥ 전류가 흐르는 가열장치는 접근하지 못하도록 하고, 전기가마의 전원 차단장치는 연동장치를 사용하여 작동상의 안전 조치를 취해야 한다.
⑦ 가마와 전원장치에서의 전기적 작업은 유자격자에 의해 수행되어야 하며, 스위치기어 제어반에는 허가되지 않는 사람들이 접근하지 못하도록 보안장치가 있어야 한다.
⑧ 진단시험과 같은 필수적인 활선작업을 제외한 전기가마나 전기장치에 대한 활선작업은 할 수 없다.
⑨ 전기가마를 사용하고 있을 때에는 전기가마 제어반의 문과 덮개는 안전하게 고정되어야 한다.
⑩ 가마를 전원에 연결하기 위해 연장된 연결선이나 다중 플러그를 사용해서는 안 된다.
⑪ 입·출력 단자는 감전이 발생할 수 있으므로 신체, 통전물 등이 접촉되지 않도록 주의해야 한다.
⑫ 가마에 물이 들어갔을 때에는 누전, 화재 위험성에 대하여 점검을 받아야 한다.
⑬ 전기가마의 소성작업이 끝난 후에는 반드시 차단기를 내려야 하며, 가마 내부 온도가 외부로 전달되어 표면이 뜨거워질 수 있으므로 주의해야 한다.

13-8 접지공사의 종류 및 접지공사별 접지저항값에 대해 설명하시오.

(1) 접지공사의 종류
제1종 접지공사, 제2종 접지공사, 제3종 접지공사, 특별 제3종 접지공사

(2) 접지공사별 접지저항값
① 제1종 및 제3종 접지공사 : 10Ω 이하

② 특별 제3종 접지공사 : 100Ω 이하

③ 제2종 접지공사 : 접지저항값 $R \leq \dfrac{150}{I}$ (또는 $R \leq \dfrac{300}{I}$, $R \leq \dfrac{600}{I}$) [Ω]

여기서, I는 1선 지락전류, 150은 변압기의 고압 측 전로 또는 사용전압이 35,000 V 이하의 특별고압 측 전로가 저압 측 전로와 혼촉하여 저압 측 전로의 대지전압이 150 V를 초과하는 경우, 300은 1초를 초과하고 2초 이내에 자동적으로 고압 측 또는 사용전압이 35,000 V 이하의 특별고압 전로를 차단하는 장치를 설치하는 경우, 600은 1초 이내에 자동적으로 고압 측 또는 사용전압이 35,000 V 이하의 특별고압 전로를 차단하는 장치를 설치하는 경우에 해당한다.

13-9 지중전선로의 시설방법, 시공 시 안전조치사항 및 지중전선로 작업 시 작업의 위험성과 예방대책에 대해 설명하시오.

(1) 지중전선로의 시설방법
지중전선로란 발전소, 변전소, 개폐소, 이와 유사한 곳과 전기 사용장소에서 상호간의 지중 케이블을 지중에 매설하는 전선로를 말한다.
① 지중전선로는 전선에 케이블을 사용하고 관로식, 암거식 또는 직접매설식에 의해 시설한다.
② 관로식 또는 암거식에 의해 시설하는 경우에는 견고하고 차량 기타 중량물의 압력에 견디는 것을 사용한다.
③ 지중전선을 냉각하기 위하여 케이블을 넣은 관내에 물을 순환시키는 경우에는 순환 압력에 견디고 물이 새지 않아야 한다.

④ 매설식의 경우 매설깊이를 차량 기타 중량물의 압력을 받을 우려가 있는 장소에는 1.2 m 이상, 기타는 60 cm 이상으로 하고 지중전선을 견고한 트라프 등 방호물에 넣어 시설한다.

(2) 지중전선로 시공 시 안전조치사항

① 현장 시공 가능 여부를 검토한다.
② 타 시설물과의 법정 이격거리 유지 및 통신 유도장애 여부를 검토한다.
③ 설계서상의 경과지가 유지보수, 기술적, 경제적으로 가장 합리적인지 검토한다.
④ 도로관리청의 도로굴착 승인 가능 여부를 재확인한다.
⑤ 공사 시공을 위한 도로 교통 등의 통제에 문제가 없는지 재검토하고 도로 관련 행정관서와 충분히 협의해야 한다.
⑥ 타 기관에서 관리 운영하는 시설물을 이용 시는 공사 시공 전 관련 설비 유지 관리부서와 사전에 협의한다.
⑦ 전력구 또는 공동구의 케이블 포설 공사 시는 케이블 포설 위치 도면을 첨부하여 위치 지정 승인을 받아 시공한다.

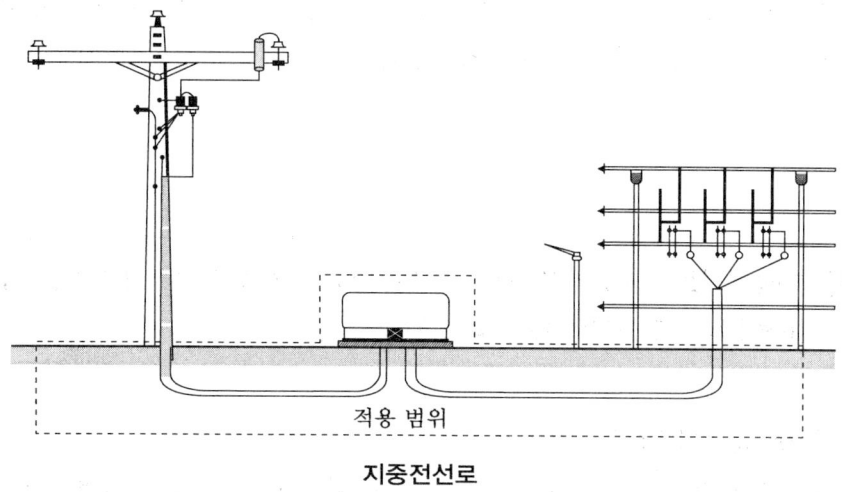

지중전선로

(3) 지중전선로 작업 시 작업의 위험성과 예방대책

① 작업의 위험성
   ㈎ 환기 불충분으로 인한 유해가스 존재 : 맨홀이나 통로는 평상시 외부인이 출입할 수 없게 막아 놓도록 되어 있고 빗물 등의 침입을 막기 위하여 밀폐식으로 뚜껑을 시설하기 때문에 자연통풍이 잘 되지 않아 질식성 및 유독성 가스가 축적되는 경우가 많다.
   ㈏ 내부 공간의 협소 : 내부 공간은 경제적인 여건 등으로 최소화되어 있고 각종 금

구류가 부착되어 작업자의 행동반경이 작아지므로 작업자는 행동의 제약과 함께 심리적으로 위축되어 작업의 위험성이 높다.
- (다) 조명 불충분 : 맨홀에서는 임시 조명 등을 설치하여 작업에 필요한 충분한 밝기를 유지해야 한다.
- (라) 내부 이물질 : 맨홀 내부는 물과 함께 침전물이 고이는 경우가 많아 유해한 가스가 발생되므로 가능한 한 청결을 유지하고 이물질을 신속히 제거해야 한다.

② 예방대책

통로, 맨홀 등의 내부 공기는 산소결핍, 유독가스, 가연성가스의 발생 또는 유입의 가능성이 높고 맨홀이나 통로 내에 들어갈 때는 예방대책이 필요하다.
- (가) 산소결핍 예방 : 산소결핍증은 맨홀 등 내부의 공기는 지하의 오염된 물, 미생물, 콘크리트의 화학작용 등에 의해 산소결핍(공기 중의 산소농도가 18 % 미만)으로 될 가능성이 높기 때문에 내부에 들어갈 경우에는 필히 산소농도 측정기로서 확인해야 한다.
- (나) 가연성가스에 의한 폭발 예방 : 맨홀 등의 내부는 가연성가스가 일정 농도 이상 존재하면 임의의 발화원에 의해 바로 폭발을 일으킬 우려가 있기 때문에 가연성가스 검출기를 이용하여 측정하고 도시가스 등이 잔류되어 있다고 생각되는 경우, 인화의 요인이 될 우려가 있는 화기, 자동차 그 외 동력의 사용을 즉시 중지함과 동시에 관리기관에 연락하여 적절한 조치를 요청해야 한다.
- (다) 유독가스에 의한 중독 예방 : 일산화탄소, 유화수소 등의 유독가스는 일반적으로 오염된 물이나 미생물 등에 의해 발생하므로 오염된 맨홀, 냄새나는 개소, 장기간 출입이 없던 맨홀 등은 가스검출기로 확실히 측정한 후 강제 환기하고 작업을 시행해야 한다.

13-10 기계기구별 접지공사의 종류에 대해 설명하고 기계기구의 철대 및 외함에 접지하지 않아도 되는 경우에 대해 설명하시오.

(1) 기계기구별 접지공사의 종류

기계기구의 구분	접지공사 종류
400 V 미만인 저압용의 것	제3종 접지공사
400 V 이상의 저압용의 것	특별 제3종 접지공사
고압용 또는 특별고압용의 것	제1종 접지공사

(2) 기계기구의 철대 및 외함에 접지를 하지 않아도 되는 경우

① 철대 또는 외함의 주위에 적당한 절연대를 설치하는 경우
② 2중 절연구조의 것
③ 물기가 없는 장소에서 저압용 개별 기계기구에 인체 감전방지용 누전차단기를 시설하는 경우
④ 사용전압이 직류 300 V, 교류 대지전압이 150 V 이하인 기계기구를 건조한 곳에 시설하는 경우
⑤ 저압 전로의 전원 측에 절연변압기를 설치하고 절연변압기의 부하 측에 접지를 하지 않은 경우

13-11 전력회사의 가공 배전선로에서 지중으로 수전하는 자가용 수용가의 인입 전선로를 시공하고자 할 경우 적용기준(시설기준)에 대해 설명하시오.

지중 인입전선로의 시공 시 시설기준은 다음과 같다.
① 전선로의 전선은 케이블을 사용하고 관로식, 암거식 또는 직접매설식에 의해 시설한다.
② 지중전선을 냉각시키기 위해 케이블을 넣은 관내에 물을 순환시키는 경우에는 순환수 압력에 견디고 물이 새지 않도록 시설해야 한다.
③ 직접매설식에 의해 시설하는 경우에는 매설 깊이를 차량 기타 중량물의 압력을 받을 우려가 있는 장소에는 1.2 m 이상, 기타의 장소에는 60 cm 이상으로 한다.

13-12 전로에 지락사고 시 감전, 화재 발생 등이 없도록 지락에 대한 보호조치를 해야 한다. 지락차단장치 등의 설치방법에 대해 기술하시오.

① 금속제 외함을 가진 사용전압이 60V를 초과하는 저압 기계기구로서 사람이 쉽게 접촉할 우려가 있는 전로에는 지락사고 발생 시 자동으로 전로를 차단하는 장치를 설치해야 한다.
② 고압 또는 특별고압 전로에 변압기에 의해 결합되는 사용전압 400V 이상의 저압 전로에는 지락사고 발생 시 자동으로 전로를 차단하는 장치를 설치해야 한다.

③ 고압 또는 특별고압 전로 중 발전소·변전소 또는 이에 준하는 장소의 인출구 등의 전로에는 지락사고 발생 시 자동으로 전로를 차단하는 장치를 설치해야 한다.

13-13 5,000kVA 이상의 특별고압용 변압기의 보호장치 시설기준과 내부 고장 검출방법에 대해 설명하시오.

(1) 특별고압용 변압기의 보호장치 시설기준

특별고압용 변압기에는 그 내부에 고장이 생겼을 경우 보호장치의 시설기준은 다음과 같다.

뱅크 용량의 구분	동작 조건	보호장치의 종류
5,000 kVA 이상 10,000 kVA 미만	변압기 내부 고장	자동차단장치 또는 경보장치
10,000 kVA 이상	변압기 내부 고장	자동차단장치
타냉식변압기	냉각장치에 고장 발생 시 또는 변압기 온도가 현저히 상승 시	경보장치

(2) 내부 고장 검출방법

변압기 내부 고장을 검출하는 방법으로는 정한시 고속형 계전기로서 동작이 확실하며 전류의 유입특성을 이용하는 비율차단계전기가 주로 사용된다.

정상 상태에서는 전류가 억제코일로만 흐르게 되어 동작하지 않으나 변압기 내부 고장이 발생하면 1차 및 2차에 설치된 CT 유입전류가 전부 동작코일로 흘러 내부 고장을 검출하게 된다.

13-14 절연유의 구외 유출방지시설에 대해 설명하시오.

사용전압이 100 kV 이상의 변압기를 설치하는 곳에는 절연유의 구외 유출 및 지하 침투를 방지하기 위해 다음의 시설을 설치해야 한다.
① 변압기 주변에 집유조 등을 설치한다.

② 절연유 유출방지설비의 용량은 변압기 탱크 내장유량의 50% 이상으로 한다.
③ 변압기 탱크가 2개 이상일 경우에는 공동의 집유조를 설치할 수 있으며, 그 용량은 변압기 1뱅크 내장유량이 최대인 것의 50% 이상이어야 한다.

13-15 전기욕기의 시설방법과 절연 담요 보관 및 관리방법에 대해 설명하시오.

(1) 전기욕기의 시설방법
① 전원장치의 금속제 외함 및 금속전선관에는 제3종 접지공사를 한다.
② 전원장치는 욕실 이외의 건조한 장소로서 취급자 이외의 자가 쉽게 접촉할 우려가 없는 곳에 시설한다.
③ 욕탕 안의 전극 간의 거리는 1 m 이상으로 한다.
④ 욕탕 안의 전극은 사람이 쉽게 접촉할 수 없도록 시설한다.
⑤ 전원장치로부터 욕탕 안의 전극까지의 배선은 지름 1.6 mm 이상의 것으로 하고 금속관공사 등을 한다.
⑥ 전원장치로부터 욕탕 안의 전극까지의 전선 상호간 및 전선과 대지 사이의 절연저항치는 0.1 MΩ 이상이어야 한다.

(2) 절연 담요 보관 및 관리방법
① 작업자가 전격으로부터 보호받을 수 있도록 절연 담요에 대한 현장 관리와 검사를 실시해야 하며, 결함이 있거나 결함이 의심되는 담요는 사용하지 않아야 한다.
② 작업자는 절연 담요를 설치하기 전에 결함이나 손상이 의심되는 곳이 없는지 육안으로 검사해야 한다. 절연 담요는 양쪽 표면상에 유해한 외형상의 불규칙성이 있어서는 안 된다.
③ 절연 담요의 기름, 윤활유 또는 이물질 등을 깨끗하게 제거해야 한다.
④ 절연 담요는 서늘하고 어둡고 건조하게 유지할 수 있는 장소에 보관되어야 하며, 오존, 화학물질, 기름, 용제, 손상을 주는 증기나 가스에 노출되지 않아야 한다.
⑤ 절연 담요의 현장 보관 시 외부 손상을 방지하기 위한 전용 가방 및 상자, 전용 컨테이너 또는 전용 격리실을 사용해야 한다.
⑥ 절연 담요는 늘리거나, 접히거나, 구기거나 또는 압축해서 보관하지 않는다.
⑦ 전기시험에 불합격되고 전기적으로 부적합한 담요는 이를 잘라버리거나 사용하지 못하도록 표면에 명시해야 한다.

13-16 태양전지 모듈 등의 시설의 안전기준에 대해 설명하시오

① 충전부분은 노출되지 아니하도록 시설한다.
② 태양전지 모듈에 접속하는 부하측의 전로에는 그 접속점에 근접하여 개폐기 기타 이와 유사한 기구를 시설한다.
③ 태양전지 모듈을 병렬로 접속하는 전로에는 그 전로에 단락이 생긴 경우에 전로를 보호하는 과전류차단기 기타의 기구를 시설한다.
④ 전선은 공칭단면적 2.5 mm² 이상의 연동선 또는 이와 동등 이상의 세기 및 굵기의 것을 사용한다.
⑤ 태양전지 모듈 및 개폐기 그 밖의 기구에 전선을 접속하는 경우에는 나사 조임 그 밖에 이와 동등 이상의 효력이 있는 방법에 의하여 견고하고 또한 전기적으로 완전하게 접속함과 동시에 접속점에 장력이 가해지지 아니하도록 한다.
⑥ 태양전지 모듈의 지지물은 자중, 적재하중, 적설 또는 풍압 및 지진 기타의 진동과 충격에 대하여 안전한 구조의 것이어야 한다.

13-17 태양전지 발전소에 시설하는 태양전지 모듈 등의 설치방법에 대해 설명하시오.

태양전지 발전소에 시설하는 태양전지 모듈, 전선 및 개폐기 등은 다음과 같이 설치해야 한다.
① 충전 부분은 노출되지 않도록 시설한다.
② 태양전지 모듈에 접속하는 부하 측 전로에는 그 접속점에 근접하여 개폐기를 시설한다.
③ 태양전지 모듈을 병렬로 접속하는 전로에는 단락에 의한 전로를 보호하기 위해 과전류차단기를 시설한다.
④ 태양전지 모듈 및 개폐기에 전선을 접속하는 경우에는 나사조임 등의 방법으로 견고하게 접속하고 그 접속점에 장력이 가해지지 않도록 한다.

13-18 조상설비의 종류별 용량에 적합한 보호장치에 대해 설명하시오.

조상설비란 기계적으로 무부하 운전을 하면서 여자를 가감하여 무효전력을 조정하고 전압 조정이나 역률 개선을 통하여 전력 손실을 줄일 목적으로 설치하는 회전기를 말하며, 보호장치는 다음과 같이 설치한다.

조상설비 종류	뱅크 용량	조상설비 보호장치
전력용 커패시터 및 분로리액터	500 kVA 초과 15,000 kVA 미만	내부 고장 시 동작하는 장치 또는 과전류에 동작하는 장치
	15,000 kVA 이상	내부 고장 시 동작하는 장치 및 과전류에 동작하는 장치 또는 전압 발생 시 동작하는 장치
조상기	15,000 kVA 이상	내부 고장 시 동작하는 장치

13-19 전격살충기의 시설방법에 대해 설명하고 전격살충기를 설치하지 않아야 할 장소를 기술하시오.

(1) 전격살충기의 시설방법
① 전기용품안전관리법의 적용을 받는 것이어야 한다.
② 전로에는 전용개폐기를 충격기에서 가까운 곳에 쉽게 개폐할 수 있도록 시설한다.
③ 전격격자가 지표상 또는 마루 위 3.5 m 이상의 높이가 되도록 시설한다.
④ 전격격자와 다른 시설물 또는 식물 사이의 이격거리는 30 cm 이상으로 한다.
⑤ 시설장소에 위험 표시를 한다.

(2) 전격살충기를 설치하지 않아야 할 장소
장치 또는 전로에서 발생하는 전파 또는 고주파 전류가 무선설비 기능에 지속적으로 중대한 장해를 미칠 우려가 있는 장소

13-20 파이프라인 등의 전열장치 시설방법에 대해 설명하시오.

파이프라인이란 도관 등의 시설물에 액체를 수송하는 시설을 말하며, 여기에 발열선을 설치 시 시설방법은 다음과 같다.
① 전로의 사용전압은 저압이어야 한다.
② 사람이 접촉할 우려가 없고 손상을 받을 우려가 없도록 한다.
③ 발열선 온도는 피가열 액체의 발화온도의 80%를 넘지 않도록 한다.
④ 발열선은 다른 전기설비 등에 전기적·자기적 또는 열적 장해를 주지 않아야 한다.
⑤ 발열선 상호간 또는 발열선과 전선을 접속하는 경우에는 전류에 의한 접속 부분의 온도 상승이 접속 부분 이외의 온도 상승보다 높지 않아야 한다.
⑥ 파이프라인 등에는 보기 쉬운 장소에 발열선이 시설되어 있음을 표시한다.

13-21 직류식 전기철도에서 전기부식 방지를 위한 조치사항을 설명하시오.

직류식 전기철도에서 전기부식 방지를 위해 절연, 이격거리 유지, 귀선 및 귀선용 레일의 시설 설치 등의 조치를 한다.
① 직류 귀선은 궤도 근접 부분 이외에는 대지로부터 절연해야 한다.
② 직류 귀선은 궤도 근접 부분이 금속제 지중관로와 접근하거나 교차하는 경우에는 상호간에 1m 이상의 이격거리를 유지해야 한다.
③ 직류 귀선의 궤도 근접 부분이 금속제 지중관로와 1 km 안에 접근하는 경우에는 귀선은 부극성으로 하고 전위차는 2 V 이하이어야 한다.
④ 레일과 지면 사이는 자갈, 침목 등으로 두께 30 cm 이상 이격하여 시설한다.

제14장 전력기술관리

14-1 전기설계도서(전력시설물의 설계도서)를 작성할 수 있는 자와 전기설계도서 작성 시 준수해야 할 작성기준을 설명하시오.

(1) 전기설계도서 작성자
전기 분야(발송 배전, 전기 응용, 철도 신호, 전기 철도, 건축전기설비) 기술사

(2) 전기설계도서의 작성기준
① 누락된 부분이 없고 현장기술자들이 쉽게 이해하여 정확하게 시공할 수 있도록 상세히 작성한다.
② 일반 시방서에서 정하지 않는 시공 시의 유의사항과 특별 주문사항 등은 기술 시방서에 구체적으로 자세히 기재한다.
③ 신기술의 적용 가능 여부, 전력시설물의 유지·관리를 위한 부대시설, 유지·관리계획서 및 소요 예산 등을 명시한다.

14-2 전기설계도서의 검토 목적과 검토 시 고려사항에 대해 설명하시오.

(1) 전기설계도서의 검토 목적
전기설계도서 등에 대하여 공사계약문서 상호간의 모순되는 사항, 현장 실정과의 부합 여부 등 현장 시공 시 문제점 및 대응 방안을 미리 파악, 확인하기 위함이다.

(2) 전기설계도서의 검토 시 고려사항
① 현장 조건에 부합 여부를 확인한다.
② 시공의 실제 가능 여부를 확인한다.
③ 다른 사업 또는 다른 공정과의 상호 부합 여부를 확인한다.
④ 설계도면, 설계설명서, 기술계산서, 산출내역서 등의 내용에 대한 상호 일치 여부를 확인한다.

⑤ 설계도서의 누락, 오류 등 불명확한 부분의 존재 여부를 확인한다.
⑥ 발주자가 제공한 물량내역서와 공사업자가 제출한 산출내역서의 수량 일치 여부를 확인한다.
⑦ 시공상의 예상 문제점 및 대책 등을 확인 검토한다.

14-3 책임감리업무지침에 의한 감리원의 검측업무 중 체크리스트의 작성·제공 목적과 검측절차(가능한 블록도로 표기)에 대해 설명하시오.

(1) 체크리스트의 작성·제공 목적
① 체계적이고 객관성 있는 현장 확인과 승인
② 부주의, 착오, 미확인에 의한 실수를 사전 예방하여 책임 있는 현장 확인 업무를 유도
③ 검측작업의 표준화로 작업원들에게 작업의 기준 및 주안점을 정확히 주지시켜 품질 향상을 도모
④ 객관적이고 명확한 검측결과를 시공자에게 제시하여 현장에서의 불필요한 시비를 방지하는 등의 효율적인 검측업무를 도모

(2) 검측절차

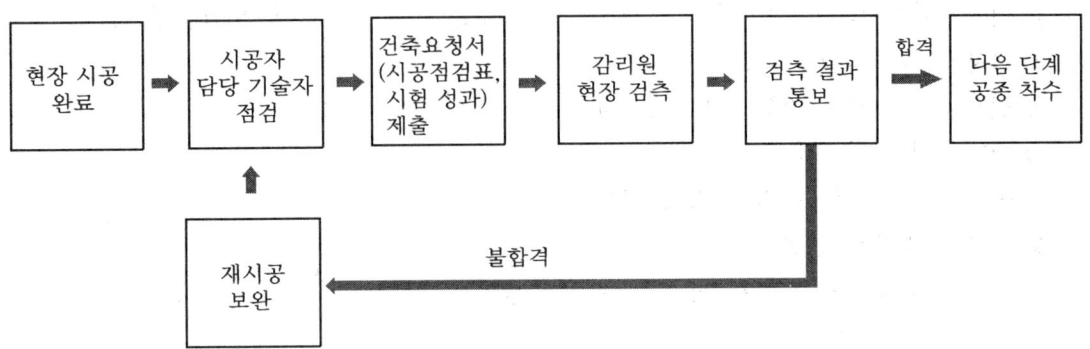

14-4 전기설비의 설계감리 대상과 비대상을 설명하시오.

(1) 설계감리 대상
① 용량 80만 kW 이상의 발전설비
② 전압 30만 kV 이상의 송전·변전설비
③ 전압 10만 V 이상의 수전설비, 구내배전설비, 전력사용설비
④ 전기철도의 수전설비, 철도신호설비, 구내배전설비, 전차선설비, 전력사용설비
⑤ 국제공항의 수전설비, 구내배전설비, 전력사용설비
⑥ 층수가 21층 이상이거나 연면적이 5만 제곱미터 이상인 건축물의 전력시설물

(2) 설계감리 비대상
표준설계도서 또는 용량 변경이 수반되지 않는 보수공사

14-5 전기공사 시 설계감리의 업무범위와 감리원의 업무내용을 설명하시오.

(1) 설계감리의 업무범위
① 전력시설공사의 관련법령, 기술기준, 설계기준 및 시공기준에의 적합성 검토
② 사용자재의 적정성 검토
③ 설계내용의 시공 가능성에 대한 사전 검토
④ 설계공정의 관리에 관한 검토
⑤ 공사기간 및 공사비의 적정성 검토
⑥ 설계의 경제성 검토
⑦ 설계도면 및 공사시방서 작성의 적정성 검토

(2) 감리원의 업무내용
① 공사계획의 검토
② 공정표의 검토
③ 발주자·공사업자 및 제조자가 작성한 시공 설계도서의 검토·확인
④ 전력시설물의 규격에 관한 검토·확인

⑤ 사용자재의 규격 및 적합성에 관한 검토·확인
⑥ 재해예방대책 및 안전관리의 확인
⑦ 설계변경에 관한 사항의 검토·확인
⑧ 하도급에 대한 타당성 검토
⑨ 발주자와 감리업자 간에 체결된 감리용역 계약 내용에 따라 해당 공사가 설계도서 및 그 밖에 관계 서류의 내용대로 시공되는지 여부를 확인

14-6 전기공사 감리업무 수행지침상 공사기간 중 산업재해를 예방하기 위하여 감리원이 수행해야 할 업무를 설명하시오.

① 공사업자의 안전조직 편성 및 임무의 법상 구비조건 충족 및 실질적인 활동 가능성 검토
② 안전관리자에 대한 임무 수행 능력 보유 및 권한 부여 검토
③ 시공계획과 연계된 안전계획의 수립 및 그 내용의 실효성 검토
④ 안전점검 및 안전교육계획의 수립 여부와 내용의 적정성 검토
⑤ 안전관리 예산 편성 및 집행계획의 적정성 검토
⑥ 현장 안전관리규정의 비치 및 그 내용의 적정성 검토
⑦ 안전관리계획의 이행 및 여건 변동 시 계획 변경 여부
⑧ 안전점검계획 수립 및 실시
⑨ 안전교육계획의 실시
⑩ 위험장소 및 작업에 대한 안전조치 이행
⑪ 안전표지 부착 및 유지관리
⑫ 안전통로 확보, 기자재의 적치 및 정리정돈

14-7 전기공사 감리업무 수행지침상 비상주감리원의 수행업무를 설명하시오.

비상주감리원이란 감리업체에 근무하면서 상주감리원의 업무를 기술적·행정적으로 지원하는 사람을 말하며, 수행해야 할 업무는 다음과 같다.

① 설계도서 등의 검토
② 상주감리원이 수행하지 못하는 현장 조사분석 및 시공상의 문제점에 대한 기술 검토와 민원사항에 대한 현지 조사 및 해결방안 검토
③ 중요한 설계변경에 대한 기술 검토
④ 설계변경 및 계약금액 조정의 심사
⑤ 기성 및 준공검사
⑥ 정기적(분기 또는 월별)으로 현장 시공 상태를 종합적으로 점검·확인·평가하고 기술 지도
⑦ 공사와 관련하여 발주자(지원업무 수행자 포함)가 요구한 기술적 사항 등에 대한 검토
⑧ 감리업무 추진에 필요한 기술 지원 업무

14-8 전기사업법상 전기안전관리자의 직무범위를 설명하시오.

전기사업자나 자가용전기설비의 소유자 또는 점유자는 그 전기설비의 공사, 유지 및 운용에 관한 안전관리업무를 수행하도록 일정한 기술자격을 가진 자로 하여금 전기안전관리자를 선임해야 하며, 그 직무범위는 다음과 같다.
① 전기설비의 공사, 유지 및 운용에 관한 업무 및 관련 종사자 안전교육
② 전기설비의 안전관리를 위한 확인, 점검 및 관련 업무의 감독
③ 전기설비의 운전, 조작 또는 관련 업무의 감독
④ 전기설비의 안전관리에 관한 기록 및 기록의 보존
⑤ 공사계획의 인가 신청 또는 신고에 필요한 서류의 검토
⑥ 공사의 감리업무

14-9 전기사업법상 전기의 품질기준을 설명하시오.

전기의 품질기준은 다음에서 제시하는 표준전압, 표준주파수 및 허용오차의 기준을 충족해야 한다.

① 표준전압 및 허용오차

표준전압	허용오차
110 V	110 V의 ±6 V 이내
220 V	220 V의 ±13 V 이내
380 V	380 V의 ±38 V 이내

② 표준주파수 및 허용오차

표준주파수	허용오차
60 Hz	60 Hz±0.2 Hz 이내

제15장 산업안전보건기준

> **15-1** 누전에 의한 감전 방지를 위하여 산업안전보건기준에 관한 규칙상 해당 전로의 정격에 적합하고 감도가 양호한 누전차단기를 설치해야 할 전기기계기구를 4가지 쓰고, 누전차단기를 설치하지 않아도 되는 경우와 누전차단기 접속 시 준수사항에 대해 설명하시오.

(1) 누전차단기를 설치해야 할 전기기계기구
① 대지전압이 150 V를 초과하는 이동형 또는 휴대형 전기기계기구
② 물 등 도전성이 높은 액체가 있는 습윤한 장소에서 사용하는 저압용 전기기계기구
③ 철판·철골 위 등 도전성이 높은 장소에서 사용하는 이동형 또는 휴대형 전기기계기구
④ 임시배선의 전로가 설치되는 장소에서 사용하는 이동형 또는 휴대형 전기기계기구

(2) 누전차단기를 설치하지 않아도 되는 경우
① 이중절연구조의 전기기계기구
② 절연대 위 등과 같이 감전 위험이 없는 장소에서 사용하는 전기기계기구
③ 비접지방식의 전로에 연결하여 사용하는 전기기계기구

(3) 누전차단기 접속 시 준수사항
① 전기기계·기구에 설치되어 있는 누전차단기는 정격감도전류가 30 mA 이하이고 작동시간은 0.03초 이내로 한다.
② 분기회로 또는 전기기계·기구마다 누전차단기를 접속한다. 다만, 평상시 누설전류가 매우 적은 소용량부하의 전로에는 분기회로에 일괄하여 접속할 수 있다.
③ 누전차단기는 배전반 또는 분전반 내에 접속하거나 꽂음접속기형 누전차단기를 콘센트에 접속하는 등 파손이나 감전사고를 방지할 수 있는 장소에 접속한다.
④ 지락보호전용 기능만 있는 누전차단기는 과전류를 차단하는 퓨즈나 차단기 등과 조합하여 접속한다.

15-2 정전기에 의한 화재 또는 폭발 등의 위험이 발생할 우려가 있는 설비를 사용 시 정전기의 발생을 억제하거나 제거하기 위한 조치를 해야 할 설비를 제시하고, 설비와 인체에 대한 정전기 예방대책을 각각 설명하시오.

(1) 정전기에 의한 화재 또는 폭발 등의 위험이 발생할 우려가 있는 설비를 사용 시 정전기의 발생을 억제하거나 제거하기 위한 조치를 해야 할 설비
① 위험물을 탱크로리·탱크차 및 드럼 등에 주입하는 설비
② 탱크로리·탱크차 및 드럼 등 위험물저장설비
③ 인화성 액체를 함유하는 도료 및 접착제 등을 제조·저장·취급 또는 도포하는 설비
④ 위험물 건조설비 또는 그 부속설비
⑤ 인화성 고체를 저장하거나 취급하는 설비
⑥ 드라이클리닝설비, 염색가공설비 또는 모피류 등을 씻는 설비 등 인화성유기용제를 사용하는 설비
⑦ 유압, 압축공기 또는 고전위정전기 등을 이용하여 인화성 액체나 인화성 고체를 분무하거나 이송하는 설비
⑧ 고압가스를 이송하거나 저장·취급하는 설비
⑨ 화약류 제조설비
⑩ 발파공에 장전된 화약류를 점화시키는 경우에 사용하는 발파기

(2) 설비와 인체에 대한 정전기 예방대책
① 설비에 대한 정전기 예방대책 : 확실한 방법으로 접지를 하거나, 도전성 재료를 사용하거나 가습 및 점화원이 될 우려가 없는 제전장치를 사용한다.
② 인체에 대한 정전기 예방대책 : 정전기 대전방지용 안전화 착용, 제전복 착용, 정전기 제전용구 사용 등의 조치를 하거나 작업장 바닥 등에 도전성을 갖추도록 한다.

15-3 배선 및 이동전선으로 인한 위험방지를 위해 사업주가 조치해야 할 일반적인 사항을 설명하시오.

① 배선 등의 절연피복 : 접촉하거나 접촉할 우려가 있는 배선 또는 이동전선에는 절연피복이 손상되거나 노화되지 않도록 하고 전선을 접속 시에는 적합한 접속기구를 사용해야 한다.

② 습윤한 장소의 이동전선 : 습윤 장소에서 이동전선 등에 접촉할 우려가 있는 경우에는 충분한 절연효과가 있는 것을 사용해야 한다.
③ 통로바닥에서의 전선 등 사용금지 : 통로바닥에 전선 또는 이동전선을 설치하여 사용하지 않도록 한다.
④ 꽂음접속기의 설치·사용 시 준수 : 꽂음접속기를 설치·사용 시에는 서로 다른 전압의 것은 서로 접속되지 않는 구조의 것을 사용하고, 습윤 장소에서는 방수형을 사용하며, 젖은 손으로 취급하지 않도록 해야 한다.

15-4 전기로 인한 감전 위험을 방지하기 위하여 전기기계기구 등의 충전부를 방호할 때 사업주가 조치해야 할 사항을 쓰고, 그 예를 설명하시오.

(1) 전기기계기구 등의 충전부를 방호할 때 사업주가 조치해야 할 사항
① 충전부가 노출되지 않도록 폐쇄형 외함이 있는 구조로 한다.
② 충전부에 충분한 절연효과가 있는 방호망이나 절연덮개를 설치한다.
③ 충전부는 내구성이 있는 절연물로 완전히 덮어 감싼다.
④ 발전소, 변전소 등 구획된 장소로서 관계 근로자가 아닌 사람의 출입이 금지된 장소에 충전부를 설치하고 위험표시 등의 방법으로 방호를 강화한다.
⑤ 전주 및 철탑 위 등 격리된 장소로서 관계 근로자가 아닌 사람의 출입이 금지된 장소에 충전부를 설치한다.

(2) 예시
카바나이프 스위치 등 충전부가 노출되기 쉬운 개폐기는 폐쇄형 외함 구조인 배선용 차단기로 교체하거나 노출된 충전 부분에는 절연덮개나 방책을 설치하여 방호하며, 충전부가 노출된 변전소 등에는 울타리를 설치하여 출입을 제한한다.

> **15-5** 노출된 충전부 또는 그 인근에서 작업 시 감전될 우려가 있는 경우에는 해당전로를 차단 후 작업을 해야 하나 정전 없이 작업이 가능한 경우를 3가지 쓰고, 전로 차단 시 전로 차단 절차와 차단된 전로에 다시 전원을 공급 시 전원공급 절차를 설명하시오.

(1) 노출된 충전부 또는 그 인근에서 작업 시 감전될 우려가 있는 경우에는 해당전로를 차단 후 작업을 해야 하나 정전 없이 작업이 가능한 경우(3가지)
  ① 생명유지장치, 비상경보설비, 폭발위험장소의 환기설비, 비상조명설비 등의 장치·설비의 가동이 중지되어 사고의 위험이 증가되는 경우
  ② 기기의 설계상 또는 작동상 제한으로 전로 차단이 불가능한 경우
  ③ 감전, 아크 등으로 인한 화상, 화재·폭발의 위험이 없는 것으로 확인된 경우

(2) 전로 차단 시 전로 차단 절차
  ① 전기기기 등에 공급되는 모든 전원을 관련 도면, 배선도 등으로 확인한다.
  ② 전원을 차단한 후 각 단로기 등을 개방하고 확인한다.
  ③ 차단장치나 단로기 등에 잠금장치 및 꼬리표를 부착한다.
  ④ 개로된 전로에서 유도전압 또는 전기에너지가 축적되어 근로자에게 전기위험을 끼칠 수 있는 전기기기 등은 접촉하기 전에 잔류전하를 완전히 방전시킨다.
  ⑤ 검전기를 이용하여 작업 대상 기기가 충전되었는지를 확인한다.
  ⑥ 전기기기 등이 다른 노출 충전부와의 접촉, 유도 또는 예비동력원의 역송전 등으로 전압이 발생할 우려가 있는 경우에는 충분한 용량을 가진 단락 접지기구를 이용하여 접지한다.

(3) 차단된 전로에 다시 전원 공급 시 전원공급 절차
  ① 작업기구, 단락 접지기구 등을 제거하고 전기기기 등이 안전하게 통전될 수 있는지를 확인한다.
  ② 모든 작업자가 작업이 완료된 전기기기 등에서 떨어져 있는지를 확인한다.
  ③ 잠금장치와 꼬리표는 설치한 근로자가 직접 철거한다.
  ④ 모든 이상 유무를 확인한 후 전기기기 등의 전원을 투입한다.

15-6 전기기계기구의 접지에 관한 다음 사항에 대해 설명하시오.

(1) 고정 설치되거나 고정배선에 접속된 전기기계기구의 노출된 비충전 금속체 중 접지를 해야 할 대상 (4가지)
(2) 전기를 사용하지 않는 설비 중 접지를 해야 할 금속체(3가지)
(3) 코드와 플러그를 접속하여 사용하는 전기기계기구 중 접지를 해야 할 노출 비충전 금속체(5가지)
(4) 접지를 하지 않아도 되는 전기기계기구 (3가지)

(1) 고정 설치되거나 고정배선에 접속된 전기기계기구의 노출된 비충전 금속체 중 접지를 해야 할 대상(4가지)
① 지면이나 접지된 금속체로부터 수직거리 2.4 m, 수평거리 1.5 m 이내인 것
② 물기 또는 습기가 있는 장소에 설치되어 있는 것
③ 금속으로 되어 있는 기기접지용 전선의 피복, 외장 또는 배선관
④ 사용전압이 대지전압 150 V를 넘는 것

(2) 전기를 사용하지 않는 설비 중 접지를 해야 할 금속체(3가지)
① 전동식 양중기의 프레임과 궤도
② 전선이 붙어 있는 비전동식 양중기의 프레임
③ 고압 이상의 전기를 사용하는 전기기계기구 주변의 금속체 칸막이, 망 및 이와 유사한 장치

(3) 코드와 플러그를 접속하여 사용하는 전기기계기구 중 접지를 해야 할 노출 비충전 금속체(5가지)
① 사용전압이 대지전압 150 V를 넘는 것
② 냉장고, 세탁기 등과 같은 고정형 전기기계기구
③ 고정형, 이동형 또는 휴대형 전동기계기구
④ 물 또는 도전성이 높은 곳에서 사용하는 전기기계기구, 비접지형 콘센트
⑤ 휴대형 손전등

(4) 접지를 하지 않아도 되는 전기기계기구 (3가지)
① 이중절연구조 또는 이와 동등 이상으로 보호되는 전기기계기구
② 절연대 위 등과 같이 감전 위험이 없는 장소에서 사용하는 전기기계기구
③ 비접지방식의 전로에 접속하여 사용되는 전기기계기구

15-7 전기 누전에 의한 감전 방지를 위한 대표적인 조치사항 2가지를 쓰고, 우선순위와 최소 요구조건을 제시하시오.

(1) 감전방지를 위한 조치사항 2가지
전기기계기구의 외함 접지와 감전방지용 누전차단기의 설치이다.

(2) 우선순위
접지가 최우선이다. 즉, 접지는 저압, 고압 및 특별고압 등 모든 전기설비의 철대 및 외함에는 물론이고 근접하는 비충전 금속체 등에도 실시해야 한다. 반면 감전방지용 누전차단기는 대지전압이 150 V를 초과하거나 습윤 장소, 철판 등 도전성이 높은 장소 및 임시 배선에서 사용하는 이동형 또는 휴대형 전기기계기구에 대해서만 설치가 의무화되어 있다.

(3) 최소 요구조건
① 접지 : 접지는 사용전압에 따라 제1종 접지공사, 제3종 접지공사 및 특별 제3종 접지공사를 실시해야 하고, 접지저항값은 제1종 접지 및 특별 제3종 접지공사는 10 Ω 이하, 제3종 접지공사는 100 Ω 이하가 되어야 한다.
② 감전방지용 누전차단기 : 누전차단기는 정격감도전류가 30 mA 이하이고 작동시간은 0.03초 이내이어야 한다. 또한 분기회로 또는 전기기계기구마다 설치하고 배전반 또는 분전반 내에 설치해야 한다.

15-8 이동 및 휴대장비 등을 사용하는 전기 작업 시 사업주가 조치해야 할 사항을 쓰시오.

① 근로자가 착용하거나 취급하고 있는 도전성 공구·장비 등이 노출 충전부에 닿지 않도록 한다.
② 근로자가 사다리를 노출 충전부가 있는 곳에서 사용하는 경우 도전성 사다리 사용을 금지한다.
③ 근로자가 젖은 손으로 전기기계기구의 플러그를 꽂거나 제거하지 않도록 한다.
④ 전기회로를 개방, 변환 또는 투입하는 경우에는 전기차단용으로 특별히 설계된 스위치, 차단기 등을 사용한다.

⑤ 과전류차단기 등에 의해 자동 차단된 경우에는 전기회로 또는 전기기계기구가 안전함을 확인한 후 차단기를 재투입한다.

15-9 154 kV의 충전전로 인근에서 차량, 이동식 크레인 등을 이용한 작업 시 안전조치사항을 쓰시오. 또한 이 경우 충전전로와 차량, 이동식 크레인 등의 이격거리를 쓰시오.

(1) 안전조치사항
① 차량 등을 충전전로의 충전부로부터 300 cm 이상 이격시키되, 대지전압 50 kV 초과 시 10 kV마다 10 cm씩 증가시킨다.
② 충전전로에 절연용 방호구를 설치 시 이격거리는 절연용 방호구 앞면까지로 할 수 있다.
③ 근로자가 차량 등의 어느 부분과도 접촉하지 않도록 방책을 설치하거나 감시인을 배치한다.
④ 충전전로 인근에 접지된 차량 등이 충전전로와 접촉할 우려가 있는 경우에는 지상의 근로자가 접지점에 접촉하지 않도록 한다.

(2) 이격거리
이격거리는 300 cm에 대지전압 50 kV 초과 시 10 kV마다 10 cm씩 증가시켜야 하므로
$300 + \dfrac{154-50}{10} \times 10 = 300 + 104 = 404$ cm 이상 이격시켜야 한다.

15-10 가스폭발 또는 분진폭발 위험장소에서는 변전실, 제어실, 배전반실 등을 설치해서는 안 된다. 어떤 조건일 경우에 이러한 위험장소에서도 설치가 가능한지 설명하시오.

① 가스폭발 또는 분진폭발 위험장소에 적합한 방폭성능을 갖는 전기계기구를 변전실에 설치·사용하는 경우
② 변전실의 실내압이 항상 양압(25 Pa 이상의 압력)을 유지하고 다음의 조치를 하는

경우
- ㈎ 양압을 유지하기 위한 환기설비의 고장 등으로 양압이 유지되지 않는 경우 경보를 할 수 있는 조치
- ㈏ 환기설비가 정지된 후 재가동하는 경우 변전실에 가스 등이 있는지를 확인할 수 있는 가스검지기 비치
- ㈐ 환기설비에 의해 변전실에 공급되는 공기가 위험장소가 아닌 곳으로부터 공급되도록 하는 조치

15-11 과전류(단락사고전류, 지락사고전류 등)로 인한 감전재해 등을 방지하기 위하여 과전류차단장치(차단기, 퓨즈 등) 설치 시 올바른 설치방법에 대해 설명하시오.

① 과전류차단장치는 반드시 접지선이 아닌 전로에 직렬로 연결하여 과전류 발생 시 전로를 자동으로 차단하도록 설치한다.
② 차단기, 퓨즈는 계통에서 발생하는 최대과전류에 대하여 충분하게 차단할 수 있는 성능을 가진 것이어야 한다.
③ 과전류차단장치가 전기계통상에서 상호 협조·보완되어 과전류를 효과적으로 차단하도록 한다.

15-12 산업안전보건기준에 관한 규칙상 다음에 대해 설명하시오.
  (1) 전기기계기구의 조작 시 안전조치사항
  (2) 꽂음접속기 설치 사용 시 준수사항

(1) 전기기계기구의 조작 시 안전조치사항
① 전기기계기구의 조작 부분을 점검 또는 보수 시 근로자가 안전하게 작업할 수 있도록 전기기계기구로부터 폭 70 cm 이상의 작업공간을 확보한다.
② 작업공간 확보가 곤란한 경우에는 근로자에게 절연용 보호구를 착용하도록 한다.
③ 전기불꽃 또는 아크에 의한 화가 있는 고압 이상의 충전전로 작업 시에는 방염 처리

된 작업복 또는 난연성 작업복을 착용하도록 한다.

(2) 꽂음접속기 설치 사용 시 준수사항
① 서로 다른 전압의 꽂음접속기는 서로 접속되지 않는 구조의 것을 사용한다.
② 습윤한 장소에 사용되는 꽂음접속기는 방수형 등 그 장소에 적합한 것을 사용한다.
③ 근로자가 해당 꽂음접속기를 접속시킬 경우에는 땀 등으로 젖은 손으로 취급하지 않도록 한다.
④ 해당 꽂음접속기에 잠금장치가 있는 경우에는 접속 후 잠그고 사용한다.

15-13 작업자가 작업이나 통행 등으로 인하여 전기기계기구 또는 전로 등의 충전부분에 접촉하거나 접근함으로써 감전위험이 있는 충전부의 방호에 대한 다음 사항에 대해 설명하시오.
(1) 충전부에 대한 방호방법
(2) 노출 충전부가 있는 맨홀 또는 지하실 등의 밀폐공간에서의 조치사항

(1) 충전부에 대한 방호방법
① 충전부가 노출되지 않도록 폐쇄형 외함이 있는 구조로 한다.
② 충전부에 충분한 절연효과가 있는 방호망이나 절연덮개를 설치한다.
③ 충전부는 내구성이 있는 절연물로 완전히 덮어 감싼다.
④ 변전소 등 구획된 장소로서 관계자가 아닌 사람의 출입이 금지되는 장소에 충전부를 설치하고 위험표시 등의 방법으로 방호를 강화한다.
⑤ 전주 위 및 철탑 위 등 격리되어 있는 장소로서 관계자가 아닌 사람이 접근할 우려가 없는 장소에 충전부를 설치한다.

(2) 노출 충전부가 있는 맨홀 또는 지하실 등의 밀폐공간에서의 조치사항
노출 충전부와의 접촉에 의한 전기 위험을 방지하기 위해 덮개, 방책 또는 절연칸막이를 설치한다.

15-14 산업안전보건기준에 관한 규칙상 교류 아크용접기에 관한 사항 중 다음을 설명하시오.
(1) 용접봉 홀더의 구비요건 (2가지)
(2) 교류 아크용접기 사용 시 자동전격방지기를 설치해야 할 작업장소 (3개소)

(1) 용접봉 홀더의 구비요건 (2가지)

용접봉 홀더는 절연내력 및 내열성을 갖추어야 한다.

(2) 교류 아크용접기 사용 시 자동전격방지기를 설치해야 할 작업장소 (3개소)

① 선박의 이중 선체 내부, 밸러스트(ballast) 탱크, 보일러 내부 등 도전체에 둘러쌓인 장소
② 추락할 위험이 있는 높이 2 m 이상의 장소로 철골 등 도전성이 높은 물체에 근로자가 접촉할 우려가 있는 장소
③ 근로자가 물·땀 등으로 인하여 도전성이 높은 습윤 상태에서 작업하는 장소

제16장 전기안전 일반

16-1 전류의 작용을 3가지 쓰고, 그 용도를 예시를 들어 설명하시오.

(1) 전류의 작용

전류의 작용은 발열작용, 자기작용, 화학작용 3가지로 나눌 수 있다.

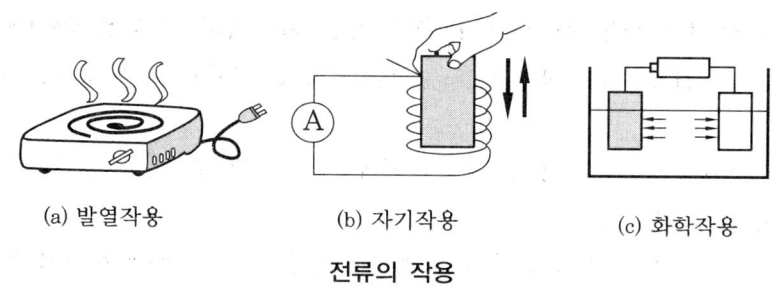

(a) 발열작용   (b) 자기작용   (c) 화학작용

전류의 작용

① 전류의 발열작용

  (가) 줄의 법칙(Joule's law) : 도체(저항체)에 전류를 흘리면 전류는 일을 하고 일은 열로 변하여 도체의 온도가 올라간다. 즉, 저항체에 전류가 흐르게 되면 열이 발생되는데, 이는 전기에너지가 열에너지로 변화된 것이다. I [A]의 전류가 R [Ω] 저항체에 t [초]간 흐르게 되면 전기에너지가 소비되어 I^2Rt [J]의 열이 발생하는데, 이를 전류의 발열작용이라 하며, 이때 발생되는 열을 줄열이라 하고, 단위는 J을 사용한다. 열에너지는 일반적으로 열량으로 표시하며 단위는 cal을 쓰고 줄열을 수식으로 표시하면 다음과 같다.

$$H = I^2Rt \text{ [J]} = 0.24 I^2Rt \text{ [cal]}$$

여기서, H : 줄열(cal), W : 전력량(W·초), P : 전력(W)
        t : 시간(초), I : 전류(A), R : 저항(Ω)

$$1\text{J} = 0.24 \text{ cal}$$

  (나) 전력과 전력량 : 전기가 단위 시간에 행하는 일의 양을 전력이라 하며, 이는 회로의 전압(E)과 전류(I)의 곱으로 구한다. 이를 수식으로 나타내면 다음과 같다.

$$\text{전력}(P) = EI = I^2R = \frac{E^2}{R} \text{ [W]}$$

$$\text{전력량} = P \times \text{시간}(t)$$

② 전류의 화학작용 : 소금(NaCl)을 물에 녹이면 그 대부분은 Na 이온과 Cl 이온으로 해리되는데, 이 현상을 전리한다. 이와 같이 전류가 흘러 나타나는 화학작용을 전기 분해 또는 전해라 하고, 전류에 의해서 전해되는 수용액을 전해액이라 한다. 일반적으로 산, 염기(base), 염류 등의 수용액은 전해되는 성질을 갖고 있고 이러한 화학작용은 전기도금이나 전지 그리고 전해 연마 등에 이용된다.

③ 전기의 자기작용 : 자석이 철편을 끌어당기는 것은 자석이 자기를 갖고 있기 때문인데, 이 자기가 미치는 공간을 자계라 하며, 이 공간에는 눈에 보이지 않는 원상의 자계가 발생하고 이 자계 내에 도체를 놓으면 전류가 흐르게 된다. 이와 같은 현상을 전자기 현상이라 하는데 이의 주요 성질은 다음과 같다.

　(가) 자기

　　㉮ 자기의 성질 : 2개의 자극 사이에 작용하는 힘의 크기는 자극간 거리의 제곱에 반비례하고 각 자극 세기의 곱에 비례하며, 이를 자극에 대한 쿨롱의 법칙(Coulomb's law)이라 한다.

$$F = K \frac{m_1 m_2}{r^2} \text{ [N]}$$

　　여기서, F : 자극간의 작용하는 힘(N), m_1, m_2 : 자극의 세기(Wb),
　　　　　r : 자극 간의 거리(m)

　　㉯ 자계 : 자석 부근에 철편을 접근시키면 흡인력이 작용하는데 이 자력이 작용하는 공간을 자계라 한다. 그리고 이 자계에 단위 정자하(1 Wb)를 접근시킬 때, 이 단위 정자하에 작용하는 힘을 자계의 세기라 하고, 그 힘이 작용하는 방향은 그 자계의 방향을 나타낸다. 자계세기의 단위는 일반적으로 AT/m로 나타내고 1 AT/m는 1 Wb의 정자하에 작용하는 힘이 1 N이 되는 자계의 세기이다. m [Wb]의 자하를 갖고 있는 자극에 r [m] 떨어진 곳의 자계 세기는 진공(또는 공기) 속에서 다음과 같이 된다.

$$H = 6.33 \times 10^4 \times \frac{m}{r^2} \text{ [AT/m]}$$

　(나) 전류와 자계

　　㉠ 전자력 : 자극 사이에 도체를 놓고 전류를 흘리면 도체는 힘을 받고 화살표 방향으로 움직인다. 이와 같이 자계 속에서 전류가 흐르고 있는 도체가 받는 힘을 전자력이라 한다. 전자력의 크기와 방향은 일정한 법칙이 작용하고 이 힘은 전동기 등의 동력에 응용되고 있다.

　　㉡ 플레밍의 왼손 법칙 : 왼손을 엄지, 인지, 중지를 직각으로 벌리면 인지방향을 자력선, 중지방향을 전류로 취하면 전자력은 엄지손가락 방향, 위쪽으로 전선이 힘을 받는다. 이것을 플레밍의 왼손 법칙이라 하며, 전동기의 회전방향을 결정해 준다.

(나) 자기회로
  ㉮ 암페어의 오른나사의 법칙 : 도체에 전류를 흘리면 그 주위에는 동심원상의 자계가 발생되는데 이 전류와 발생한 자계 사이에는 암페어의 오른 나사의 법칙이 성립한다. 즉, 오른 나사가 진행하는 방향으로 전류를 흐르게 하면 나사를 돌리는 방향으로 자계가 생기게 된다.
  ㉯ 암페어의 주회로의 법칙 : 전류가 흐르는 도체에서 r[m]만큼 떨어진 폐곡선상의 자계의 세기 H는 다음과 같이 구할 수 있으며, 이를 암페어의 주회로의 법칙이라 한다.
    $$H = \frac{I}{l} = \frac{I}{2\pi r} \text{ [A/m]}$$
  ㉰ 전자유도
   ㉠ 렌츠의 법칙과 플레밍의 오른손 법칙 : 코일의 기전력은 코일 내의 자속 변화를 억제하는 방향으로 유도된다. 이것을 렌츠의 법칙이라 하며, 유도기전력의 방향은 플레밍의 오른손 법칙에 의해 결정되는데, 엄지손가락과 인지와 중지를 각각 직각이 되도록 구부린다. 그리고 자력선 방향으로 인지를 도선의 운동 방향으로 엄지손가락을 가리키면 기전력 방향은 중지 방향이 된다.

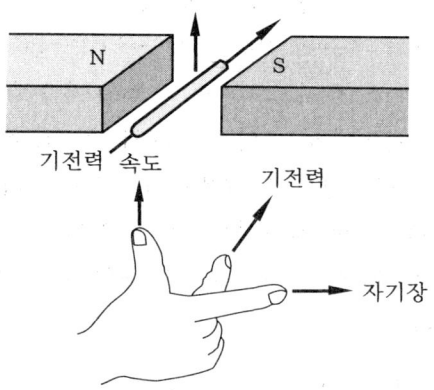

플레밍의 오른손 법칙

   ㉡ 패러데이의 전자유도 법칙 : 전자유도에 의해서 유도되는 기전력의 크기는 패러데이의 전자유도 법칙에 의해서 알 수가 있다. 도체가 자계 내에서 움직이게 되는 전압이 발생하며, 이때 발생한 전압을 유도기전력(유도전압), 흐르는 전류를 유도전류라고 한다. 이때 발생한 방향은 그 유도전류가 만드는 자속은 항상 원래 자속을 증가 또는 감소시키려는 방향이며, 그 크기는 N회의 코일에 dt[초] 동안 $d\phi$[Wb]의 자속이 변화하면 e는 다음과 같다.
    $$e = -N\frac{d\phi}{dt} \text{ [V]}$$

㉤ 인덕턴스 : 코일에 흐르는 전류가 변화하면 쇄교 자속도 변화하고, 이때 코일 자체에 전압을 발생하게 하는 작용을 인덕턴스라 하며, 단위로는 헨리(H)를 사용한다. 이는 1초 동안에 1A의 전류가 변화하여 1V의 전압이 발생하는 코일의 인덕턴스이며, 1mH = 10^{-3} H, 1μH = 10^{-6} H이고, 인덕턴스와 전압과의 관계식은 다음과 같다.

$$e = -L\frac{di}{dt} \text{ [V]}$$

㉥ 전자에너지 : 인덕턴스가 L [H]인 코일에 I [A]의 전류가 흐를 때 저장되는 전자에너지의 크기 W는 다음과 같이 표시된다.

$$W = \frac{1}{2}LI^2 \text{ [V]}$$

(2) 용도

① 전류의 발열작용 : 전열기, 전기로, 백열전등, 용접기 등
② 전류의 화학작용 : 전지, 전기도금, 전기정련 등
③ 전류의 자기작용 : 전자석, 변압기, 전동기, 발전기 등

16-2 전선의 허용전류와 허용전류에 영향을 미치는 요소에 대해 설명하시오.

(1) 전선의 허용전류

허용전류는 기중온도, 부하도체수 등 특정 조건하에서 정상 상태에서의 도체 온도가 최고허용온도를 초과하지 않는 경우로 도체에 연속적으로 흐를 수 있는 최대전류값을 허용전류 또는 안전전류라고 한다.

(2) 허용전류에 영향을 미치는 요소

허용전류는 전선의 재질, 굵기, 절연체의 종류, 사용장소의 온도, 부설방법 및 설치형태 등에 따라 영향을 받는다.

① 전선의 재질 및 굵기 : 전선의 재질과 굵기에 따라 도전율이 다르므로 줄열의 발생과 방열조건에 따라 허용전류가 달라진다. 전선의 저항값이 낮을수록 허용전류값이 커진다.
② 절연체의 종류 : 절연체의 종류에 따라 최고허용온도가 다르므로 허용전류의 크기가 달라진다. 절연체의 허용온도가 높을수록 허용전류값이 커진다.

③ 사용장소의 온도 : 사용장소의 주변온도가 높을수록 허용전류가 낮아진다.
④ 부설방법 : 가공, 관로, 암거, 직매식 부설 등 부설방법에 따라 열 방산조건이 달라지므로 허용전류가 달라진다.
⑤ 설치형태 : 전선의 포설방법이나 형태에 따라 선로정수가 달라지고 선로정수의 변동에 따라 전류감소계수가 달라진다. 또한 부하가 연속적 또는 단속적으로 사용되는 운전형태에 따라 허용전류가 달라진다.

16-3 전기기기 · 설비의 전기적 고장 발생 원인에 대해 설명하시오.

전기기기 · 설비의 전기적 고장 발생 원인에는 과전류, 과전압, 부족전압, 전압변동, 3상 전압의 불평형 등이 있다.
① 과전류 : 과전류란 정격전류를 초과하여 흐르는 전류를 말하며, 과부하전류, 단락전류 및 지락전류가 있다. 과전류가 발생하면 전기화재의 원인이 되기도 하고 기기나 설비를 손상시키기도 한다.
② 과전압 : 과전압이 발생되면 과전류에 의한 온도 상승으로 절연 손상을 일으키는데, 형광등 등은 안정기의 진동울림소리가 커지고 과열이 발생하며, 전자접촉기에 진동, 울림소리나 과열이 발생한다.
③ 부족전압 : 부족전압이 발생하면 전동기의 시동토크와 회전수가 저하되고 전류가 증가하게 되어 절연열화를 일으키며, 전자접촉기에서 접점의 융착, 이상소모 등의 현상이 발생한다.
④ 전압변동 : 전압변동은 기기의 효율과 역률에 영향을 미치며, 특히 병렬운전 중인 전동기의 경우 부하의 변동으로 고장의 원인이 된다.
⑤ 3상 전압의 불평형 : 3상 유도전동기에서 불평형 발생 시 토크의 감소, 동손의 증가로 코일의 온도 상승을 일으킨다.

16-4 전선, 전력기기 등에 대한 열화 요인을 설명하시오.

열화란 열, 전기, 환경 및 기계적인 요인 등에 의한 스트레스를 장기간 받으면 초기의 물성치를 유지하지 못하고 변질되기도 하고 극단적으로는 파괴되기도 하는데, 이러한 현상을 열화라 한다. 열화의 요인은 다음과 같다.

① 열적 열화 : 과열에 의한 산화, 분해 현상이 일어나 반응 생성 물질이 이온화되면서 절연체의 절연 성능을 저하시키는 현상이다.

② 흡수 열화 : 수분이 침투하게 되면 수트리 현상이 발생되고, 이러한 현상이 지속적으로 진전되어 절연체를 관통하게 되면 절연이 파괴되는 현상이다.

③ 전기적 열화 : 국부적인 고전계에 의해서 부분방전이 발생하여 절연체가 침식되면서 절연이 파괴되는 현상이다.

16-5 내열성과 내화성이 우수한 MI(mineral insulator) 케이블에 대해 설명하시오.

(1) MI 케이블의 특성
MI 케이블은 외피가 구리합금, 알루미늄 등으로 구성되어 있고 발열도체와 외피 사이에 미네랄 재질로 전기적 절연을 구성하고 있으며, 기계적 강도 및 화학적 특성이 일반 케이블보다 우수하고 내열 특성이 매우 좋다.

특히, 절연재는 무기 절연재 중 고순도 유리섬유를 사용하여 내부 열선의 움직임에 따른, 열선 또는 금속 보호관 사이에 간격 변화 및 케이블을 굽혔을 때에 변화를 전혀 일으키지 않으며, 내진동 특성이 뛰어나다.

(2) MI 케이블의 장점
① 내열성이 뛰어나며 금속 외피에 따라 250~1000 ℃ 정도이다.
② 전기적 안정성은 금속 외피의 완벽 접지로 누전 등 전기사고에 대해 안전하다.
③ 기계적 강도가 매우 우수하다.
④ 방폭 성능을 가진다.
⑤ 수명이 반영구적이다.
⑥ 용도 : 방폭 전기 배선, 도로 제설 및 제빙, 바닥 온돌 난방, 산업용으로 파이프 라인 온도 유지 및 동파 방지, 탱크 히팅 등에 사용된다.

16-6 CV 케이블의 열화 원인 및 예방대책을 설명하시오.

(1) CV 케이블의 열화 원인
케이블의 열화 원인으로는 전기적, 열적, 화학적, 기계적 및 생물적 원인이 있다.
① 전기적 열화 : 케이블은 상시에 공급되는 전압, 과전압, 뇌서지 및 개폐 서지전압 등에 의해 방전현상 등이 발생하여 케이블을 열화시킨다.
② 열적 열화 : 케이블은 이상 온도로 상승하게 되면 열화된다.
③ 화학적 열화 : 케이블에 기름 등 화학물질 등에 의해 케이블 절연을 열화시키거나 화학반응에 의해 절연을 열화시킨다.
④ 기계적 열화 : 케이블이 기계적 충격, 압력, 인장 등에 의해 손상을 입어 열화되거나 절연이 파괴된다.
⑤ 생물적 열화 : 케이블이 벌레 등에 의해 손상을 입어 절연이 파괴된다.

(2) 예방대책
① 과전압, 과전류가 상시 부과되지 않도록 하고 열화 여부를 정기적인 진단을 통해 확인한다.
② 기계적 스트레스가 최소화되도록 케이블을 포설한다.
③ 케이블 내에 콤파운드를 충전하여 물, 가스 등 이물질이 침투하지 않도록 한다.
④ 시계열적으로 절연저항이 낮은 것은 교체한다.
⑤ 도체와 절연물체 사이를 매끄럽게 하고 절연층을 균일하게 한다.

16-7 해안지역에서의 애자류의 염해대책에 대해 설명하시오.

애자류가 염해의 영향을 받으면 절연열화가 쉽고 연면 방전전압이 낮으며 누설전류가 커진다. 따라서 해안지역에서의 염해 방지 대책은 다음과 같다.
① 내부애자 (스모그애자와 장간애자)를 사용한다.
② 핀형 지지애자는 애자 개수를 3~4개 더 증가시켜 누설거리를 크게 한다.
③ 애자에 대한 청소는 연 2회 이상 정기적으로 실시한다.

16-8 교류송전방식과 직류송전방식의 특성을 설명하시오.

현재 송전방식은 대부분 교류송전방식을 채택하고 있으나 일부의 경우 직류송전방식을 채택하고 있으며, 각각의 특성은 다음과 같다.

(1) 교류송전방식
① 교류방식은 변압기라는 간단한 기기로 승압과 강압을 용이하게 또한 효율적으로 수행할 수 있다.
② 3상 교류방식에서는 회전자계를 쉽게 얻을 수 있다.
③ 교류방식으로 일관된 운용을 기할 수 있다. 부하의 대부분은 교류방식으로 되어 있으므로 발전에서 배전까지 전 과정을 교류방식으로 경제적으로 운용할 수 있다.

(2) 직류송전방식
① 직류방식은 대용량이면서 장거리 송전이 가능하고, 교류 계통 간의 연계가 가능하다.
② 직류에서는 역률이 항상 1이기 때문에 송전효율이 좋아 안정도가 높다.
③ 비동기 연계가 가능하므로 주파수가 다른 계통과도 연계가 가능하다.
④ 절연계급을 낮출 수 있다.

16-9 표피 효과(skin effect)와 근접 효과(proximity effect)에 대하여 설명하시오.

① 표피 효과(skin effect) : 도체에 교류 전류가 흐르면 도체의 중심부에는 전류밀도가 낮아져 대부분의 전류가 도체의 표면에 집중되어 흐르게 되는 현상을 말하며, 주파수가 높아질수록, 도체 지름이 클수록 표피작용이 심해진다. 표피 효과는 전하와 전류가 흐르는 도체의 단면적을 줄이므로 저항을 증가시켜 전송 케이블의 손실에 영향을 주며, 사용 가능 주파수 대역을 제한하게 된다.
② 근접 효과(proximity effect) : 근접한 두 도체에 전류가 흐를 때 전류밀도가 전류가 흐르는 방향이 동일하면 안쪽으로 모이고 반대 방향이면 바깥쪽으로 모이는 현상을 말하며, 주파수가 높아질수록 근접작용이 심해진다.

16-10 키르히호프의 제1법칙과 제2법칙에 대하여 설명하시오.

(1) 키르히호프의 제1법칙(전류 법칙)

회로의 한 접속점에서 흘러 들어오는 전류의 합과 흘러 나가는 전류의 합은 같다.

$$\Sigma 유입전류 = \Sigma 유출전류$$

$$\sum_R I_R = I_1 - I_2 + I_3 - I_4 + I_5 = 0$$

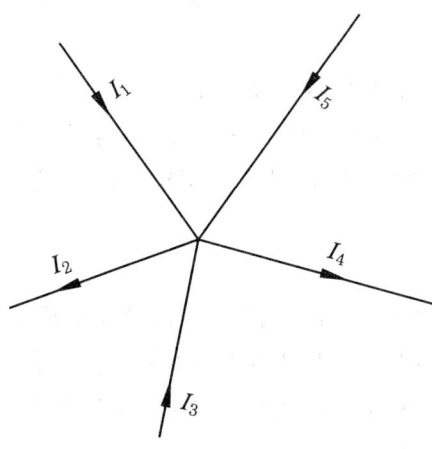

(2) 키르히호프의 제2법칙(전압 법칙)

회로망 중의 임의의 폐회로 내에서 일주 방향에 따른 전압 강하의 합은 기전력의 합과 같다.

$$\Sigma 기전력 = \Sigma 전압강하$$

$$\sum E = E_1 + Z_1 I_1 + Z_2 I_2 - E_2 + Z_3 I_3 - Z_4 I_4 = 0$$

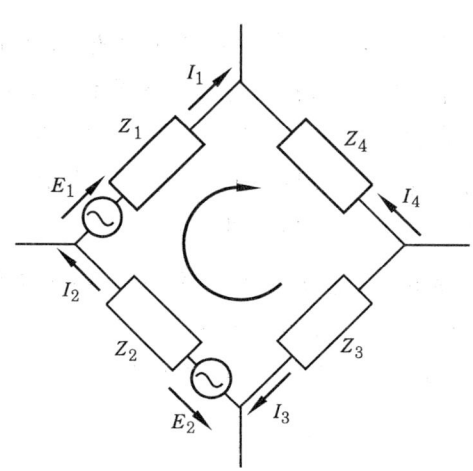

16-11 열전현상(thermoelectric effect)인 펠티에 효과(Peltier effect), 제베크 효과(Seebeck effect), 톰슨 효과(Thomson effect)에 대해 설명하시오.

① 펠티에 효과(Peltier effect) : 열전대에 전류를 흐르게 하면 전류에 의해 발생하는 줄열 외에도 열전대의 각 접점에서 발열 또는 흡열 작용이 일어나는 현상을 말한다. 두 금속의 접합점에서 한쪽은 열이 발생하고 다른 쪽은 열을 빼앗기는 현상을 이용하여 냉각과 가열도 할 수 있는데, 냉동기나 항온조는 이러한 특성을 이용한 것이다.

② 제베크 효과(Seebeck effect) : 두 종류의 금속선을 접속해서 폐회로를 만들고 그 두 접합부를 서로 다른 온도로 유지하면 회로에 전류가 흐르는 현상을 말하며, 금속선의 조합에 의해서는 전류의 방향이 바뀐다.

③ 톰슨 효과(Thomson effect) : 한 종류의 금속선이라도 선에 온도차가 있으면 전류를 흘렸을 때 선 내에서 줄열 이외에 열의 발생 또는 흡수가 일어나는 현상을 말한다.

16-12 사고현장 조사 시 전등배선으로 사용 중인 1.6 mm 연동선이 용단되었다. W. H. Preece의 실험식에 의해 용단전류를 구하시오 (단, 계산식을 쓰고 소수점 첫째자리에서 반올림하시오).

전선에 전류가 흐르면 전류의 제곱에 비례하는 줄열이 발생하는데, 전선의 허용온도 이상으로 발열하면 피복의 열화가 촉진된다. 이러한 현상이 지속되면 피복은 용융, 탄화하여 전선은 적열 후 용단되는데, 이때 흐르는 전류를 용단전류라 한다.

W. H. Preece의 실험식에 의해 용단전류 $I = ad^{1.5}$[A]이다. 여기서, a는 전선 재질에 따른 정수로 구리의 경우 $a=80$이며, d는 전선의 지름(mm)이다. 따라서 용단전류 $I = ad^{1.5} = 80 \times 1.6^{1.5} = 161.9 = 162$A이다.

16-13 과부하방지장치의 종류별 작동원리를 설명하고, 승강기에서는 전기식 과부하방지장치를 사용할 수 없는 이유를 설명하시오.

(1) 과부하방지장치의 종류별 작동원리

과부하방지장치란 크레인, 승강기 등 양중기에서 정격하중 이상의 중량물이 부과될 때 해당 기계의 작동을 정지시켜 안전성을 유지하는 방호장치이며, 종류에는 전기식, 기계식, 전자식이 있다.

① 전기식 과부하방지장치 : 권상모터의 부하변동에 따른 전류 변화를 감지하여 양중기를 정지시키는 전류 변화 감지방식이다.

② 기계식 과부하방지장치 : 부하의 하중을 스프링에 작용하는 하중으로 환산하여 스프링의 탄력성을 이용하여 양중기를 정지시키는 마이크로 스위치 동작방식이다.

③ 전자식 과부하방지장치 : 스트레인 게이지의 전기적 저항값으로 변화되는 중량을 디지털로 표시하는 전자 감응 방식이다.

(2) 승강기에서는 전기식 과부하방지장치를 사용할 수 없는 이유

전기식 과부하방지장치는 부하 변동에 따라 전류 변화를 감지하는 방식이기 때문에 승강기가 정지된 상태에서는 과부하의 감지가 곤란하다. 따라서 승강기에서는 전기식 과부하방지장치를 사용할 수 없다.

16-14 중성선과 접지선을 설명하고 차이점을 서술하시오.

(1) 중성선과 접지선

① 중성선 : 단상 3선식이나 3상 교류계통에서 변압기를 Y결선하는 경우 그 중성점에 접속되는 전선을 중성선이라 한다. 배전계통에서는 상선(R, S, T 등)과 중성선 사이의 전압, 즉 상전압의 사용이 가능한데, 일반적으로 선간전압은 동력용으로 사용하고 상전압은 전등용으로 사용하고 있으며, 중성선을 전기회로로 구성하여 부하에 전류를 공급한다.

② 접지선 : 대지의 접지극과 연결된 선을 말하며, 부하에 전류를 공급하지 않고 대지와 등전위로 하여 누전 전류나 누설 전류 등을 대지로 귀로시켜 인축의 전격(감전)을 예방하기 위해 사용한다.

(2) 중성선과 접지선의 차이점

접지선은 정상 상태에서는 전류가 흐르지 않고 누전이나 누설 전류가 흐를 경우에만 전류가 흐르는 반면, 중성선은 회로의 일부를 구성하고 있어 상시 전류가 흐르는 상태, 즉 통전 상태를 유지하고 있어 전압선으로 분류하기도 한다.

16-15 가스절연부하개폐기(gas insulation load switch)의 기능과 특성에 대해 설명하고, SF_6 가스 사용 시 주의사항에 대해 쓰시오.

(1) 기능

가스절연부하개폐기는 배전선로에서 지상 또는 지중에 설치되어 SF_6 가스절연된 다회로 개폐기이다. 이 개폐기는 소호 성능이 뛰어난 SF_6 가스를 절연매질로 사용하며 조작 메커니즘은 단조작 방식으로 3접지 회로가 들어가 있으며, 한전 배전선로 (22.9 kV)에 설치되어 선로 분기 및 구분용으로 사용되고 전동 및 수동으로 조작이 가능하다.

(2) 특성
① 선로 전압 및 전류의 계측이 가능하다.
② SF_6 가스 절연 및 가스 차단 방식이다.
③ 소형, 경량으로 설치가 용이하다.
④ 모든 부품들은 SF_6 가스로 절연되므로 장애가 발생되지 않으며, 성능은 반영구적이다.
⑤ 운전 및 수리 시 조작자가 안전하다.
⑥ 저소음이며 유도장애가 최소화되고 친환경적이다.

(3) SF_6 가스 사용 시 주의사항
① SF_6 가스는 공기보다 5배 정도 무거우며, 작업 환경에 대량으로 노출되는 경우 저지대 영역에 축적되어 산소 농도가 16 %보다 아래로 떨어지면 모든 작업자에게 질식의 위험이 나타난다. 특히 중요한 부분은 케이블 덕트, 트랜치, 점검비트와 배수 시스템과 같은 통풍이 좋지 않은 지하 장소이므로 산소결핍에 주의해야 한다.
② 대부분의 응용 프로그램에서 사용된 SF_6 가스의 압력은 대기압보다 상위의 압력이다. 따라서 인클로저 벽면의 기계적 결함과 관련된 위험에 작업자의 노출을 피하기 위해, 장비를 다룰 때 특별한 주의가 필요하다.

③ 압축된 SF_6가 급속하게 방출되면 갑작스런 팽창으로 온도를 낮추어 가스 온도가 0℃ 아래로 떨어질 수 있다. 따라서 작업자가 보호복과 눈 보호 기능을 갖추고 있지 않은 경우 실수로 예를 들어 충전 중에 가스의 분사를 받는 작업자는 심각한 냉동화상의 위험을 받을 수 있다.

16-16 지중전력구나 맨홀작업 시 안전조치사항에 대하여 설명하시오.

지중전력구나 맨홀작업구역은 협소하고 어두우며 가스 등에 의해 가스 중독이나 산소 결핍 등이 발생할 가능성이 매우 크다. 따라서 작업자의 안전성 확보를 위해 다음과 같은 조치가 필요하다.

① 보호구 착용 및 맨홀 주변 안전조치 : 작업자에게는 필요한 보호구(안전모, 산소마스크 등)를 착용하고 맨홀 주변에 공사 중 표지판 및 교통안전장치를 설치한다.

② 가스 농도와 산소 농도 측정 및 작업 전 강제환기 : 가스 농도를 측정하고 산소 농도를 확인한 후 작업자의 투입 여부를 결정한다. 작업자를 지하에 투입하기 전 지하에 체류되어 있는 유독성 가스의 배출을 위한 송풍기의 가동 등을 통해 충분한 환기가 이루어지도록 한다.

③ 충전부 방호 및 조명 확보 : 작업자가 충전부 가까이 근접할 때는 방호구를 설치하여 접촉을 방지하고, 적정한 조도가 확보될 수 있도록 조명을 설치하며, 정전 등 고장을 대비하여 별도의 휴대용 비상 조명을 확보한다. 또한 인화성 가스나 폭발성 가스가 발생하는 분위기에서는 방폭형 조명기구를 사용한다.

④ 적정 작업 인원 및 감시인 배치 : 지하 작업 인원은 원칙적으로 2인 이상으로 하며, 지상에 감시인을 배치하여 지하 작업 현장과 지속적인 연락이 가능하도록 한다.

⑤ 화재예방 및 돌발사고 대응 : 화재발생에 대비하여 소화기, 모래주머니 등 적당한 소화설비를 준비하고 돌발사고를 대비하여 구급약품을 휴대하거나 외부와의 비상연락방법을 사전 준비한다.

16-17 교류 아크 용접작업 시 발생할 수 있는 재해형태와 예방대책을 제시하고, 자동전격방지기의 기능(동작원리)과 구조, 시동시간, 지동시간, 시동감도, 무부하전압에 대해 설명하시오.

(1) 교류 아크 용접작업 시 발생할 수 있는 재해형태 및 예방대책

교류 아크 용접작업 시 발생할 수 있는 재해형태에는 충전부 접촉에 의한 감전, 용접불티에 의한 화재폭발, 용접불꽃 또는 불티에 의한 화상, 용접 시 발생하는 유해광선에 의한 시력 손상, 용접 시 발생하는 용접흄 흡입에 의한 호흡기 장애 등이 있으며, 예방대책은 다음과 같다.

① 무부하 시 용접홀드의 충전부 접촉에 의한 감전을 방지하기 위해 자동전격방지기를 설치한다.
② 감전 방지를 위해 용접작업을 중단 시는 반드시 개폐기를 차단하고, 파손된 홀더는 교체하여 충전부가 노출되지 않도록 한다.
③ 용접 시 발생하는 용접불티가 비산하여 화재폭발이 발생될 우려가 있으므로 용접장 주위에 불티방지포를 설치하고 가연물을 제거한다.
④ 용접불티에 의한 안면화상을 방지하기 위하여 보안면을 착용한다.
⑤ 유해광선에 의한 시력손상 방지를 위해 보안경을 착용한다.
⑥ 용접 시 발생되는 용접흄의 흡입을 방지하기 위해 방진마스크를 착용하거나 국소배기설비를 설치하여 강제환기한다.

(2) 자동전격방지기의 기능(동작원리)과 구조, 시동시간, 지동시간, 시동감도, 무부하전압

① 자동전격방지기의 기능(동작원리) : 전격방지기의 기능은 대상으로 하는 용접기의 주회로를 제어하는 장치를 가지고 있어, 용접봉의 조작에 따라 용접할 때에만 용접기의 주회로를 형성하고, 용접을 중단하면 용접기의 출력 측의 무부하전압을 25V 이하로 저하시켜 감전위험을 방지하고, 무부하 시 전력손실을 경감시켜 주는 2가지 기능을 가진다.

② 자동전격방지기의 구조 : 전격방지기는 양질의 재료를 사용하고 튼튼한 구조로 다음 조건에 적합해야 한다.
　(가) 외함은 수분 및 분진의 침입을 방지할 수 있는 구조로서 IP54에 적합해야 한다.
　(나) 전격방지기에는 용접기의 인출선과 동등 규격 이상의 접속용 인출선을 설치해야 한다.
　(다) 제어회로는 전격방지기의 특성을 조절할 수 없는 구조이어야 한다.

㈃ 외함이 금속제인 경우는 이것에 적당한 접지단자를 설치해야 한다.
㈄ 볼트, 나사 등은 사용 중 쉽게 풀리지 않는 구조이어야 한다.

③ 시동시간 : 용접봉을 모재에 접촉시켜서 전격방지기의 주접점이 폐로(닫힘) 될 때까지의 시간을 말한다.

④ 지동시간 : 용접봉 홀더에 용접기 출력 측의 무부하 전압이 발생한 후 주접점이 개방 될 때까지의 시간을 말한다.

⑤ 시동감도 : 용접봉을 모재에 접촉시켜 아크를 시동시킬 때 전격방지기가 동작할 수 있는 용접기 2차 측의 최대저항을 말한다.

⑥ 무부하전압 : 전격방지기가 동작하고 있는 경우에 출력 측(용접봉 홀더와 피용접물 사이)에 생기는 정상 시 무부하전압을 말한다.

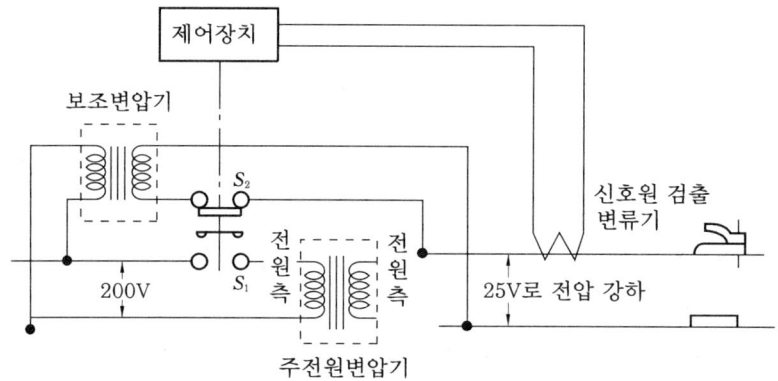

(a) 전격방지장치의 동작 개념도

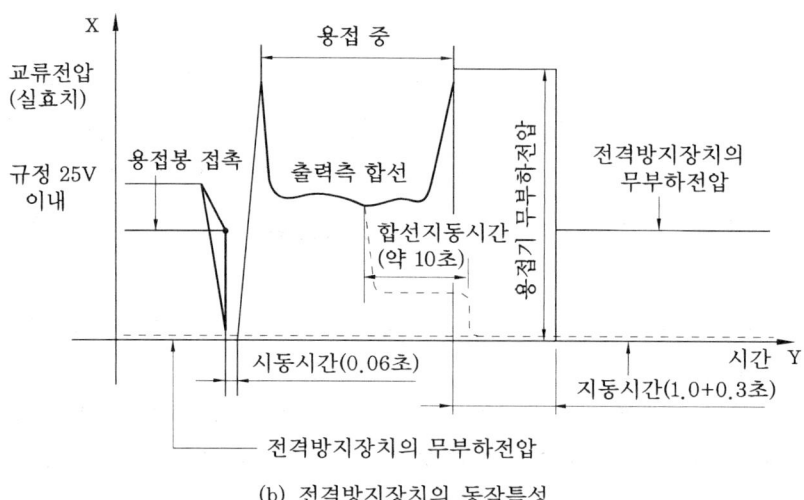

(b) 전격방지장치의 동작특성

자동전격방지기의 동작원리

16-18 송전선로에서 발생하는 코로나 장해의 종류와 그 방지 대책을 제시하고 코로나 손실에 영향을 미치는 요인을 설명하시오.

(1) 코로나 장해의 종류

송전선로에서 발생되는 코로나 장해는 다음과 같다.

① 코로나 손실 : 코로나가 발생하면 코로나 손실이 발생되어 송전효율을 저하시킨다.

② 코로나 잡음 : 코로나 방전에 의해 발생하는 코로나 펄스는 선로에 전파되어 라디오, 텔레비전, 반송통신설비 등에 잡음을 일으킨다.

③ 통신선에의 유도장해 : 코로나에 의한 고조파 중 3조파는 부근의 통신선에 유도장해를 일으킨다.

④ 소호리액터의 소호능력 저하 : 코로나가 발생하면 고장점의 잔류전류의 유효분을 증가시켜 소호능력을 저하시킨다.

⑤ 전선의 부식 촉진 : 코로나에 의한 화학작용으로 전선에 부식을 일으킨다.

(2) 코로나 방지 대책

① 굵은 전선 사용 : 전선의 굵기가 커지면 코로나 임계전압이 높아져서 코로나 발생을 억제한다.

② 복도체 사용 : 복도체를 사용하면 코로나 임계전압이 높아져서 코로나 발생을 억제할 수 있으며, 선로의 인덕턴스는 줄어들고 정전용량은 증대되어 송전능력을 증대시킬 수 있다.

③ 가선금구 개량 : 가선금구를 개량하면 코로나 방전을 억제할 수 있다.

(3) 코로나 손실에 영향을 미치는 요인

F.W Peek에 의한 Peek 실험식, 즉 코로나 손실 계산식은 다음과 같다.

코로나 손실$(P) = \dfrac{241}{\partial}(f+25)\sqrt{\dfrac{d}{2D}}(E-E_0)^2 \times 10^{-5}$ [kW/km/line]

여기서, E는 전선의 대지전압, E_0는 코로나 임계전압, f는 주파수, d는 전선의 지름, D는 선간거리, ∂는 상대공기밀도이다.

따라서 코로나 손실에 영향을 미치는 요인은 전선의 지름, 주파수, 기압, 선간거리이며, 전선의 지름이 작을수록, 주파수가 높을수록, 상대공기밀도, 즉 기압이 낮을수록, 선간거리가 짧을수록 코로나 손실이 커진다.

16-19 전기위험 방지시설인 보호도체에 대한 건전성 검출 및 감시를 위한 접지검증시스템과 접지감시시스템에 대해 설명하시오.

(1) 접지검증시스템

접지검증시스템은 설비 내에 있는 보호도체의 연속성을 확인할 수 있는 검증시스템을 말하며 시스템의 검증은 다음과 같다.

① 접지검증시스템은 검증장치로부터 멀리 떨어진 전기기기의 보호도체가 연속성을 유지하고 있는지를 검출한다.
② 시험도체(pilot conductor)와 보호도체 사이의 단락상태를 직류계전기를 이용하여 검출한다.
③ 그림에서 전원임피던스 Z_1을 시험도체 경로와 직렬로 연결시키면, 전체 임피던스는 Z_1과 루프(loop)임피던스 Z_2의 벡터 합으로 나타난다.
④ 검출된 Z_2의 측정값이 일정 수준, 예를 들어 10 Ω을 초과하는 경우, 전기기기를 전로로부터 차단해야 한다. 또한 전기기기에 통전한 이후, 루프가 개방되었거나, 임피던스 값이 일정 수준, 예를 들어 20 Ω을 초과할 경우에는 전기기기를 전로로부터 분리시켜야 한다.
⑤ 검출전류는 기기외함, 보호도체 등으로 이루어진 궤환회로를 따라 흐른다.
⑥ 다이오드를 사용하지 않는다면 단자 P와 E_2 사이를 직접 연결해야 한다.
⑦ 접지루프가 기기외함을 포함하는 경우 전로 간의 단락을 예방하기 위하여, 외함에 두 개의 독립된 접지용 단자를 설치해야 한다.

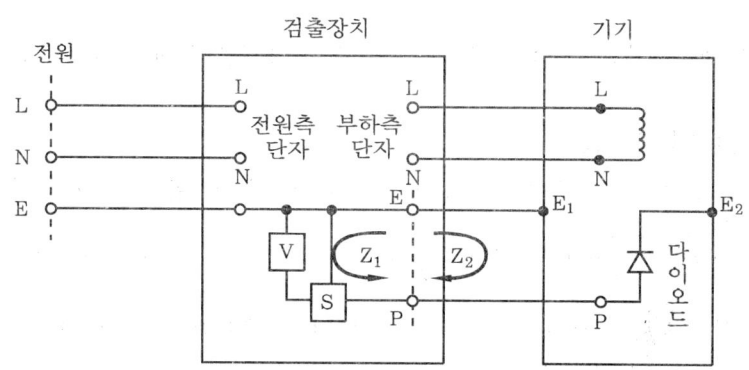

E_1 : 보호도체 접지 단자
E_2 : 시험회로 접지 단자
P : 시험도체 단자
S : 감시장치
V : 특별 저전압 전원
Z_1 : 전원 임피던스
Z_2 : 루프 임피던스

접지검증시스템의 기본회로

(2) 접지감시시스템

접지감시시스템은 전기시스템의 접지망을 구성하는 보호도체의 임피던스를 측정하여 고 신뢰도를 지속적으로 유지하는 감시시스템을 말하며, 시스템의 감시는 다음과 같다.

① 접지감시시스템은 멀리 떨어진 전기기기의 보호도체 임피던스 값을 지속적으로 측정하여, 고 신뢰도를 유지하도록 한다. 감시장치는 전원과 보호하기 위한 전기기기 사이에 연결된다.
② 보호도체의 임피던스 값을 지속적으로 유지하기 위한 접지감시는 12 V를 초과하지 않는 특별안전 저전압 전원에 의한 미소전류의 연속적인 순환에 의해 이루어진다.
③ 감시전류는 기기외함, 보호도체 등으로 이루어진 궤환회로를 따라 흐른다.
④ 접지루프가 기기외함 부분을 포함하는 경우 전로 간의 단락을 예방하기 위하여 두 개의 독립된 접지용 단자를 설치해야 한다.
⑤ 보호도체와 시험도체의 임피던스에 의해 평형 브리지회로가 다음과 같이 구성된다.
⑥ 브리지회로의 평형상태는 회로의 개방, 단락 등 루프의 변동 상황에 따라 간섭을 받게 되므로, 루프의 변동 상황이 발생하게 되면 신호를 표시하거나 전원을 차단할 수 있다.

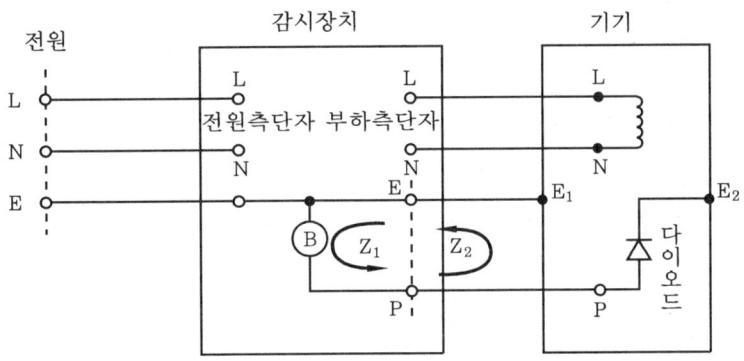

B : 평형 브리지회로   P : 시험도체 단자
E_1 : 보호접지 단자 Z_1 : 전원 임피던스
E_2 : 시험회로 보호 단자 Z_2 : 루프 임피던스

접지감시시스템의 기본회로

16-20 코로나 방전과 아크 방전의 차이점(방전 특성)을 각각 설명하고, 코로나 방전의 장해현상 및 방지 대책에 대해 설명하시오.

(1) 코로나 방전과 아크 방전의 차이점(방전 특성)

① 코로나 방전 특성 : 코로나 방전은 기체 방전의 일종으로, 불평등 전계에서 형성되는 선행 방전의 한 형태이다. 즉, 최종 형태로 발생하는 아크 방전과는 달리 코로나 방전은 최종 형태에 도달하기 전에 전계가 집중된 부위에만 국부적으로 주변 기체가 이온화되어 플라스마를 형성하며 발광하게 되는데, 이러한 방전 형태를 코로나 방전이라 한다. 코로나 방전이 발생하면 코로나 손실이 생긴다. 이 방전은 극 사이의 일부에 방전이 일어나고 있는 상태이며, 극 사이의 전역이 방전하고 있는 아크 방전과는 다르다. 코로나 방전은 직류전압이나 교류전압에서도 일어나는데, 뾰족한 전극이 양쪽이냐 또는 음쪽이냐에 따라 발광하는 모양이 달라지며, 교류일 경우에는 $\frac{1}{2}$ Hz마다 양·음의 코로나가 교대로 나타난다.

② 아크 방전 특성 : 아크 방전은 글로 방전 상태에서 전압을 증가시키면 전극의 음극에 해당하는 부위에서 열전자가 방출되면서 양극과 음극 사이가 플라스마로 도통되어 전압은 감소하고 전류가 급증하게 된다. 이때 플라스마의 모양이 원호(arc)와 닮았다고 해서 아크 방전이라 하고, 코로나 방전과의 차이점은 기체 방전의 최종 형태이며, 극 사이의 전역이 방전하고, 지속성을 갖는 것이다.

(2) 코로나 방전의 장해현상

① 코로나 손실이 발생하여 송전효율이 저하된다.
② 통신선에 고조파로 인해 유도장해를 일으킨다.
③ 전자파 장해 등 코로나 잡음을 유발시킨다.
④ 소호리액터의 소호능력을 저하시킨다.

(3) 방지 대책

① 굵은 전선을 사용한다.
② 복도체를 사용한다.
③ 가선금구를 개량한다.
④ 변압기 부싱의 연결부위 등 뾰족한 부분이 없도록 한다.

16-21 비상전원 중 축전지의 종류, 축전지설비의 구조, 충전장치, 충전방식, 축전지 용량 산출방법, 축전지의 위험성, 취급 시 주의사항에 대해 설명하시오.

축전지설비는 축전지, 충전장치 및 부대설비로 구성되며 축전지는 방전이 끝난 전지에 직류전원을 공급하여 다시 방전시킬 수 있는 전지, 즉 2차 전지를 말한다.

(1) 축전지의 종류

축전지는 내부 구조에 따라 연축전지와 알칼리축전지, 제조방법에 따라 건식축전지, 습식축전지, 무보수밀폐축전지 등으로 분류된다.

① 내부 구조에 따른 종류 : 알칼리축전지는 연축전지에 비해 수명이 길고 기계적 강도가 강하며 과충전에 양호한 특성을 가지나 단자전압이 낮아 비경제적이다. 따라서 산업용으로는 대부분 연축전지를 많이 사용하고 있다.

② 제조방법에 따른 종류 : 건식, 습식 및 무보수밀폐축전지가 있으며, 건식축전지는 초충전없이 사용이 가능하나 습식은 장시간 초충전이 필요하다. 최근에는 전해액의 감소가 거의 없어 정제수 보충이 불필요한 무보수밀폐 연축전지의 사용이 늘고 있는 실정이다.

(2) 축전지설비의 구조

① 축전지실은 불연재료로 구획된 전용의 방으로 해야 한다.
② 축전지실내는 전기분해과정에서 수소가 발생하므로 환기설비가 갖추어져 있어야 한다.
③ 배선은 비닐전선을 사용하고 조명기구는 내산형을 사용한다.
④ 천장의 높이는 2.6 m 이상으로 하고 축전지와 외벽과는 1 m 이상 이격시킨다.
⑤ 보호도체와 시험도체의 임피던스에 의해 평형 브리지회로가 다음과 같이 구성된다.

(3) 충전장치(정류기)

충전장치는 정류기를 사용하며 반도체 정류기와 수은 정류기가 있으나 반도체 정류기가 주로 사용된다. 정류기 2차 전압은 단상 100 V, 3상은 200 V를 사용하며 단상은 반파정류와 전파정류, 3상은 단파정류와 전파정류를 채택하여 사용하고 있으나 단상과 3상 모두 파형 평활을 위해 전파정류방식을 주로 채택하여 사용한다.

(4) 충전방식

충전방식에는 보통 충전, 급속 충전, 균등 충전, 부동 충전, 전자동 충전, 트리클 충전 등이 있다.

① 보통 충전방식 : 표준시간율로 충전전류를 충전하는 방식이다.

② 급속 충전방식 : 단시간에 충전하는 방식이다.

③ 균등 충전방식 : 여러 개의 축전지를 균일한 상태로 충전하기 위해 실시하는 충전방식으로 일종의 과충전이다.

④ 부동 충전방식 : 충전기(정류기)를 축전지와 부하에 병렬접속시켜 축전지를 상시 충전하면서 직류부하의 전원공급도 함께 하는 충전방식으로 축전지가 항상 완전 충전상태를 유지하게 된다.

⑤ 전자동 충전방식(정전류 충전방식) : 일정한 전류로 충전하는 방식이다.

⑥ 트리클 충전방식 : 축전지의 자기방전을 보충하기 위해 부하를 끊은 상태에서 늘 미소전류로 충전하는 방식이다.

(5) 축전지 용량 산출방법

① 부하를 결정한다.
② 방전전류를 결정한다.
③ 방전시간을 결정한다.
④ 부하특성곡선을 작성한다.
⑤ 축전지의 셀 수를 결정한다.
⑥ 허용최저전압을 결정한다.
⑦ 용량환산시간을 결정한다.

(6) 축전지의 위험성

① 화학적 위험
  ㈎ 축전지에는 황산 또는 수산화칼륨을 포함하는 전해질 용액이 채워져 있으며, 이는 부식성이 강한 화학물질로서 눈을 영구히 손상시키거나 피부에 심각한 화학적 화상을 초래할 수 있으며, 황산과 수산화칼륨을 삼키게 되면 인체에 매우 유독하다.
  ㈏ 축전지의 납, 니켈, 리튬 또는 카드뮴 화합물은 인간과 동물에게 해로우며, 이들 화학물질은 환경을 심각하게 손상시킬 수 있다.

② 폭발 위험
  ㈎ 축전지가 충전되고 있을 때 수소와 산소가 축전지 내에서 생성되고 발화원은 이들 가스의 혼합물에 불을 붙여 폭발하게 되며, 폭발이 격렬하면 축전지를 파손시키고 위험한 파편과 부식성 화학물질이 배출된다.
  ㈏ 밸브 조정 축전지는 개방 축전지보다는 수소를 방출할 가능성이 훨씬 적지만, 이 축전지를 너무 빨리 또는 너무 오랫동안 충전시키게 되면 축전지 내에서 가스압력

이 축적되어 축전지 내의 안전밸브가 열리면서 가스가 발화원 가까이에서 새게 되면 폭발이 일어날 가능성이 크다.

③ 전기적 위험
  (가) 축전지는 많은 에너지를 저장할 수 있고, 어떠한 상황하에서도 에너지를 빠르게 방출할 수 있으나, 이때 방출된 에너지가 절연되지 않은 금속 스패너, 드라이버 등에 의해 단락되면 위험할 수 있다.
  (나) 대부분의 축전지는 상당히 낮은 전압을 생성하므로 전기충격의 위험은 거의 없지만, 직류 120 V 이상의 일부 축전지는 근로자에게 전기충격의 위험을 줄 수 있다.

(7) 축전지 취급 시 주의사항
① 장갑과 적절한 눈 보호장치, 가급적이면 보호안경 또는 바이저(visor)를 착용한다.
② 황산 또는 수산화칼륨과 같은 축전지 화학물질을 다룰 때 비닐로 된 앞치마를 입고 적절한 부츠를 신는다.
③ 축전지 위로 떨어지거나 축전지 단자들을 연결시킬 금속 물체를 주머니에서 제거한다.
④ 화염, 전기불꽃, 전기장비, 뜨거운 물체, 핸드폰과 같은 발화원을 충전되고 있는 축전지, 최근에 충전된 축전지 또는 이동 중인 축전지에 가까이 두지 않는다.
⑤ 절연된 손잡이가 달린 도구를 사용한다.
⑥ 축전지 단자 위에 임시로 절연고무 커버를 씌운다.
⑦ 축전지는 환기가 잘 되는 전용구역에서 충전한다.

16-22 변류기(CT)의 열적·기계적 과전류강도와 과전류정수에 대해 설명하시오.

(1) 과전류강도
변류기는 단락 등의 큰 고장전류에 열적·기계적으로 견딜 수 있어야 하는데, 변류기가 1초 동안 견딜 수 있는 전류의 한도를 정격과전류강도라 하며, 과전류강도에는 열적 과전류강도와 기계적 과전류강도가 있다. 일반적으로 기계적 과전류강도가 더 크다.

① 열적 과전류강도 = $\dfrac{\text{정격과전류강도(kA)}}{\sqrt{t}}$ (여기서, t는 차단기 동작시간)

② 기계적 과전류강도 = $\dfrac{\text{비대칭 단락전류}}{\text{정격 1차 전류}}$

(2) 과전류정수

정격과전류정수는 1차 전류의 몇 배수 이상으로 오차한계를 보정하는 값으로서 비오차가 −10% 될 때의 1차 전류를 정격 1차 전류로 나눈 값을 말한다. 일반 계기만 사용할 경우에는 필요치 않고 계전기를 사용하는 경우에 계통의 보호방식 및 계전기의 특성에 따라 결정한다.

$$과전류정수 = \frac{비오차가\ -10\%\ 될\ 때의\ 1차\ 전류}{정격\ 1차\ 전류}$$ 이며, 과전류정수는 n으로 표시한다.

16-23 전기설비의 이상 현상 중의 하나인 아크현상의 발생원인과 그 대책을 설명하시오.

아크는 공기가 이온화하여 전기가 흐르는 현상을 말하며, 단락, 지락, 섬락, 전선 절단 등에 의해 발생한다.

① 단락에 의한 아크 : 전선의 피복이 손상되어 전선 간에 직접 접촉이 발생하면 아크가 발생하는데, 이를 단락이라 한다. 이때 발생하는 단락전류는 신속히 차단해야 계통을 보호할 수 있다. 단락에 의한 아크의 발생을 방지하기 위한 대책으로는 전선의 절연상태를 확인하여 항상 양호한 상태로 관리해야 한다.

② 지락에 의한 아크 : 1선 지락사고가 발생하면 지락지점에 아크가 발생하게 된다. 지락에 의한 아크 발생을 방지하기 위해서는 애자나 절연전선의 절연이 파괴되지 않도록 관리해야 한다.

③ 섬락에 의한 아크 : 고전압 전로에 접지체가 근접하게 되면 공기의 절연이 파괴되어 섬락이 발생하게 된다. 섬락 아크의 발생을 방지하기 위해서는 섬락이 발생되지 않게 고전압 전로에 접지체가 근접하지 않도록 차단해야 한다.

④ 전선 절단에 의한 아크 : 고전압 전로에서 전선 절단, 접속부의 접촉불량 등에 의해 아크가 발생하는 현상을 말한다. 전선 절단에 의한 아크 발생을 방지하기 위해서는 단로기를 설치해야 한다.

16-24 제어계의 고장과 관련하여 다음 사항에 대해 설명하시오.
(1) 제어계의 사용기간별로 분류한 고장 종류(3가지)
(2) 사용 기간과 고장률에 대한 고장 발생 그래프

(1) 제어계의 사용 기간별로 분류한 고장 종류(3가지)

제어계의 고장을 사용 기간별로 분류하면 초기 고장, 우발 고장 및 마모 고장이 있다.

① 초기 고장 : 사용 개시 후의 비교적 빠른 시기에 설계 및 제조단계의 결함 또는 사용방법 등 사용환경과의 부적합에 의해 발생하는 고장을 말하며, 설치 및 시운전 단계에서 완전 가동 시까지 운전 숙련도에 따라 고장률이 달라지나 일반적으로 높은 편이다.

② 우발 고장 : 초기 고장 이후에 마모 고장 기간에 이르기 전까지의 가장 안정되고 긴 구간에 우발적으로 발생하는 고장을 말하며, 고장률이 가장 낮다.

③ 마모 고장 : 마모 시기에 발생하는 고장으로 노화, 마모 등에 의해 발생되며 고장률이 높아져 잦은 예방보수가 필요하다.

(2) 사용 기간과 고장률에 대한 고장 발생 그래프

고장률이란 어떤 기간 동안 고장 없이 동작한 후, 계속해서 어떤 단위시간 내에 고장을 일으키는 비율을 말한다. 기기류의 신뢰도함수를 $R(t)$로 하면 고장율 $\lambda(t)$는 시간의 함수로 나타낸다.

즉 $\lambda(t) = \dfrac{dR(t)}{dt} \times \dfrac{1}{R(t)}$ 이다.

일반적으로 사용 기간과 고장률 관계는 다음과 같다.

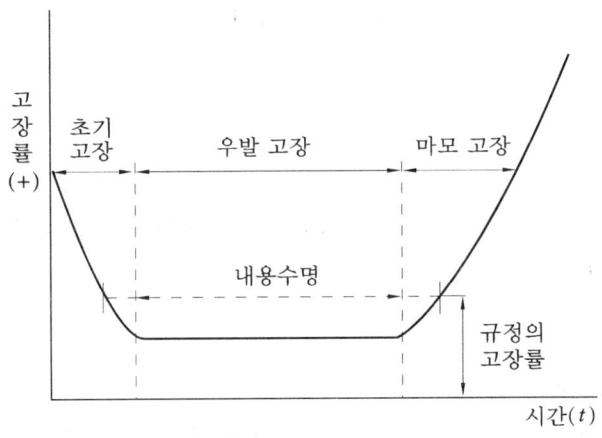

사용 기간과 고장률 관계

16-25 계통전압 6.6 kV의 변압기를 직접접지(저항접지)계로 지락보호를 하고자 한다. 계통의 지락전류를 완전 1선 지락의 경우 100 A 정도 흐르도록 중성점 접지저항기(NGR ; neutral ground resistor)의 값을 구하고, 중성점 접지저항기의 역할을 설명하시오.

(1) 중성점 접지저항기의 값

1선 지락사고 시 회로도는 다음과 같다.

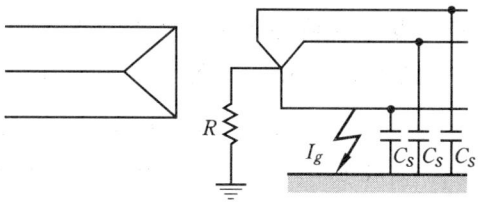

1선 지락 사고 시 회로도

지락전류 $I_g = \dfrac{E}{R} \times j3\omega C_s Z$에서 $\dfrac{E}{R} > j3\omega C_s Z$이므로 $j3\omega C_s Z$를 무시하면

$I_g = \dfrac{E}{R}$에서 중성점 접지저항의 값 R은 다음과 같다.

$R = \dfrac{E}{I_g} = \dfrac{\frac{V}{\sqrt{3}}}{I_g} = \dfrac{\frac{6.6 \times 10^3}{\sqrt{3}}}{100} = 38.1\,\Omega$이다.

(2) 중성점 접지저항기(NGR)의 역할

중성점 접지저항기는 1선 지락사고 시 지락전류를 제한하여 기기와 선로의 파괴를 예방하고, 사고회로의 선택 차단을 용이하게 하며 과도안정도를 향상시키는 역할을 한다.

16-26 전기설비의 역률개선용 콘덴서의 구성과 개폐장치의 요구 성능에 대해 설명하시오.

(1) 역률개선용 콘덴서의 구성

역률개선용 콘덴서는 전력용 콘덴서, 직렬 리액터, 방전코일, 보호장치, 차단기 또는 개폐기로 구성된다.

(2) 개폐장치의 요구 성능

① 투입 시 과대 돌입전류에 견디고 개방 시 재점호가 없어야 한다.
② 돌입전류와 이상전압 억제를 위해 보조접점이 있는 것을 사용한다.
③ 전기적, 기계적으로 충분히 견디는 것이어야 한다.
④ 보수가 간편하고 경제적이어야 한다.

16-27 무정전전원장치(UPS)의 다음 사항에 대해 설명하시오.
  (1) 무정전전원장치 운전방식의 종류
  (2) 무정전전원장치의 설치 요건
  (3) 무정전전원장치의 병렬 운전 시스템 선정 시 고려사항

---

(1) 무정전전원장치 운전방식의 종류

무정전전원장치는 상용 시에는 한전전원이 축전지에 전원을 저장하여 두고 정전이나 입력 측에 문제 발생 시에 축전지에 저장되어 있던 전원을 이용하여 부하에 전원을 공급하는 장치를 말하며, 운전방식에는 on-line 방식, off-line 방식, line 인터랙티브 방식이 있다.

① on-line 방식: 상시 인버터 방식이라고도 하며 상용전원을 컨버터 회로에 의해 직류전원으로 변환하고 변환된 직류전원은 축전지를 충전 회로를 통해 충전하며 인버터 회로를 통해 다시 교류전원으로 변환해 출력으로 보내는 방식이다.
② off-line 방식: 정전 시에만 인버터를 구동시켜 전원을 공급하는 방식이다.
③ line 인터랙티브 방식: 축전지와 인버터 부분이 항상 접속되어 서로 전력을 변환하고 있어 정전 시 입력단의 절체반을 차단하여 극히 짧은 시간에 전원을 공급하는 방식이다.

(2) 무정전전원장치의 설치 요건

무정전전원장치의 설치 시 전원설비 및 절체, 충전기 및 축전지 등이 필요하며 온도, 습도, 환기 등이 양호한 실내의 설치공간이 확보되어야 한다.

(3) 무정전전원장치의 병렬운전시스템 선정 시 고려사항

① 정격전압, 주파수 및 위상이 일치해야 한다.
② 부하분담을 고려하여 병렬운전할 전원장치의 용량을 결정해야 한다.
③ 과전류 등 이상전류, 과전압, 부족전압 등에 대해 검토해야 한다.

16-28 풍력터빈을 지지하는 구조물이 갖추어야 할 조건을 쓰고, 풍력터빈의 구비 요건(시설기준)을 설명하시오.

(1) 풍력터빈을 지지하는 구조물이 갖추어야 할 조건

구조물은 자중, 적재하중, 적설, 풍압, 지진, 진동 및 충격 등에 충분히 견딜 수 있는 안전한 구조의 것이어야 한다.

(2) 풍력터빈의 구비 요건(시설기준)

① 부하를 차단하였을 때에도 최대속도에 대하여 구조상 안전해야 한다.
② 운전 중 터빈에 손상을 주는 진동이 없도록 해야 한다.
③ 풍압에 대하여 구조상 안전해야 한다.
④ 설계허용 최대풍속 이내에서 가동되도록 해야 한다.
⑤ 운전 중에 다른 시설물, 식물 등에 접촉하지 않도록 해야 한다.

16-29 그림과 같은 2등변 삼각파 교류의 파형률과 파고율을 구하시오.

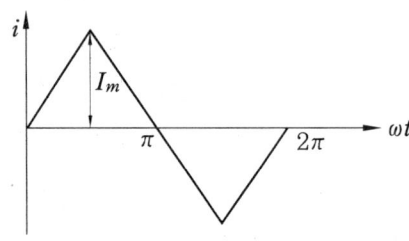

(1) 파형률

파형률 = $\dfrac{실효값}{평균값}$ 에서 실효값은 $\dfrac{1}{\sqrt{3}}I_m$, 평균값은 $\dfrac{1}{2}I_m$ 이므로

파형률 = $\dfrac{실효값}{평균값} = \dfrac{\dfrac{1}{\sqrt{3}}I_m}{\dfrac{1}{2}I_m} = \dfrac{2}{\sqrt{3}}$ 이다.

(2) 파고율

파고율 = $\dfrac{\text{최대값}}{\text{실효값}}$ 에서 최대값이 I_m 이므로

파고율 = $\dfrac{\text{최대값}}{\text{실효값}} = \dfrac{I_m}{\dfrac{1}{\sqrt{3}}I_m} = \sqrt{3}$ 이다.

16-30 저압전로에서 적용하는 지락보호방식의 종류를 쓰고 설명하시오.

저압전로에서 적용하는 지락보호방식의 종류에는 보호접지방식, 과전류차단방식, 누전차단방식, 누전경보방식, 절연변압기방식이 있다.

(1) 보호접지방식

보호접지방식은 전기기계기구의 금속체 외함 및 철대 등을 낮은 저항값으로 접지하여 전로에 지락이 생긴 경우 이때 발생하는 접촉전압을 허용값 이하로 억제하는 방식이다.

(2) 과전류차단방식

중성점 접지계통에서 1선 지락사고 시 과전류보호기기를 동작시켜 회로를 자동차단함으로써 부하기기 등의 금속체 외함 등에 생기는 위험한 접촉전압을 단시간에 소멸시키는 방식이다.

(3) 누전차단방식

전로에 지락이 발생할 때 부하기기 등에 발생하는 고장전압 또는 지락전류를 검출하여 전로를 자동차단하는 방식이다.

(4) 누전경보방식

전로에 지락이 발생할 때 부하기기 등에 발생하는 고장전압 또는 지락전류를 검출하여 경보하는 방식이다.

(5) 절연변압기방식

전로의 도중에 절연변압기 또는 혼촉 방지판부 변압기를 사용하여 그 변압기의 2차측 전로를 비접지 또는 중성점 접지로 하는 방식이다.

16-31 선간전압 V[V]인 3상 1회선 선로에서 대지정전 용량을 C_s[μF]라고 한다. 1선 지락 고장이 발생하였을 때 지락전류(A)는 얼마인가? (단, 기타 정수는 무시한다.)

등가회로는 다음과 같다.

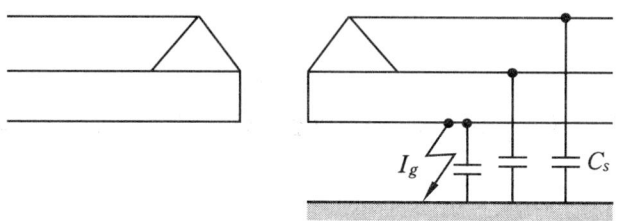

회로에서 1선 지락전류 $I_g = \dfrac{V}{\dfrac{1}{j\omega C_S \times 10^{-6}}} = j\omega C_s V \times 10^{-6}$ A이다.

16-32 기초절연, 부가절연, 이중절연 및 강화절연을 비교 설명하시오.

① 기초절연(basic insulation)은 감전에 대하여 기능 보호를 하기 위한 위험충전부의 절연을 말하며, 기능절연이라고도 한다.
② 부가절연(supplementary insulation)은 기능절연이 고장 났을 때 감전방지(고장보호)를 위해 기능절연에 추가해서 실시하는 별도의 절연을 말하며, 보호절연이라고도 한다.
③ 이중절연(double insulation)은 기능절연과 부가절연으로 구성된 절연을 말한다.
④ 강화절연(reinforced insulation)은 위험충전부에 의한 감전방지를 위하여 이중절연과 동등한 수준의 절연을 말한다. 다만, 강화절연은 기능절연 또는 부가절연으로 여러 층을 구성해도 무방하다.

16-33 송·배전 선로의 재폐로 방식에 대해 설명하시오.

송·배전 선로의 재폐로 방식은 송·배전선의 사고전류를 차단한 후 극히 짧은 시간에 다시 자동적으로 회로를 닫는 방식을 말한다.

송전선이나 배전선의 사고에서는 애자의 절연이 파괴되는 섬락사고가 많은데, 이때 회로를 차단하지 않고 방치해두면 대전류가 흘러서 변압기 등이 파괴되므로 이를 막기 위해 회로가 자동적으로 차단되어 일시 정전이 발생할 때 재폐로 방식을 이용하면 회로를 차단한 후 약 0.2초의 짧은 시간 이내에 재폐로를 하여 실제적으로 무정전의 송·배전이 가능하다.

16-34 건설현장에서의 전기위험 요인, 감전사고 형태 및 전기재해 예방대책에 대해 설명하시오.

(1) 건설현장에서의 전기위험 요인
① 작업의 대부분이 감전의 위험성이 매우 높은 습한 옥외에서 이루어진다.
② 작업현장이 수시로 변경되기 때문에, 작업용 전기배선이 충분한 안전조치 없이 설치되는 경우가 많다.
③ 굴착, 해체 등의 건설작업으로 인하여 현장의 전기설비가 손상되기 쉽다.
④ 중량물 등의 이동에 의하여 전기설비가 손상 받을 우려가 매우 높다.
⑤ 현장의 작업자들이 서로 다른 전기시스템을 사용하는 경우가 많아 오인에 의한 사고 위험이 높다.

(2) 감전사고 형태
① 가설전기설비의 노출 충전부에 인체의 일부가 직접 접촉하여 감전된다.
② 누전되고 있는 전기설비의 외함에 접촉함으로써 감전된다.
③ 교류 아크용접기를 이용하여 용접작업 중 충전부에 감전된다.
④ 고소 작업장소에서 전기용접 등의 작업 중 감전으로 인해 1차적으로 충격을 받고 추락한다.
⑤ 건설장비 등이 가공전선로와 접촉하여 피복손상에 의해 지락사고가 발생하여 감전된다.

⑥ 현장에 설치된 투광등의 전구가 파손되면서 충전부인 필라멘트에 접촉되어 감전된다.

(3) 전기재해 예방대책
① 현존하고 있는 전기위험의 종류와 위험정도(위험도)를 평가한다.
② 설계, 작업방법, 설비 또는 작업환경 등을 변경하여 가능한 한 위험을 피한다.
③ 위험을 수용 가능한 정도 이하로 저감시킨다.
④ 위험요소를 위험하지 않거나 덜 위험한 것으로 대체한다.
　예 습한 환경에서 공압을 이용한 기구의 사용
⑤ 개인보다는 모든 작업자를 보호할 수 있는 방법을 우선 선정한다.
⑥ 잠재적인 위험에 대처하기 위하여 정보제공, 교육훈련 등을 실시한다.
⑦ 전기위험이 있는 작업구간에서는 안전모 등 개인보호구를 착용한다.

16-35 안전작업 허가의 종류(목적 및 적용범위), 작업허가서 발급요건과 작업허가서의 작성요령에 대해 설명하시오.

(1) 안전작업 허가의 종류(목적 및 적용범위)
① 화기작업 허가 : 위험지역으로 구분되는 장소에서 화기작업을 하고자 할 때에는 화기작업 허가서를 발급받아야 한다.
② 일반 위험작업 허가 : 화기작업 이외의 모든 위험한 작업을 수행할 때에는 일반 위험작업 허가서를 발급받아야 하며, 위험한 작업의 종류는 사업장 또는 공정의 특성을 고려하여 정한다.
③ 밀폐공간출입 허가 : 밀폐공간에서의 작업을 위하여 출입을 할 때에는 안전성 확보를 위하여 밀폐공간출입 허가서를 발급받아야 한다.
④ 정전작업 허가 : 전기설비에 의한 불꽃으로 가연성물질의 점화원이 되거나 전기구동 기계 및 전기회로에서 작업하는 작업자가 작업수행 중 감전의 위험이 있다고 판단되는 작업을 할 경우에는 정전작업 허가서를 발급받아야 한다.
⑤ 굴착작업 허가 : 깊이 30cm 이상 지반을 파고 배관, 전기케이블 등의 지하매설 작업을 하고자 할 때는 굴착작업 허가서를 발급받아야 한다.
⑥ 방사선 사용 허가 : 방사선을 사용하여 기기의 점검 또는 비파괴검사를 할 때에는 방사선 사용 작업 허가서를 발급받아야 한다.
⑦ 고소작업 허가 : 기계의 점검, 수리 등과 용기 내부점검, 충전물 교체 등의 고소작업 중 추락이나 높은 곳에서의 중량물 낙하 등의 위험이 있을 경우에는 고소작업 허가서를 발

급받아야 한다. 고소작업 허가대상은 다음과 같다.
　㈎ 2 m 이상의 높이에서 정비, 점검 작업
　㈏ 시설물 또는 설비의 도장, 보온 작업
　㈐ 높이가 2 m 이하이나 고열물, 강산 등 위험물의 상부에서 행하는 작업
⑧ 중장비작업 허가 : 보수를 위한 준비, 청소, 정비, 촉매교환 등을 위하여 중장비를 사용할 경우에는 중장비작업 허가서를 발급받아야 한다.

(2) 작업허가서 발급요건

작업허가서는 신청자의 서면 요구에 의하여 작업을 할 지역의 운전부서 담당자가 발급하며 작업의 위험정도, 규모 및 복잡성에 따라 작업 중에 현장에서 안전감독이 필요할 경우 운전부서에서 입회하여 제반 안전요구사항에 대한 조치를 확인한 후 허가서를 발급한다.

(3) 작업허가서 작성요령

① 허가서 발급자는 허가서 발행에 앞서 당해 작업 현장 감독자 또는 작업담당자와 같이 현장을 확인하고 안전작업에 필요한 조치사항이 무엇인지 확인해야 한다.
② 당해 작업의 안전과 관련하여 인근의 다른 공정지역 책임자에게 당해 작업수행을 알릴 필요가 있을 경우에는 관련 운전부서 책임자의 협조를 받아야 한다.
③ 작업허가서 발급자는 작업허가서 중 작업허가시간, 수행 작업개요, 작업상 취해야 할 안전조치사항 및 작업자에 대한 안전요구사항 등을 기재해야 한다.
④ 작업이 근무 교대시간 이후까지 연장될 경우에는 발급자 또는 업무를 위임받은 자가 작업현장을 재확인한 후 허가서에 명시된 사항과 일치하는지를 파악하고 안전하다는 판단에 따라 안전작업허가서의 작업시간을 연장하고 다시 확인 서명해야 한다.
⑤ 허가서는 3부를 작성하며, 1부는 안전관리부서에 통보하고, 1부는 발급자가 보관하며, 1부는 해당 작업수행자가 현장에 게시한다.

16-36 연료전지의 개요, 연료전지의 종류 및 특성과 원리에 대해 설명하시오.

(1) 연료전지의 개요

연료전지는 산화제와 연료의 화학반응으로부터 생성되는 화학적 에너지를 지속적으로 전기에너지로 변화시키는 전기화학장치를 말한다.

(2) 연료전지의 종류 및 특성

① 고체 고분자형 연료전지 : 양성자 전도성 고체 고분자 박막을 전해질로 사용하는 연료전지를 말한다.
② 직접 메탄올형 연료전지 : 탄화플루오르산 중합체를 전해질로 사용하여 연료극에서 메탄올이 직접 산화되는 연료전지를 말한다.
③ 인산형 연료전지 : 탄화플루오르 결합형 매트릭스를 포함한 인산 박막을 전해질로 사용하는 연료전지를 말한다.
④ 알칼리형 연료전지 : 수산화칼륨 전해액을 흡수한 매트릭스를 전해질로 사용하는 연료전지를 말한다.
⑤ 용융 탄산염형 연료전지 : 저용융점을 가지는 탄화리튬과 탄화칼륨의 혼합물과 결합한 매트릭스를 전해질로 사용하는 연료전지를 말한다.
⑥ 고체 산화물형 연료전지 : 고체 지르코늄 산화물을 전해질로 사용하여 고온에서 작동되는 연료전지를 말한다.

(3) 연료전지의 원리

① 연료전지는 수소 또는 수소과잉 연료가 물(H_2O)의 산소와 반응할 때 생성되는 에너지를 활용하기 위한 장치이다. 일반적으로 수소와 산소가 반응할 때는 화염과 열에너지가 발생하게 되는데 연료전지 내에서는 화염은 발생되지 않고 전기와 열만 발생된다.
② 연료전지와 축전지는 전극에서 발생하는 화학반응으로부터 전류를 발생시키는 전기적 화학장치로 그 특성이 유사하나 연료전지는 연료가 공급되는 한 장기간 전기를 계속해서 발생시킨다.
③ 단일 연료전지는 2개의 얇은 침투성 전극인 공기극과 연료극 사이에 삽입된 전해질로 구성된다. 전지의 연료극은 수소 분자(H_2)를 2개의 수소 이온(H^+)과 2개의 전자(e^-)로 분리하는 특수한 촉매로 도금된다. 연료극에서 생성된 전자는 연료전지에 연결된 외부회로에 전류를 생성시킨다. 전지의 공기극에 공급된 산소는 수소 이온과 외부회로에서 회수되는 전자와 반응하여 물을 생성한다.

16-37 작업장에서의 좋은 조명의 조건과 산업안전기준에 관한 규칙에서 정하고 있는 작업면 조도에 대해 설명하시오.

(1) 작업장에서의 좋은 조명의 조건

① 어두운 작업공간은 조명의 부적절한 설계, 설치, 관리상의 문제로 인해 발생되어 작

업에 지장을 초래하므로 전등과 조명기기 청소, 수명이 다 된 조명기구 교체, 밝은 광원으로 교체 등에 의해 개선한다.

② 눈부심은 주변보다 매우 밝은 광원이 직접 시야에 들어올 때 발생하는데, 밝기의 차가 극심할 경우 시각에 손상을 줄 수도 있으며 심하지 않을 경우에도 불쾌함, 불편함, 예민함, 주의 산만 등을 유발하며 눈의 피로를 가중시키므로 밝은 자연채광 등에 의해 눈부심이 일어나지 않도록 한다.

③ 작업면에 반사광이 생기면 작업면에서 반사되는 강한 반사광에 의해 작업 대상을 주시하는 데 불편함을 초래하므로 이를 해소해야 한다.

④ 색효과(color effect)가 발생하면 안전상의 문제를 일으킬 수도 있으며 조도가 지나치게 낮을 경우에도 모든 색이 회색조로 보여 비슷한 위험을 유발할 수 있으므로 자연광에 가까운 광원을 사용하여 적절한 조도를 유지한다.

⑤ 깜빡거림(flickering)이 발생하면 시야의 주변부를 통해 민감하게 감지되는데 불쾌감과 피로감의 원인이 되므로 개선해야 한다.

⑥ 작업부위에 강하게 음영이 생기면 작업의 효율을 떨어트리고 피로를 가중시키므로 음영이 발생하지 않도록 배치한다.

⑦ 작업공간에서 밝기의 차가 크면 시각적 불쾌감을 유발하고 빠른 이동을 수반하는 경우에는 안전상의 위험을 초래할 수 있으므로 작업공간에서 어두운 부위의 조도를 개선한다.

(2) 산업안전기준에 관한 규칙에 따른 작업면 조도의 기준
① 초정밀 작업은 750 럭스(lx) 이상
② 정밀 작업은 300 럭스(lx) 이상
③ 보통 작업은 150 럭스(lx) 이상
④ 그 밖의 작업은 75 럭스(lx) 이상

16-38 산소결핍의 우려가 있는 맨홀, 탱크 등의 장소에서 작업 시 작업 전 조치사항과 산소농도별 인체의 증상에 대해 설명하시오

(1) 산소결핍의 우려가 있는 장소에서 작업 시 작업 전 조치사항
① 환기 : 산소결핍의 우려가 있는 장소에서 작업을 하는 경우에 작업을 시작하기 전에 작업장을 적정 공기 상태가 유지되도록 환기해야 한다. 다만, 폭발이나 산화 등의 위험으로 인하여 환기할 수 없거나 작업의 성질상 환기하기가 매우 곤란하면 근로자에게 송

기마스크 등을 지급하여 착용하도록 한다.
② 인원 점검 : 산소결핍의 우려가 있는 장소에서 작업을 하는 경우에 그 장소에 근로자를 입장시킬 때와 퇴장시킬 때마다 인원을 점검해야 한다.
③ 출입금지 : 산소결핍의 우려가 있는 장소에는 관계 근로자가 아닌 사람의 출입을 금지하고, 그 내용을 보기 쉬운 장소에 게시해야 한다.
④ 연락 : 산소결핍의 우려가 있는 장소에서 작업을 하는 경우에 그 작업장과 외부의 감시인 간에 상시 연락을 취할 수 있는 설비를 설치해야 한다.
⑤ 감시인 배치 : 산소결핍의 우려가 있는 장소에서 작업을 하는 경우에 상시 작업상황을 감시할 수 있는 감시인을 배치해야 한다.

(2) 산소 농도별 인체의 증상
① 18 % : 안전한계이나 연속환기가 필요
② 16 % : 호흡, 맥박의 증가, 두통, 메스꺼움, 토할 것 같음
③ 12 % : 어지럼증, 토할 것 같음, 체중지지 불능으로 추락
④ 10 % : 안면창백, 의식불명, 구토
⑤ 8 % : 실신혼절, 7~8분 이내에 사망
⑥ 6 % : 순간에 혼절, 호흡정지, 경련, 6분 이상이면 사망

16-39 화재안전기준에서 소방시설용 비상전원을 특별고압 또는 고압으로 수전하는 경우와 저압으로 수전하는 경우에 대해 설명하시오.

(1) 비상전원을 특별고압 또는 고압으로 수전하는 경우
특별고압 또는 고압으로 수전하는 비상전원 수전설비는 방화구획형, 옥외개방형 또는 큐비클형으로 해야 하며 설치기준은 다음과 같다.
① 방화구획형
  ㈎ 전용의 방화구획 내에 설치한다.
  ㈏ 소방회로배선은 일반회로배선과 불연성 벽으로 구획한다.
  ㈐ 일반회로에서 과부하, 지락사고 또는 단락사고가 발생한 경우에도 이에 영향을 받지 아니하고 계속하여 소방회로에 전원을 공급시켜 줄 수 있어야 한다.
  ㈑ 소방회로용 개폐기 및 과전류차단기에는 "소방시설용"이라 표시한다.
② 옥외개방형

㈎ 건축물의 옥상에 설치하는 경우에는 그 건축물에 화재가 발생할 경우에도 화재로 인한 손상을 받지 않도록 설치한다.
㈏ 공지에 설치하는 경우에는 인접 건축물에 화재가 발생할 경우에도 화재로 인한 손상을 받지 않도록 설치한다.

③ 큐비클형
㈎ 전용 큐비클 또는 공용 큐비클식으로 설치한다.
㈏ 외함은 두께 2.3 mm 이상의 강판과 이와 동등 이상의 강도와 내화성능이 있는 것으로 제작해야 하며, 개구부에는 갑종방화문 또는 을종방화문을 설치한다.
㈐ 표시등, 환기장치, 전선의 인입구 및 인출구 등은 외함에 노출하여 설치할 수 있다.
㈑ 외함은 건축물의 바닥 등에 견고하게 고정한다.
㈒ 외함에 수납하는 수전설비, 변전설비 그 밖의 기기 및 배선은 외함 또는 프레임 등에 견고하게 고정하고 외함의 바닥에서 10 cm 이상의 높이에 설치한다.
㈓ 전선 인입구 및 인출구에는 금속관 또는 금속제 가요전선관을 쉽게 접속할 수 있도록 한다.
㈔ 환기장치는 내부의 온도가 상승하지 않도록 하며 자연환기구의 개부구 면적의 합계는 외함의 한 면에 대하여 해당 면적의 3분의 1 이하로 한다. 환기구에는 금속망, 방화댐퍼 등으로 방화조치를 하고, 옥외에 설치하는 것은 빗물 등이 들어가지 않도록 한다.
㈕ 공용 큐비클식의 소방회로와 일반회로에 사용되는 배선 및 배선용기기는 불연재료로 구획한다.

(2) 비상전원을 저압으로 수전하는 경우

저압으로 수전하는 비상전원설비는 전용배전반(1·2종), 전용분전반(1·2종) 또는 공용분전반(1·2종)으로 해야 하며 설치기준은 다음과 같다.

① 제1종 배전반 및 제1종 분전반
㈎ 외함은 두께 1.6 mm 이상의 강판과 이와 동등 이상의 강도와 내화성능이 있는 것으로 제작한다.
㈏ 외함의 내부는 외부의 열에 의해 영향을 받지 않도록 내열성 및 단열성이 있는 재료를 사용하여 단열한다.
㈐ 표시등과 전선의 인입구 및 인출구는 외함에 노출하여 설치할 수 있다.
㈑ 외함은 금속관 또는 금속제 가요전선관을 쉽게 접속할 수 있도록 하고, 당해 접속 부분에는 단열조치한다.
㈒ 공용배전판 및 공용분전판의 경우 소방회로와 일반회로에 사용하는 배선 및 배선용기기는 불연재료로 구획되어야 한다.

② 제2종 배전반 및 제2종 분전반
 ㈎ 외함은 두께 1 mm 이상의 강판과 이와 동등 이상의 강도와 내화성능이 있는 것으로 제작한다.
 ㈏ 120℃의 온도를 가했을 때 이상이 없는 전압계 및 전류계는 외함에 노출하여 설치한다.
 ㈐ 단열을 위해 배선용 불연전용실내에 설치한다.
③ 그 밖의 배전반 및 분전반
 ㈎ 일반회로에서 과부하·지락사고 또는 단락사고가 발생한 경우에도 이에 영향을 받지 않고 계속하여 소방회로에 전원을 공급시켜 줄 수 있어야 한다.
 ㈏ 소방회로용 개폐기 및 과전류차단기에는 "소방시설용"이라는 표시를 한다.

16-40 전기집진장치에 관한 다음 사항에 대해 설명하시오.
 (1) 전기집진장치의 개요
 (2) 전기집진장치의 구조와 원리
 (3) 전기집진장치의 특징
 (4) 전기집진장치의 시설기준 (특고압인 경우)
 (5) 전기집진장치의 보수작업 시 안전조치사항

---

(1) 전기집진장치의 개요

전기집진장치는 정전력을 이용하여 분진, 미스트(mist) 등 입자들을 집진하는 장치로서 시멘트의 소성로, 제철소 등 다량의 분진이 배출되는 장소의 오염물질을 제거하는 데 사용된다.

(2) 전기집진장치의 구조와 원리

① 구조 : 전기집진장치의 구조는 방전극, 집진극, 타봉 및 호퍼로 구성된다. 방전극은 코로나방전을 발생시키고 전계를 만드는 역할을 하며, 집진극은 대전된 입자를 모으는 역할을 한다. 또한 타봉은 방전극과 집진극에 의한 분진의 축적을 방지하며, 호퍼는 전기집진장치 하단에 설치되어 타봉에 떨어진 분진의 퇴적을 저장하는 데 사용된다.
② 원리 : 방전극과 집진극으로 이루어진 양극에 4~7만 볼트의 직류전압으로 코로나(corona) 방전을 발생시켜 가스 중의 입자를 (−)전극으로 만들어 (+)극인 집진극에 흡인시켜 호퍼에 떨어뜨려 처리한다.

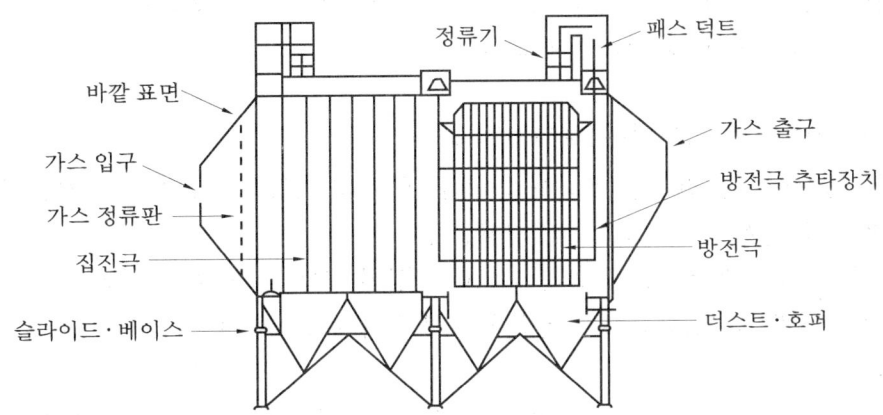

(a) 전기집진장치의 구조

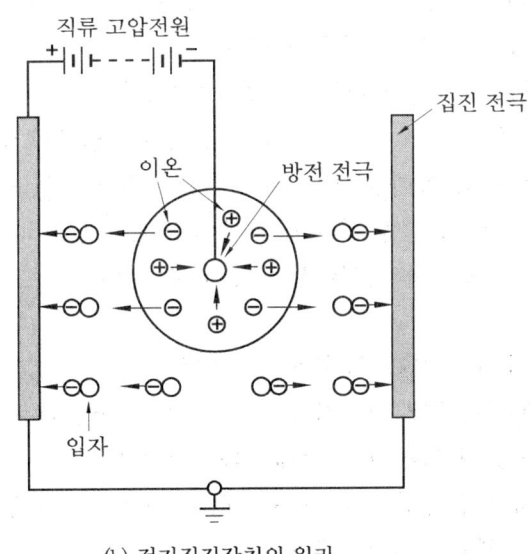

(b) 전기집진장치의 원리

전기집진장치의 구조와 원리

(3) 전기집진장치의 특징
① 집진 효율이 매우 높고 극미립자 ($0.01\,\mu m$ 이하)의 포집이 가능하다.
② 분진, 미스트(mist) 등 모든 입자의 집진이 가능하다.
③ 폭발성 또는 부식성 가스 등 다양한 가스의 취급이 가능하며, 폭발성 가스 취급 시에는 방폭전기기기의 사용이 요구된다.
④ 고성능, 대용량 집진기에 사용된다.

⑤ 압력손실이 적어 운전비용이 적게 들고 고장 시 보수가 용이하다
　⑥ 초기 설치비용이 타 집진기에 비해 많이 든다.

(4) 전기집진장치의 시설기준 (특고압인 경우)

① 전기집진장치에 전기를 공급하기 위한 변압기의 1차측 전로에는 가까운 곳에 쉽게 개폐할 수 있는 곳에 개폐기를 시설한다.
② 전기집진장치에 전기를 공급하기 위한 변압기, 정류기 및 이에 부속하는 특별고압의 전기설비 및 전기집진장치는 취급자 이외의 자가 출입할 수 없도록 설비한 곳에 시설한다.
③ 전선은 케이블을 사용하는데 케이블은 손상을 받을 우려가 있는 곳에 시설하는 경우에는 적당한 방호 장치를 하며, 케이블을 넣는 방호 장치의 금속제 부분 및 방식 케이블 이외의 케이블의 피복에 사용하는 금속체에는 제1종 접지공사를 한다.
④ 잔류전하에 의하여 사람에게 위험을 줄 우려가 있는 경우에는 변압기 2차측 전로에 잔류전하를 방전하기 위한 장치를 한다.
⑤ 특고압의 전기를 공급하기 위한 전선을 가연성가스 등이 있는 장소에 시설하는 경우에는 가스 등에 착화할 우려가 있는 불꽃이나 아크를 발생하거나 가스 등에 접촉되는 부분의 온도가 가스 등의 발화점 이상으로 상승할 우려가 없도록 시설한다.
⑥ 충전부분에 사람이 접촉할 경우에 사람에게 위험을 줄 우려가 없는 전기집진 응용장치에 부속하는 이동전선 이외에는 시설하지 않는다.

(5) 전기집진장치의 보수작업 시 안전조치사항

① 전기집진기 운전자에게 연락하고 주 전원을 차단한다.
② 댐퍼(damper)를 차단하고 안전태그를 부착한다.
③ 방전극을 접지하여 대전 여부를 확인하고 작업이 완료될 때까지 접지를 유지한다.
④ 맨홀을 열고 내부를 충분히 냉각시킨다.
⑤ 집진기 내부 출입 시에는 2인 이상이 출입하되 개인보호구를 착용하며, 출입구에는 감시인을 배치한다.
⑥ 작업 완료 후 맨홀을 닫을 때에는 내부에 사람이 있는지 확인하며, 인원 및 공구의 이상 유무를 철저히 확인한다.

부록
과년도 출제문제

제63회 2001년도 전기안전기술사

제1교시 (시험시간 : 100분)

※ 다음 13문제 중 10문제를 선택하여 설명하시오 (각 10점).

1. 재해를 발생 원인에 따라 분류하고 설명하시오.

2. 안전사고의 재해를 정의하고 안전사고를 분류해 설명하시오.

3. 안전모의 종류와 사용구분을 하고 성능시험 항목 5개를 열거하시오.

4. 심장의 맥동 주기를 그리고 어느 부분에서 전격이 인가되면 심실세동을 일으킬 확률이 가장 크고 위험한지 표시하시오.

5. 충격전압 시험 시의 표준 충격 파형에서는 1.2×50 μs를 취하고 있는데 여기서 1.2 및 50은 무엇을 의미하는지 그림을 그려 설명하시오.

6. 정전기가 무엇인지 정의해 보시오.

7. 절연물은 여러 가지 원인으로 전기저항이 저하되어 절연불량을 일으켜 위험한 상태가 되는데 절연불량의 주요 원인을 들어 보시오.

8. 단절연에 관하여 설명하시오.

9. 소호리액터의 합조도를 설명하시오.

10. 피뢰기의 제한전압의 정의와 그 값이 결정되는 요인에 관하여 설명하시오.

11. 매설지선을 설명하시오.

12. 케이블의 안전전류를 설명하시오.

13. 발전기의 단락비를 설명하시오.

제 2 교시 (시험시간 : 100분)

※ 다음 7문제 중 4문제를 선택하여 설명하시오 (각 25점).

1. 작업자의 피로를 정의하고 피로에 영향을 미치는 요인을 쓰고, 피로 시 나타나는 증상을 육체적, 정신적으로 나누어 열거하시오.

2. 접지란 무엇이며, 접지의 목적 그리고 접지를 땅에 묻는 이유를 쓰시오.

3. 전기적인 재해를 분류하고 예를 들어 보시오.

4. 반전격 (反電擊)에 대해 논하시오.

5. 전로에 지락사고가 발생하면 감전, 화재 등의 위험이 생긴다. 지락사고 시에 있어서의 위험을 방지하기 위한 전기설비에 관한 기술 기준을 설명하시오.

6. 방폭설비가 요구되는 위험장소를 분류하고 적용할 방폭 구조를 선정하시오.

7. 화력발전설비가 환경에 미치는 영향에 관하여 논하시오.

제 3 교시 (시험시간 : 100분)

※ 다음 7문제 중 4문제를 선택하여 설명하시오 (각 25점).

1. 재해조사의 목적 및 재해 조사상의 유의사항을 쓰시오.

2. 접지저항을 정의하고 접지저항 측정 시의 주의사항을 쓰시오.

3. 도전성 매트나 정전화, 리스트 스트랩 (wrist strap)의 경우 대개 그 저항이 $10^5 \sim 10^6 \, \Omega$ 인데 그것은 왜인지 쓰시오.

4. 작업장의 조명환경은 생산성뿐만 아니라 작업자의 심리, 생리적인 관점에서도 검토하여야 한다. 광원으로부터의 직사 휘광을 감소시키는 방법을 설명하시오.

5. 옥내 변전실의 변압기(3ϕ, 22.9 kV/380-220 V, 3000 kVA)의 증설과 저압 배전 간선의 교체를 위한 부분 정전 공사를 하고자 한다. 작업안전 조치 방법을 기술하시오.

6. 전력계통의 지락 과전압 계전기의 동작을 위한 영상전압 검출에 대하여 다음을 설명하시오.
   (1) 검출 방법의 종류
   (2) 계기용 변압기의 접속 방법 및 검출 원리

7. 송전계통의 유효접지 방식의 정의와 경제성에 미치는 영향에 대하여 설명하시오.

제4교시 (시험시간 : 100분)

※ 다음 7문제 중 4문제를 선택하여 설명하시오 (각 25점).

1. 주수에 의한 화재소화 시 전격위험에 대해 논하고 주수방법을 쓰시오.

2. 정전유도에 의한 전격현상에 있어서 정전유도를 받고 있는 물체에 접촉한 경우와 인체의 방전에 의한 경우의 전격 시 각각의 과도전류와 정상전류를 식으로 나타내시오.

3. 안전진단을 하기 위해 비접촉식 전위계로 측정하려고 한다. 그런데 측정대상 가까이에 접지물이 있다. 이때 유의할 사항을 쓰시오 (정전기).

4. 전력케이블(solid cable)의 절연열화의 원인과 진단기술에 관하여 논하시오.

5. 장거리 무부하 송전선로나 콘덴서 부하 등의 차단 시 발생하는 이상 전압에 대하여 설명하시오.

6. 피뢰설비의 보호능력에 의한 등급분류와 등급별 적용장소를 설명하시오.

7. 송전선로 계통에서 고장이 발생하였을 경우 고장점으로부터 본 전 계통의 영상회로를 구성하는 방법을 설명하시오.

제 65 회 2001년도 전기안전기술사

제1교시 (시험시간 : 100분)

※ 다음 13문제 중 10문제를 선택하여 설명하시오 (각 10점).

1. 위험요소 (hazard)와 위험(risk)을 비교 설명하시오.

2. 전선관의 실링목적 및 실링 피팅(sealing fitting)에 대하여 약술하시오.

3. 용기의 보호등급 (IP)에 대하여 약술하시오.

4. 압력방폭구조와 양압시설의 차이점을 간단히 설명하시오.

5. 인체의 대전방지대책에 대하여 약술하시오.

6. 재해율 중 도수율, 강도율 및 종합재해지수에 대하여 기술하시오.

7. 산업안전기준에 관한 규칙에서 규정하고 있는 활선작업 시의 안전대책을 저압, 고압 및 특별고압별로 각각 제시하시오.

8. 의료용 기기의 보호접지와 등전위 접지에 대하여 설명하시오.

9. 작업자가 정격전압 220 V (단상 3선식)인 전동드릴 사용 중에 감전되었을 경우, 오른손 – 왼손, 손 – 대지 중 어느 것이 얼마나 더 위험하겠는가? (인체저항 1000 Ω)

10. 전기화재의 주요한 원인 중의 하나인 탄화 현상을 트러킹 현상과 가네하라 현상으로 구분하여 설명하시오.

11. 내화배선의 시공 방법에 대하여 간단히 설명하시오.

12. 수영장에 시설하는 수중 조명등의 용기에 대하여 간략히 기술하시오.

13. 교류 아크 용접작업 시 발생할 수 있는 안전보건상의 유해 요인 및 그 대책에 대하여 약술하시오.

제2교시 (시험시간 : 100분)

※ 다음 6문제 중 4문제를 선택하여 설명하시오 (각 25점).

1. 재해 발생 과정과 원인을 하인리히 및 버즈 이론을 중심으로 논하시오.

2. 산업안전보건법에서 규정하고 있는 정부의 책무, 사업주의 의무, 관리감독자 및 근로자의 책임에 대하여 논하시오.

3. 지난해 여름 수도권 일원에서의 집중호우 시 가로등의 침수로 인한 감전사망 재해의 발생 원인 및 근원적인 대책에 대하여 기술하시오.

4. 산업안전기준에 관한 규칙상, 폭발위험이 있는 장소에 변전실, 제어실 등을 설치하는 경우의 안전조치 사항에 대하여 구체적으로 기술하시오.

5. 전선의 허용전류를 정하는 목적과 이 전류를 초과하지 않도록 하는 안전장치에 대하여 기술하시오.

6. IC 등 정전기에 민감한 부품 취급 시의 정전기 안전대책에 대하여 기술하시오.

제3교시 (시험시간 : 100분)

※ 다음 6문제 중 4문제를 선택하여 설명하시오 (각 25점).

1. 재해의 손실에 관하여 논하고 재해손실비용의 산정 방법에 대하여 기술하시오.

2. 사업장에서 설비를 구입하거나 개발할 경우의 안전성 평가에 대해 논하시오.

3. 국제전기기술위원회(IEC)에서의 전력계통 TN, TT 및 IT 방식의 특징과 감전 방지 대책에 대하여 계통별로 도시하여 설명하시오.

4. 전기화재 감식 과정 및 기본 자세에 대하여 기술하시오.

5. 전기단선도 작성 시 단락용량 계산의 목적, 종류 및 방법 등에 대하여 기술하시오.

6. 최근 국내외에서 휴대폰(cellular phone) 등의 전자파가 성장기에 있는 청소년들에게 영향을 줄 수 있다는 보고가 적지 않고, 국회에서도 전자파 규제 필요성

에 대해 논란이 있었던 적이 있다. 전자파가 인체에 미칠 수 있는 영향, 완화대책 및 정부 측면에서의 대책에 대하여 논하시오.

제4교시 (시험시간 : 100분)

※ 다음 6문제 중 4문제를 선택하여 설명하시오 (각 25점).

1. 2002. 7. 1부터 시행되는 제조물 책임법(PL법)과 관련한 안전기술사의 역할에 대하여 기술하시오.

2. 아파트 건설현장 2층에서 작업자가 안전모를 착용하지 않고 용접작업 중에 추락 사망하였을 경우에 재해 원인을 감전 또는 추락으로 결정되는 요인을 각각 설명하시오.

3. 전기계통에서 발생하는 고조파 발생의 원인과 기기 안전에 미치는 영향 및 대책에 대하여 논하시오.

4. 건설현장에서 사용되고 있는 타워크레인에서의 방송파로 인한 전격의 위험요인 및 대책에 대하여 기술하시오.

5. 산업안전보건법 시행령 제27조 1항의 규정에 의한 유해위험기계기구 및 각각의 기계기구의 방호장치에 대하여 10종 이상 제시하시오.

6. 본질안전 방폭배선에 대하여 기술하시오.

제66회 2002년도 전기안전기술사

제1교시 (시험시간 : 100분)

※ 다음 13문제 중 10문제를 선택하여 설명하시오 (각 10점).

1. 마이크로 쇼크(micro shock)와 매크로 쇼크(macro shock)에 대하여 설명하시오.

2. 계측용 및 계전기용 변류기의 특성 차이에 대하여 설명하시오.

3. 콘덴서의 용량은 kVA 또는 μF으로 나타낼 수 있다. 사용전압 220 V, 주파수 60 Hz일 때, 10 kVA는 몇 μF인가? (계산식과 과정을 나타내고, 답은 소수 첫째자리까지 기입)

4. 고감도 고속형 누전차단기에 대하여 설명하시오.

5. 인화점에 대하여 설명하시오.

6. 성극지수를 설명하시오.

7. 페일 세이프(fail safe)에 대하여 설명하시오.

8. 교류 아크 용접기로 인한 인체 감전 방지 장치에 관하여 설명하시오.

9. 전기기기의 이중절연에 대하여 설명하시오.

10. 버드의 신도미노이론에 대하여 설명하시오.

11. 위험성 평가기법인 사상수 해석법(ETA : event tree analysis)에 관해 설명하시오.

12. 변압기의 % 임피던스를 설명하시오.

13. 과전류계전기(OCR)의 탭(tap) 변경 시 유의사항에 대하여 설명하시오.

제2교시 (시험시간 : 100분)

※ 다음 6문제 중 4문제를 선택하여 설명하시오 (각 25점).

1. 변류기의 과전류강도를 설명하시오.

2. 감전보호를 위한 IEC (60950)의 기기 분류방법에 대하여 설명하시오.

3. 접촉상태와 허용접촉 전압에 대하여 설명하고, 허용접촉 전압이 2.5 V인 경우에 대하여는 허용접촉 전압 산출 근거를 설명하시오.

4. 감전 방지 대책의 일환인 비접지 방식의 종류와 원리를 설명하시오.

5. 정전기 완화시간에 대하여 설명하시오.

6. 케이블의 수트리 (water tree)에 대한 다음 사항을 설명하시오 (각 5점).
    (1) 수트리의 정의
    (2) 종류
    (3) 발생 요인
    (4) 케이블에 미치는 영향
    (5) 시공·유지관리 측면의 발생 억제 대책

제3교시 (시험시간 : 100분)

※ 다음 6문제 중 4문제를 선택하여 설명하시오 (각 25점).

1. 전기용 절연고무 장갑의 사용상 및 보관상 유의사항을 설명하시오.

2. 메시(mesh) 접지 방식의 접지저항 측정에 관한 다음 사항을 설명하시오.
    (1) 전압·전류 보조극의 위치 선정
    (2) 최소 시험전류값
    (3) 시험전류원의 용량
    (4) 보조극간 리드선의 상호 유도방지 대책
    (5) 노이즈 (지전압) 제거 방법

3. 가스개폐 절연장치(gas insulated switchgear)의 특징에 대하여 기술하시오.

4. 한류 퓨즈의 특성 3가지를 설명하시오.

5. 각종 노이즈에 의한 설비의 오동작 방지대책을 기술하시오.

6. 작업자의 불안전 행동을 유발하는 배후 요인에 대하여 설명하시오.

제4교시 (시험시간 : 100분)

※ 다음 6문제 중 4문제를 선택하여 설명하시오 (각 25점).

1. 결함수 해석법(FTA ; fault tree analysis)에서의 최소 컷 셋(minimal cut set)의 정의 및 산출법에 관하여 설명하시오.

2. 방폭설비가 요구되는 가스 및 증기에 의한 위험장소를 분류하고 적용할 기기의 방폭구조를 기술하시오.

3. 반도체소자 등, 전자제품 제조공정의 정전기 장해(electro static discharge)의 제어대책을 작업자, 설비 및 재료 측면에 대해 상세히 설명하시오.

4. 고압 이상 수전설비에서 주차단장치의 종류에 의한 보호협조 방식을 3가지로 대별하고, PF-CB형의 보호협조를 설명하시오.

5. 전기설비의 지락점에서 100 m 이격된 위치에 있는 접지된 금속체에 지락 사고 전류에 의해 유도되는 전위(V)를 구하시오. (단, 지락점에 유입되는 전류는 3000 A, 대지저항률은 314 $\Omega \cdot m$이며, 지락전류는 모든 방향에 균등하게 흐르는 것으로 한다.)

6. 단락전류에 대한 다음 사항을 설명하시오.
   (1) 계산 목적 (5점)
   (2) 단락전류의 종류 (10점)
   (3) 계산 결과의 적용(용도) (10점)

제68회 2002년도 전기안전기술사

제1교시 (시험시간 : 100분)

※ 다음 13문제 중 10문제를 선택하여 설명하시오 (각 10점).

1. 대용량 송전선 부근에서 활선근접작업 시의 정전유도 및 전자유도 방지대책을 제시하시오.

2. 방폭전기기기 중의 안전증방폭구조와 비점화방폭구조를 비교 설명하시오.

3. 인화점, 발화점에 대하여 간단히 설명하시오.

4. 폭발한계, 화염일주한계에 대하여 간단히 설명하시오.

5. 공정안전보고서 제출 서류 중 접지계획서 및 접지배치도의 작성 시 고려하여야 할 사항 및 방법 등에 대하여 기술하시오.

6. 정전기로 인한 화재폭발 방지를 위하여 필요한 조치를 하여야 하는 설비를 7가지 이상 기술하시오.

7. 화약류 또는 위험물을 저장하거나 취급하는 설비의 재해예방용 피뢰침의 설치에 관한 사항을 기술하시오.

8. 전력퓨즈에 대하여 간단히 설명하시오.

9. 서지흡수기(surge absorbor)에 대하여 간단히 설명하시오.

10. 정전작업 시의 단락접지의 목적과 방법에 대하여 간단히 기술하시오.

11. 의료용 전기기기(ME기기)에서의 등전위접지에 대하여 설명하시오.

12. 정전작업 시 감전재해를 예방하기 위한 무전압상태 유지방법을 제시하시오.

13. 에너지 대사율에 대하여 설명하시오.

제2교시 (시험시간 : 100분)

※ 다음 6문제 중 4문제를 선택하여 설명하시오 (각 25점).

1. 3상 4선식 전로에 접속되어 있는 380 V 전동기에서 1상이 전동기 외함에 접촉되었을 경우, 이를 그림으로 표시하고 다음에 답하시오. (단, 중성점 접지저항 10 Ω, 기기 접지저항 10 Ω, 인체저항 1000 Ω이라 함.)
   (1) 인체에 인가되는 위험전압의 크기 및 위험성 기술 (15점)
   (2) 감전재해를 방지하기 위한 조치 기술 (10점)

2. 재해예방을 위한 작업자의 적재적소배치에 대하여 논하시오.

3. 전기설비의 계획, 설계 등에 사용되는 전기단선도의 개요, 작성방침, 작성요령 및 확인 등에 대하여 기술하시오.

4. 여름철에 감전재해가 특히 많이 발생되는 원인을 5가지 이상 들고 그 대책을 제시하시오.

5. 시설물 보호를 위한 피뢰침의 대표적인 예를 3가지 이상 들고, 피뢰보호원리, 보호범위, 구조, 설치 방법 등에 대하여 비교 설명하시오.

6. 전기작업 중의 무정전 공법에 대하여 기술하시오.

제3교시 (시험시간 : 100분)

※ 다음 6문제 중 4문제를 선택하여 설명하시오 (각 25점).

1. 감전사고를 방지하기 위한 산업안전기준에 관한 규칙 및 전기설비 기술기준(산자부 고시)에 규정되어 있는 접지와 누전차단기의 기준을 각각 연계 설명하고 우리나라에 적합한 기준을 제시하시오.

2. 기계설비의 도입 또는 개발단계에서 취할 수 있는 안전성 평가 방법에 대하여 기술하시오.

3. 우리나라에서 전체 화재 중 전기화재의 점유율이 인근의 일본이나 대만보다 훨씬 높은 30 % 이상을 차지하고 있는 것에 대한 전기안전 기술자로서의 의견(그 문제점과 대책)을 제시하시오.

4. 비상용 발전기의 설치 시 고려사항에 대하여 기술하시오.

5. 동물실험 결과 알려진 비전리 전자파(전력주파)에 의하여 생체에 나타날 수 있는 영향을 간단히 제시하고 이를 억제할 수 있는 방법에 대하여 논하시오.

6. 정전기 전하의 축적과 소멸을 ① 액체, ② 절연된 도체, ③ 절연물질 등으로 구분하여 설명하시오.

제4교시 (시험시간 : 100분)

※ 다음 6문제 중 4문제를 선택하여 설명하시오 (각 25점).

1. 상시 근로자가 150인 사업장에서 휴업재해가 5건 발생하였을 경우
    (1) 도수율의 설명 및 계산 (15점)
    (2) 강도율의 설명 (5점)

(3) 종합재해지수의 설명 (5점)

2. 위험전압(보폭전압 및 접촉전압)과 이의 저감대책에 관하여 기술하시오.

3. 휴먼에러(human error)의 정의, 유형, 종류 등에 대하여 기술하시오.

4. 최근 공정안전관리에서 중요한 역할을 담당하고 있는 PLC(programmable logic controller)의 개요와 추세에 대하여 설명하시오.

5. 안전심리에서 부주의의 정의, 특징, 원인, 예방방법에 대하여 기술하시오.

6. 제전기의 종류를 들고 그 원리와 특징을 각각 설명하시오.

제69회 2003년도 전기안전기술사

제1교시 (시험시간 : 100분)

※ 다음 13문제 중 10문제를 선택하여 설명하시오 (각 10점).

1. 절연보호구와 절연방호구에 대하여 설명하시오.

2. 위험전압과 안전전압에 대하여 설명하시오.

3. 오우찌(W. ouchi)의 Z이론에 관한 기본개념과 Z형 조직의 특징을 설명하시오.

4. 지중전력구나 맨홀 작업 시 안전을 위한 착안 사항에 관하여 기술하시오.

5. 정전기 재해와 그 방지대책에 관하여 기술하시오.

6. 송·배전 선로의 재폐로 방식에 관하여 설명하시오.

7. 누전에 의한 재해 방지 대책에 관하여 기술하시오.

8. 전격에 영향을 주는 요인에 관하여 설명하시오.

9. 단절연에 관하여 설명하시오.

10. 피뢰기의 제한전압과 그 제한전압이 결정되는 요인에 관하여 기술하시오.

11. 케이블(cable)의 안전전류에 대하여 설명하시오.

12. 테브난의 정리를 써서 그림(a)의 회로를 그림(b)와 같은 간단한 등가 회로로 만들고자 한다. V와 R을 구하시오.

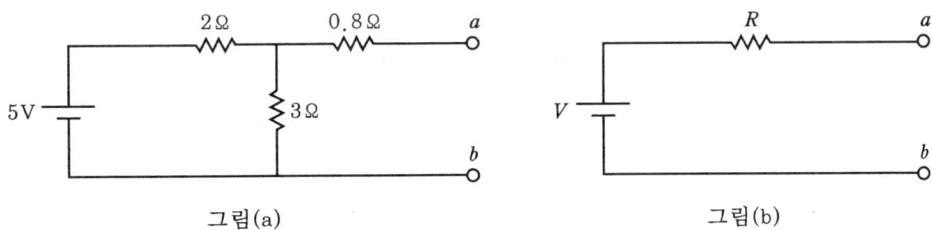

그림(a)   그림(b)

13. 그림과 같은 수용가 인입구에 설치해야 할 차단기 용량 (MVA)은 ?

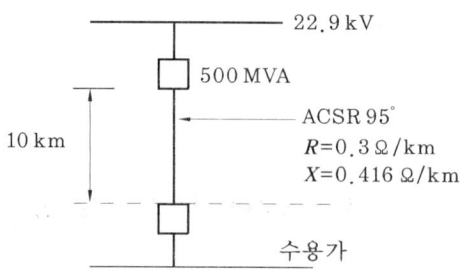

제 2 교시 (시험시간 : 100분)

※ 다음 6문제 중 4문제를 선택하여 설명하시오 (각 25점).

1. 최근에 많이 사용되기 시작한 아몰퍼스 변압기의 특성에 대하여 설명하시오.

2. 변류기에 대하여 다음을 설명하시오.
   (1) 부담 (5점)
   (2) 과전류 정수 (10점)
   (3) 2차측에 부하를 접속하지 않으면 단락하는 이유 (10점)

3. 안전관리 조직의 3가지 유형을 들고 각각의 장·단점을 설명하시오.

4. 전자파 장해와 그 방지대책에 관해 논하시오.

5. 이동식 전기기계기구의 안전대책에 관해 논하시오.

6. 그림의 회로에서 교류전압 $E=100$ V이고 $\dfrac{1}{WC}=b\,[\Omega]$, $WL=10\,\Omega$ 이다. 단자 a, b에 있어서의 유효입력이 최대가 되기 위한 R의 값을 구하시오.

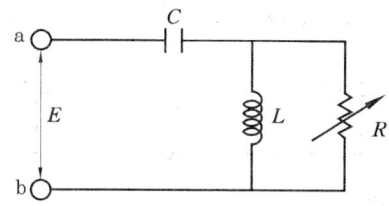

제3교시 (시험시간 : 100분)

※ 다음 6문제 중 4문제를 선택하여 설명하시오 (각 25점).

1. 수전용 변압기의 보호장치와 고장원인 및 예방대책에 관하여 기술하시오.

2. 원자력발전의 사용 후 핵연료 재처리에 관하여 설명하시오.

3. 전력 케이블(cable)의 절연열화의 원인과 진단 기술에 관하여 논하시오.

4. 충격파에 대하여 다음을 설명하시오.
   (1) 정의(5점)
   (2) 규격 영점(10점)
   (3) 표시방법(10점)

5. 전기설비의 지락보호 방식에 대해 논하시오.

6. 그림과 같은 22 kV 3상 1회선 선로에서 수전단에 가까운 점 F에서 3상 단락이 발생하였다면, 고장전류(A)를 구하시오.

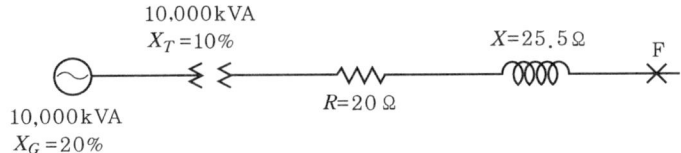

제4교시 (시험시간 : 100분)

※ 다음 6문제 중 4문제를 선택하여 설명하시오 (각 25점).

1. 전력용 기기류, 전력 케이블(cable), 전력구 각각에 대하여 재해 발생 유형과 방재 대책을 기술하시오.

2. 전력계통에서 발생하는 개폐이상 전압의 발생 원인과 그 방지 대책에 관하여 설명하시오.

3. 위험장소의 종별에 적합한 방폭전기 배선 방법의 선정 원칙에 관하여 설명하시오.

4. 해안 지방의 변전소에서 염(진)해로 인한 고장을 방지하기 위한 대책을 설명하시오.

5. 접지계통과 비접지계통 방식의 차이점을 비교 설명하시오.

6. 그림과 같은 회로에서 V_1, V_2의 전위를 구하시오.

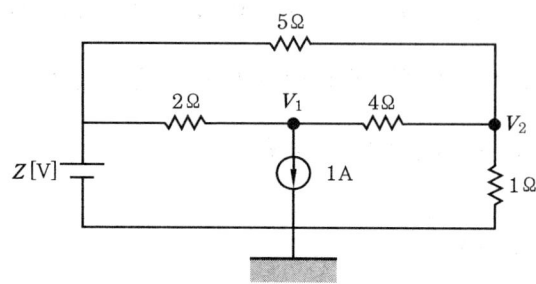

제71회 2003년도 전기안전기술사

제1교시 (시험시간 : 100분)

※ 다음 문제 중 10문제를 선택하여 설명하시오 (각 10점).

1. 안전기준이 정한 활선작업 요령의 내용을 작성하시오.
2. 가스 폭발 위험장소 분류에 대하여 작성하시오.
3. 위험예지를 위한 무재해 소집단 활동에 대하여 설명하시오.
4. 지중전선로의 시설에 대하여 기술하시오.
5. 가연성가스 등이 있는 곳의 저압시설에 대하여 기술하시오.
6. 하인리히의 사고분석 1 : 29 : 300 법칙을 설명하시오.
7. PLC (programmable logic controller) 내부 구조의 블록 다이어그램을 그림으로 나타내고 설명하시오.
8. 소세력 회로배선을 습기가 많은 곳 또는 수분이 있는 장소에 설치하는 방법을 기술하시오.
9. 감전사고 발생 시 감전자에 대한 중요한 관찰사항에 대하여 설명하시오.
10. 안전교육의 원칙에 대하여 설명하시오.
11. 개인용 보호구의 구비 조건에 대하여 설명하시오.
12. 산업안전보건위원회의 설치 목적에 대하여 설명하시오.
13. 인체의 전기적 등가회로에 대하여 설명하시오.

제2교시 (시험시간 : 100분)

※ 다음 문제 중 4문제를 선택하여 설명하시오 (각 25점).

1. 생산현장에서의 전자파장해 대책에 대하여 논하시오.

2. 수전설비의 보호협조방법에 대하여 논하시오.

3. 건설현장에서 발생하는 감전사고가 빈번히 발생할 수 있는 배경과 감전사고의 형태에 대해서 논하시오.

4. 전기화재를 발화형태별로 분류하고 설명하시오.

5. 교류 아크 용접기의 안전장치인 자동전격방지장치의 시동시간, 지동시간, 시동감도 및 오동작 방지에 대하여 설명하시오.

6. 시몬즈(R.H. Simonds)의 재해 코스트 방식을 하인리히(H.W. Heinrich) 방식과 비교하여 논하시오.

제3교시 (시험시간 : 100분)

※ 다음 문제 중 4문제를 선택하여 설명하시오 (각 25점).

1. 병원에서 사용하는 의료용 전자장비(medical electronics equipment)의 인체에의 적용과 보호의 정도에 의한 분류에 대해서 논하시오.

2. 교류 저압회로의 지락보호에 대하여 논하시오.

3. 위험분위기의 생성 장소에서 전기설비로 인한 화재, 폭발을 예방하기 위한 방폭대책의 기본사항을 2가지 측면에서 고려하여 설명하시오.

4. 산업용 로봇(robot)의 안전대책에 대하여 논하시오.

5. 정전기방전(electro-static discharge)에 의한 화재, 폭발을 방지하기 위한 대책에 대하여 논하시오.

6. 전력퓨즈(power fuse)에 대하여 논하시오.

제4교시 (시험시간 : 100분)

※ 다음 문제 중 4문제를 선택하여 설명하시오 (각 25점).

1. 자동제어회로의 신뢰도를 사용시간 대비 고장발생률로 설명하시오.

2. RF (radio frequency) 전자파의 방호를 위하여 사업장에서 준수하여야 할 사항에 대하여 논하시오.

3. 인간-기계 체계의 기본 기능에 대하여 논하시오.

4. 송전선의 철탑에 장치하는 항공장해 등의 설치기준을 설명하시오.

5. 특고압송전선의 하부 (下部), 특고압 전기기기의 근처 또는 활선작업을 하는 경우에 인체가 정전유도를 받는 경우의 전격(electric shock)에 대하여 논하시오.

6. 유도전동기의 과부하보호 (과전류, 온도)에 대하여 설명하시오.

제72회 2004년도 전기안전기술사

제1교시 (시험시간 : 100분)

※ 다음 13문제 중 10문제를 선택하여 설명하시오 (각 10점).

1. 변압기 1차 측과 2차 측의 %Z가 동일하게 되는 것을 설명하시오.

2. 전기사업법 제18조에 의한 전기의 품질기준을 설명하시오.

3. 피뢰침용 접지와 피뢰기용 접지의 실시 목적을 간략히 설명하시오.

4. 인체의 전격위험과 관련하여 가수전류(lot-go current)에 대해 설명하시오.

5. 트래킹(tracking) 현상에 대해 설명하시오.

6. 정전기의 발생 또는 제거를 위한 조치를 3가지 이상 기술하시오.

7. 전력계통 보호 시스템에서 후비보호에 대해 설명하시오.

8. 산업안전기준에 관한 규칙 중 누전차단기에 의한 감전방지를 요구하고 있는 조건을 기술하고 이 조건 이외의 접속장소 3가지를 기술하시오.

9. 차단기의 정격사항 중 정격전류와 정격차단전류에 대해 설명하시오.

10. 기계, 기구의 설계, 제작 시 근원적인 안전확보를 위해 채택하고 있는 "fool proof system" 및 "fail safe system"의 개념과 적용 예를 기술하시오.

11. 단락과 혼촉을 비교 설명하시오.

12. 절연용 보호구 및 방호구의 사용 목적을 설명하고 그 종류를 각각 3가지 이상 기술하시오.

13. 가스 또는 증기로 인한 폭발성 분위기가 조성되는 위험장소를 생성빈도와 지속시간에 따라 3가지로 구분하고 판단기준을 기술하시오.

제2교시 (시험시간 : 100분)

※ 다음 6문제 중 4문제를 선택하여 설명하시오 (각 25점).

1. 2003년도 우리나라 전체 화재 건수 중 전기화재의 점유율은 28.6%로서 미국(18%, 1998년) 또는 일본(11.6%, 2001년)에 비하여 높게 나타나고 있다. 전기화재를 감소시킬 수 있는 제도적, 기술적 방안에 대한 의견을 기술하시오.

2. 전력계통의 중성점 접지방식에 대한 장단점을 기술하시오.

3. 안전관리에 있어서 위험관리 절차는 위험성 확인, 위험분석, 위험제어 순으로 이루어진다. 이 중 위험제어 방법을 근원적인 순으로 기술하시오.

4. 정전작업 요령에 포함되어야 할 사항을 기술하고 그 중 단락접지를 실시하는 목적을 기술하시오.

5. 피뢰설비 방식 3종류에 대해 설명하시오.

6. 정전기의 방전에너지와 착화한계에 대해 설명하시오.

제3교시 (시험시간 : 100분)

※ 다음 6문제 중 4문제를 선택하여 설명하시오 (각 25점).

1. 3권선 변압기(Y-Y-△결선)의 각 권선간 %Z가 아래와 같을 때 각 권선(1, 2, 3차)으로 환산한 %Z를 구하시오.

구 분	%Z
1~2차	0.60
2~3차	0.44
3~1차	1.11

2. 변압기 권선의 지락보호 방법에 대하여 기술하시오.

3. 산업안전기준에 관한 규칙 제343조에 따르면, 고압 또는 특별고압의 단로기(D.S) 또는 선로개폐기(L.S)를 개·폐로 하는 때에는 당해 전로가 무부하임을 확

인하도록 하는 등의 조치를 요구하고 있다. 그 이유를 단로기/선로개폐기, 부하개폐기, 차단기의 특성 차이점을 기준으로 설명하시오.

4. 인체 감전에 대한 실험식에서 심실세동 전류값을 $\frac{165}{\sqrt{t}}$ [mA]라고 할 때, 165와 t가 무엇을 의미하는지를 절연물의 $v-t$ 특성과 연계하여 설명하시오.

5. 산업안전보건법 시행령 제13조에서 규정하고 있는 안전관리자의 직무에 대해 기술하시오.

6. 전자기기의 전자파 장해 대책에 대해 기술하시오.

제4교시 (시험시간 : 100분)

※ 다음 6문제 중 4문제를 선택하여 설명하시오 (각 25점).

1. 전기 기계·기구 및 장치의 오동작이나 장해를 방지하기 위한 잡음 방지용 접지에 대해 기술하시오.

2. 국제전기기술회의(IEC) 전문위원회(TC) 64/건축전기 설비에서는 전력선의 배전방식을 3가지로 구분하고 있다. 각 배전방식에 대해 설명하고, 우리나라가 채택하고 있는 방식을 그림으로 나타내시오.

3. 접지공사의 종류 중 제2종 접지공사 접지저항값은 $\frac{150}{I}$ [Ω], I는 변압기 1차 측 (고압 측 또는 특별고압 측) 전로의 1선 지락 전류(A)로 규정하고 있다. 여기서 150이란 수치의 의미를 설명하시오.

4. 변압기의 이상 상태를 진단하는 여러 가지 기법 가운데, 절연유에 용해되어 있는 가스를 분석하는 기법인 "유중가스분석기법"의 활용이 확대되고 있다. 분석 가스에 따른 이상 상태의 종류와 고장 발생 유형에 대해 기술하시오.

5. 정전기 방전의 종류를 4가지로 분류하고 그 특성을 기술하시오.

6. 산업안전기준에 관한 규칙 제327조에서 규정하고 있는 전기기계·기구 등의 충전부 방호 방법 5가지를 기술하시오.

제74회 2004년도 전기안전기술사

제1교시 (시험시간 : 100분)

※ 다음 13문제 중 10문제를 선택하여 설명하시오 (각 10점).

1. 작업 관련 근골격계 질환의 형태를 3단계로 분류하여 설명하시오.
2. 소선의 용단특성 중 프리스(W.H. Preece)의 실험식에 의하여 지름 2.0 mm 600 V 비닐절연전선(IV)의 용단전류를 구하시오.
3. 폭발, 화재 및 위험물 유출 등의 비상재해 시의 조치사항에 대하여 설명하시오.
4. 인체의 전기적 특성 중 심실세동전류의 크기와 생리적 영향을 설명하시오.
5. 전기화재 발생 원인 중 하나인 반단선(半斷線)의 특징과 방지대책을 설명하시오.
6. 누전차단기의 동작확인을 기술하시오.
7. one point 위험예지훈련을 설명하시오.
8. 전기설비기술기준(제46조)이 정한 피뢰기의 시설장소를 기술하시오.
9. 교류 아크 용접기의 안전장치인 자동전격방지기의 주요 기능을 설명하시오.
10. 전기절연물의 절연열화를 일으키는 주된 원인 4가지를 기술하시오.
11. 인체의 전기적 등가회로를 그리고 간단히 설명하시오.
12. 감전사고를 예방하기 위한 일반적인 안전수칙에 대하여 약술하시오.
13. 하인리히(W.H. Heinrich)의 도미노 이론을 설명하시오.

제2교시 (시험시간 : 100분)

※ 다음 6문제 중 4문제를 선택하여 설명하시오 (각 25점).

1. 15 mA, 30 mA 전류동작형 누전차단기 동작원리와 설치 시의 유의사항에 대하여 기술하시오.

2. 산업안전보건위원회의 설치 목적, 대상, 구성 및 회의 개최 등에 대하여 기술하시오.

3. 가연성가스, 증기 및 분진 등 위험분위기가 존재하는 장소에 전기기기를 설치하는 경우 전기기기의 방폭 종류에 대하여 설명하시오.

4. RF (radio frequency) 및 micro-wave가 생체에 미치는 영향 중 중추신경에 미치는 영향에 대하여 약술하시오.

5. 자동화재탐지설비의 전원 및 전기배선에 관하여 기술하시오.

6. 건설현장에서 감전사고가 빈번히 발생될 수 밖에 없는 문제점과 감전사고의 형태에 대하여 설명하시오.

제3교시 (시험시간 : 100분)

※ 다음 6문제 중 4문제를 선택하여 설명하시오 (각 25점).

1. 최근 낙뢰로 인한 피해가 급증하고 있다. 낙뢰의 발생 메커니즘(mechanism)과 이를 줄이기 위한 기술적 동향에 대하여 기술하시오.

2. 감전사고를 일으키는 주된 원인 5가지를 설명하시오.

3. 고령자의 작업능력에 대하여 설명하시오.

4. 다음 용어에 대하여 약술하시오.
   (1) 연천인율
   (2) 빈도율
   (3) 강도율
   (4) 사망재해 시(1~3등급) 7500일의 산출 근거

(5) 종합재해지수

5. 두께 10 μm의 단면 메탈라이즈드 필름(metalized film)이 100 V로 대전된 경우 표면전하밀도 σ [C/m²]와 도체 표면에 대전된 메탈라이즈드 필름이 밀착하는 경우의 정전흡인력 F [kg/m²]를 계산하시오. (단, 메탈라이즈드 필름의 비유전율은 2.5이다.)

6. 국내 전자파의 규제와 현황에 대하여 논하시오.

제4교시 (시험시간 : 100분)

※ 다음 6문제 중 4문제를 선택하여 설명하시오 (각 25점).

1. 산업안전보건법 제31조에 규정된 사업장내 안전보건교육의 교육과정, 교육대상 및 교육시간에 대하여 설명하시오.

2. 방폭형전기기기에서 화염일주한계와 최소점화전류에 대하여 설명하시오.

3. 폭발성가스 등이 존재하는 위험장소에서 정전기방전으로 인한 착화 또는 폭발재해를 예방하기 위하여 시설하는 제전접지에 대하여 논하시오.

4. 반도체(semiconductor) 및 LCD(liquid crystal display) 제조공정에서의 정전기방전(electrostatic discharge)에 대한 제어대책에 관하여 설명하시오.

5. 감전사고 발생 시 감전피재자의 응급조치방안 및 시간에 대한 소생률에 대하여 설명하시오.

6. 전기화재 원인을 조사할 때 전기배선 등에서 전기용흔(電氣溶痕)을 찾는 목적과 용흔의 종류에 대하여 논하시오.

제 75 회 2005년도 전기안전기술사

제1교시 (시험시간 : 100분)

※ 다음 문제 중 10문제를 선택하여 설명하시오 (각 10점).

1. 분말의 대전방지 방법에 대하여 설명하시오.

2. 무정전 전원설비 선정 시 고려할 사항을 설명하시오.

3. 방폭 전기설비의 보수실시자가 전기설비에 대해 갖추어야 할 지식과 기능 요건에 대하여 설명하시오.

4. 전자기기의 오동작 대책으로서 페일 세이프 (fail safe)와 페일 소프트 (fail soft)에 관해서 설명하시오.

5. 뇌전압 충격파의 규격영점에 관하여 설명하시오.

6. 누전에 의한 인체 위해 방지 대책에 대하여 설명하시오.

7. 선간전압 V [V]인 3상 1회선 선로에서 대지정전 용량을 C_s [μF]라고 한다. 1선 지락 고장이 발생하였을 때 지락전류 (A)는 얼마인가? (단, 기타 정수는 무시한다.)

8. 22.9 kV로 수전하는 수용가의 인입구에 설치한 주 차단기의 차단용량이 250 MVA이다. 변압기는 22.9/3.3 kV, 3상 10000 kVA, 임피던스가 5.5 %일 때 변압기 2차 측에 설치할 차단기 용량을 산정하시오.

9. 안전교육이 근로자에게 미치는 영향을 설명하시오.

10. 피로의 종류 및 원인에 대해서 설명하시오.

11. 안전점검을 위한 점검표 (check list) 작성 시 점검항목 작성(선정) 및 판정기준을 정할 때의 유의사항을 설명하시오.

12. 소질성 재해 누발자 그룹의 성격상의 공통점을 기술하시오.

13. 감전에 영향을 미치는 요인과 심실세동 전류를 설명하시오.

제2교시 (시험시간 : 100분)

※ 다음 문제 중 4문제를 선택하여 설명하시오 (각 25점).

1. 전력용 콘덴서의 시험 종류와 그 방법에 대해서 논하시오.

2. 과오 원인 제거(error cause removal) 제도에 대하여 논하시오.

3. 케이블(cable) 화재의 원인과 방화대책에 관하여 기술하시오.

4. 전기를 공급하는 전로에 지락사고가 일어나면 감전이나 화재 등의 위험이 발생할 우려가 있다. 지락사고 시에 자동적으로 전로를 차단하는 장치 등의 시설이 「전기설비기술기준」에서는 어떤 규제가 되어 있는지 설명하시오.

5. 교류전기기기의 절연진단을 위한 내전압 시험 방법에 관하여 설명하시오.

6. 재해 발생 시 취해야 할 긴급처치와 2차 재해예방조치에 대해 논하시오.

제3교시 (시험시간 : 100분)

※ 다음 문제 중 4문제를 선택하여 설명하시오 (각 25점).

1. 접지전극의 부식 형태를 분류하고 각각 설명하시오.

2. 절연용 고무장화를 용도에 따라 분류하고 일반 구조 및 재료의 성질에 대해서 설명하시오.

3. 수영장의 수중등(underwater light) 설비의 전원공급 계통구성을 설명하시오.

4. 그림과 같은 교류회로에서 저항 R을 변화시킬 때 저항에서 소비되는 최대전력을 구하시오. (단, $E = 200$ V, $C = 15\ \mu F$, $f = 60$ Hz)

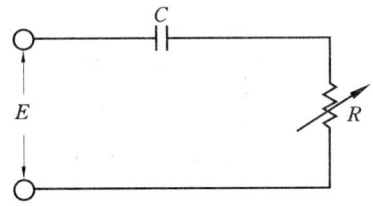

5. 절연재료의 열화 원인을 외부로부터 받는 요인에 따라 분류하고 각각에 대하여 설명하시오.

6. 작업표준이 구비해야 할 요건을 설명하시오.

제 4 교시 (시험시간 : 100분)

※ 다음 문제 중 4문제를 선택하여 설명하시오 (각 25점).

1. 피뢰기에 관한 아래 사항을 설명하시오.
   (1) 정격전압 (5점)
   (2) 공칭방전전류 (10점)
   (3) 단위동작책무 (10점)

2. 그림과 같은 2등변 삼각파 교류의 파형률과 파고율을 구하시오.

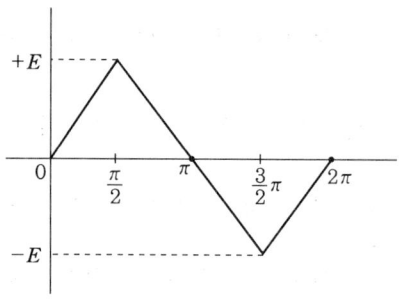

3. 그림과 같이 10 Ω의 저항과 30 Ω의 용량 리액턴스가 직렬로 연결되어 있는 회로에 병렬로 유도 리액턴스를 연결하여 여기에 전압 E가 가해졌을 때 합성전류가 전압 E보다 45° 앞서게 하려고 할 때 유도 리액턴스의 용량을 산정하시오.

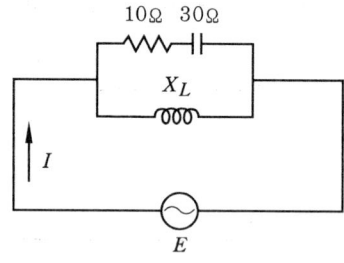

4. 직무분석(job analysis)의 의의와 목적, 방법 및 절차에 대해 논하시오.

5. 정전기 재해는 발생된 정전기의 물리적 현상에 기인하게 되는데, 그 물리적 현상에 대하여 다음을 설명하시오.
   (1) 역학적 현상 (10점)
   (2) 방전 현상 (5점)
   (3) 정전유도 현상 (10점)

6. 전기설비의 방폭화와 관련하여 다음 사항을 설명하시오.
   (1) 전기설비의 점화원 (10점)
   (2) 전기설비 방폭의 기본 조건 (15점)

제 77 회 2005년도 전기안전기술사

제1교시 (시험시간 : 100분)

※ 다음 문제 중 10문제를 선택하여 설명하시오. (각 10점)

1. 산업안전보건법상의 안전관리자의 직무를 기술하시오.

2. 난연케이블에 대하여 기술하시오.

3. 감전사고 예방을 위한 일반적인 기준항목을 기술하시오. (방지 대책의 기준 항목과 동일하게 본다.)

4. 산업안전보건법상의 누전차단기에 의한 감전 방지 조건 3종류와 설치하지 않아도 되는 경우 2종류를 기술하시오.

5. 위험 예지 훈련의 필요성과 기초 4라운드 진행 방법을 서술하시오.

6. 수소가스가 5 Vol.%의 농도로 존재하는 공간에서 작업하는 작업자의 표면전위가 1,000 V로 관측되었다. 이 작업자가 접지된 물체에 접촉했을 때 이 작업공간이 폭발로 이어질 가능성 여부를 판정하고, 이유를 서술하시오. (단, 작업자의 정전용량은 90pF이다.)

7. 가정용 공기정화기(집진기)와 산업용 집진기에는 주로 직류전압을 사용하는데 이때 각각 고압측에 사용하는 극성을 밝히고 왜 그런지 이유를 서술하시오.

8. 겨울철 어두운 방에서 옷을 벗을 때 겨우 식별할 정도의 방전불꽃이 발생한다. 이때의 최소 방전불꽃 전압이 340 V라면 옷과 옷이 박리될 때의 간격은 얼마인가? (파센의 법칙에 따르면 그때의 Pd≒5.5 mmHg · mm였다 한다.)

9. 합선, 과전류, 누전에 의한 화재를 예방하기 위한 대책을 각각 서술하시오.

10. 감전사고의 지연사에 대한 유형에 대하여 논하시오.

11. 산업안전기준에 관한 규칙 제344조의 정전작업 요령 작성에 포함되어야 할 사항

을 기술하시오.

12. 건설현장에서 감전사고가 빈번히 발생할 수 있는 배경과 감전사고의 형태에 대하여 논하시오.

13. 송배전선, 발변전설비등의 전로에서 발생할 수 있는 이상전압, 즉 대상위험전압에 대하여 설명하시오.

제2교시 (시험시간 : 100분)

※ 다음 문제 중 4문제를 선택하여 설명하시오 (각 25점).

1. 작업자의 안전을 확보하고 때로는 절전에도 응용할 수 있는 자동전격 방지장치의 구조(회로)와 동작특성을 그림으로 나타내고 설명하시오.

2. 분체의 표면적과 대전량을 구입자와 미소입자로 예를 들어 해설하시오.

3. 전기재해가 다발하는 대중영업 장소에서의 전기안전관리 대책을 기술적인 측면과 관리적인 측면에서 논하시오.

4. 전기공사 하도급시공에 따른 안전관리상의 문제점과 그 대책 및 안전보건 11대 수칙을 기술하시오.

5. 백금과 구리를 접촉시킨 경우의 접촉전위차 및 접촉면의 전하밀도(C/m^2)를 구하시오. (단, 백금 및 구리의 일함수(work function)는 각각 5.44 및 4.29 eV이다. 접촉계면의 두께는 5×10^{-10} m, 유전율은 진공의 유전율과 같다.)

6. 송전선의 하부(下部) 및 고압기기의 부근에 인체가 있을 경우, 혹은 활선작업의 경우 인체가 정전유도를 받게 되는 경우 인체가 접지체에 접촉할 경우 인체에 흐르는 과도전류 및 정상전류에 대하여 설명하시오.

제3교시 (시험시간 : 100분)

※ 다음 문제 중 4문제를 선택하여 설명하시오 (각 25점).

1. 물질마다 대전 서열이 존재하여 두 물질을 마찰하면 각각 플러스와 마이너스로 대전하는데 그렇다면 같은 굵기의 고드름을 절연체로 된 집게로 잡고 한쪽은 고정하고 다른 한쪽만 움직여 마찰하면 대전은 이루어질지 판정하시오. 대전된다면 대전되는 이유, 안 된다면 안 되는 이유를 서술하시오.

2. 재해·장해의 방지를 목적으로 하여 정전기 측정에 의해 안전진단을 하려고 하는데 그리 간단하게 안전진단이 이루어지지 않는다. 그 이유를 네 개만 열거하시오.

3. 라디오파와 마이크로파의 설명과 생체작용에 대하여 아래 다섯 항목을 서술하시오.
   (1) 열작용
   (2) 눈에 미치는 영향
   (3) 중추신경계에 미치는 영향
   (4) 혈액에 미치는 영향
   (5) 유전 및 생식기능에 미치는 영향

4. 전선의 안전전류(허용전류) 결정과 전기기기 사용 시 안전전류 유지를 위한 안전장치를 서술하시오.

5. 애자의 열화 현상에 대하여 기술하시오.

6. 전전하량(全電荷量) 측정을 위한 패러데이 케이지(Faraday cage)의 측정 원리 및 측정 조건에 대하여 논하시오.

제4교시 (시험시간 : 100분)

※ 다음 문제 중 4문제를 선택하여 설명하시오 (각 25점).

1. 충격전압에서 50% 섬락전압이란 무엇인지 그림으로 그려 나타내시오. 또한 피뢰기의 직렬갭의 충격 섬락전압은 대략 몇 %를 쓰도록 권장하고 있으며 그 이유를 설명하시오.

2. 반지름 $a = 1$ mm, 비중(밀도) $\rho_s = 2 \times 10^3$ kg/m³, 도전율 $k = 0.4 \times 10^{-12}$ S/m, 전하 $q_0 = 0.4$ nC인 전하를 갖는 작은 구가 그림과 같이 도체판에 도착했다. 부착력(영상력) F의 시간변화를 나타내는 식을 구해 작은 구가 도체판으로부터 낙하할 때까지의 시간을 구하시오. (단, 작은 구의 유전율은 1로 간주하고, 또 대전전하의 완화는 지수법칙에 따르는 것으로 한다.)

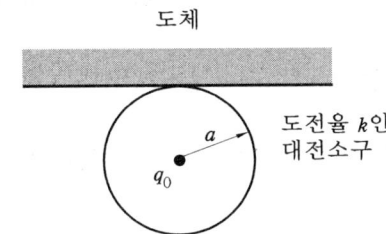

3. 더글러스 X-Y 이론과 top-down 방식 및 bottom-up 안전관리 방식을 상호 비교 설명하시오. (단, 기업관리방법 측면과 근로자 본성 측면 중요시할 것)

4. 위험 분위기 생성장소에서 전기설비(기계, 기구, 기기류)로 인한 화재 폭발 예방을 위한 대책을 서술하시오.

5. 절연전선에 허용전류보다 큰 전류가 흐르는 경우의 순시용단하기까지의 상황을 4가지 분류로 나누어 설명하시오.

6. 마이크로 쇼크를 감전재해(사고) 측면에서 논하시오.

제78회 2006년도 전기안전기술사

제1교시 (시험시간 : 100분)

※ 다음 문제 중 10문제를 선택하여 설명하시오 (각 10점).

1. 전기설비 기술기준상의 저압전로의 절연저항 및 누설전류기준에 대하여 기술하시오.

2. 전기기계·기구 등의 충전부 방호 방법을 4가지 이상 기술하시오.

3. 변압기유가 갖추어야 할 조건에 대하여 설명하시오.

4. 활선작업 또는 활선근접작업 시 사용되는 절연용 보호구와 절연용 방호구에 대해서 각각의 사용 목적과 종류를 기술하시오.

5. 송전선에 근접한 통신선의 유도장해 대책에 대하여 설명하시오.

6. 재해예방의 4원칙에 대해 간단히 설명하시오.

7. 22.9 kV-Y 5000 kVA 수전설비를 시설한 공장에서 특고압 케이블을 교체하는 작업을 할 때 이행하여야 하는 안전조치 사항들을 작업순서에 따라 기술하시오.

8. 감전사의 메커니즘에 대하여 기술하시오.

9. 전위강하법에 의한 접지저항 측정 시 전위분포곡선에서 수평부를 확보하여야 하는 이유와 저항구역의 개념을 설명하시오.

10. 재해조사의 실시요령 및 순서에 대하여 설명하시오.

11. 안전사고 예방을 위한 인간 모니터링(monitoring) 방법 5가지를 기술하시오.

12. 정전기 발생에 영향을 주는 요인에 대하여 설명하시오.

13. 갭형 피뢰기(gap type lightning arrester)의 구성 요소와 각각의 기능을 설명하시오.

제2교시 (시험시간 : 100분)

※ 다음 문제 중 4문제를 선택하여 설명하시오 (각 25점).

1. 근래의 산업설비 전 분야에 걸쳐 자동화설비가 광범위하게 도입 운용되고 있다. EMI (electromagnetic interference)의 발생 원인, 문제점, 대책을 설명하시오.

2. 전선로를 포함한 전기설비의 이상 현상 중의 하나로 아크 현상이 있다. 아크 현상의 발생 원인과 그 대책을 설명하시오.

3. 감전사고 시의 응급조치에 대하여 설명하시오.

4. 병원에 적용되는 등전위 접지에 대하여 상세히 설명하시오.

5. 송전선 부근에서 정전유도로 대전된 물체에 인체가 접촉하는 경우 인체의 전격 위험성을 과도전류, 정상전류 측면에서 설명하시오.

6. 분진 위험장소 및 분진 방폭구조에 대하여 설명하시오.

제3교시 (시험시간 : 100분)

※ 다음 문제 중 4문제를 선택하여 설명하시오 (각 25점).

1. 교류 아크 용접 시 발생 가능한 재해를 모두 열거하고 그 대책을 설명하시오.

2. 저항의 온도계수가 온도에 따라 변화하는 관계식을 구하시오.

3. 시스템의 안전 분석 방법 중 고장형과 영향분석법 (FMEA ; failure mode and effect analysis)과 위험성분석법 (CA ; criticality analysis)을 조합한 FMEA-CA에 대해서 설명하시오.

4. 전격의 위험을 결정하는 변수인 인체저항에 대하여 설명하시오.

5. 두 물체의 접촉으로 인한 전기이중층의 형성을 일함수 (work function) 관점에서 설명하고, 분리 시 발생되는 현상에 대하여 설명하시오.

6. 전기화재 방지대책에 대하여 설명하시오.

제4교시 (시험시간 : 100분)

※ 다음 문제 중 4문제를 선택하여 설명하시오 (각 25점).

1. 단심 전력 케이블 시스(sheath)의 안전상 접지 요건과 방법에 대하여 기술하시오.

2. 발화에 관련한 인화점, 발화점, 폭발한계, 최소발화에너지, 화염일주한계에 대하여 설명하시오.

3. 공장에서 작업환경 개선을 위하여 조명설비를 개선하고자 한다. 공장의 조명설비 개선을 위한 계획 시 고려할 사항과 개선 후의 효과에 대해서 설명하시오.

4. 최근 초고층화, 대규모화 되고 있는 건설현장에서 자주 발생하는 감전사고의 형태를 들고 그 대책을 설명하시오.

5. 정전기로 인한 화재 및 폭발 방지대책에 대하여 설명하시오.

6. 불안전 행동의 배후 요인에 대하여 설명하시오.

제 80 회 2006년도 전기안전기술사

제1교시 (시험시간 : 100분)

※ 다음 문제 중 10문제를 선택하여 설명하시오 (각 10점).

1. 차단기의 정격차단전류에 대하여 설명하시오.
2. 수변전설비에서 가장 중심이 되는 중요한 설비는 무엇이며, 그 이유는?
3. 변류기(CT)의 과전류정수를 설명하고 과전류정수의 종류를 제시하시오.
4. 정전작업에 사용하는 보호구 및 표지물을 4가지 이상 제시하고 각각의 용도를 설명하시오.
5. 무재해운동의 기본 이념을 설명하시오.
6. 전기사업법상 전기안전관리자의 역할에 대해 기술하시오.
7. 감전사고 시 대처 방법에 대하여 기술하시오.
8. 누전차단기의 동작 원리와 구조를 설명하시오.
9. 전자파(電磁波)를 구분해 쓰고 각 발생원을 기술하시오.
10. 페일 세이프(fail safe) 시스템과 풀 프루프(fool proof) 시스템에 대해 설명하고 전기분야에서 적용되는 예를 들어보시오.
11. 2×10^{-8} C으로 대전된 3개의 입자가 정삼각형을 이루고 8 cm씩 떨어져 있다. 각 입자가 받는 힘을 구하고 어느 방향으로 움직일지 표시하시오.
12. 정전기에 의한 방전에너지를 도체와 부도체 그리고 접지된 도체 위의 절연막으로 나누어 해설하시오.
13. 고전압으로 충전된 장소로부터 일정 거리 떨어져 작업할 경우 작업자의 자세에 따라 작업자에게 유도되는 전압은 차이가 날 수 있다. 그렇다면 대지로부터 30 cm 떨어져 공중에 떠 있을 때 작업자(수험자 자신의 신체 조건)의 정전용량은 대략 얼마나 될지 추산해 보시오.

제2교시 (시험시간 : 100분)

※ 다음 문제 중 4문제를 선택하여 설명하시오 (각 25점).

1. 의료실에 대한 다음 사항을 기술하시오.
   (1) 접지저항치
   (2) 누전차단기 시설
   (3) 등전위 접지 시설
   (4) 변압기 시설

2. KS C IEC 60364-2-21 (2002)에서 규정하고 있는 접지계통에 대한 다음 사항을 기술하시오.
   (1) 접지계통의 종류
   (2) 우리나라에서 채택하고 있는 접지계통의 개요도

3. 접지저항 저감방법에 대하여 기술하시오.

4. 전기화재의 출화의 경과(발생기구)에 의한 발화원인에 대하여 기술하시오.

5. 더운 여름철 선풍기의 과열로 화재를 일으키는 일이 종종 있다. 선풍기 권선의 저항을 실온 20 ℃에서 측정하니 0.64 Ω이었다. 37 ℃인 여름날에 2시간 정도 사용 후 권선의 저항을 측정하니 1.05 Ω이었다면 선풍기 내부의 온도는 몇 ℃로 상승했는지 계산하시오. 단, 선풍기 권선에 사용된 동(銅)의 20 ℃인 때의 저항온도계수는 0.004로 한다. 그리고 37 ℃는 선풍기에 의한 화재 시 어떤 역할을 하는지 쓰시오.

6. 사람이 감전을 당해도 심실세동을 일으키지 않고 살아남는 사람도 있다. 그렇다면 심실세동을 일으키는 조건과 일으키지 않는 조건을 비교 분석하시오.

제3교시 (시험시간 : 100분)

※ 다음 문제 중 4문제를 선택하여 설명하시오 (각 25점).

1. 방폭지역에 대한 다음 사항을 설명하시오.

(1) 방폭지역의 정의(定義)

(2) 분류 목적

(3) 우리나라의 분류 방법

(4) 1종 장소

2. 누전되고 있는 전기설비 또는 도전성 물체에 인체가 접촉되거나 접근하는 경우, 위험한 전압이 인가되어 감전의 우려가 있다. 이와 같은 감전의 위험을 방지하기 위하여 접지를 설계하는 경우로서, 모든 조건이 동일하다고 한다면 접촉전압(touch voltage)과 보폭전압(step voltage) 중 어느 것이 더 위험한 것인지 정량(定量)적으로 설명하시오.

3. 건축물 및 구조물의 피뢰설비에 대하여 논하시오.

4. PLC(programmable logic controller)에 대하여 기술하시오.

(1) 주요 기능(10점)

(2) 성능(5점)

(3) 특징(10점)

5. 특별고압 송전선 아래에서 작업하는 경우 정전 유도된 물체에 작업자가 접촉하는 경우에 과도전류와 정상전류를 식으로 표현하시오. (단, 인체의 정전용량은 무시하고, 인체는 정전 유도되지 않은 것으로 한다.)

6. 최근 10년 이상 된 아파트 단지 또는 주상변압기 등에서 변압기화재로 정전사고가 빈발하고 있다. 그 이유를 들고 이에 대한 예방 방법을 제시하시오.

제 4 교시 (시험시간 : 100분)

※ 다음 문제 중 4문제를 선택하여 설명하시오 (각 25점).

1. 전기사업법 제62조 및 동법 시행규칙 제28조에는 자가용전기설비 공사계획의 인가 및 신고대상에 관한 사항을 규정하고 있다. 전기수용설비(변전소 및 송전선로 포함)의 변경공사를 하고자 하는 경우, 인가 및 신고대상에 대하여 각각 설명하시오.

2. 저압전로에 지락이 발생한 경우 위험의 정도는 접촉하는 사람의 상태에 따라 다

르기 때문에 허용접촉전압은 각각 다르게 규정하고 있다. 접촉상태의 종류와 그때의 허용접촉전압에 대하여 설명하시오.

3. 작업현장에서 생산성 향상과 사고 예방을 위한 좋은 조명의 조건을 기술하시오.

4. 독립접지와 공용접지에 대하여 비교 설명하시오.
   (1) 정의 (5점)
   (2) 시공 방법 (5점)
   (3) 장단점 (5점)
   (4) 접지선 선정 방법 (10점)

5. 대전 또는 충전된 물체의 종류 및 형태에 따라 방전 양상을 분류하고 설명하시오.

6. 전기재해를 에너지 발생 형태로 분류하고 설명하시오.

제81회 2007년도 전기안전기술사

제1교시 (시험시간: 100분)

※ 다음 문제 중 10문제를 선택하여 설명하시오 (각 10점).

1. 감전 사고를 예방하기 위한 일반적인 기준 5개 이상을 기술하시오.

2. 접지 목적에 따른 접지 종류를 5개 이상 구분하고 설명하시오.

3. 누전차단기의 설치 시 환경 조건을 5개 이상 나열하시오.

4. 정전기 완화시간(relaxation time)에 대하여 설명하시오.

5. 정전작업의 5대 안전수칙을 설명하시오.

6. 건설현장에서 발생할 수 있는 감전 사고를 원인별로 설명하시오.

7. 방폭형 전기기기에서 화염일주한계와 최소점화전류에 대하여 설명하시오.

8. 정전기 발생에 미치는 영향 5가지를 서술하시오.

9. 산업안전보건법 시행규칙에서 정한 사업장내 안전보건 교육과정 및 과정별 교육시간을 설명하시오.

10. 산업안전보건법 시행령 제27조 1항에서 규정한 유해 위험 기계기구의 종류를 10가지 이상 서술하시오.

11. 전격 방지대책 중 2중 절연방식에 대하여 설명하시오.

12. 국내에서 실시되고 있는 공용접지의 장점을 서술하시오.

13. 누전으로 인한 화재의 분류와 그 대책을 서술하시오.

제2교시 (시험시간 : 100분)

※ 다음 문제 중 4문제를 선택하여 설명하시오 (각 25점).

1. 특별 고압 송전선로와 같이 전압이 높고 송전거리가 길어지면 코로나(corona) 손실을 무시할 수가 없다. 이와 같은 코로나 손실에 미치는 영향 4가지를 들고 설명하시오.

2. 전기방폭 설비 중 내압방폭(flameproof enclosures) 금속관공사 배관 방법에 대하여 서술하시오.

3. 근골격계 질환을 예방하기 위한 인간공학적 대책에 대하여 설명하시오.

4. 최근 자가용 전기설비의 보호계전기 시스템으로 사용 중인 디지털보호계전기 (digital protective relay)를 기존의 유도형 및 정지형 보호계전기 방식과 비교하여 설명하시오.

5. 피뢰침의 설치장소 및 보호종별과 보호범위 각도에 대하여 설명하시오.

6. 트래킹(tracking)과 흑연화(graphite) 현상에 대하여 서술하시오.

제3교시 (시험시간 : 100분)

※ 다음 문제 중 4문제를 선택하여 설명하시오 (각 25점).

1. 전기설비기술 기준의 판단기준에서 규정하고 있는 접지공사의 종류 및 접지저항 값에 대하여 설명하시오.

2. 외부의 폭발성가스가 침입으로 인한 화재·폭발을 방지하기 위하여 압력실 (pressurized room)을 규정하고 있는데, 이러한 압력실의 구조, 통풍 및 보호장치에 대하여 설명하시오.

3. 휴먼에러(human error)의 분류기법 중 심리학적 분류(swain)를 설명하시오.

4. 전격위험에 대한 안전한계의 기준인 안전전압과 허용접촉전압을 비교하여 설명하시오.

5. 최근 전기시설물이 노후화되어 케이블 화재사고가 빈번하게 발생하고 있다. 케이블의 열화 원인 및 진단법에 대하여 설명하시오.

6. 반도체, 액정표시장치(LCD) 등과 같은 정전기가 발생하여서는 안 되는 장소의 경우, 작업자의 대전방지대책 5가지를 서술하시오.

제4교시 (시험시간 : 100분)

※ 다음 문제 중 4문제를 선택하여 설명하시오 (각 25점).

1. 누전차단기의 선정 시의 주의사항에 대하여 설명하시오.

2. 전기안전기술사의 직무 및 업무영역과 사회적 참여를 높일 수 있는 방안을 논하시오.

3. 전력용 전기기기에 사용되는 절연물의 열화 원인 5가지 이상을 들고 설명하시오.

4. 감리업무 수행(전력기술관리법 제13조) 시 공사업자가 설계도서 등 관계서류의 내용과 적합하지 아니하게 시공 시, 재시공 및 공사 중지명령 그 밖에 필요한 조치를 할 수 있는 적용 한계를 설명하시오.

5. 분진방폭의 종류를 성질에 따라 분류하고, 분진방폭배선 및 시설에 관하여 서술하시오.

6. 전력설비에서 발생할 수 있는 부식의 종류를 5가지 이상 들고, 부식의 원인에 대하여 설명하시오.

제 83회 2007년도 전기안전기술사

제1교시 (시험시간 : 100분)

※ 다음 문제 중 10문제를 선택하여 설명하시오 (각 10점).

1. 산업안전보건법 제43조의 건강진단에 대하여 설명하시오.

2. 인체감전에서 전격에 의한 위험을 결정하는 요인 5가지를 구분하여 설명하시오.

3. 예비위험분석(PHA ; preliminary hazards analysis)에 대하여 설명하시오.

4. 산업 현장에서 중대재해 발생 시 보고 및 조치사항을 쓰시오.

5. 열전현상(thermoelectric effect)인 펠티에(Peltier) 효과에 대하여 설명하시오.

6. 보호계전기의 동작상태에서 정부동작과 오부동작을 설명하고 그 대책을 제시하시오.

7. 10 m 높이의 사다리를 설치하고 220 V 조명등을 교체할 때 감전되어 추락, 사망 사고가 발생되었다고 하면 그 재해 원인과 예방 대책을 쓰시오.

8. 무재해운동의 기본원칙 3가지를 설명하시오.

9. 산업안전보건법 시행규칙 제120조에서 정한 제조업분야에서 전기사용 설비의 정격용량 300 kW 이상인 사업장으로서 유해·위험 방지계획서를 작성·제출해야 할 기계·설비 5가지를 쓰시오.

10. OJT (on the job training)와 OFFJT (off the job training)를 비교하여 설명하시오.

11. 산업안전기준에 관한 규칙 제357조에 의한 위험물 취급 시설물에서 낙뢰 예방을 위한 피뢰침 설치 시 고려해야 할 사항을 쓰시오.

12. 정전작업 시 사용해야 할 방호구 및 표지물을 포함하여 5가지 이상 나열하고 용도에 대하여 간략히 설명하시오.

13. 산업안전보건법 제20조에 의한 안전보건관리규정에 포함되어야 할 사항을 설명하시오.

제2교시 (시험시간 : 100분)

※ 다음 문제 중 4문제를 선택하여 설명하시오 (각 25점).

1. 누전차단기(ELB)의 원리와 오동작 원인 5가지를 구분 설명하시오.

2. 산업안전기준에 관한 규칙 제358조에서 규정한 전자파에 의한 기계·설비의 오동작 방지 대책을 설명하시오.

3. 태양전지 발전 시스템 원리와 유지 관리를 위한 전기 안전 측면에서 검토해야 할 사항에 대하여 설명하시오.

4. 인간에 대한 모니터링(monitoring)의 방법 5가지를 구분 설명하시오.

5. 산업안전기준에 관한 규칙 제345조의 2에 의한 활선작업 및 활선근접작업 시 근로자에게 교육시켜야 할 사항을 설명하시오.

6. LED 등 반도체 소자들의 고용량화로 인한 발열로 회로의 열적소손이 문제화되고 있다. 이를 위한 2차적 냉각방법에 대하여 설명하시오.

제3교시 (시험시간 : 100분)

※ 다음 문제 중 4문제를 선택하여 설명하시오 (각 25점).

1. 전자장비에 연결된 전력선과 제어선에 사용하는 SPD(surge protective device)에 대하여 설명하시오.

2. 전로의 중성점 접지방식 중 직접접지 방식의 장단점과 유효접지 계수 및 특징에 대하여 설명하시오.

3. 피뢰설비에서 회전구체 이론과 돌침법에 대하여 비교 설명하시오.

4. 장마철 뇌격 발생문제로 교류를 사용하는 통신장치의 경우 뇌서지 침입으로 인한 통신 두절 등의 피해가 발생하는데 이에 대한 원인과 대책을 쓰시오.

5. 활선상태에서 변압기의 이상 유무를 진단하는 방법에 대하여 설명하시오.

6. 정전기 방전의 종류 및 재해 방지 대책을 설명하시오.

제4교시 (시험시간 : 100분)

※ 다음 문제 중 4문제를 선택하여 설명하시오 (각 25점).

1. 변류기(CT)의 열적·기계적 과전류강도에 대하여 설명하시오.

2. 초음파 가열의 특성, 강도, 파장에 대하여 설명하시오.

3. 영상변류기의 원리 및 구조에 대하여 설명하시오.

4. 본질안전 방폭구조의 원리와 전기 안전 측면에서 고려할 사항에 대하여 설명하시오.

5. 인체 감전에 의한 전기 특성 중 안전전압과 보폭전압을 비교하여 설명하시오.

6. 전력 케이블의 화재의 원인과 대책 및 재해에 대하여 설명하시오.

제84회 2008년도 전기안전기술사

제1교시 (시험시간 : 100분)

※ 다음 문제 중 10문제를 선택하여 설명하시오 (각 10점).

1. 연무체를 정의하고 발생상황이나 성상에 따라 분류하시오.

2. 전기용 절연장갑의 종류를 쓰고 사용 및 보관상 유의사항을 쓰시오.

3. 작업 시작 전 지적 확인의 필요성에 대해 논하시오.

4. 송전선로의 철탑에 낙뢰로 인해 역플래시 오버가 생겼을 때 그 피해를 최소한으로 억제하기 위하여 어떠한 방법이 쓰여질 수 있는지 설명하시오.

5. 분체의 표면적과 대전량과의 관계를 그림으로 나타내어 설명하시오.

6. 전선의 용단(溶斷 ; fusion) 특성을 설명하시오 (W.H.Preece의 실험식).

7. 연소의 3요소와 화재의 4면체를 설명하시오.

8. 전기적 섬락(flashover) 현상과 화재 시 발생한 플래시오버(flashover) 현상에 대해서 각각 설명하시오.

9. 전기절연 재료의 내열성 평가 및 분류에 대해 설명하시오. (KS C IEC 60085. 절연계급 = 내열클래스)

10. 전기화재의 원인 중 하나인 반단선(半斷線) 현상을 설명하시오.

11. 교류 아크 용접기용 자동전격방지 장치의 시동시간과 지동시간에 대하여 동작 특성도와 함께 설명하시오.

12. 방폭 전기기기의 설치공사 시 고려할 사항들을 기술하시오.

13. 산업안전기준에 관한 규칙 제345조의 2에서 정한 활선작업 요령의 작성 내용을 기술하시오.

제2교시 (시험시간 : 100분)

※ 다음 문제 중 4문제를 선택하여 설명하시오 (각 25점).

1. 전기설비의 절연을 설계하거나 시험할 때 사용하는 뇌 이상 전압 표준 파형이 (1×40) μs로 표시되어 있다면 1과 40이 뜻하는 바가 무엇인지 그림으로 설명하시오.

2. 감전사고 시 대책으로서 감전자를 구출하는 방법과 구출 후 관찰하는 상황을 기술하시오.

3. 건설현장의 감전 방지대책 중 가공 전선로의 안전대책에 대하여 기술하시오.

4. 최근 숭례문을 비롯한 이천 냉동 창고 등에서 화재가 발생하여 국보 1호와 귀중한 인명 피해가 많이 발생하고 있다. 화재 조사의 목적과 범위에 대하여 기술하시오.

5. 의료용 전자기기(M.E)의 등전위 접지공사가 필요한 이유를 설명하시오.

6. 전력용(특별고압 수전용) 변압기의 고장 원인 및 예방 대책과 그 보호 장치를 기술하시오. (단, 용량 5000 kVA, 5000~10000 kVA, 10000 kVA 이상 각각 기술)

제3교시 (시험시간 : 100분)

※ 다음 문제 중 4문제를 선택하여 설명하시오 (각 25점).

1. 위험 장소의 판정은 전기기기 및 배선 방법을 선정하는 데 기초가 되는데, 그 판정 기준을 위험 장소와 위험원을 바탕으로 해설하시오.

2. 정전 용량의 크기에 따라 충격 전류에 대한 전격 감각이 달라질 수 있는데, 그렇다면 인체의 정전 용량 측정 요령을 해설하시오.

3. 감전 사고를 일으키는 주된 과정은 대략 5가지의 형태로 나눌 수 있다. 그림을 그려서 설명하시오.

4. 정전기(ESD) 발생이 자동화 공정설비의 오동작 사고를 일으키는데 이를 예방하기 위한 대책을 설명하시오.

5. 소세력 회로배선을 습기가 많은 곳 또는 수분이 있는 장소에 설치하는 방법을 기술하시오.

6. 재해 통계 작성 시 안전 활동의 성적을 평가하는 방법 4가지를 설명하시오.

제4교시 (시험시간 : 100분)

※ 다음 문제 중 4문제를 선택하여 설명하시오 (각 25점).

1. 정전기의 대전은 물체의 전기 저항률에 의존하므로 대전 척도로 전기 저항률을 측정한다. 전기 저항률 측정 시 유의사항을 기술하시오.

2. 국제전기기술위원회(IEC)에서는 감전의 안전한계에 대해 검토한 결과 전류(교류, 직류)가 인체에 미치는 영향에 대해 4개의 존(zone)으로 나누어 곡선을 결정 발표했다. 그 곡선을 그리고 설명하시오.

3. 전기설비 등에서 접지저항을 측정하는 방법에 대해서 기술하시오.

4. 비상전원 중 축전지 설비의 종류, 구조, 충전장치, 충전방식 등에 대해서 기술하시오.

5. 코로나 방전의 방전 특성, 장해, 방지 대책 등에 대해서 기술하시오.

6. 지중전력구나 맨홀 작업 시 안전을 위한 착안사항에 대하여 기술하시오.

제86회 2008년도 전기안전기술사

제1교시 (시험시간 : 100분)

※ 다음 문제 중 10문제를 선택하여 설명하시오 (각 10점).

1. 피뢰기(LA ; lightning arrester)의 설치장소와 설치위치에 대하여 설명하시오.

2. 정전작업의 5대 안전수칙을 쓰시오.

3. 사용 중인 콘덴서에서 발생할 수 있는 발화요인 5가지를 쓰시오.

4. 산업재해의 직접적인 원인에 대하여 설명하시오.

5. 인체저항을 500 Ω으로 가정할 때 심실세동전류에 의한 인체의 위험 한계 에너지를 열량으로 계산하시오. (단, $I = \dfrac{165}{\sqrt{T}}$ [mA])

6. 허용접촉전압과 안전전압에 대하여 설명하시오.

7. 교류 아크 용접 작업의 안전대책을 5가지 쓰시오.

8. 전력계통 고장 계산의 목적과 필요성 3가지를 쓰시오.

9. 낙뢰가 전기설비에 미치는 영향에 대하여 설명하시오.

10. 전력용 콘덴서의 설치 효과와 과보상 시의 문제점을 설명하시오.

11. 규약접촉전압 한계와 감전전류에 대하여 설명하시오.

12. 자동전격방지기 설치장소의 환경 조건에 대하여 설명하시오.

13. 전선의 허용전류에 대하여 설명하시오.

제2교시 (시험시간 : 100분)

※ 다음 문제 중 4문제를 선택하여 설명하시오 (각 25점).

1. 전력기술관리법 시행령에서 정하는 감리원의 임무를 설명하시오.

2. 전기화재 조사 시 조사자의 역할과 현장 조사 방법에 대하여 설명하시오.

3. 휴먼에러(human error)의 심리적 요인과 물리적 요인에 대하여 설명하시오.

4. 작업자가 대전(帶電)되는 원인과 대전 방지 대책을 설명하시오.

5. 방폭전기설비의 전기회로에 지락, 과전류, 온도 상승으로 인한 이상 발생 시 전기적 보호에 관하여 설명하시오.

6. 운전 중인 3상 유도전동기의 제동(breaking)법에 대하여 설명하시오.

제3교시 (시험시간 : 100분)

※ 다음 문제 중 4문제를 선택하여 설명하시오 (각 25점).

1. 접지공사의 목적과 접지공사 시 고려할 사항에 대하여 설명하시오.

2. 사용 중인 변압기의 고장 원인과 변압기 보호 계전방식에 대하여 설명하시오.

3. 전력계통을 보호하는 보호계전기를 용도(기능)상으로 분류하고 보호계전기의 구비 조건에 대하여 설명하시오.

4. 전기작업 중 정전작업 시의 안전 조치사항에 대하여 설명하시오.

5. 박리(剝離), 적하(滴下), 비말(飛沫), 동결(凍結) 대전에 대하여 설명하고 예를 드시오.

6. 공장설비에 대한 안전성 평가의 방법, 시기, 기법에 대하여 설명하시오.

제 4 교시 (시험시간 : 100분)

※ 다음 문제 중 4문제를 선택하여 설명하시오 (각 25점).

1. 다른 계절에 비하여 여름철에 감전 사고 발생률이 높은 이유와 전기설비 측면에서 감전 사고 예방 대책을 설명하시오.

2. 전력 시스템에서 개폐 서지(surge)와 뇌 서지(surge)가 발생하는 원인과 그 예방 대책을 설명하시오.

3. 전력 케이블 화재의 요인, 방화·방지 대책 및 케이블 화재의 문제점에 대하여 설명하시오.

4. 감전 화상의 종류, 특성, 증상 및 응급조치에 대하여 설명하시오.

5. 활선작업 시 작업 중지 조건과 고소(高所) 작업 시 부적격 조건에 대하여 설명하시오.

6. 절연안전화가 만족시켜야 할 구조 4가지와 사용하는 재료 4가지를 설명하시오.

제 87 회 2009년도 전기안전기술사

제1교시 (시험시간 : 100분)

※ 다음 문제 중 10문제를 선택하여 설명하시오 (각 10점).

1. 고압차단기의 트립프리(trip-free) 장치에 대해 기술하시오.
2. 휴대형 전기설비의 누전에 따른 감전재해를 예방하기 위한 방법 3가지를 기술하시오.
3. 60Hz 정현파 교류전류가 인체에 통전된 경우의 심실세동전류의 크기를 수식으로 표기하고 수식에서 나타나는 문자(T)의 의미에 대해 기술하시오.
4. 수변전설비에서 절연협조와 그 기준전압에 대해 기술하시오.
5. 태양광 발전의 장단점을 각각 3가지씩 기술하시오.
6. 수변전설비에 사용되는 전력퓨즈의 장단점을 각각 5가지씩 기술하시오.
7. 산업현장에 시설된 배선을 안전하게 관리하는 방법을 5가지 기술하시오.
8. 섬유 코팅 공정에서 섬유 원단과 롤러 사이에 발생하는 정전기의 축적을 방지할 수 있는 방법을 3가지 기술하시오.
9. 정전작업 시 단락접지 기구를 사용하는 이유에 대해 3가지를 기술하시오.
10. 산업안전보건법에서 정하고 있는 "산업재해"의 정의를 기술하시오.
11. 산업안전보건법 제33조 제1항 관련 "사업 내 안전·보건교육" 중 『채용 시 및 작업내용 변경 시 교육』 내용을 5가지 기술하시오.
12. 재해 예방을 위한 안전 대책 중 다음 사항을 기술하시오.
    (1) 3E 원칙의 3E
    (2) 4M 기법의 4M
13. 유도전동기 제어반에서의 전기재해 예방을 위한 점검사항 중 외관점검 항목을 5가지 기술하시오.

제2교시 (시험시간 : 100분)

※ 다음 문제 중 4문제를 선택하여 설명하시오 (각 25점).

1. 풀 프루프(fool-proof)와 페일 세이프(fail safe)에 대해 정리하고 차이점을 기술하시오.
   (1) 풀 프루프(fool-proof)의 개념 / 적용 사례(3가지)
   (2) 페일 세이프(fail safe)의 개념 / 적용 사례(3가지)
   (3) 차이점

2. 위험제어 수단의 5가지 원칙의 개념을 기술하고 이와 관련하여 전기작업과 관련된 감전재해 예방활동의 예를 각각 1가지씩 제시하시오.

3. 한전계통에서 사용되는 고압차단기의 동작책무와 관련하여 아래의 사항에 대해 기술하시오.
   (1) 동작책무를 규정하는 이유
   (2) 동작책무의 표기법 및 기호의 의미
   (3) 고속도 재투입용 차단기의 표준 동작책무

4. 풍력 발전 시스템의 운전방식에 따른 구분 방법인 기어형과 기어리스형에 대해 다음 사항을 기술하시오.
   (1) 형식별 시스템의 구성
   (2) 형식별 장단점(각각 3가지)

5. 국토해양부 고시 2008-872(2008.12.31)호 제37조에 정하고 있는 감리원의 검측 업무 중 다음 사항에 대해 기술하시오.
   (1) 체크리스트의 작성·제공 목적
   (2) 검측 절차(가능한 블록도로 표기)

6. 산업안전보건법 시행규칙 별표 2에서 정하고 있는 안전·보건표지와 관련하여 다음 사항을 기술하시오.
   (1) 표지의 분류(4가지) 및 각각의 바탕색, 기본 모형, 관련 부호 및 그림의 색채
   (2) 표지 분류별 종류 5가지에 대한 용도 및 사용 장소

제3교시 (시험시간 : 100분)

※ 다음 문제 중 4문제를 선택하여 설명하시오 (각 25점).

1. 차단기의 정격 중 정격전류와 정격차단전류에 대해 정리하고 차이점을 기술하시오.
   (1) 정격전류
   (2) 정격차단전류
   (3) 차이점

2. 승강기의 과부하방지장치로 전기식 과부하방지장치를 사용하지 않는 이유에 대해 기술하시오.
   (1) 전기식 과부하방지장치의 작동원리
   (2) 사용하지 않는 이유

3. 접지공사 시의 주의사항과 접지공사가 생략되는 장소에 대해 기술하시오.
   (1) 접지공사 시의 주의사항 (4가지)
   (2) 접지공사가 생략되는 장소 (5가지)

4. 다음과 같은 감전재해 사례를 보고 다음 사항에 대해 답하시오.

   - 220 V가 누전되는 이동식 유압말대에 오른쪽 무릎 접촉 (접지 미실시, 반바지 차림)
   - 접지저항이 3 Ω인 염색기 철제 구조물에 왼손 접촉 (장갑 미착용)
   - 저압 전원변압기의 중성점 접지저항 : 5 Ω
   - 인체저항 : 1000 Ω
   - 작업자 체중 : 70 kg
   - 접촉시간 : 1초

   (1) 통전경로 (작업장 바닥 (대지), 심장, 왼손, 220 V가 충전된 유압말대 구조물, 오른쪽 무릎, 염색기 철제 구조물, 저압 전원 변압기 2차 측 중성점을 충전부부터 순서에 맞게 정리)
   (2) 감전등가회로를 그리고 이때 인체로 흐르는 통전전류의 크기 계산
   (3) (2)의 통전전류가 인체에 통전 시 심실세동 발생 여부 판단

5. 방폭대책과 관련하여 다음 사항에 대해 기술하시오.
   (1) 위험분위기의 생성 방지 방법 (2가지)
   (2) 전기기기 방폭의 기본 (3가지)

6. 산업현장에서 발생하는 산업재해의 조사와 관련하여 다음 사항에 대해 기술하시오.
   (1) 목적
   (2) 유의사항 (5가지)
   (3) 조사항목 (8가지)

제 4 교시 (시험시간 : 100분)

※ 다음 문제 중 4문제를 선택하여 설명하시오 (각 25점).

1. 22.9 kV 수전설비의 변압기로 사용되는 몰드변압기와 관련하여 다음 사항을 기술하시오.
   (1) 몰드변압기의 특성 (5가지)
   (2) 유입변압기와 비교할 때 장단점 (각각 5가지)

2. 다음과 같이 정전기 화재폭발 사고가 발생할 수 있는 전제 조건 및 예방 대책에 대해 기술하시오.

   > 인화성 세척제를 이용하여 휴대폰 케이스 표면의 기름때를 면장갑을 착용한 손으로 닦아 내던 중 인체에 충전된 정전기가 스테인리스스틸 재질의 작업대로 방전되면서 화재가 발생하여 안면 및 양팔에 화상을 입고 치료 중 사망한 재해임.

(1) 화재폭발 발생의 전제 조건
(2) 예방 대책(가연물 / 점화원 측면)

3. 안전·보건교육의 단계별 교육 과정을 다음에 열거한 사항을 중심으로 기술하시오.
   (1) 안전보건교육의 3단계
   (2) 각 단계별 목표 / 교육 내용 (3가지)
   (3) 안전태도교육의 기본 과정 (5가지)

4. 제어계의 고장과 관련하여 다음 사항에 대해 기술하시오.
   (1) 제어계의 사용기간별로 분류한 고장의 종류 (3가지) 및 그 개념
   (2) 사용 기간과 고장률을 가로 / 세로 축으로 하는 고장 발생 그래프

5. 화재와 관련하여 다음 사항에 대해 기술하시오.
   (1) 발화점(ignition point, 자연발화점)
   (2) 전기화재의 발화원 (점화원) 종류 (6가지)
   (3) 화재에서 "V자 형태(V-sharped pattern)"란 무엇인가?

6. 인간의 불안전한 행동을 초래하는 '부주의'와 관련하여 다음 사항에 대해 기술하시오.
   (1) '부주의'의 개념
   (2) 현상
   (3) 원인과 대책(각각 5가지)

제89회 2009년도 전기안전기술사

제1교시 (시험시간 : 100분)

※ 다음 문제 중 10문제를 선택하여 설명하시오 (각 10점).

1. 재해 예방의 4원칙에 대하여 기술하시오.

2. 전격 재해를 예방하기 위한 안전교육 방법 및 교육 내용에 대하여 기술하시오.

3. 송전선 아래에서 정전유도를 받고 있는 물체에 인체가 접촉하여 유도전하가 방전하는 경우의 전격위험성을 설명하고, 전격위험성을 결정짓는 인자에 대하여 기술하시오.

4. 산업현장에서 감전사고가 발생할 경우 감전자 구출과 응급처치 시 인공호흡에 대하여 기술하시오.

5. 분진방폭의 개요 및 분진의 종류에 대하여 기술하시오.

6. 정전기 발생에 영향을 주는 요인 및 완화시간에 대하여 기술하시오.

7. 사고현장 조사 시 전동배선으로 사용 중인 1.6 mm 연동선이 용단되어 있다. W. H. Preece의 실험식에 의해 용단전류를 구하시오. (단, 계산식을 쓰고 소수점 첫째자리에서 반올림한다.)

8. 전기화재 발화 원인 중에서 트래킹(tracking)에 의한 단락 현상에 대하여 기술하시오.

9. 인간과오 방지 대책에 대하여 기술하시오.

10. 변압기의 주요 소음 원인에 대하여 기술하시오.

11. 반도체 소자의 정전기 방전(elctric discharge)에 의한 피해 메커니즘(mechanism)에 대하여 기술하시오.

12. 전기설비 중 보호계전기의 정정(setting) 시 검토 및 시행되어야 할 사항에 대하여 기술하시오.

13. 산업안전기준에 관한 규칙에서 정한 '전기기계 기구의 조작 시 등의 안전조치'에 의거하여 사업주가 취해야 할 안전조치에 대하여 기술하시오.

제2교시 (시험시간 : 100분)

※ 다음 문제 중 4문제를 선택하여 설명하시오 (각 25점).

1. 불안전 행동의 배후요인에 대하여 기술하시오.

2. 전기재해 통계분석의 요령과 조사방법에 대하여 기술하시오.

3. 작업현장에서 전기용접·그라인더 등의 불티가 화원(火源)이 되는 경우 출화위험과 감정요령에 대하여 기술하시오.

4. 최근 관광객 2명이 전기울타리 설비에 접촉되어 사망한 사고가 발생하였다. 전기울타리 시설기준과 전기울타리용 전원장치에 대하여 기술하시오.

5. 지진 발생 시 수변전설비를 보호할 수 있는 내진대책에 대하여 기술하시오.

6. 정전작업 시 안전조치에 대하여 기술하시오.

제3교시 (시험시간 : 100분)

※ 다음 문제 중 4문제를 선택하여 설명하시오 (각 25점).

1. 산업재해의 발생원인에 대하여 기술하시오.

2. 수영장(pool)용 수중 전기조명 등 설비의 시설기준에 대하여 기술하시오.

3. 피뢰설비에서 인하도선 근방의 접촉전압과 보폭전압에 의한 인축의 상해에 대한 보호대책에 대하여 기술하시오. (KS C IEC 62305에 근거할 것)

4. 화재현장에서 전기화재를 규명하기 위해서는 통전을 입증하여야 한다. 배선기구

와 용융흔으로부터 통전 입증 방법에 대하여 기술하시오.

5. 전기 공사 및 작업 시에 사용되는 안전장구에 대하여 기술하시오.

6. 전기설비 점검 시 충전 상태를 확인하는 검전기의 종류, 사용 방법 및 보관 관리에 대하여 기술하시오.

제4교시 (시험시간 : 100분)

※ 다음 문제 중 4문제를 선택하여 설명하시오 (각 25점).

1. 위험예지 훈련에 대하여 기술하시오.

2. 인체감전보호용 누전차단기(정격감도전류 15 mA 이하, 동작시간 0.03초 이하의 전류동작형)의 동작원리와 설치장소에 대하여 설명하시오.

3. 건설현장에서 사용 중인 크레인 등 중기로 인한 가공전선로에서의 전기적인 사고 방지를 위한 안전대책에 대하여 기술하시오.

4. 전하분할법 및 전하완화법에 의하여 정전용량을 측정하는 방법에 대하여 기술하시오.

5. 자가용 전기설비의 고조파 발생 원인과 방지대책에 대하여 기술하시오.

6. 전기기계·기구의 외함 및 철대의 접지에 대하여 기술하시오.

제90회 2009년도 전기안전기술사

제1교시 (시험시간 : 100분)

※ 다음 문제 중 10문제를 선택하여 설명하시오 (각 10점).

1. 사업주가 사업장의 안전, 보건을 유지하기 위하여 안전보건관리규정을 작성하여 사업장에 게시 또는 비치하고 근로자에게 알려야 하는 사항 6가지를 제시하시오.

2. 작업자의 불안전행동의 발생 원인과 방지 방법에 대하여 기술하시오.

3. 패러데이 케이지(Faraday cage)에 의한 정전전하량(靜電電荷量)에 측정 원리에 대하여 도시화하여 설명하시오.

4. 국제전기기술위원회(IEC)에서 정하는 방폭형 전기설비를 설치할 때의 표준환경 조건에 대하여 설명하시오.

5. 특고압 및 고압 전기설비에서 사용되는 한류형 퓨즈와 비한류형 퓨즈의 다음 각 항목에 대하여 설명하시오.
   (1) 원리
   (2) 특징 (장점, 단점)
   (3) 전 차단시간

6. 50 Hz용 형광등을 60 Hz로 점등할 경우 다음 각 항목에 대하여 설명하시오.
   (1) 광속의 변화
   (2) 점등 시 예측되는 장애

7. 22.9 kV 직접접지계통 배전선로에서 무정전공사를 위해 버킷 트럭(bucket truck)을 이용한 활선작업 시 작업자 안전을 확보하기 위해 취해야 할 안전조치사항에 대하여 설명하시오.

8. 지락사고로 인해 인체에 가해질 수 있는 허용보폭전압과 허용접촉전압을 주어진 조건을 이용하여 산식을 쓰고, 계산하시오.

──────[조건]──────
(1) 인체의 저항 : 500 Ω
(2) 대지표면층 저항률 : 100 Ω·m
(3) 접촉시간 : 1초
(4) 몸무게 : 70kg
(5) 소수점 이하는 절사한다.

9. 접지저항 값에 가장 큰 영향을 미치는 대지저항률에 대해 설명하고, 대지저항률에 영향을 미치는 주요 요소 5가지를 제시하시오.

10. 접지전극과 접지선을 접속할 때 적용되는 접속방법을 쓰고, 그 특징을 설명하시오.

11. 전기화재 발생 원인 중 아산화동증식 현상에 관하여 설명하시오.

12. 산업안전보건법에서 정하고 있는 사업 내 안전보건교육과 직무교육의 종류별 그 대상자를 한 가지씩 예를 들어 설명하시오.

13. 정전작업 시에 안전성을 확보하기 위하여 실시하는 단락접지를 하는 이유와 설치 해체 시의 주의사항을 설명하시오.

제2교시 (시험시간 : 100분)

※ 다음 문제 중 4문제를 선택하여 설명하시오 (각 25점).

1. 가로등에서의 감전사고 원인 및 절연파괴 원인에 대하여 설명하시오.

2. 그린우드 이론에서 제시하는 재해 다발자를 분류하고, 이를 해결하고자 할 때의 고려사항에 대하여 설명하시오.

3. 자가용수설비의 안전관리 대상별 전기안전관리자의 자격기준과 직무상에 대하여 설명하시오.

4. CV 케이블의 열화 원인 및 절연파괴 원인에 대하여 설명하시오.

5. 산업안전보건법에 따라 사업장에서 누전에 의한 감전을 예방하기 위한 대표적인

방법 2가지에 대하여 현장 적용 시의 우선순위와 최소 요구조건을 제시하시오.

6. 사업장에서 전기로 인한 위험을 방지하기 위하여 전기기계·기구 등의 충전부를 방호하여야 한다. 이때 사업주가 조치하여야 할 방법을 쓰고, 그 예를 설명하시오.

제3교시 (시험시간 : 100분)

※ 다음 문제 중 4문제를 선택하여 설명하시오 (각 25점).

1. 가스·증기 폭발위험장소 중 제1종 위험장소에 적용할 수 있는 방폭구조의 종류 7가지를 쓰고, 간략히 설명하시오.

2. 맥그리거의 X이론과 Y이론의 관리방식과 관리처방에 대하여 설명하시오.

3. 전력 케이블의 화재 발생 요인과 방지 대책에 대하여 설명하시오.

4. 전기설비에서 지락차단장치의 시설장소와 지락보호방식을 예를 들어 설명하시오.

5. 현장 접지공사를 한 결과 설계 접지저항값보다 높은 경우 그 해결 방법으로써 접지저항값을 낮추는 방법을 설명하시오.

6. 교류 1ϕ 220 V 저압회로의 누전(지락)사고를 예방하기 위하여 과전류 보호장치(MCCB 등)와 접지시스템의 적절한 구성을 통한 사고 예방 방안을 그림을 그려 설명하시오.

제4교시 (시험시간 : 100분)

※ 다음 문제 중 4문제를 선택하여 설명하시오 (각 25점).

1. 누전경보기의 설치 대상, 설치 방법 및 전원 공급 방법에 대하여 설명하시오.

2. 전기설비기술기준의 판단기준에 의한 유희용 전차의 전기설비 시설 방법과 유지에 대하여 설명하시오.

3. 정전기 방전으로 인한 화재 발생 시에 재해 발생 원인을 규명하기 위한 화재 조사 방법에 대하여 설명하시오.

4. 전기공사 감리업무를 수행할 때 전기설계도서(관련 도면, 기술시방서 및 변압기 용량 검토 등)의 검토 목적과 검토할 때 고려해야 할 사항에 대하여 설명하시오.

5. 지하 매설물에 대한 전기방식법(電氣防蝕法)과 전기방식용 접지의 시설기준에 대해 설명하시오.

6. 가스·증기 폭발위험장소에서 전기기기·설비에 배선을 인입하는 방법으로 전선관 또는 케이블을 사용하는 경우가 있다. 각각의 배선공사 시 실링방법에 대하여 설명하시오.

제 92 회 2010년도 전기안전기술사

제1교시 (시험시간 : 100분)

※ 다음 문제 중 10문제를 선택하여 설명하시오 (각 10점).

1. 전기절연재료와 전기절연재료의 내열성 등급에 대하여 설명하시오.

2. 다음의 감전 용어에 대하여 설명하시오.
    (1) 충전부 (live part)
    (2) 노출 도전성 부분 (exposed conductive part)
    (3) 계통의 도전성 부분 (extraneous conductive part)
    (4) 외함 (enclosure)

3. 전기설비기술기준의 판단기준에 따른 교통신호등의 시설에 대하여 설명하시오.

4. 과전류에 의한 전선피복의 상태변화와 외부 화염에 의한 전선피복의 소손흔에 대하여 설명하시오.

5. 저압전로의 접지방식에서 TN-C 방식과 TN-C-S 방식 및 TT 방식의 특징을 비교하여 설명하시오.

6. 중성선에 흐르는 영상고조파 전류 성분의 영향과 저감대책에 대하여 설명하시오.

7. 순시과전압 (transient)과 서지 (surge)에 대하여 설명하시오.

8. 전력퓨즈의 차단용량 및 정격전류의 선정 방법에 대하여 설명하시오.

9. 전기설비기술기준의 판단기준에서 정한 안전원칙을 설명하시오.

10. 피뢰기의 일반 특성 4종류에 대하여 설명하시오.

11. 상시 근로자수가 1000명, 연평균 근로일수는 250일, 1일 근무시간이 8시간인 사업장의 강도율 (S.R)이 10일 경우 1인당 근로손실 일수에 관하여 설명하시오.

12. 사업주가 정전기에 의한 화재·폭발위험 등이 발생할 우려가 있는 위험물용 탱크로리·화약류 제조설비 등에서 다음의 조치할 사항을 설명하시오.
    (1) 설비에 대한 정전기 발생 방지 및 억제·제거 대책
    (2) 인체에 대전된 정전기 대전 방지 대책

13. 사업주가 산업안전기준에 관한 규칙상 전기기계·기구의 사용에 의하여 발생하는 전자파로 인해 기계설비의 오동작을 초래함으로써 산업재해가 발생할 우려가 있는 때에 조치할 사항을 설명하시오.

제2교시 (시험시간 : 100분)

※ 다음 문제 중 4문제를 선택하여 설명하시오 (각 25점).

1. 전기설비기술기준의 판단기준에 의한 연료전지 및 태양전지 모듈의 절연내력과 태양전지 모듈 등의 시설에 대하여 설명하시오.

2. 감전보호용 누전차단기의 구성 요소와 사고가 발생할 경우 시스템으로서의 동작 원리에 대하여 설명하시오.

3. 최근 설치하고 있는 전자화 배전반의 기능과 특징 및 기대 효과에 대하여 설명하시오.

4. 고주파 장해의 발생 패턴과 방지 대책에 대하여 설명하시오.

5. 건축법상 비상용 승강기의 설치기준에 대하여 설명하시오.

6. 산업안전기준에 관한 규칙에서 정한 가스 및 분진 폭발 위험장소를 분류하고 설명하시오.

제3교시 (시험시간 : 100분)

※ 다음 문제 중 4문제를 선택하여 설명하시오 (각 25점).

1. 전기화재 원인 중 배선기구 접속부의 과열에 의한 발화 요인을 설명하시오.

2. 전기설비기술기준의 판단기준 중 접지공사의 종류에서 공통 및 통합접지에 따라 공사를 하는 경우 접지 용어와 접지공사 방법 및 TN-S 계통을 설명하시오.

3. 누선차단기의 오동작 유형에 대하여 설명하시오.

4. 변전설비의 예방 보전 시스템에 대하여 설명하시오.

5. 전기재해를 분류하고, 전기재해의 발생 형태별로 설명하시오.

6. 전기설비기술기준의 판단기준에 따라 지락차단장치 등의 시설에서 지락차단장치의 생략 조건을 기술하고, 중성점 비접지식 고압 측 전로의 1선 지락전류를 계산식에 의해 설명하시오.

제4교시 (시험시간 : 100분)

※ 다음 문제 중 4문제를 선택하여 설명하시오 (각 25점).

1. 교류 아크 용접기의 특성과 전격방지장치의 동작 특성을 설명하시오.

2. 정전작업 시 전로의 정전 여부를 확인하기 위한 검출용구 중 저압용 검전기와 고압·특고압 검전기 및 활선접근경보기에 대하여 설명하시오.

3. 수변전설비의 절연협조와 보호협조에 대하여 설명하시오.

4. 한국형 스마트 그리드(smart grid)에 대하여 설명하시오.

5. 국제적으로 통용되고 있는 국제단위계(SI ; the international system of units)의 개념과 기본단위·보조단위·유도단위 및 국제단위계의 특징을 설명하시오.

6. 다음 그림과 같은 전력계통에서 각 지점($O_1 \sim O_4$)의 차단기용량을 산출하시오.

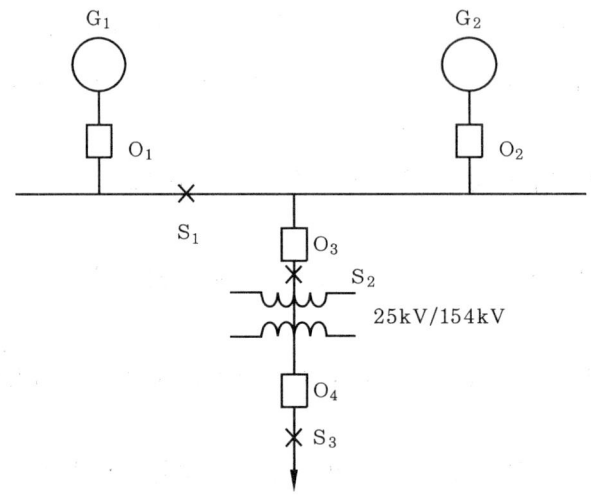

(단, 발전기 G1 : 용량 10,000 kVA, x_{G_1} : 11 %, 발전기 G2 : 용량 20,000 kVA, x_{G_2} : 12 %, 변압기 : 용량 30,000 kVA, x_{Tr} : 13 %이라 하고, 선로 측으로부터의 단락전류는 고려하지 않는다.)

제93회 2011년도 전기안전기술사

제1교시 (시험시간 : 100분)

※ 다음 문제 중 10문제를 선택하여 설명하시오 (각 10점).

1. 교류 100 V와 직류 100 V의 차이점과 전열기에 있어서 열효율의 차이점에 대하여 설명하시오.

2. 감전 지연사에 대하여 유형을 구분하여 설명하시오.

3. 대기압, 표준 온·습도하에서 전압과 전류는 감전사와 어떤 관계(즉, 감전사는 전압에 의한 것인지, 전류에 의한 것인지)가 있는지 설명하시오.

4. 얼마 전 일본 신모에 화산 폭발 시 분연(噴煙) 속에서 뇌상 방전이 발생했다는 보도가 있으며 이는 대규모 곡물 사일로나 유조선의 세척 시에도 발생할 수 있는데 어떤 원리로 발생하는지 설명하시오.

5. 남, 여의 최소감지전류를 쓰고, 설정 근거에 대하여 설명하시오.

6. 브레인 스토밍(brain storming) 토의식 안전교육에 있어서의 전제 조건과 실행 4원칙에 대하여 설명하시오.

7. 전기재해 중 감전에 의해 사망에 이르는 주요 원인과 감전에 의한 부상사고의 형태에 대하여 기술하시오.

8. 전동기 감전재해 예방을 위하여 점검을 용이하게 하는 시설 방법과 배선 방법에 대하여 설명하시오.

9. 강색전기철도에서 전차선의 단선사고와 누설전류에 의한 인체감전의 우려가 없도록 하기 위한 강색차원의 시설 방법과 절연 저항의 기준에 대하여 설명하시오.

10. 낙뢰에 의한 위험을 줄이기 위하여 KS C IEC 62305에 의거한 인적·물적 재해의 보호대책을 설명하시오.

11. 전력기술관리법 시행령(제23조 제2항)에 따른 공사감리업무 수행에 관한 세부기준에서 명기한 비상주감리원이 수행할 업무를 설명하시오.

12. 지락(地絡)과 누전(漏電)의 차이점에 대하여 설명하시오.

13. 전기기계·기구에 의한 감전사고를 예방하기 위한 일반적인 기준 중 5가지를 나열하고, 설명하시오.

제 2 교시 (시험시간 : 100분)

※ 다음 문제 중 4문제를 선택하여 설명하시오 (각 25점).

1. 산업안전보건법(시행령 제28조)에서 정하는 안전인증 대상기계·기구 및 설비, 방호장치, 보호구에 대하여 설명하시오.

2. 등전위 접지와 병원에서의 환자환경(보호범위)에 대하여 설명하시오.

3. 정전기 대전이 일어나는 경우를 쓰고 설명하시오.

4. 최근 배전선로, 대용량 수용가의 책임분계점에 설치되는 GIS(gas 절연부하 개폐기 : gas insulation load switch)의 특성과 기능에 대하여 설명하시오.

5. 감전 시에 심실세동을 예방하기 위한 누전차단기의 안전 한계치에 대하여 설명하시오.

6. 신도시나 핵심 거점도시 등의 개발로 지중전선로가 급증하고 있다. 이에 따른 지중전력구나 맨홀 작업 시의 유의사항에 대하여 설명하시오.

제3교시 (시험시간 : 100분)

※ 다음 문제 중 4문제를 선택하여 설명하시오 (각 25점).

1. 정전기에 의한 방전 종류 5가지를 쓰고, 설명하시오.

2. 대전류 수용가에서 전로의 케이블을 동상 다수조로 포설할 경우 케이블 불평형의 이론적 배경과 원인, 미치는 영향 및 대처방안에 대하여 설명하시오.

3. EMI (electromagnetic interference)의 발생 원인을 들고 OA 기기에서의 EMI 대책을 설명하시오.

4. 전기설비기술기준의 판단기준(제18조)에 의한 접지공사의 종류를 쓰고, 또한 접지저항 값을 $R \leq \frac{150}{I}$ (또는 $R \leq \frac{300}{I}$, $R \leq \frac{600}{I}$) [Ω]로 표기한 각각의 값 (R, I, 150, 300, 600)에 대하여 설명하시오.

5. 국가 정책의 일환으로 변압기와 전동기의 에너지 절약을 통한 효율적인 운용 방안과 대책 방안에 대하여 설명하시오.

6. 최근 국내의 대단위 산업단지에서 정전으로 인한 사고가 발생하였다. 정전이 산업현장에 미치는 영향과 대형 공장에서의 정전 손실 극소화 방안을 제안하고 설명하시오.

제4교시 (시험시간 : 100분)

※ 다음 문제 중 4문제를 선택하여 설명하시오 (각 25점).

1. 전력계통 및 전기기기의 이상 사고 시에 이를 신속하고 정확하게 제거하기 위한 안전장치인 보호계전기의 다음 사항에 대하여 설명하시오.
   (1) 보호계전기의 역할(기능)과 구비 조건
   (2) 보호계전기의 신뢰도 향상 방법과 서지의 억제 대책

2. 정전기 재해를 방지하기 위한 대책 중 3가지를 설명하시오.

3. 재해 발생 시 대책 5단계를 쓰고, 각 단계별 기본 원리를 설명하시오.

4. 전기 재해 예방을 위한 누전차단기 선정 시의 주의사항에 대하여 설명하시오.

5. 정전사고 시 인명과 재산의 피해를 최소화하기 위하여 안전하고 원활한 피난활동을 할 수 있도록 비상조명등을 설치하고 있다. 화재 안전기준에서 정하고 있는 비상조명등의 설치기준, 설치대상 및 제외대상에 대하여 설명하시오.

6. 어느 영업점에서 15 A–250 V로 표시되어 있는 콘센트에 가전제품(40W 형광등 10개, 60 W 선풍기 10대, 900 W 전열기 2개)을 사용하고 있다. 이때 콘센트에 흐르는 전류 값을 추정하고 안전성에 대하여 설명하시오.

제 95 회 2011년도 전기안전기술사

제1교시 (시험시간 : 100분)

※ 다음 문제 중 10문제를 선택하여 설명하시오 (각 10점).

1. 계통전압 22.9 kV 수용설비의 변압기 용량이 3,000 kVA, 계통단락 전류가 9,200 A인 계통에서 변류비 100/5 [A]의 MOF를 설치하려고 한다. MOF 전단에 한류형 P·F 150 A가 설치되어 있다. MOF의 과전류 강도를 계산하고, 사용 가능 여부를 설명하시오. (단, 한류형 P·F 150 A의 동작시간은 약 0.02초로 한다.)

2. 전기자동차 전원공급설비에서 충전장치의 시설 방법에 대하여 설명하시오.

3. 수전실에서의 전기화재 예방대책에 대하여 설명하시오.

4. 휴먼에러의 방지대책에 대하여 설명하시오.

5. 발전기의 무부하 운전 시 유의점과 무부하 운전을 장시간 동안 할 수 없는 이유에 대하여 설명하시오.

6. IEC에 의한 변류기의 과전류 특성에서 계측기용 CT의 IPL (rated instrument limit primary current)와 FS (instrument security factor)에 대하여 설명하시오.

7. 감전 보호를 위한 전기 기기의 절연 종류 및 등급에 대하여 설명하시오.

8. 배전선로와 변압기 및 고압기기 등의 보호장치로 사용되고 있는 COS (cut out switch)의 용단과정을 분류하고 적용 시 고려해야 할 사항에 대하여 설명하시오.

9. 평균고장간격 (MTBF ; mean time between failure)과 평균수리기간 (MTTR ; mean time to repair)을 비교, 설명하시오.

10. 접지전극의 과도현상과 그 대책에 대하여 설명하시오.

11. 다음 그림과 같이 대지저항률이 100 Ω·m인 대지에 반지름 0.2 m인 반구형 접지전극을 시설하였다. 접지전류가 100 A 흐를 때 접지전극의 중심에서 2 m 떨어진 점의 보폭전압을 전위분포로 구하시오. (단, 신발의 저항 및 기타 접촉저항은 무시한다.)

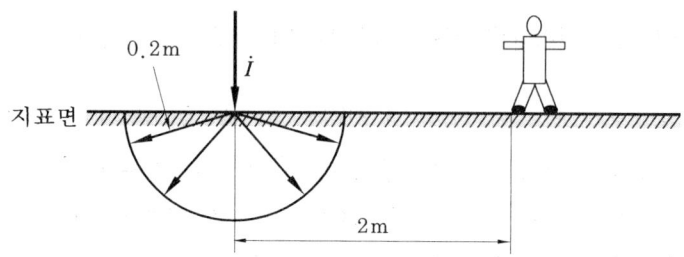

12. 변압기 병렬운전의 필요성과 통합운전(다수 운전)의 운전조건 및 고려사항에 대하여 설명하시오.

13. ⊿-⊿ 결선한 단상 100 kVA 변압기에 과부하되지 않고 사용할 수 있는 최대용량의 단상 부하(kVA)를 구하시오.

제2교시(시험시간 : 100분)

※ 다음 문제 중 4문제를 선택하여 설명하시오 (각 25점).

1. 신재생에너지 이용 건축물의 인증제도에 대하여 설명하시오.

2. 낙뢰로 인한 손상을 유형별로 분류하고, 인적 및 물적에 대한 보호대책을 설명하시오.

3. 항공기에서 정전기로 인한 발화방지 대책에 대하여 설명하시오.

4. 대기전력(stand by power) 절감시스템에 대하여 설명하시오.

5. 현상보전에 대하여 설명하시오.

6. 감전보호 SELV, PELV, FELV의 특별저압 전원을 설명하시오.

제3교시 (시험시간 : 100분)

※ 다음 문제 중 4문제를 선택하여 설명하시오 (각 25점).

1. KSC IEC에 규격 및 적용 등으로 국내 접지의 공통접지와 통합접지에 대한 규정이 도입되어 도심지 밀집지역에서의 접지에 대한 인체보호 및 기기보호에 대한 신뢰도가 향상되고 있다. 공통·통합접지 방식의 적용 장소, 보호조건 및 공사 시 유의사항을 설명하시오.

2. 고절연성 인화성 액체를 탱크 내에 주입하고자 할 때 발생 가능한 폭발 화재의 원인 및 현상과 주입 시 주의사항에 대하여 설명하시오.

3. 분진 위험장소에 사용하는 전기배선 및 개폐기, 콘센트, 과전류 차단기 등의 시설방법에 대하여 설명하시오.

4. 아크 플래시(arc flash)의 정의와 인체 보호를 위한 아크 플래시 보호범위에 대하여 설명하시오.

5. 전기 단선결선도 작성 시 단락용량 계산의 목적, 방법과 단락전류의 종류 및 형태, 적용 방법에 대하여 설명하시오.

6. 그림에서와 같이 각각 100 kVA, 400 kVA의 단상 TR 2대를 선간에 V결선하여 단상과 3상 부하를 접속 시 1차 측 각상의 선전류 I_a, I_b, I_c를 구하시오. (단, 1차 전압 22.9 kV에 3상 평형, 2차 부하는 TR의 각상이 전부하에 역률은 100 %, 3상 부하는 평형이고, 여자전류는 무시한다.)

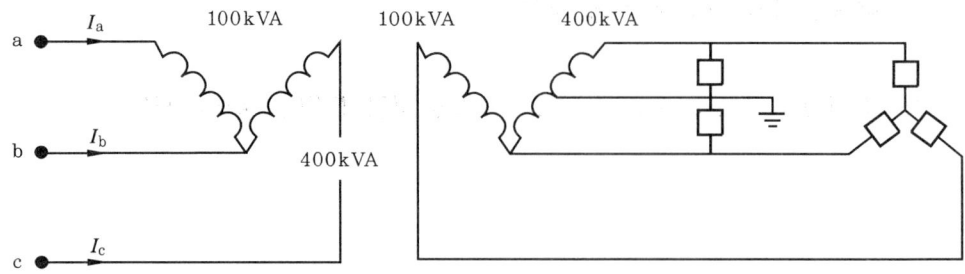

제4교시 (시험시간 : 100분)

※ 다음 문제 중 4문제를 선택하여 설명하시오 (각 25점).

1. UPS (uninterruptible power supply)의 정격용량 산정 방법과 정격용량 산정 시 고려할 사항에 대하여 설명하시오.

2. 역률 개선용 커패시터의 설치위치에 따른 원리와 특징에 대하여 설명하시오.

3. 안전작업허가의 종류, 목적, 적용범위 및 작업허가서 발급요건과 작업허가서의 작성요령에 대하여 설명하시오.

4. 지락사고 시 영상전압 및 영상전류를 검출하는 방식에 대하여 영상전압 검출방식 3가지, 영상전류 검출방식 2가지를 설명하시오.

5. 정전기의 대전은 물체의 전기저항률에 의존하므로 대전성에 대한 진단의 척도 및 전기저항률 측정 시 유의사항을 설명하시오.

6. 주의와 부주의에 대한 다음 각 항목에 대하여 설명하시오.
   (1) 주의의 특성
   (2) 부주의의 정의
   (3) 부주의의 현상 (5가지)
   (4) 부주의의 원인과 대책 (5가지)

제96회 2012년도 전기안전기술사

제1교시 (시험시간 : 100분)

※ 다음 문제 중 10문제를 선택하여 설명하시오 (각 10점).

1. 계통전압 6.6 kV의 변압기를 직접접지(저항접지)계로 지락보호를 하고자 한다. 계통의 지락전류를 완전 1선 지락의 경우 100 A 정도 흐르도록 중성점 접지저항기(NGR ; neutral ground resistor)의 값을 구하고, 중성점 접지저항기의 역할을 설명하시오.

2. 감전사고의 발생 형태 5가지를 쓰고 설명하시오.

3. 내열 및 내화성이 우수한 MI (mineral insulator) 케이블에 대해 설명하시오.

4. 피뢰기에 관한 다음 용어에 대해 설명하시오.
   (1) 정격전압
   (2) 제한전압
   (3) 방전전류
   (4) 상용주파방전개시전압
   (5) 충격방전개시전압

5. 절연유의 구외 유출방지시설에 대해 설명하시오.

6. 전기설비의 역률개선용 콘덴서의 개폐기 구성과 개폐장치의 요구 성능에 대해 설명하시오.

7. 임피던스 전압이 서로 다른 변압기의 병렬운전에 대해 설명하시오.

8. 유해·위험설비를 보유한 사업장의 사업주가 그 설비로부터 위험물질 누출, 화재, 폭발 등으로 인한 중대 산업사고를 예방하기 위하여 고용노동부장관에게 제출하는 공정안전보고서의 제출대상 사업장에 대해 설명하시오.

9. 산업현장에서 사용하는 각종 기계·기구의 안전을 인증하는 한국산업안전보건공단 S마크 인증기준에 따른 전자파 적합성 (EMS) 시험 대상에 대해 설명하시오.

10. 100 kHz 정도의 비전리전자파가 인체에 미치는 영향에 대해 설명하시오.

11. 전동기 과열의 원인을 5가지만 쓰고, 각각에 대해 설명하시오.

12. 사업주가 누전에 의한 감전위험을 방지하기 위하여 감전방지용 누전차단기를 접속하여야 할 장소와 설치환경에 대해 설명하시오.

13. 방폭 전기배선과 방폭 전기기기의 선정 원칙에 대해 설명하시오.

제2교시 (시험시간 : 100분)

※ 다음 문제 중 4문제를 선택하여 설명하시오 (각 25점).

1. 전기설비의 설계감리에 대한 다음 사항에 대해 설명하시오.
   (1) 전기설비의 설계감리 대상과 제외 대상
   (2) 설계감리업무를 수행할 수 있는 사람과 설계감리업무에 참여할 수 있는 사람
   (3) 설계감리의 업무 범위
   (4) 설계감리원의 업무

2. 전력회사의 가공 배전선로에서 지중으로 수전받는 자가용 수용가의 인입전선로를 시공하고자 할 경우 적용하여야 하는 기준을 전기설비기술기준 및 판단기준에 의해 설명하시오.

3. CV 케이블의 열화 원인과 그 대책에 대해 설명하시오.

4. 산업용 기계류의 전기안전 시험항목 5가지에 대해 설명하시오.

5. 고조파가 누전차단기의 동작 특성에 미치는 영향에 대해 설명하시오.

6. 5000 kVA 이상의 대용량 변압기 보호장치의 시설기준과 내부 고장 검출 방법에 대해 설명하시오.

제3교시 (시험시간 : 100분)

※ 다음 문제 중 4문제를 선택하여 설명하시오 (각 25점).

1. 케이블의 금속 시스(sheath)의 다음 사항에 대해 설명하시오.
   (1) 금속 시스의 기능(설치 목적)
   (2) 금속 시스의 유기전압 전압대책
   (3) 금속 시스의 전류 및 손실 저감 대책
   (4) 이상 발생 시의 시스 전압에 대한 대책

2. 무정전전원장치(UPS)의 다음 사항에 대해 설명하시오.
   (1) 무정전전원장치 운전방식의 종류
   (2) 무정전전원장치의 설치 요건
   (3) 무정전전원장치의 병렬운전 시스템 선정 시의 고려사항

3. 정전작업에 관한 다음 사항에 대해 설명하시오.
   (1) 정전작업의 순서
   (2) 정전작업 전, 정전작업 중, 정전 후의 조치사항
   (3) 정전작업 시 안전조치 방법

4. 전기화재의 발생 원인과 전기화재 예방을 위한 다음 항목의 안전관리에 대해 설명하시오.
   (1) 전기배선
   (2) 전기배선 기구
   (3) 전열기

5. 가연성·인화성 액체의 정전기 재해 방지 대책에 대해 설명하시오.

6. RF(radio frequency) 전자파의 피폭에 따른 장·재해로부터 작업자 및 일반인을 보호하기 위한 7가지 사항을 설명하시오.

제4교시 (시험시간 : 100분)

※ 다음 문제 중 4문제를 선택하여 설명하시오 (각 25점).

1. 교류 송전방식과 직류 송전방식의 특성을 비교하여 설명하시오.

2. 표피 효과(skin effect)와 근접 효과(proximity effect)에 대하여 설명하시오.

3. 지하공간에서 정전사고 및 전기화재사고에 대비한 안전대책에 대해 설명하시오.

4. 공통접지와 통합접지에 대한 다음 사항에 대해 설명하시오.
   (1) 공통접지와 통합접지의 정의
   (2) 공통접지와 통합접지를 할 수 있는 요건
   (3) 공통·통합 접지저항값 기준
   (4) 등전위 본딩 확인 및 전기적 연속성 측정 방법

5. 전선로에는 부하의 특성상 어느 정도의 고조파가 발생하는데 이에 대한 대책 4가지에 대해 설명하시오.

6. 백금과 구리를 접촉시킨 이종(異種) 금속에 대한 다음 사항을 설명하시오.
   (1) 상기의 이종 금속을 접촉하였다가 분리할 때 표면에 정전기가 발생되는 이유
   (2) 이종 금속의 접촉전위차 및 접촉면의 전하밀도 (단, 백금 및 구리의 일함수는 각각 5.44 eV 및 4.29 eV이며, 접촉면계의 두께는 5×10^{-10} m, 유전율은 진공의 유전율과 동일하다.)

제98회 2012년도 전기안전기술사

제1교시 (시험시간 : 100분)

※ 다음 문제 중 10문제를 선택하여 설명하시오 (각 10점).

1. 전력부하에서 역률 저하 시 문제점과 진상용 콘덴서의 과보상 시의 문제점에 대하여 설명하시오.

2. 키르히호프의 제1법칙과 제2법칙에 대하여 설명하시오.

3. 차단기, 전선류 및 기타 전력기기의 열화 요인에 대하여 설명하시오.

4. 연료전지의 원리와 특징에 대하여 설명하시오.

5. 자구미세화 변압기의 특징에 대하여 설명하시오.

6. 심실세동으로 호흡 정지 현상이 발생하는 이유에 대하여 설명하시오.

7. 타워크레인에서 라디오 전파 이상전압의 원인과 안전 대책에 대하여 설명하시오.

8. 등전위 본딩의 목적과 역할에 대하여 설명하시오.

9. 전기적 섬락(flash-over) 현상과 화재 시 발생한 섬락(flash-over) 현상에 대하여 설명하시오.

10. 22.9 kV 특고압으로 수전하는 수용설비의 3상 단락용량이 500 MVA일 경우 제1종 접지선의 굵기를 구하시오. (단, 접지용 절연전선을 옥내에 사용하는 경우로 고장전류가 흐를 때 접지선의 최대 허용온도를 160 ℃로 하고, 주위온도를 30 ℃로

한다.)

11. 산업안전보건법의 목적에 대하여 설명하시오.

12. 정전기 완화시간과 결정요소에 대하여 설명하시오.

13. 한전 수전계통과 병렬로 자가용 발전기를 동기운전하기 위한 조건에 대하여 설명하시오.

제2교시(시험시간 : 100분)

※ 다음 문제 중 4문제를 선택하여 설명하시오 (각 25점).

1. 전기배선기구 등에서 발생될 수 있는 접속부의 과열에 의한 발화 요인과 접촉저항의 저감을 위한 조치에 대하여 설명하시오.

2. GIS 기기에서 1점식과 다점식 접지방식에 대하여 설명하시오.

3. 제조업 사업장에서 위험성 평가를 수행 시 추진절차 5단계와 4M 항목별 유해·위험 요인에 대하여 설명하시오.

4. 충전전로를 취급하거나 인근에서 전기 작업 시 작업자의 위험방지 조치에 대하여 설명하시오.

5. 피뢰설비에서 회전구체법을 결정하는 요인과 적용 방법에 대하여 설명하시오.

6. 가스 폭발 위험장소에 대한 다음 사항을 설명하시오.
   (1) 폭발 위험장소 설정
   (2) 폭발 위험장소 설정 시의 고려사항
   (3) 폭발 위험장소 구분도에 표시하여야 할 내용

제3교시 (시험시간 : 100분)

※ 다음 문제 중 4문제를 선택하여 설명하시오 (각 25점).

1. 태양광 발전소 건축물 내에 서지보호장치(SPD ; surge protective device)를 설치함에 있어 다음 사항에 대하여 설명하시오.
    (1) SPD 설치방법 (그림으로 표현하시오.)
    (2) SPD 설치장소
    (3) TT 계통에서 SPD를 누전차단기(ELCB)의 전원 측과 부하 측에 설치하는 경우의 문제점

2. 전기설비기술기준의 판단기준에 규정되어 있는 발전소 등의 울타리, 담 등의 시설에 대하여 설명하시오.

3. 전선로를 포함한 전기설비의 이상 현상 중의 하나인 아크 현상의 발생 원인과 그 대책을 설명하시오.

4. 작업표준에 대한 다음 사항을 설명하시오.
    (1) 작업표준의 목표 및 필요성
    (2) 작업표준의 전제 조건 및 구성
    (3) 작업표준의 구비 조건

5. 배전설비에 피해를 가져올 수 있는 염해와 관련하여 그 발생 과정과 방지 대책에 대하여 설명하시오.

6. PT, GPT에서 발생되는 중성점 불안정현상에 대한 다음 사항을 설명하시오.
    (1) 중성점 불안정현상의 정의
    (2) 발생 원인
    (3) 현상 (영향)
    (4) 방지 대책
    (5) CLR의 용량 계산 방법

제4교시 (시험시간 : 100분)

※ 다음 문제 중 4문제를 선택하여 설명하시오 (각 25점).

1. 풍력발전기의 입지 조건과 풍력발전기의 설치에 대하여 설명하시오.

2. 인버터 제어 엘리베이터 전원설비의 고조파 발생과 저감 대책에 대하여 설명하시오.

3. 방폭형 전기기기에서 화염일주한계에 대하여 설명하시오.

4. 전기기기 외함에 접지를 시행하는 이유에 대하여 설명하시오.

5. 전력계통에 발생한 사고를 제거하기 위한 주목적으로 한 보호계전기의 구성에서 주보호 계전방식과 후비보호 계전방식에 대하여 설명하시오.

6. 제조업 유해 위험방지계획서에 대한 다음 사항을 설명하시오.
   (1) 유해·위험방지계획서의 정의
   (2) 유해·위험방지계획서의 제출대상
   (3) 제출대상 사업장 (대상 업종)
   (4) 제출대상 사업장 (5개 설비)
   (5) 제출시기

제99회 2013년도 전기안전기술사

제1교시 (시험시간 : 100분)

※ 다음 문제 중 10문제를 선택하여 설명하시오 (각 10점).

1. 피뢰기(LA)와 서지흡수기(SA)의 특징에 대하여 설명하시오.

2. 수전설비의 정의와 구비조건에 대하여 설명하시오.

3. 산업안전지도사의 직무와 안전기준 작성 시 고려사항에 대하여 설명하시오.

4. 누전차단기의 전원측과 부하측이 바뀐 오결선 시의 문제점에 대하여 설명하시오.

5. 평판콘덴서의 전기력선 발생과 콘덴서의 용량에 대하여 설명하시오.

6. 전기작업용 안전장구 중 절연용 보호구·방호구 및 검출용구에 대하여 설명하시오.

7. 정전기로 인한 화재 폭발방지 대상설비에 대하여 설명하시오.

8. 자가용 전기설비 공사계획의 인가 및 신고의 대상에서 전기수용설비의 설치공사와 변경공사에 대하여 설명하시오.

9. 저압전로에서 전동기용 배선용차단기(MCCB)와 과부하계전기 및 전자접촉기의 보호협조를 위해 만족하여야 할 조건에 대하여 설명하시오.

10. 위험성 평가의 목적과 필요성 및 효과에 대하여 설명하시오.

11. 방폭전기기기를 시설할 때 검토 요건에 대하여 설명하시오.

12. 마이크로 쇼크(micro-shock)의 정의를 쓰고, 전기기기의 인체 적용 시 보호정도에 따라 분류하여 설명하시오.

13. 공통·통합접지를 할 경우의 접지저항 측정방법과 등전위 본딩의 연속성을 측정한 전기저항값이 0.2 Ω 이하이어야 할 개소에 대하여 설명하시오.

제2교시 (시험시간 : 100분)

※ 다음 문제 중 4문제를 선택하여 설명하시오 (각 25점).

1. 디지털 계전기의 설치환경 및 주위환경과 수전회로용 보호계전기의 정정방법과 정정 시 고려사항에 대하여 설명하시오.

2. 건축전기설비기준(IEC 60364)에서의 감전보호방식에 대하여 다음 사항을 설명하시오.
   (1) 직접 접촉에 대한 감전보호(기본 보호)
   (2) 간접 접촉에 대한 감전보호(고장 보호)
   (3) 특별저전압에 의한 보호
   (4) 감전보호 체계

3. 발전기에 UPS 부하 적용 시의 유의사항에 대하여 설명하시오.

4. 전력 퓨즈의 동작 특성에 대하여 설명하시오.

5. 활선작업에 대하여 전압별(저압, 고압, 특고압)로 구분하여 설명하시오.

6. 방폭전기설비 선정의 원칙과 유의사항에 대하여 설명하시오.

제3교시 (시험시간 : 100분)

※ 다음 문제 중 4문제를 선택하여 설명하시오 (각 25점).

1. 전동기의 선정 및 정격에 대하여 다음 사항을 설명하시오.
   (1) 전동기의 선정 시 고려사항
   (2) 사용 장소에 따른 보호방식
   (3) 운전정격의 종류
   (4) 전동기의 절연등급

2. 고분자 물질에 대한 연소 특성, 화재 발생 시 위험성 및 화재의 방지 대책에 대하여 설명하시오.

3. 수·변전설비의 보호계전기 및 보호협조에 대하여 설명하시오.

4. 의료장소 전기설비의 시설(전기설비기술기준의 판단기준)에서 의료장소의 안전을 위한 보호설비 시설 방법에 대하여 설명하시오.

5. 접지설계 단계 중에서 접지저항 계산(단계 5)과 위험전압(단계 8)에 대하여 설명하시오.

6. 영상분 고조파가 발전기에 미치는 영향에 대하여 설명하시오.

제4교시 (시험시간 : 100분)

※ 다음 문제 중 4문제를 선택하여 설명하시오 (각 25점).

1. 에너지 절약을 위한 건축물의 설계기준에 대해서 의무 대상 건축물 및 의무사항 설계 기준에 대하여 설명하시오.

2. 전기설비에서 저압전로의 지락보호방식에 대하여 설명하시오.

3. 최근 22.9 kV 수전설비가 대용량화 되는 추세이다. 대용량 변압기의 전기적 보호장치에 대하여 설명하시오.

4. 원방감시제어(SCADA ; supervisory control and data acquisition) 시스템의 구성과 기능 및 효과에 대하여 설명하시오.

5. 화재안전기준(NFSC 602)에서 소방시설용 비상전원을 특고압 또는 고압으로 수전하는 경우에 대하여 설명하시오.

6. 진상용 콘덴서의 투입과 개방 시 현상에 대하여 설명하시오.

제101회 2013년도 전기안전기술사

제1교시 (시험시간: 100분)

※ 다음 문제 중 10문제를 선택하여 설명하시오 (각 10점).

1. 작업장의 좋은 조명의 조건과 「산업안전보건기준에 관한 규칙」에서 제시하고 있는 작업면 조도에 대하여 설명하시오.

2. 등전위 본딩과 외부 뇌 보호 설비와의 안전이격 거리에 대하여 설명하시오.

3. 전위경도(potential differential)가 무엇인지, 위험전압이 감전보호 한계치보다 높은 경우 전위경도의 완화대책에 대하여 설명하시오.

4. 안전관리 측면에서 정전기로 인한 장해·재해의 1차 원인이 되는 항목에 대한 측정 대상 및 측정 방법에 대하여 설명하시오.

5. 산소결핍의 우려가 있는 장소(맨홀, 탱크)에서 작업 전 조치사항과 산소농도와 인체의 증상에 대하여 설명하시오.

6. 다음 용어에 대하여 설명하시오.
   (1) 중대재해
   (2) 위험도(risk)
   (3) 발화도(ignition temperature)
   (4) 폭연성 분진
   (5) 가연성 분진

7. 전선 및 배선기구의 탄화현상에 대하여 설명하시오.

8. 산업안전보건법 고시에 의한 가스·증기 방폭구조인 전기기계기구의 방폭등급 표

시 방법에 대하여 설명하시오.

9. 배선용 차단기에 사용되는 다음 용어에 대하여 설명하시오.
    (1) AT(ampere trip)와 AF(ampere frame)의 의미
    (2) 차단기 용량
    (3) 정격차단전류
    (4) 단한 시 트립
    (5) 순시 트립

10. 수변전설비 변압기의 전기적 보호장치와 기계적 보호장치에 대하여 설명하시오.

11. 절연 레벨 및 접지와의 관계에 따라 전기, 전자기기를 분류하고 간접접촉에 대한 보호조건에 대하여 설명하시오.

12. 태양전지 모듈 등의 시설의 안전기준에 대하여 설명하시오.

13. AFCI(arc-fault circuit interrupter)의 정의와 필요성에 대하여 설명하시오.

제2교시 (시험시간 : 100분)

※ 다음 문제 중 4문제를 선택하여 설명하시오 (각 25점).

1. 송전선의 주위에서 일어날 수 있는 정전유도에 의한 전격현상에 대하여 설명하시오.

2. 최대수요전력 적용방법과 최대수요전력관리 시 효과에 대하여 설명하시오.

3. 정전작업의 안전조치에 대하여 설명하시오.

4. 전기화재 원인(출하의 경과)에 대하여 설명하시오.

5. 산업플랜트에서 사용 가능한 저압계통에서 접지방식의 종류 및 특징을 설명하시오.

6. 출입감시(CCTV) 시스템의 부분별 기능에 대하여 설명하시오.

제3교시 (시험시간 : 100분)

※ 다음 문제 중 4문제를 선택하여 설명하시오 (각 25점).

1. 산업재해조사에 대한 다음 사항 5가지에 대하여 설명하시오.
   (1) 재해발생 원인
   (2) 재해조사의 목적
   (3) 재해조사 순서
   (4) 재해조사 방법
   (5) 재해조사 시 유의사항

2. 정전대비 위기대응 훈련에 관하여 각 단계별 내용과 전기안전기술사로서의 분야별 행동요령에 대하여 설명하시오.

3. 안전사고 예방대책(하인리히 이론)의 기본 원리를 설명하시오.

4. KS C IEC 60204-1에서 제시한 과전류 보호장치 선정 시 고려사항에 대하여 설명하시오.

5. 전자파에 대한 전자기기의 대책에 대하여 설명하시오.

6. 전동기 보호용 계전기 적용에 대하여 설명하시오.

제 4 교시 (시험시간 : 100분)

※ 다음 문제 중 4문제를 선택하여 설명하시오 (각 25점).

1. 전기집진장치에 대한 다음 사항에 대하여 설명하시오.
   (1) 전기집진장치란?
   (2) 전기집진장치의 구비조건
   (3) 전기집진장치의 원리 및 구조
   (4) 전기집진장치의 특징
   (5) 시설기준 (특고압인 경우)

2. 대용량 변압기에 사용하는 강제 송유식 냉각방식인 유입변압기의 유동대전현상과 대책에 대하여 설명하시오.

3. 누전차단기 오동작 원인에 대하여 설명하시오.

4. 방폭지역에서의 방폭 전기기계기구 접지의 기본 원칙에 대하여 설명하시오.

5. 발전기실의 환경대책에 대하여 설명하시오.

6. 변압기 소음대책에 대하여 설명하시오.

전기안전 기술사

2014년 1월 10일 인쇄
2014년 1월 15일 발행

저　자 : 최창률·이동경
펴낸이 : 이정일

펴낸곳 : 도서출판 **일진사**
www.iljinsa.com
140-896 서울시 용산구 효창원로 64길 6
전화 : 704-1616 / 팩스 : 715-3536
등록 : 제1979-000009호 (1979.4.2)

값 38,000원

ISBN : 978-89-429-1374-9

◉ 불법복사는 지적재산을 훔치는 범죄행위입니다.
　저작권법 제97조의 5(권리의 침해죄)에 따라 위반자는 5년 이하의 징역 또는 5천만원 이하의 벌금에 처하거나 이를 병과할 수 있습니다.